河南省“十四五”普通高等教育规划教材

环境学导论

主　编：陈志凡　李德亮
副主编：张大丽　李旭辉　仝致琦
李　涛　郭瑞超

科学出版社
北京

内 容 简 介

本书系统论述了环境学的基本概念和原理、各环境要素污染相关知识和污染控制方法等环境学核心知识。全书共分 9 章，包括绪论、环境学相关原理与方法、大气环境污染与控制、水体环境污染与控制、土壤环境污染与控制、固体废物污染与控制、物理污染及其控制、环境管理与环境保护法以及环境学技术与方法等内容。本书编排新颖，内容体系完善，每章前列出内容提要和学习要求及导论性文字，便于教学和学生自学；增加了大量的阅读材料、案例分析等，增强了本书的知识性和可读性。

本书适合作为高等院校环境科学与工程类本科专业的入门教材及环保相关领域的技术和管理人员参考，也可作为非环境类专业大学生的环境素质教育教材。

图书在版编目（CIP）数据

环境学导论 / 陈志凡，李德亮主编. —北京：科学出版社，2021.9

河南省“十四五”普通高等教育规划教材

ISBN 978-7-03-069922-0

Ⅰ. ①环… Ⅱ. ①陈… ②李… Ⅲ. ①环境科学－高等学校－教材 Ⅳ. ①X

中国版本图书馆 CIP 数据核字（2021）第 194443 号

责任编辑：文 杨 郑欣虹 / 责任校对：杨 赛

责任印制：赵 博 / 封面设计：迷底书装

科学出版社出版

北京东黄城根北街 16 号

邮政编码：100717

http://www.sciencep.com

北京科印技术咨询服务有限公司数码印刷分部印刷

科学出版社发行 各地新华书店经销

*

2021 年 9 月第 一 版 开本：787×1092 1/16

2024 年12月第四次印刷 印张：20 3/4

字数：500 000

定价：79.00 元

前　言

环境与发展始终是人类面临的两大主题。环境问题随着人类的诞生而产生，并伴随着人类和经济的发展而发展。而人类的产生和发展也与环境变化带来的环境问题密切相关，人类是在解决环境问题的过程中发展起来的。随着人类社会和经济的发展，环境问题变得日益严重，环境污染、生态破坏、资源短缺、酸雨蔓延、极端气候、臭氧层破坏等已成为当今人类面临的全球性环境问题。

环境学是以“人类-环境”为研究对象，借助于地学、生态学、化学、物理学、公共卫生学、工程技术科学、社会科学等学科的原理和方法，研究人类与环境之间的对立统一关系，寻求人类社会可持续发展途径与方法的科学。它产生于20世纪五六十年代，然而人类关于环境必须加以保护的认识可以追溯到人类社会的早期。大约在公元前5000年，人类已开始用烟囱排烟，在公元前2300年已知道使用陶质排水管道。环境保护的思想也古已有之，如我国《诗经》（前11～前6世纪）中的“怀柔百神，及河乔岳”，《管子》（前475～前221年）中的“为人君而不能谨守其山林菹泽草莱，不可以立为天下王。”在西方，古希腊思想家柏拉图（Plato）（前427～前347年）的《对话》等也记述了朴素的环境学思想。到了18世纪，随着工业革命的扩展，环境污染与生态破坏逐渐严重。1962年，蕾切尔·卡逊（Rachel Carson）《寂静的春天》的发表，标志着人类对环境问题的关注，它对环境保护与现代环境学的发展起到了积极的推动作用。随着人们对环境和环境问题研究的不断深入，环境学在短短几十年的时间里迅速发展起来。

本书全面、系统地阐述了环境学的基本概念、相关原理与方法、大气环境污染与控制、水体环境污染与控制、土壤环境污染与控制、固体废物污染与控制、物理污染及其控制、环境管理与环境保护法以及环境学技术与方法等内容。其融合了社会科学、自然科学和技术科学，涵盖了水、土、气、固废、物理性污染等环境要素；既涉及理论知识、技术和工程，又有机渗入生态文明思想和可持续发展理念；既阐述了当前的环境问题，总结了经验教训，又分析了环境问题解决的新途径、新方法；充分体现了环境科学的综合性、交叉性和应用性的新兴学科特征。

全书共分9章。第1章由陈志凡、李德亮和张大丽编写，第2章由陈志凡编写，第3章由张大丽、陈志凡和仝致琦编写，第4章由李德亮、陈志凡和仝致琦编写，第5章由陈志凡、李旭辉和郭瑞超编写，第6章由陈志凡、郭瑞超和李旭辉编写，第7章由李德亮和陈志凡编写，第8章由李德亮和李涛编写，第9章由陈志凡编写。全书由陈志凡和李德亮统稿；硕士研究生化艳旭和徐薇在本书图件绘制和文字编辑方面做了大量工作。

在本书编写过程中引用了大量的国内外相关领域的最新成果与资料，在此向这些专家、学者致以衷心的感谢。

由于作者的水平有限，在内容选取、论点陈述等方面难免存在不足之处，欢迎各位读者提出宝贵意见。

编　者

2020 年 5 月

目　　录

前言

第 1 章　绪论 …… 1
1.1　环境 …… 1
1.2　环境问题 …… 8
1.3　环境保护与可持续发展 …… 19
1.4　环境学 …… 27
问题与讨论 …… 31
第 2 章　环境学相关原理与方法 …… 32
2.1　环境学相关原理 …… 32
2.2　环境学的研究方法 …… 49
问题与讨论 …… 52
第 3 章　大气环境污染与控制 …… 54
3.1　大气结构和组成 …… 54
3.2　大气污染 …… 57
3.3　影响污染物在大气中扩散的因素 …… 70
3.4　大气污染对全球大气环境的影响 …… 78
3.5　大气污染的综合防治 …… 88
3.6　室内空气污染与防治 …… 105
问题与讨论 …… 110
第 4 章　水体环境污染与控制 …… 112
4.1　水体环境 …… 112
4.2　水体污染 …… 125
4.3　典型水体环境污染 …… 132
4.4　水体环境污染控制 …… 148
问题与讨论 …… 169
第 5 章　土壤环境污染与控制 …… 171
5.1　土壤 …… 171
5.2　土壤污染 …… 180
5.3　土壤资源的可持续利用 …… 194
5.4　污染土壤修复技术 …… 196
问题与讨论 …… 220
第 6 章　固体废物污染与控制 …… 221
6.1　固体废物概述 …… 221

6.2 固体废物处理技术……228
6.3 固体废物的资源化利用……231
6.4 固体废物最终处置方法……234
问题与讨论……239
第 7 章 物理污染及其控制……241
7.1 噪声污染及其控制……241
7.2 光污染及其控制……251
7.3 电磁辐射污染及其控制……254
7.4 放射性污染及其控制……260
7.5 热污染及其控制……266
问题与讨论……268
第 8 章 环境管理与环境保护法……269
8.1 环境管理概述……270
8.2 环境管理的基本职能……275
8.3 环境管理的基本手段……278
8.4 环境管理体制简介……280
8.5 环境保护法概述……286
8.6 国际环境保护法……289
问题与讨论……297
第 9 章 环境学技术与方法……298
9.1 环境监测……298
9.2 环境评价……307
9.3 环境规划……311
问题与思考……316
参考文献……318

第1章　绪　　论

［内容提要］：环境学是研究人类社会发展活动与环境演化规律之间相互作用关系，寻求人类社会与环境协同演化、持续发展途径与方法的学科。本章第1节简要介绍了环境的概念、类型、要素、功能和基本特征等环境基本定义；第2节简要介绍了环境问题的概念、分类、产生和发展、全球及中国的环境问题以及解决环境问题的根本途径；第3节简要介绍了环境保护的概念、环境保护在世界及我国的发展历程、可持续发展战略；第4节主要介绍了环境学的形成与发展阶段、研究对象与任务、分科与特点等。

［学习要求］：通过本章的学习，理解环境基本概念、环境系统的基本特征与功能，了解解决环境问题的途径和环境学的形成与发展过程，知晓环境学的研究对象和主要任务以及未来的发展趋势。

地球是我们人类生活的家园。人类与其周围的环境组成了不可分割的互动体系，二者可谓休戚与共。地球为人类提供了适宜生存的环境条件和人类赖以发展的宝贵资源。同样，地球这个绿色家园，也需要人类的维护和保持。然而，自工业革命以来，人类文明迈上了高速发展的突破之路，人与自然和谐相处的良性链条被强行割断。在享受着现代文明的效率与便捷的同时，人类也为此付出了高昂的代价。越来越多的人从短期利益的迷梦中觉醒过来，开始意识到以牺牲环境求得发展的模式终归不是人类文明延续辉煌的长远之道。为此，体悟和谐之道的先行者们开始关注并投身于医治满目疮痍的地球，环境理论和污染治理技术不断取得进展和突破，一门新的学科——环境学也就随之诞生了。

环境学就是研究人与环境相互关系的科学，目的在于揭示人与环境相互作用过程中存在的规律性，研究人类经济、社会活动引起环境系统变化的规律，以及其对人类健康和社会、经济发展的影响，探索调节和控制环境问题的有效途径与方法，求得人类与环境的协调发展。环境学作为一门独立的学科从兴起到形成只有六七十年的历史。20世纪60年代进行了一些零星、分散的工作；到70年代初，才初步汇集成一门具有广泛领域和丰富内容的学科。

1.1　环　　境

1.1.1　环境的概念

从字面意思上看，环指“围绕”，境指“疆土、疆界”，环境就是围绕着事物的周围情况。可见，环境总是相对于某项中心事物而言，作为某项中心事物的对立面而存在的。即围绕某个中心事物的外部空间、条件和状态，便构成某一中心事物的“环境”。“环境”的概念因中心事物的不同而不同，随中心事物的改变而改变。中心事物与环境之间既相互对立，又相互依存、相互制约、相互作用和相互转化，它们之间是辩证统一的关系。在环境科学中，环境的主体是人类，客体是人类周边的相关事物。因此，环境学中的“环境”（environment）是指以人类为中心的外部世界，是人类赖以生存和发展的各种因素的综合体。2015年1月1日起施行的《中华人民共和国环境保护法》的第二条，对环境作了以下的界定：“本法所称的环境，是指影响人类生存和发展的各种天然的和经过人工改造的自然因素的总体，包括大气、水、海洋、土地、矿藏、森林、草原、湿地、野生生物、自然遗迹、人文遗迹、自然保护区、风景名胜区、城市和乡村等。”可以看到环境法中把多种环境要素详细具体地列在了定义当中。

人类的生存环境是一个庞大而复杂的大系统，它是由自然环境和人工环境组成的。自然环境是指对人类的生存和发展产生直接影响的一切自然物所构成的整体，即阳光、温度、气候、地磁、空气、水、岩石、土壤、动植物、微生物等自然因素的总和。可见，自然环境是一切可以直接或间接影响人类生活、生产的自然界中的物质、能量和自然现象的总体，是人类赖以生存、生活和生产所必需的自然条件和自然资源的总称。因为这些是在人类出现之前就已存在的，也称天然环境。人工环境指的是由人类活动形成的环境要素，包括由人工形成的物质、能量和精神产品，以及人类活动中形成的人与人之间的关系等，因此人工环境又由工程环境和社会环境组成。工程环境是指人类从事生产和生活活动、利用和改造自然环境的过程中所创造出来的人工环境。工程环境是在自然环境的基础上经过人类的改造而形成的。自然环境对人的影响是根本性的。人类要改善环境而创造工程环境，必须以自然环境为前提。工程环境的创造不能破坏自然环境，不能毁坏生物圈，应遵循生态系统的原则，完善自然环境。社会环境是人类在长期的社会劳动中所形成的，是人与人之间的各种社会联系及联系方式的总和。它包括经济关系、道德观念、文化风俗、意识形态和法律关系等。

1.1.2 环境的类型

环境具有多种层次、多种结构，是一个非常复杂的体系，目前尚未形成一个统一的分类方法，发展到今天我们对环境的分类主要有以下几种。

1. 依据环境的主体分类

此种分类目前有两种体系。一种是以人或人类作为主体，其他的生命物体和非生命物质都被视为环境要素，即环境指人类生存的环境，或称人类环境。另一种是以生物体（界）作为环境的主体，不把人以外的生物看成环境要素，即环境指生物体生存的环境，或称生态环境。

2. 依据环境的范围大小分类

此种分类依据环境所在的空间特征进行分类，如把环境分为工作环境、生活区环境、村落环境、城市环境、区域环境、全球环境和宇宙环境等。

（1）工作环境：指人的工作地周围的环境，如办公室、会议室、工厂、车间、工场等的环境。工作环境可概括为物理环境和社会环境。物理环境主要指工作时所处的由人为布置的与工作相关的环境，如办公室或车间的空气质量、地理位置、大小、照明、通风、噪声和办公设施设备等；社会环境则主要指工作场所由自然人组成的工作氛围，包括团队精神、团队沟通和团队技能等。拥有一个良好的工作环境有利于人们身心愉悦地高效率地投入到工作中。

（2）生活区环境：指人们日常起居、饮食、学习、休闲娱乐等的场所。生活区环境分为个人生活区环境和集体生活区环境，个人生活区环境包括居室环境、院落环境等；集体生活区环境包括学校环境、食堂环境、运动场所和商场环境等。从组成上，生活区环境也可分为物理环境和社会环境。物理环境指生活区的地理位置、气候适宜度、空气质量、设施舒适度等；社会环境指公共环境卫生、公共秩序、噪声和人们之间的融洽度等。生活区环境的好坏会直接或间接影响人们的身心健康和区域的持续有序发展。

（3）村落环境：农业人口聚居的场所。由村落、农业区、自然环境及乡镇企业四部分组成。这四部分各有特点、相互渗透、相互依存，形成了乡村环境的有机整体。由于自然条件的不同，以及农业生产活动的种类、规模、现代化程度的不同，村落的结构、形态、规模、功能也是多种多样的。一般来说，村落环境中村落规模不大、人口不多，周围又有广阔的原野、大面积的天然和人工植被，加上不少地区地表水丰富，环境容量大，自然净化能力强，如能充分考虑利用各种自然能源，解决好燃料和动力问题，则村落环境的污染一般不会太严重。但改革开放以来，我国随着乡镇企业的兴起和发展，出现了一些新的环境问题，这些问题的出现也是不可忽视的。

（4）城市环境：非农业人口聚居的场所。是人类利用和改造自然环境过程中而创造出来的高度人工化、社会化的区域。它是一个多功能的综合体，往往是一个区域的经济、政治和文化的中心。城市生态系统与自然生态系统相比，具有消费者多、生产者和分解者少等特点，因此，城市发展需要的多数物质和能量需要从外界人工输入，而消费所产生的废弃物也需要人工处理，否则，就无法维持城市的生态平衡。由于城市生态系统具有如上特点，只要系统中的某一环节发生问题，就会造成严重的环境问题。因此，城市也就成为环境污染最严重的区域。

（5）区域环境：包括人工环境和占有一定地域空间的自然环境。以自然环境为主体的区域环境有森林、草原、沙漠、冰川、海洋、湖泊、河流、山地、平原等多种类型。以人工环境为主体的区域环境有城市、农村、工业区、旅游区、开发区等多种类型。现实社会中，区域环境往往兼具二者的特点，是一种结构复杂、功能多样的环境。

（6）全球环境：又称地球环境。范围包括大气层中的对流层和平流层的下部、水圈、土壤岩石圈和生物圈。它是人类生活和生物栖息繁衍的场所，是向人类提供各种资源的场所，也是不断受到人类活动改造和冲击的空间。

（7）宇宙环境：大气层以外的环境。它是人类生存环境的最外圈部分，即大气层以外的宇宙空间。这是人类活动进入大气层以外的空间及和地球邻近的天体的过程中提出来的概念，也称星际环境。

3. 依据环境要素分类

此种分类比较复杂。如按环境要素的属性可分成自然环境和社会环境两类。目前，地球上的自然环境，虽然由于人类活动而产生了巨大变化，但仍按自然的规律发展着。在自然环境中，按其主要的环境组成要素，可再分为大气环境、水环境（如海洋环境、湖泊环境等）、土壤环境、生物环境（如森林环境、草原环境等）、地质环境等。社会环境是人类社会在长期的发展中，为了不断提高人类的物质和文化生活水平而创造出来的。社会环境常按人类对环境的利用或环境的功能再进行下一级分类，分为聚落环境（如院落环境、村落环境、城市环境）、生产环境（如工厂环境、矿山环境、农场环境、林场环境、果园环境等）、交通环境（如机场环境、港口环境）、文化环境（如学校及文化教育区、文物古迹保护区、风景游览区和自然保护区）等。

1.1.3　环境要素

1. 环境要素的概念

环境要素，又称环境基质，是构成人类生存环境整体的各个独立的、性质不同而又服从整体演化规律的基本物质组分。环境要素可分为自然环境要素和人工环境要素。其中自然环境要素通常指水、大气、生物、岩石、土壤等。

环境要素组成环境结构单元，环境结构单元又组成环境整体或环境系统。例如，由水组成江、河、湖、海等水体，全部水体组成水圈；由大气组成大气层，整个大气层总称为大气圈；由生物体组成生物群落，全部生物群落构成生物圈等。目前讲的环境要素主要指自然环境要素。

2. 环境要素的特点

环境要素具有一些十分重要的特点。它们不但能够制约各环境要素间互相联系、互相作用的基本关系，而且是认识环境、评价环境、改造环境的基本依据。环境要素的特点属性可概括为四个方面。

（1）最小因子定律。它是由德国化学家李比希于 1804 年首先提出，20 世纪初英国科学家布莱克曼所发展而趋于完善的。该定律指出："整体环境的质量，不能由环境诸要素的平均状态决定，而是受环境诸要素中那个与最优状态差距最大的要素所控制。"即环境质量的好坏取决于诸要素中处于"最低状态"的那个要素，而不能用其处于良好状态的环境要素去替代，去弥补。因此，在改进环境质量时，必须对环境诸要素的优劣状态进行数值分类，遵循由差到优的顺序依次改进，使之均衡地达到最佳状态。

（2）等值性。各个环境要素，无论其本身在规模或数量上如何不同，只要是一个独立的要素，它们对于环境的限制作用并无质的差异。也就是说，各个环境要素对环境质量的限制，在它们处于最差状态时，具有等值性。

（3）整体性大于各个体之和。环境的性质不等于组成该环境的诸要素性质简单相加之和，而是比这个"和"丰富得多，复杂得多。即环境的整体性大于环境诸要素之和。环境诸要素互相联系，互相作用产生的整体效应，是在个体效应基础上质的飞跃。

（4）互相联系互相依存。环境诸要素在地球演化史上的出现有先后之别，但它们又是相互联系、相互依存的。从演化的意义上看，某些要素孕育着其他要素。如岩石圈的形成为大气圈的出现提供了条件；岩石圈和大气圈的存在，又为水圈的产生提供了条件；岩石圈、大气圈和水圈孕育了生物圈，而生物圈又会影响岩石圈、大气圈和水圈的变化。

地球环境的演变

60 亿年前的地球，是天地不分、混沌一团的星云物质（因此有"盘古开天地"的传说），星云物质通过凝结形成体积不是很大的均质地球，均质地球通过重力分异形成了一个三圈层地球（其中的气体物质向宇宙空间逸散的同时被地球引力吸引形成了原始的大气圈，其成分是还原性的物质水、CO、CO_2、N_2 等，水汽凝结变成大气降水，在低处聚集形成了水圈，凝结起来的尘埃等固体物质形成了岩石圈）。当然这个时期的地球是没有生命的，地球环境的这个阶段又称无生命阶段。

随着水圈和大气圈的形成，地表开始积聚太阳能，在高能紫外线、射线、火花放电等自然能的作用下，还原性地表环境中的一些小分子化合物发生反应合成一些有机物，如氨基酸、蛋白质等。这时一些低等的绿色植物如原始藻类以这些有机物为原料进行厌氧呼吸，同时也进行光合作用释放出O_2，改变了原始的大气成分，使还原性地表环境逐渐向氧化性地表环境转换，逐渐适宜于生命的生存，出现了生物圈。生命的出现使地球环境的发展进入一个崭新的阶段，即生物发展阶段。

生物与环境之间是一个辨证发展的关系。一方面，地球环境发展到一定阶段，才开始出现生命；另一方面，生命出现以后又改变了地球环境。这样生物从水生到陆生、从低级到高级、由简单到复杂，演化成今天我们所看到的繁茂的、欣欣向荣的生物界。随着生物的发展，人类作为一个物种从动物界分化出来的历史已经有千万年以上，根据世界猴、猿包括人遗传物质脱氧核糖核酸（DNA）的研究得知，约在2600万年前长臂猿从猿类中分化出来；1800万年前，猩猩从猿类中分化出来；1200万年前，人类同大猩猩、黑猩猩分道扬镳，各奔前程。当然，人类的出现使地球环境进入一个更新的阶段——人类发展阶段。在这一演变过程中，地球环境赋予了我们人类生存所必需的基本物质条件，如适宜的温度、空气、水和土壤等。

1.1.4 环境的功能

根据环境概念，各种环境要素都是人类生存和发展所需要的资源。环境的功能主要体现在调节、服务和文化等三个方面。

1. 环境具有调节功能

自然环境的各要素中，无论是生物圈、水圈还是大气圈或岩石圈，都是变化着的动态系统和开放系统，各系统间都存在着物质和能量的交换及流动。在一定的时空尺度内，环境在自然状态下通过调节作用使系统的输入和输出相等，这时就出现一种动态的平衡过程，人们称之为环境平衡或生态平衡。当外部干扰影响了环境系统的输入和输出时，如环境系统中能量的输出大于输入，就会造成环境系统的失衡，相应地会引起环境问题。环境自净过程也是环境调节功能的重要体现。

2. 环境具有服务功能

环境的服务功能体现在环境不仅为人类的生存和发展提供大量的食物、药材、各类生产和生活资料，而且还为人类提供许多生态系统服务功能，如调节气候、净化环境、减缓灾害、为人们提供休闲娱乐的场所等。生态系统的这些服务功能是人类自身所不能替代的。

3. 环境具有文化功能

人类社会的进步是物质文明与精神文明的统一，同时也是人与自然和谐的统一。人类的文化、艺术素质是对自然环境生态美的感受和反映。从时间序列来看，自然美比人类存在更早，它是自然界长期协同进化的结果。秀丽的名山大川、众多的物种及其和谐而奥妙的内在联系，使人类领悟到自然界中充满着美的艺术和无限的科学规律。自古以来，对自然美的创造和欣赏，一直是人类生活的重要内容，这也使得人类在整体和人格上不断得到发展与升华。而各地独特的自然环境塑造了各民族的特定性格、习俗和民族文化。优美的自然环境又是艺术家们艺术创作和美学倾向的源泉，蕴含着科学和艺术的真谛，给人类无穷无尽的文化艺术和科学奉献。这就是环境的整体文化功能最本质的概况。

1.1.5 环境的基本特征

环境的基本特征表现为环境的整体性和区域性、环境的变动性和稳定性、环境的多样性、环境资源的有限性与不可逆性、环境的资源性和价值性以及环境变化的滞后性、持续反应性与放大性等。

1. 环境的整体性和区域性

环境的整体性是指环境的各个组成部分或要素构成了一个完整的环境系统。环境的整体性有两层含义：①环境各要素之间存在着物质和能量的循环与转化。因此，一个要素的变化会影响整个环境系统。②局部环境与整体环境相互影响、相互依存。局部环境的改变会影响环境整体，即环境的影响有一个跨界（省市、区、国家）的问题。正是由于环境的整体性，很多环境问题的解决需要多方合作甚至是全球合作。

环境的区域性是自然环境的基本特征。由于纬度的差异，地球接受的太阳辐射不同，热量从赤道向两极递减，形成了不同的气候带。即便是同一纬度，因地形高度的不同，也会出现地带性差异。一般说来，距海平面一定高度内，地形每升高 100 m，气温下降 0.5～0.6℃。经度也有地带性差异，这是由地球内在因素造成的。如受海、陆分布格局和大气环流特点的影响，我国就形成了自东南沿海的湿润地区向西北内陆的半湿润地区、半干旱和干旱地区的有规律的变化。不同区域自然环境的这种多样性和差异性具有特别重要的生态学意义，它是自然资源多样性的基础和保证。因此，保护生态环境的多样性不仅保护了自然环境的整体性，同时为自然资源的永续利用提供了基本的物质保证。

2. 环境的变动性和稳定性

环境的变动性是指环境的内部结构和外在的状态处于不断的变化中。环境中物流、能流和信息流是不断变化的，因此使环境的内部结构和外在的状态处于不断的变化中。如目前的地球环境与原始地球环境就存在很大的差别，发生了很大的变化。事实上，人类的发展史就是人类与环境不断相互作用的历史，也就是环境的结构和状态不断发生变化的历史。

环境的稳定性是指环境具有一定的自我调节能力。也就是说人类活动作用于环境只要不超过一定的限度，环境就可以借着自身的调节能力使这个变化逐渐消失，结构和状态得以恢复。一般来说，系统的组成越复杂，各成分作用机制越复杂，其调节能力就越强，稳定性也就越大，越容易保持平衡。人类环境是一个开放系统，人类活动会影响环境，但如果在环境的抗干扰能力范围内，环境的结构和功能可以保持基本不变。

3. 环境的多样性

环境多样性是环境的基本属性之一，也是人类与环境相互作用的基本规律。环境多样性包括自然环境多样性、人类需求与创造多样性、人类与环境相互作用多样性。

（1）自然环境多样性。表现在物质多样性、生物多样性、环境过程多样性和环境形态多样性等四个方面。地球上由 118 种元素、300 多种原子组成的生命物质和非生命物质都是物质多样性的表现。生物多样性是指地球上所有生物（动物、植物、微生物等）、它们所包含的基因以及由这些生物与环境相互作用所构成的生态系统的多样化程度。环境过程多样性指不同物质在环境中的物理、化学、生物和生态作用下的动力学迁移过程与转化过程以及各种生物降解和生态变化过程。多种多样的自然物质和生物有着丰富多彩的运动变化过程。参与物质的不同、时间尺度的差别以及变化过程本身性质的不同，共同组成了环境过程的多样性。环境形态多样性指自然环境中，物质以各种各样的形态而存在，大到星球宇宙，小到分子、原子，可以说是千姿百态、争奇斗艳，构成了环境形态的多样性。

（2）人类需求与创造多样性。人类对环境的影响，其内在的驱动力是人类的需求。人类有着多种多样的需求，并且随着社会的发展而在不断地变化，需求的内容也是越来越丰富。当自然环境提供给我们的物品不足以满足需求时，人类就利用智慧所产生的巨大创造力，去改造自然环境或者创造新事物来满足其越来越多、越来越高的需求。从人类的物质需求到人类的精神需求再到人类的创造性都是多样的。

（3）人类与环境相互作用多样性。人类与环境相互作用的多样性表现在作用界面和作用方式均具有多样性。①作用界面多样性：人类与环境相互作用的界面分布在人类活动的各个方面。从空间上讲，人类与环境的相互作用可以发生在城市、乡村，也可以发生在地面上、大气层内、水中或者太空等，甚至可以发生在人类所未知的荒郊野外、宇宙深处。既可以包括衣、食、住、行、娱乐等多个方面，也可以涉及物理、化学、生物工程等多个领域。②作用方式多样性：人类对环境作用的方式涉及对资源的开发利用、工农业生产、物品使用、废弃物排放、城市建设、乡村建设、道路建设和科学研究等多个方面。如不同的资源开发利用方式不同，不同的产品其生产的方式也不一样，以及不同物品的使用方式、不同城市建设风格等都表现出其多样性。③环境对于人的作用方式也是多种多样的：可以直接作用于个体的人或人群，也可以通过作用于人类赖以生存的环境，进而间接影响人类；可以通过人体接触、呼吸道、饮食作用于人的身体，也可以作用于资源-经济体系、社会关系、伦理道德等。可见，人类与环境之间相互作用的方式具有非常宽广的多样性。

4. 环境资源的有限性与不可逆性

环境是资源，但这种资源不是无限的。环境中的自然资源可分为非再生资源和可再生资源两大类。前者指一些矿产资源，如铁、煤炭等。这类资源随着人类的开采其储量不断减少。生物属可再生资源，如森林生态系统的树木被砍伐后还可以再生；水域生态系统中只要捕获量适度并保证生存环境不被破坏，就可以源源不断地向人类提供鱼类等各种水产品。但由于受各种因素（如生存条件、繁衍速度、人类获取的强度等）所制约，在具体时空范围内，对人类来说，各类资源都不可能是无限的。水是可以循环的，也属可再生资源，但因其大部分的循环更替周期太长，加之区域分布不均匀和季节降水差异性大，淡水资源已出现危机。

环境资源的不可逆性目前仍存在某些争议，但不可逆性在短尺度内肯定存在。而对于长尺度，如化学能源其形成需要千百万年，短期内也是会越用越少，难以补充。

5. 环境的资源性和价值性

环境的资源性表现在环境为人类的生存和发展提供了基本的资源保证。正因为如此，环境也表现出了其自身的价值性。环境价值本身是个动态的概念，指在一定的前提条件下，环境为人类的生存和发展提供必要的物质、能量基础（如石油、煤炭、水能、太阳能和风能等）以及精神满足。环境向人类提供了空气、生物、淡水和土地等资源，这是环境价值在物质性上的体现。另外，环境提供的美好景观（如旅游景点）、广阔空间虽然不能直接进入生产过程，却是另一类可以满足人类精神需求以及延长生产过程的资源。这是环境价值在非物质性（精神）上的体现。

6. 环境变化的滞后性、持续反应性与放大性

环境变化的滞后性表现在：除个别情况（如突发的自然灾害和人为污染）可直观其后果外，一般情况下环境的变化对人类的影响需要较长的时间才显示出来。例如，森林的破坏导致水土流失的加剧；日本的水俣病、痛痛病等是污染排放20年后才显现出来的；氟利昂是1928年人工合成的化学品，由此造成的臭氧空洞是在20世纪80年代中期显现出来的。

环境变化的持续反应性指的是环境对人类的影响是可持续的，不仅影响到当代人，而且对子孙后代也有着深远的影响。如黄土高原的生态状况就可以理解为是我们祖先欠下的生态债，而这个债则需要子孙后代来偿还。

环境变化的放大性指某一局部环境状况发生微小的变化，经过系统的协调放大后，可能会对周边的环境造成扩大性影响。

1.2 环 境 问 题

1.2.1 环境问题的概念

环境问题（environmental problems）主要是由人类的生活生产活动的迅速发展而引起的。就其范围大小而论，可从广义和狭义两个方面理解。从广义上讲，任何不利于人类生存和发展的环境结构和状态的变化都是环境问题。广义的环境问题，其产生原因既包括人为的，也包括自然的。从狭义上讲，环境问题指环境的结构和状态在人类社会经济活动的作用下所发生的不利于人类生存和发展的变化。一般情况下，人们多从狭义上理解环境问题，当前的环境学和环保工作也主要关注狭义上的环境问题。

1.2.2 环境问题的分类

环境问题的分类方法有很多，如果从引起环境问题的根源来考虑，可以将环境问题分为原生环境问题和次生环境问题两类。

1. 原生环境问题

原生环境问题，也称第一类环境问题，它是由自然环境自身变化引起的，没有人为因素或很少有人为因素参与的环境问题。这类环境问题包括地震、火山活动、台风、干旱、泥石流、地球化学异常等。这类环境问题是自然诱发的，是经过较长时间自然蕴蓄过程之后发生的，主要是受自然力的操纵，且人类对它的控制能力很有限，但发生后同样对人类会造成很大的灾难和损失。例如，1976年的唐山大地震、2008年汶川大地震都造成了很大的损失；发生在2004年12月26日的印度洋海啸造成20多万人死亡；2018年9月，超强台风“山竹”重创我国五省份，近300万人受灾，直接经济损失达52亿元。这类环境问题不完全属于环境学所解决的范围，是灾害学研究的主要内容和对象。

2. 次生环境问题

次生环境问题，也称为第二类环境问题，是人类活动作用于周围环境引起的环境问题。环境学研究的主要对象就是次生环境问题。主要是人类不合理利用资源所引起的环境退化（生态退化）和人类活动所带来的环境污染问题。因此，次生环境问题又可分为生态环境破坏和环境污染两类。

（1）生态环境破坏。主要指人类的社会活动引起的生态退化及由此而衍生的有关环境效应。生态环境破坏主要是由于人类活动违背了自然生态规律，急功近利，盲目开发自然资源。其表现形式多种多样，按对象性质可分为两类：一类是生物环境破坏，如因过度砍伐引起的森林锐减，因过度放牧引起的草原退化，因滥肆捕杀引起的物种灭绝、生物多样性减少等。另一类是非生物环境的破坏，如盲目占用耕地造成的耕地面积减少，因毁林开荒造成的水土流失和沙漠化，地下水过度开采造成的地下水漏斗、地面下沉，因其他不合理利用造成的地质结构破坏、地貌景观破坏等。

（2）环境污染。指人类活动产生并排入环境的污染物或污染因素超过了环境容量和环境自净能力，使环境的组成或状态发生了改变，环境质量恶化，从而影响和破坏了人类正常的生产和生活。例如，工业“三废”排放引起的大气、水体和土壤污染等。

当然，原生和次生两类问题也具有相对性，而且它们常常相互影响，重叠发生，形成所谓的复合效应。例如，大面积破坏森林可导致降雨量减少，引起干旱；大量排放CO_2会加剧温室效应，地球气温升高就会导致旱涝灾害加剧等。目前，人类对第一类环境问题尚不能有效防治，只能侧重于监测和预报。

1.2.3 环境问题的产生和发展

环境问题是随人类的诞生而产生的，并伴随着人类社会和经济的发展而发展。人类的产生和发展一直与环境变化带来的环境问题有关，在人类社会的发展过程中，往往老的环境问题解决了，新的环境问题又出现。可以说人类就是在解决环境问题的过程中发展起来的。在这个过程中环境问题由小范围、低程度危害发展到大范围、对人类生存造成不容忽视的危害，也就是说由轻污染、轻破坏、轻危害向重污染、重破坏、重危害方向发展。依据环境问题产生的先后和危害程度，环境问题的发展大致可以分为生态环境的早期破坏阶段、近代城市环境问题阶段和当代环境问题阶段三个阶段。

1. 生态环境的早期破坏阶段

此阶段从人类出现开始直到工业革命，与后两个阶段相比，是一个漫长的时期。在该阶段，人类经历了从以采集狩猎为生的游牧生活到以耕种和养殖为生的定居生活的转变。这一阶段又可分为原始渔猎时期和农业文明时期两个时期。

（1）原始渔猎时期的环境问题。人类在诞生以后的漫长岁月里，只是自然食物的采集者和捕食者。人类对环境的影响与动物区别不大，主要是利用环境，而很少有意识地去改造环境。因此，当时的环境问题并不突出，而且很容易被自然生态系统自身的调节能力所抵消。因此，在农业革命以前的这一时期，环境基本上是按照自然规律运动变化的，人在很大程度上仍然依附于自然环境。如果说那时也有环境问题，就是可供采集和渔猎的生物资源十分有限，往往因采集和渔猎过度引起生物资源枯竭的问题，产生了食物危机，还构不成对环境的危害。这也是人类活动产生的最早的环境问题。

（2）农业文明时期（第一次浪潮）的环境问题。为了解除饥荒这一环境威胁，人类就被迫尝试吃一切可能吃的东西，以丰富自己的食材；或是被迫扩大自己的生活领域，学会在新的环境中生活的本领。由于生产工具的不断进步，生产力逐渐提高，人类学会了培育植物和驯化动物，开始尝试农业和畜牧业，这在人类生产发展史上是一次大革命，称为“第一次浪潮”。

随着种植、养殖和渔业的发展，人类社会开始第一次劳动大分工。人类从完全依赖大自然的恩赐转变到自觉利用土地、生物、陆地水体和海洋等自然资源。人类的生活资料有了较以前稳定得多的来源，人类的种群开始迅速扩大。人类社会需要更多的资源来扩大物质生产规模，便开始出现烧荒、垦荒、兴修水利工程等改造活动，这引起了严重的水土流失、土壤盐渍化或沼泽化等问题。也就是说这个时期突出的环境问题就是以土地破坏为特征的人类第二环境问题。但此时的人类还意识不到这样做的长远后果，一些地区因而发生了严重的环境问题，主要是生态退化。较突出的例子是，发源于幼发拉底河和底格里斯河之间的美索不达米亚平原，曾经土壤肥沃、经济发达，是古代三大文明地区之一。然而，由于不合理的开垦和灌溉，后来变成了不毛之地。但总的说来，这一阶段的人类活动对环境的影响还是局部的，没有达到影响整个生物圈的程度。

中国的黄河流域，曾经森林广布，其森林覆盖率为53%，土地肥沃，是文明的发源地之一。然而，西汉和东汉时期的两次大规模开垦，虽然促进了当时的农业发展，可是由于森林骤减，水源得不到涵养，水旱灾害频繁，水土流失严重，沟壑纵横，土地日益贫瘠，给后代造成了不可弥补的损失。今日的青海省森林覆盖率很低，水土流失严重。结果，黄河从源头开始便挟带了大量泥沙。黄河流经的西北黄土高原也是水土流失极其严重的地区，滚滚黄沙倾入河水，使黄河成了世界上含沙量最多的河流，每立方米河水中含沙量达37 kg以上，每年达16亿t。上游的泥沙被河水冲到下游，淤积在下游河道，使河床每年淤高10 cm，经年累积，河道便渐渐高出两岸。这就是今日“悬河”的成因。

2. 近代城市环境问题阶段

随着生产力的发展和近代大工业的出现，在生产发展史上出现了一次革命（以200多年前蒸汽机的广泛使用为标志），人们称之为工业革命，兴起了“第二次浪潮”，也使环境问题的发展进入了一个新的阶段——近代城市环境问题阶段。这个阶段从工业革命开始到20世纪80年代发现南极上空的臭氧空洞为止。工业革命（从农业占优势的经济向工业占优势的经济迅速过渡）是世界史中一个新时期的起点，此后的环境问题也开始出现新的特点并日益复杂化和全球化。这一阶段的环境问题与工业和城市同步发展。先是由于人口和工业密集，燃煤量和燃油量剧增，发达国家的城市饱受空气污染之苦，后来这些国家的城市周围又出现日益严重的水污染和垃圾污染，工业“三废”、汽车尾气更是加剧了这些污染公害的程度。举世闻名的“八大公害”事件就发生在这一时期，如表1-1所示。

表1-1　世界著名的“八大公害”事件

事件名称	时间和地点	污染源	主要危害
马斯河谷烟雾	1930年12月，比利时马斯河谷工业区	二氧化硫、粉尘蓄积于空气中	约60人死亡，数千人患呼吸道疾病
洛杉矶光化学烟雾	1943年，美国洛杉矶	主要由汽车尾气经光化学反应造成的烟雾	眼红、喉痛、咳嗽等呼吸道疾病，死亡约400人
多诺拉烟雾	1948年，美国宾夕法尼亚州多诺拉镇	炼锌、钢铁、硫酸等工厂的废气，蓄积于深谷空气中	死亡10多人，患病约6000人
伦敦烟雾	1952年12月，英国伦敦	二氧化硫、烟尘在一定气象条件下形成刺激性烟雾	诱发呼吸道疾病，死亡4000多人
四日市哮喘病	1961年，日本四日市	炼油厂和工业燃油排放废气中的二氧化硫、烟尘	800多人患哮喘病，死亡10多人

续表

事件名称	时间和地点	污染源	主要危害
富山县痛痛病	1955年，日本富山县神通川流域	冶炼铅锌的工厂排放的含镉废水	引起痛痛病，患者300多人，死亡200多人
水俣病	1956年，日本熊本县水俣湾	化肥厂排放的含汞废水	中枢神经受伤害，听觉、语言、运动失调，死亡1000多人
米糠油事件	1968年，日本北九州地区	米糠油中混入多氯联苯	死亡30多人，中毒1000多人

在后来的20世纪六七十年代，发达国家普遍花大力气对这些城市环境问题进行治理，并把污染严重的工业搬到发展中国家，较好地解决了国内的环境污染问题。这一阶段环境污染的特点是由点源污染扩大到了区域污染，自然界原有的生态平衡受到了破坏，严重影响了人类生存和经济的发展，因而环境问题开始受到关注并被明确提出来。

3. 当代环境问题阶段

从1984年英国科学家发现，1985年美国科学家证实南极上空出现的“臭氧空洞”开始，人类环境问题发展到当代环境问题阶段。这一阶段环境问题主要集中在酸雨、臭氧层破坏和全球变暖三大全球性大气环境问题上。与此同时，发展中国家的城市环境问题和生态破坏、一些国家的贫困化愈演愈烈，水资源短缺在全球范围内普遍发生，其他资源（包括能源）也相继出现将要耗竭的信号。这一时期环境污染和公害事件发生的频率和强度也越来越严重，构成了第二次环境问题的高潮。表1-2列出了近50年发生的严重公害事件（部分）。

表1-2 近50年发生的严重公害事件

事件名称	时间	地点	危害	原因
意大利塞维索化学污染	1976年7月10日	意大利塞维索	当地居民产生热疹、头疼、腹泻等症状，许多动物被污染致死	化工厂泄漏出剧毒化学物品二噁英
三里岛核电站泄漏	1979年3月28日	美国宾夕法尼亚州	周围80km^{2}的200万人极度不安，直接损失10多亿美元	核电站反应堆严重失水
博帕尔农药厂泄漏	1984年12月3日	印度中央邦博帕尔市	1408人死亡，2万人严重中毒，15万人接受治疗，20万人逃离	41t异氰酸甲酯泄漏
威尔士饮用水污染	1985年1月	英国威尔士	200万居民饮水污染，44%的人中毒	化工公司将酚排入河流
切尔诺贝利核电站泄漏	1986年4月26日	苏联乌克兰	31人死亡，203人受伤，13万人被疏散，损失30亿美元	4号反应堆机房爆炸
莱茵河污染	1986年11月1日	瑞士巴塞尔市	事故段生物绝迹，160km内鱼类死亡，480km内的水不能饮用	化学公司仓库起火，30t含硫、磷、汞的剧毒物入河
莫农格希拉河污染	1988年11月1日	美国	沿岸100万居民生活受严重影响	石油公司油罐爆炸，1.3万m^{3}原油入河
埃克森·瓦尔迪兹号油轮漏油	1989年3月24日	美国阿拉斯加州	海域严重污染	漏油4.2万m^3
比利时污染鸡事件	1999年2～6月	比利时	2000多家养鸡户的鸡生长及产蛋异常，波及整个欧洲	鸡饲料中混入二噁英

续表

事件名称	时间	地点	危害	原因
松花江水污染事件	2005年11月13日	中国吉林	约100t苯类物质（苯、硝基苯等）流入松花江，造成了江水严重污染，沿岸数百万居民的生活受到影响	中国石油吉林石化分公司双苯厂车间发生爆炸
太湖无锡流域突然大面积蓝藻暴发	2007年6月	中国江苏	遭到蓝藻污染的、散发浓浓腥臭味的水进入了自来水厂，影响到无锡市饮水安全	上游多家企业违法排污，加上连续高温天气
墨西哥湾原油泄漏事件	2010年4月20日	美国墨西哥湾	污染导致墨西哥湾沿岸约1000英里（1英里≈1.61km）长的湿地和海滩被毁，渔业受损，脆弱的物种灭绝。这些影响甚至扩展到了其他海域	美国南部路易斯安那州沿海一个石油钻井平台起火爆炸
福岛核电站辐射水泄漏事件	2013年8月20日	日本福岛	约300t高放射性污水流入海洋。该事故后避难的福岛人达到15万。数名儿童确诊甲状腺癌	福岛第一核电站的储存罐发生泄漏

在这一时期，发达国家环境状况逐步得到改善，而发展中国家却开始步发达国家的后尘，重走工业化和城市化的老路，城市环境问题有过之而无不及，同时伴随着严重的生态破坏。

以我国为例。国家环境保护总局原局长解振华（1993年接任曲格平，2005年因松花江水污染事件引咎辞职）认为“发达国家上百年工业化过程中分阶段出现的环境问题，在我国改革开放这20多年里集中出现。”改革开放以来四十多年间，我国的经济得到快速发展，并经历了前所未有的城市化进程。然而，在此期间，由于一些地方政府片面追求经济指标，把单纯的经济增长等同于经济发展，在发展经济的过程中忽略环境甚至不惜牺牲环境，导致中国的环境质量每况愈下，雾霾天气、饮水安全问题、土壤重金属污染、生物多样性缺失等问题日益突出。

1.2.4 全球环境问题

全球环境问题是指对全球产生直接影响或具有全球性，随后又发展成对全球造成危害的环境问题。当前人类所面临的主要问题可以归纳为人口增多、资源短缺、生态破坏和环境污染四个方面。它们之间相互关联、相互影响，成为当今世界环境学所关注的主要问题。人口的急剧增加可以认为是当前环境的首要问题。近百年来，世界人口的增长速度达到了人类历史上的最高峰，预计到2025年人口将达80亿。人类生产消费活动需要大量的自然资源来支持。随着人口增加、生产生活规模的扩大，一方面所需要的资源急剧增多，人类正受到某些资源短缺或耗竭的严重挑战。全球资源匮乏和危机主要表现在：土地资源在不断减少和退化，森林面积在不断缩小，淡水资源出现严重不足，生物物种在减少，某些矿产资源濒临枯竭等。同时人口的增多对资源的过度开发利用也带来了生态破坏问题。生态环境破坏主要表现为土地退化、水土流失、土地沙漠化和生物物种消失等。另一方面排出的废弃物也相应剧增，因而加重了环境污染。环境污染作为全球性的重要环境问题，主要指的是温室效应与全球变暖、臭氧层破坏、酸雨、水资源危机、海洋污染、土壤污染、土地沙漠化、危险废物的非法转移、森林锐减、生物多样性减少等。

1. 温室效应与全球变暖

气候变化是一个最典型的全球尺度的环境问题。20世纪70年代，科学家把气候变暖作为一个全球环境问题提了出来。20 世纪 80 年代，随着对人类活动和全球气候关系认识的深化，随着几百年来最热天气的出现，这一问题开始成为国际政治和外交议题。1992 年巴西里约热内卢联合国环境与发展大会上，通过并开放签署《联合国气候变化框架公约》。气候变化问题直接涉及经济发展方式及能源利用的结构与数量，正在成为深刻影响 21 世纪全球发展的一个重大国际问题。CO_2、CH_4、O_3、氯氟烃（chlorofluorocarbon，CFC，也称氟利昂）、水蒸气等气体可以使太阳的短波辐射几乎无衰减地通过，又可以吸收地球的长波辐射，并将热量反射回地球，使地表大气温度升高。由于这类气体像玻璃罩一样具有保温作用，被称为“温室气体”。因温室气体吸收长波辐射并将热量反射回地球，造成地球变暖的效应称为温室效应。人类活动向大气中排放有毒有害气体加剧了温室效应。关于“温室效应与全球变暖”详述见 3.4.3 节。

2. 臭氧层破坏

大气中的臭氧含量仅一亿分之一，但在离地面 20～30 km 的平流层中存在着臭氧层，其中臭氧的含量占这一高度空气总量的十万分之一。臭氧层的臭氧含量虽然极其微小，但具有非常强的吸收紫外线的功能，可以吸收太阳光紫外线中对生物有害的部分，对地球上包括人类在内的各种生命的生存起到了保护层作用。然而，由于现代技术的发展，人类的活动范围已进入了平流层，如由超音速飞机排放到平流层中的氧化氮会导致臭氧的消耗；另外，制冷剂、喷雾剂等惰性物质的广泛使用，使这些物质长时间滞留在对流层，在一定条件下，对大气平流层中臭氧起到破坏作用。1985 年，英国科学家观测到南极上空出现臭氧层空洞，并证实其同氟利昂分解产生的氯原子有直接关系，这一消息震惊了全世界。美、日、英、俄等国家联合观测发现，近年来，北极上空臭氧层也减少了 20%。造成臭氧层破坏的主要原因是人类向大气中排放的某些痕量气体（如氧化亚氮、四氯化碳、甲烷和氯氟烷烃等）能与臭氧起化学反应，以致消耗臭氧层中的臭氧。关于“臭氧层破坏”详述见 3.4.2 节。

3. 酸雨

被称为“空中死神”的酸雨是大气污染的结果，酸雨的蔓延也是目前人类面临的全球性区域环境灾难之一。20 世纪六七十年代以来，随着世界经济的发展和矿物燃料消耗量的逐步增加，矿物燃料燃烧中排放的二氧化硫、氮氧化物等大气污染物总量不断增加，酸雨分布有扩大的趋势。目前，全球已形成三大酸雨区：北欧酸雨区、北美酸雨区和东亚酸雨区。酸雨会对水生生态系统、土壤、植被、建筑物、人体健康等产生影响和危害，已被公认为是当前全球性的环境污染问题之一。关于“酸雨”详述见 3.4.1 节。

4. 水资源危机

尽管地球上的水资源量巨大，但能被人们利用的水却少得可怜。据估计，地球上可为人类直接利用的水资源总量约 10 万 km^3，仅占地球总水量的 0.007%。水资源对于维持人类生命、发展工农业生产和维护生态环境等方面具有重要的不可替代的作用，在利用上具有“一水多用”的多功能特征。然而，其也具有“时空上的多变性”和“补给上的有限性”特征。水资源在数量和质量上强烈受到自然地理因素和人类活动的影响。在不同地区水资源的数量差别很大，同一地区也多有年内和年际的较大变化。因而，存在一些地区（或国家）水量充沛而另一些则面临着水资源严重短缺的问题。例如，巴西、俄罗斯、加拿大、中国、美国、印度尼西亚、印度、哥伦比亚和刚果等 9 个国家的淡水资源占了世界淡水资源的 60%，而约占世界人口总数 40%的 80 个国家和地区约 15 亿人口淡水不足，其中 26

个国家约 3 亿人极度缺水。同时，随着社会经济的发展，人类对水资源的需求越来越大，而可供人类利用的水资源量却不会大幅增加。此外，严重的水污染更加剧了水资源的紧张程度。水资源短缺已成为许多国家经济发展的障碍和全世界普遍关注的问题。详见 4.1.1 节。

5. 海洋污染

海洋是生命的摇篮，海水不仅是宝贵的水资源，而且蕴藏着丰富的生物、化学等资源。因此，海洋是维持社会发展和人类生存的重要资源之一。然而，随着社会经济的发展和人口的高速增长，人们在生产和生活过程中产生的废弃物也越来越多。这些废弃物的绝大部分最终直接或间接地进入海洋，导致部分海域水质恶化，生物资源受到影响，人类健康受到威胁等。当排污量超过海洋的自净能力时，即造成海洋污染。污染海洋的有害物质很多，目前危害最大的主要有石油、重金属、有机废弃物、热污染、农药和放射性物质等。近几十年，随着世界工业的发展，海洋污染日趋严重。详见 4.3.4 节。

6. 土壤污染

土壤不但为植物生长提供机械支撑力，而且能为植物生长发育提供所需要的水、肥、气、热等肥力要素，是生态环境的重要组成部分和人类赖以生存的主要资源之一。然而，近年来随着人口急剧增长和工农业的迅速发展，土壤环境质量日益恶化，如固体废物不断向土壤表面堆放和倾倒，有害废水向土壤中排放和渗透，大气中的有害气体及飘尘随雨水沉降于土壤中等逐渐导致了土壤污染。土壤中的污染物或其分解产物在土壤中逐渐积累，通过食物链进入人体，最终对人体健康造成潜在威胁。土壤生态环境保护与治理已引起了国内外的广泛关注。详见 5.2 节。

7. 土地沙漠化

土地退化是当代最为严重的生态环境问题之一，它正在削弱人类赖以生存和发展的基础。土地退化的根本原因在于人口增长、农业生产规模扩大和强度增加、过度放牧及人为破坏植被，从而导致水土流失、土地沙漠化等土地退化现象发生。其中，土地沙漠化是指非沙漠地区出现的以风沙活动、沙丘起伏为主要标志的沙漠景观的环境退化过程。目前全球有 3600 万 km^2 干旱土地受到沙漠化的直接危害，占全球干旱土地的 70%。沙漠化的扩展使可利用土地面积缩小，土地产出减少，降低了养育人口的能力，成为影响全球生态环境的重大问题。详见 5.3.2 节。

8. 危险废物的非法转移

近年来，危险废物从发达国家向发展中国家的越境转移日益增多。由于发展中国家的劳动力成本低廉，危险废物处理技术和工艺落后，往往只能提取危险废物中很少部分的可用物质，剩下的更加危险的废物被就地堆放或简单处置。这样会对大面积土壤、地下水、地表水以及空气产生极大的污染，进而危及人类健康。为了加强世界各国在控制危险废物和其他废物越境转移及其处置方面的合作，防止危险废物的非法越境运输，保护全人类的身体健康和生存环境，《控制危险废物越境转移及其处置巴塞尔公约》于 1989 年 3 月 22 日在瑞士的巴塞尔通过。当前，控制危险废物对环境和人类健康的危害，已成为世界各国共同关注的一个重大环境问题。详见 6.1 节。

9. 森林锐减

森林是以树木和其他木本植物为主的一种生物群落。森林具有净化空气、涵养水源、保持水土、防风固沙、调节气候等生态作用。按日本林业厅计算，每公顷树林每年通过光合作用，可吸收 CO_2 48 t，放出 O_2 36 t。全世界的森林覆盖率为 32%，其中北美洲为 34%，南美洲和欧洲均为30%左右，亚洲为15%，太平洋地区为10%，非洲仅6%。2015年的普查资料表明，我国的森林覆盖率仅为世界平均水平的67.6%。与此同时，地球上的森林正以每年1000万hm^2的速度消失，已由19世纪的55亿hm^2减少到现在的34亿hm^2。1980～1995年，世界森林面积减少了约1.8亿hm^2，平均每年减少1200万hm^2森林。可见，森林资源减少的形势已十分严峻。

10. 生物多样性减少

生物多样性是指某一区域内遗传基因的品系、物质和生态系统多样性的总和。生物多样性减少，包括遗传多样性、物种多样性、生态系统多样性的减少。据国外的科学家估计，物种丧失的速度比人类干预以前的自然灭绝速度要快1000倍。据联合国环境规划署估计，在未来的20～30年之中，地球总生物多样性的25%将处于灭绝的危险之中。在1990～2020年，因砍伐森林而损失的物种，可能要占世界物种总数的5%～25%，即每年损失15000～50000个物种，或每天损失40～140个物种。生物多样性减少或者丧失所能造成的后果，目前尚不能全面加以估计和评价，其突出表现是破坏生态平衡，影响人类食物来源，影响人类健康的维持，也影响生产原料的供给。生物多样性减少已成为全球普遍关注的重大生态环境问题。

1.2.5　中国的环境问题

中国环境问题是新中国建立以来，因人口增长过快，人类生产和生活给环境带来的干扰超过了对自然环境的控制能力和利用水平，使环境质量恶化、机能破坏而导致的一系列环境问题。中国现阶段正处于迅速推进工业化和城市化的发展阶段，对自然资源的开发强度不断加大，加之采取粗放型的经济增长方式，技术水平和管理水平比较落后，污染物排放量不断增加。从全国总的情况来看，我国的环境污染仍在加剧，生态恶化积重难返，环境形势不容乐观。

近十年来，在改革开放进程中，我国政府逐步改变了单项突击、片面追求产量和产值的传统战略倾向，确定了“注重效益，提高质量，协调发展，稳定增长”的经济指导方针，提出了“经济社会与环境保护协调发展”的战略思想，大大促进了我国的经济发展。因此，当前我国的环境建设和环境问题，与其他发展中国家具有许多共同点，同时又有其自身的特点。用一句话概括，我国环境保护工作成就很大，但城市水、气、声、渣的环境污染和自然生态的破坏仍相当严重，不容忽视。

1. 生态环境问题

（1）森林生态功能仍然较弱。第八次全国森林资源清查（2009～2013年）表明，我国森林总量呈持续增长态势。全国森林面积2.08亿hm^2，森林覆盖率已增至21.63%，森林蓄积量151.37亿m^3。森林面积和森林蓄积分别位居世界第5位和第6位，人工林面积仍居世界首位。但由于历史和自然条件的限制，我国森林生态功能仍然较弱。我国森林覆盖率仍然远低于全球31%的平均水平，人均森林面积仅为世界人均水平的1/4，人均森林蓄积只有世界人均水平的1/7，森林资源总量相对不足、质量不高、分布不均的状况仍未得到根本改变，林业发展面临着巨大的压力和挑战。

（2）草原退化与减少的状况难以根本改变。据2017年统计，全国草原面积近4亿hm^2，约占国土面积的41.7%，是全国最大的陆地生态系统和生态安全屏障。然而，长期以来，由于不合理开垦、过度放牧、重用轻养，使本处于干旱、半干旱地区的草原生态系统遭受严重破坏而失去平衡，造成生产能力下降，产草减少和质量衰退。目前，全国退化草原面积已达 8700 万 hm^2。草原生态建设的投资大、周期长、见效慢，而工农业的发展又将占用大量草地。此外，草原生产力明显受气候因素影响，特别是近年地球气温变暖，我国北方草原地区降雨量下降。例如，内蒙古东部地区，20 世纪 80 年代与 60 年代相比，年均降雨量由 400～450 mm 下降到 250～350 mm，严重影响产草的质量。广大边远地区的农牧民为解决生活燃料的短缺，不得不砍伐和采挖荒漠上仅存的一点林木和植被，更增加了我国草原复原的难度，进而影响我国畜牧业的发展。

（3）水土流失、土壤沙化、耕地减少。大量森林草地的破坏导致我国发生较为严重的水土流失问题。据全国第二次水土流失遥感调查结果（2002 年 1 月），20 世纪 90 年代末我国水土流失面积由新中国成立之初的 116 万 km^2 扩大到 356 万 km^2，占到国土面积的三分之一以上。每年因水土流失损失的土壤约 50 亿 t，相当于我国耕地每年被刮去 1 cm 厚的沃土层，由此流失的氮、磷、钾大约相当于 4000 多万 t 化肥。我国水土流失最严重的是黄土高原，面积达 4300 万 hm^2，占该区总面积的 75%，土壤的侵蚀量为 5000～10000 t/km^2。因此，黄河水中的含沙量为世界之最，达 37 kg/m^3。另外，根据第一次全国水利普查（2011 年）成果，中国现有土壤侵蚀总面积 294.29 万 km^2，占普查范围总面积的 31.1%，其中水力侵蚀 129.3 万 km^2，风力侵蚀面积 165.6 万 km^2。

新中国成立以来，土壤沙化的发展速度呈加快趋势。第五次全国荒漠化和沙化监测结果显示，截至 2014 年，全国沙化土地面积由解放初期的约 107 万 km^2 扩大到 172 万 km^2，占国土面积的 17.93%；有明显沙化趋势的土地面积 30.03 万 km^2，占国土面积的 3.12%。与此同时，沙区开垦、过度放牧和陡坡开荒等违背自然规律的掠夺性开发问题非常突出。5 年间沙区耕地和沙化耕地分别增加 33.60%和 8.76%，2014 年牧区平均牲畜超载率达 20%，土壤沙化已成为我国最为严重的生态问题之一。

（4）水旱灾害日益严重。我国是个水旱灾害多发的国家。全国二分之一的人口、三分之一的耕地和主要大城市处于江河的洪水位之下，工农业产值占全国三分之二的地区受到洪水的威胁。全国年均受灾面积自 20 世纪 50 年代以来呈逐渐增长趋势，如 20 世纪 80 年代是 50 年代的 2.1 倍，是 70 年代的 1.7 倍。这种情况的产生与水土流失造成湖泊淤积和盲目围湖造田使湖泊水面大幅度减少有关。据统计，从 20 世纪 50 年代到 80 年代，我国共减少湖泊 500 多个，水面缩小 186 万 hm^2，蓄水量减少 513 亿 m^3。目前这种状况仍未得到显著改善。据报道，2017 年汛期，全国共出现 36 次暴雨过程，全年有 471 条河流发生超过警戒水位洪水。全国因洪涝灾害受灾人口 5515 万人。2017 年全国旱情没有往年严重，但区域性和阶段性干旱明显。华北北部、东北西部、内蒙古东部出现春夏连旱，江淮、江汉等地发生伏旱。全国作物受旱面积 2.73 亿亩（1 亩≈666.67 m^2），受灾面积 1.48 亿亩。

（5）水资源短缺。水资源问题是当今全世界最受关注的焦点问题之一。我国幅员辽阔、水资源十分丰富，但人均占有量少并且属多水患国家。随着我国经济发展速度快速增长和水资源开发活动的大力开展，水资源保护压力越来越大。同时，不断出现新的生态环境等各种不利于人类生存发展的问题。

我国是世界上水资源最缺乏的国家之一，年水资源总量为 2.8 万多亿 t，居世界第六位。但人均水量不足 2400 m^3，仅为世界人均水量的 1/4，世界排名第 110 位，被联合国列为 13 个最贫水国家之一。同时，我国水域普遍受到了不同程度的污染，降低了水资源利用的功能。全国 600 多个城市中，有 400 多个城市供水不足，100 多个城市严重缺水，每年缺水

60 多亿 m^3。同时，我国浪费又很严重，我国工业产品用水量一般比发达国家高出 5～10 倍，发达国家水的重复利用率一般在 70%以上，而我国只为 20%～30%。此外，我国还面临着严重的污染，近 50%的重点城镇水源不符合饮用水的标准。水资源短缺，迫使一些城市大量开采地下水，导致地下水位下降、海水入侵和城市地面沉降。城市缺水问题，特别是北方城市缺水问题的严重性，已经成为影响我国城市可持续发展的重要因素。

2. 环境污染严重

我国人口众多，目前尚处于城市化和经济快速发展阶段。据统计，2017 年我国城市建成区面积约为 5.5 万 km^2，相当于 20 年前的两倍。2018 年我国城镇化水平 59.58%，相当于 20 年前的两倍多。与此同时，20 年来我国国民生产总值年平均增长率基本保持在 9.20%，为同期世界平均值的 3 倍多。然而，由于我国经济基础薄弱，现阶段仍受到产业结构不甚合理、技术不够先进和民众文化素质总体偏低的限制，致使城市地区的水、气、声、渣等环境污染十分严重。据统计，我国 1998～2006 年共发生环境污染和破坏事件 14742 起，平均每年发生 1600 多起，高于 1980～1985 年美国污染事故年均发生量（1385 起）。这些环境污染事故的直接经济损失达 12.4 亿元。可见我国目前环境污染程度很不容乐观，环境质量改善任重而道远。

（1）大气污染仍十分严重。大气污染主要污染物包括 $PM_{2.5}$、O_3、PM_{10}、NO_2、SO_2，其中含量 O_3＞PM_{10}＞$PM_{2.5}$。2013～2016 年 74 个主要城市中 O_3 的平均浓度范围最高，并且在其他污染物浓度逐年下降的情况下，O_3 有微升趋势，在 2016 年已经达到 154 mg/m^3。2016 年，PM_{10} 平均浓度约为 85 mg/m^3，$PM_{2.5}$ 平均浓度为 50 mg/m^3，较 2013 年空气质量明显改善，但是仍然不容乐观。燃煤依然是造成大气污染的主要原因之一。我国是一个以煤为主要能源的国家，2016 年的原煤产量为 34.11 亿 t，居于全球第一位。2017 年全国能源消费总量比上年增长约 2.9%，煤炭占能源总消费的比重下降至 60.4%，但仍占据较高比重，对全国空气污染带来较大贡献。2017 年，全国 338 个地级及以上城市中，有 239 个城市环境空气质量超标，占全部城市数的 70.7%，338 个城市平均优良天数比例为 78.0%，比 2016 年下降 0.8 个百分点。338 个城市发生重度污染 2311 天次，空气严重污染 802 天次。大气污染以 $PM_{2.5}$ 为首要污染物的天数占重度及以上污染天数的 74.2%，以 PM_{10} 为首要污染物的占 20.4%，以 O_3 为首要污染物的占 5.9%，其中有 48 个城市重度及以上污染天数超过 20 天。2017 年，我国大气 SO_2 排放量依然高达 1974.4 万 t，全国降水酸雨（降水 pH 年平均值低于 5.6）、较重酸雨（降水 pH 年平均值低于 5.0）和重酸雨（降水 pH 年平均值低于 4.5）的城市比例分别为 18.8%、6.7%和 0.4%。

（2）水污染状况尚未根本解决。近年来，我国污水排放总量呈持续增长趋势，生活污水占比持续上升，1998～2014 年我国污水排放量由 395 亿 t 上升至 716 亿 t，复合增长率约为 3.8%，工业废水排放量基本保持不变且有下降趋势；生活污水排放量由 1998 年的 195 亿 t 增长至 2014 年的 510 亿 t，复合增长率约为 6.4%。生活污水排放量占全国污水排放总量的比重也由 2000 年的 53.21%上升至 2014 年的 71.23%。2014 年全国排放废水中化学需氧量排放量 2294.6 万 t，其中，工业源化学需氧量排放量为 311.3 万 t、农业源化学需氧量排放量为 1102.4 万 t、城镇生活化学需氧量排放量为 864.4 万 t。废水中氨氮排放量 238.5 万 t，其中，工业源氨氮排放量为 23.2 万 t、农业源氨氮排放量为 75.5 万 t、城镇生活氨氮排放量为 138.1 万 t。未来随着我国人口数量的不断增加、城市化进程和人民生活水平的提高，生活污水排放量将继续增长，成为新增污水排放量的主要来源。

大量的未经处理或只经过简单处理的废水排入江河湖海，使流经城市的河段受到严重污染。2017 年对七大水系总河长 43562 km 的评价中，符合地面水水质Ⅳ类和Ⅴ类的仅占 44%；其中辽河水系和海河水系污染最严重。2017 年，全国地表水 1940 个水质断面（点位）中，Ⅰ～Ⅲ类水质断面（点位）1317 个，占 67.9%；Ⅳ、Ⅴ类 462 个，占 23.8%；劣Ⅴ类 161 个，占 8.3%。其中，黄河、松花江、淮河和辽河流域为轻度污染，海河流域为中度污染。与往年相比，地表水水质有所改善，但仍未得到根本解决。与此同时，地下水水质也不容乐观。2017 年对全国 31 个省（自治区、直辖市）的地下水水质监测表明，属于较差和极差级别的监测点位占到 66.6%。此外，近年来一些海域富营养化加重，赤潮灾害也在增多，部分区域对养殖业产生了较为严重的影响。

（3）城市噪声污染严重。2017 年，有 323 个地级及以上城市开展区域昼间声环境监测，共监测 55823 个点位，等效声级平均值为 53.9 dB（A），4 个城市高于 60 dB（A）。与往年相比有所下降，但城市噪声污染问题依然广泛存在。

（4）工业固体废物增加。据统计，2017 年，202 个大、中城市一般工业固体废物产生量达 13.1 亿 t，综合利用量 7.7 亿 t，处置量 3.1 亿 t，储存量 7.3 亿 t，倾倒丢弃量 9.0 万 t。一般工业固体废物综合利用量占利用处置总量的 42.5%，处置和储存分别占比 17.1%和 40.3%。2017 年，202 个大、中城市工业危险废物产生量达 4010.1 万 t，同比增长接近 20%，工业危险废物综合利用量占利用处置总量的 48.6%，处置、储存分别占比 40.7%和 10.7%。此外，全国还有带来水、气、声和渣污染的几十万个乡镇企业，它们也是不容忽视的污染源。

由上述讨论可见，我国的环境保护事业任重道远。无论世界范围还是我国，也无论是发展中国家还是发达国家，除了某些方面或局部区域的环境问题获得不同程度的解决外，就总体而言，当代的世界环境问题仍然十分严重，特别是解决全球性大气环境问题已经到了刻不容缓的时候，以致环境保护工作者不得不大声疾呼“人类只有一个地球”，这已获得国际社会的全面认同。

1.2.6 解决环境问题的根本途径

人口激增、经济发展和科技进步，是产生和激化环境问题的根源。因此，解决环境问题必须依靠控制人口、加强教育、提高人口素质、增强环境意识、强化环境管理，依靠强大的经济实力和科技进步。

1. 控制人口

人具有生产者和消费者的双重属性。人既是人地相关系统中的主体，又是环境和资源的组成要素。可持续发展实质上就是人类本身的可持续发展，它从人的需要出发，以人的全面发展为归宿，以人口素质的提高为核心。人口素质的高低决定着可持续发展的质量，影响着可持续发展的进程，是可持续发展能否实现的关键因素。因此，合理控制人口数量，加强人口教育，提高人口素质，对于解决当代环境问题有着特殊的重要意义。

2. 加大投入

解决环境问题必须要有相当的经济实力，即需要付出巨大的财力、物力，并且需要经过长期的努力。据统计，1970～1990 年，美国《清洁空气法》实施后，美国投入大气污染治理的总费用为 5230 亿元。已有经验表明，环保投入占同期国内生产总值（gross domestic product，GDP）的比重与环境状况的变化具有一定的关联性，当环保投入占 GDP 比重低于

1.5%，环境质量将持续恶化；比重大于1.5%可能会逐步好转或者出现平衡，但仍然解决不了历史遗留问题，只有在环保投入占GDP大于或等于3%的时候，才可能使遗留的环境问题逐步得以解决，环境质量状况才会得以好转。根据发达国家环保产业的发展经验，国家环保投入占GDP比例一般高于2%，在其投资高峰期占比更高（甚至高达18%），且投资高峰一般可持续10年左右。据统计，2016年我国环境污染治理投资总额为9220亿元，比2001年增长6.9倍。其中，城镇环境基础设施建设投资5412亿元，比2001年增长7.3倍；工业污染源治理投资819亿元，增长3.7倍。2001年至今环境污染治理投资总额逐年增加，但全国环境污染治理投资总额占GDP比重基本保持在1.1%～1.8%，且在近几年有下降趋势。总体来说，有限的环保投资，对于我国这样一个幅员辽阔、环境污染和生态破坏相对严重的国家来说，远不能达到有效控制污染和改善生态环境的目的。因而，更有必要借助科技进步解决环境问题。

3. 发展科技

科技进步与发展虽然会产生各种各样的环境问题，但环境问题的解决仍离不开科技进步。例如，针对由燃煤带来的环境污染（大气和水污染及固体废物污染，全球变暖和酸沉降，以及人造化学物氟氯烃等的使用造成臭氧层的破坏等环境问题），需要改善和提高燃煤设备的性能和效率，寻找洁净能源或氟氯烃的替代物，从根本上清除污染源或降低污染源的危害强度，以及研制和生产高效、低能耗的环保产品，治理污染；或者通过科学规划，以区域为单元，制定区域性污染综合防治措施等，都可以实现在较低的或有限的环保投资下，获得较佳的环保效益。

4. 增强意识

环境意识是国民素质的重要内容，公众环境意识水平的高低，直接影响着国家环境保护政策的制定和实施。1996年，时任总书记江泽民在第四次全国环境保护会议上指出“环境意识和环境质量如何，是衡量一个国家和民族的文明程度的一个重要标志”。因此，提高全民族的环境意识水平、加强环境保护，是实现可持续发展的关键，也是我国环境保护的一项重要战略措施。普遍提高群众的环境意识，促使人们在进行任何一种社会活动、生产生活活动、科技活动与发明创造时，都能考虑到是否会对环境造成危害，或能否采取相应的措施将对环境的危害降到最低限度。这些措施包括各种技术手段及环境管理。特别是加强环境管理，是一种低投入、高效益的解决环境问题的根本途径。

毫无疑问，上述四个方面，都是解决环境问题的根本途径。

1.3　环境保护与可持续发展

1.3.1　环境保护

1. 环境保护的概念

环境保护是指人类为解决现实的和潜在的环境问题，维持自身的存在和发展而进行的各种具体实践活动的总称。当代环境保护的兴起和发展是从治理污染、消灭公害开始的，大体经历了四个阶段：①以单纯运用工程技术措施治理污染为特征的第一阶段；②以污染防治结合为核心的第二阶段；③以环境系统规划与综合管理为主要标志的第三阶段；④以清洁生产、绿色技术等污染的全过程控制思想为代表的第四阶段。

2. 世界环境保护的发展历程

人类社会在不同历史阶段和不同国家或地区，有各种不同的环境问题，因而环境保护工作的目标、内容、任务和重点，在不同时期和不同国家是不同的。近百年来，世界各国，主要是发达国家的环境保护工作，大致经历了以下四个发展阶段。

1）限制治理阶段（20 世纪 50 年代～60 年代末）

环境污染早在 19 世纪就已发生，如英国泰晤士河污染、日本足尾铜矿污染等。20 世纪 30～60 年代，相继发生了八大公害事件。因为当时尚未搞清这些公害事件产生的原因和机理，所以一般只是采取限制措施。如英国伦敦发生烟雾事件后，制定了法律，限制燃料使用量和污染物排放时间等。20 世纪 50 年代末、60 年代初，发达国家环境污染问题日益突出，环境保护成了举世瞩目的国际性大问题，于是各发达国家相继成立环境保护专门机构。但因当时的环境问题还只是被看作工业污染问题，因此环境保护工作主要就是治理污染源、减少排污量。同时，在法律措施上，颁布了一系列环境保护的法规和标准，加强法治。在经济措施上，采取给工厂企业补助资金，帮助工厂企业建设净化设施；并通过征收排污费或实行"谁污染、谁治理"的原则，解决环境污染的治理费用问题。在这个阶段，经过大量投资，尽管环境污染有所控制，环境质量有所改善，但所采取的尾部治理措施，从根本上来说是被动的，因而收效并不显著。

这一时期，公害事件的不断发生也逐渐引起了人们对自己行为的反思。1962 年，美国海洋生物学家蕾切尔·卡逊（Rachel Carson）经过 4 年时间，调查了使用化学杀虫剂对环境造成的危害后，发表了引起轰动的环境科普著作《寂静的春天》（*Silent Spring*）一书。在这本书中，描绘了一幅由于农药污染所带来的可怕景象，原本生机勃勃的春天由于人类滥用杀虫剂而变得寂静了，并对这一现象进行了深刻的反思。这部著作在世界范围内引发了人类对环境问题的广泛关注和讨论，也引发了一场环保运动。1969 年，美国民主党参议员盖洛德·尼尔森提议，在全国各大学校园内举办环保问题讲演会。当时 25 岁的哈佛大学法学院学生丹尼斯·海斯很快就将尼尔森的提议变成了一个在全美各地展开大规模社区性活动的具体构想，并得到很多青年学生的普遍支持。1970 年 4 月 22 日，美国首次举行了声势浩大的"地球日"活动。这是人类有史以来第一次规模宏大的群众性环境保护运动。

2）综合防治阶段（20 世纪 70 年代）

面对环境污染问题对人类的挑战，1972 年 6 月 5～16 日，联合国在瑞典斯德哥尔摩召开了人类环境会议，并通过了《人类环境宣言》。这次会议是世界各国政府共同讨论当代环境问题，探讨保护全球环境战略的第一次会议，是人类环境保护史上的重大里程碑。它加深了人们对环境问题的认识，扩大了环境问题的范围。《人类环境宣言》指出，环境问题不仅仅是环境污染问题，还应该包括生态环境的破坏问题。为纪念斯德哥尔摩会议和发扬会议精神，同年第 27 届联合国大会接受并通过联合国人类环境会议的建议，确定每年 6 月 5 日为"世界环境日"。同时，在会议的建议下成立了联合国环境规划署（UNEP），总部设在肯尼亚首都内罗毕，UNEP 负责处理联合国在环境方面的日常事务工作。从 1974 年起，联合国环境规划署每年为环境日确立一个主题，开展相关的宣传活动。这次会议是世界环境保护史上的里程碑。此后，世界各国相继成立环境部、环境保护局等。这一阶段冲破了以环境论环境的狭隘观点，把环境和资源与发展联系在一起，从整体上来解决环境问题。对环境污染问题，也开始实行建设项目环境影响评价制度和污染物排放总量控制制度，从单项治理发展到综合防治。

3）规划管理阶段（20 世纪 80 年代）

20 世纪 70 年代以来，许多国家在治理环境污染上都进行了大量投资。发达国家，如美国、日本用于环境保护的费用占国民生产总值的 1%～2%；发展中国家为 0.5%～1%。环境保护在宏观上促进了经济的发展，既有经济效益，又有社会效益和环境效益；但在微观上，尤其在某些污染型工业和城市垃圾等方面，环境污染治理投资较高，运营费用较大，对产品成本有一定影响，对城市社会经济的发展是一个重要的制约因素。80 年代初，由于发达国家经济萧条和能源危机，各国都急需协调发展、就业和环境三者之间的关系，并寻求解决的方法和途径。该阶段环境保护工作的重点是：制定经济增长、合理开发利用自然资源与环境保护相协调的长期政策。其特点是：重视环境规划和环境管理，对环境规划措施，既要求促进经济发展，又要求保护环境；既要求有经济效益，又要有环境效益。要在不断发展经济的同时，不断改善和提高环境质量。

4）重视可持续发展阶段（20 世纪 90 年代至今）

为了解决环境恶化这个全球性的问题，1992 年 6 月 3～14 日，联合国环境与发展大会在巴西里约热内卢举行，会议通过了《里约环境与发展宣言》和《21 世纪议程》两个纲领性文件以及关于森林问题的原则性声明。这是联合国成立以来规模最大、级别最高、影响最为深远的一次国际会议。它标志着世界环境保护工作又迈上了新的征途：探求环境与人类社会发展的协调方法，实现人类与环境的可持续发展。“和平、发展与保护环境是相互依存和不可分割的”。至此，环境保护工作已从单纯治理污染扩展到人类发展、社会进步这个更广阔的范围，“环境与发展”成为世界环境保护工作的主题。2002 年 8 月，在南非的约翰内斯堡召开了可持续发展世界首脑会议，这是继 1992 年在巴西里约热内卢举行的联合国环境与发展大会和 1997 年在纽约举行的第十九届联合国大会特别会议之后，全面审查和评价《21 世纪议程》执行情况，重振全球可持续发展伙伴关系的重要会议。可持续发展世界首脑会议的召开对于人类进入 21 世纪所面临和解决的环境与发展问题有着重要的意义。

3. 中国环境保护的发展历程

中国的环境保护起步于 1973 年，共经历了以下三个阶段。

1）起步阶段（1973～1978 年）

“文化大革命”导致国民经济到了崩溃的边缘，环境污染和破坏也达到了严重的程度。根据周恩来总理的指示，中国派代表团参加了 1972 年 6 月 5 日在斯德哥尔摩召开的人类环境会议。这次会议后，中国比较深刻地了解到环境问题对经济社会发展的重大影响，意识到中国也存在着严重的环境问题，于 1973 年 8 月在北京召开了第一次全国环境保护会议，标志着中国环境保护事业的开始。这次会议提出了“全面规划、合理布局，综合利用、化害为利，依靠群众、大家动手，保护环境、造福人民”的 32 字环境保护方针。制定了《关于保护和改善环境的若干规定（试行草案）》（以下简称《规定》），是中国历史上第一个由国务院批转的具有法规性质的文件。1974 年 10 月，国务院设立环保领导机构和办事机构。这时国家还没有独立的环保部门，只有一个临时性工作机构——国务院环境保护领导小组。时任这个小组办公室负责人之一的就是第一任国家环境保护局局长曲格平。

2）发展阶段（1979～1992 年）

1978 年 12 月 18 日，党的十一届三中全会的召开，实现了全党工作重点的历史性转变，开创了改革开放和集中力量进行社会主义现代化建设的历史新时期，我国的环境保护事业也进入新的发展时期。1979 年 9 月，第五届人大常委会第十一次会议通过新中国的第一部环境保护基本法——《中华人民共和国环境保护法（试行）》（以下简称《环境保护法》），标志着我国的环境保护工作开始走上了法制轨道。在《环境保护法》的推动下，1982 年 12 月，国务院撤销了国务院环境保护领导小组及其办公室，新组建了城乡建设部，内设环境保护局，曲格平任第一任局长。从此，我国环境管理机构正式纳入政府建制。1983 年，第二次全国环境保护会议召开是我国环境保护史上的一次重要转折。在这次会议上，国家宣布将环境保护确定为基本国策。同时还制定了“同步发展”的方针。按照方针要求，经济建设、城乡建设和环境建设要同步规划、同步实施、同步发展。现在仍在沿用的“预防为主，防治结合，综合治理”“谁污染，谁治理”的环境政策都是这一年确定下来的。1988 年，一直隶属于城乡建设部的环境保护局独立出来，成为国务院直属局，正式更名为国家环境保护局。

1989 年 4 月底至 5 月初在北京召开了第三次全国环境保护会议，这是一次开拓创新的会议。这次会议明确提出：“努力开拓有中国特色的环境保护道路”，确定了八项有中国特色的环境管理制度，并综合运用、逐步形成合理的运行机制。按照在环境管理运行机制中的作用，8 项制度可分为 3 组。①贯彻“三同步”方针，促进经济与环境协调发展的制度，主要包括环境影响评价及“三同时”制度。这两项制度结合起来形成防止新污染产生的两个有力的制约环节，保证经济建设与环境建设同步实施，达到同步协调发展的目标。②控制污染，以管促治的制度，主要包括排污收费、排污申报登记及排污许可证制度，污染集中控制，以及限期治理制度。③环境责任制与定量考核制度，主要包括环境目标责任制、城市环境综合整治定量考核等两项制度。“三大政策”和“八项制度”把实施基本国策和同步发展方针具体化，“从而使我国的环境管理由一般号召和靠行政推动的阶段，进入法制化、制度化的新阶段，是环境保护特别是环境管理一个重大的、具有根本意义的转变”。在这一时期，逐步形成和健全了我国环境保护的环保政策和法规体系，于 1989 年 12 月 26 日颁布《中华人民共和国环境保护法》，同期还制定了关于保护海洋、水、大气、森林、草原、渔业、矿产资源、野生动物等各方面的一系列法规文件。

3）深化阶段（1992 年以后）

1992 年在里约热内卢召开了联合国环境与发展大会，实施可持续发展战略已成为全世界各国的共识，世界已进入可持续发展时代，我国环境保护的发展也进入了一个新阶段。1996 年 7 月在北京召开了第四次全国环境保护会议。这次会议对于部署落实跨世纪的环境保护目标和任务，实施可持续发展战略，具有十分重要的意义。第四次全国环境保护会议后，国务院发布了《国务院关于环境保护若干问题的决定》，实施《污染物排放总量控制计划》和《跨世纪绿色工程规划》，大力推进“一控双达标”（控制主要污染物排放总量，工业污染源达标和重点城市的环境质量按功能区达标）工作，全面展开“三河”（淮河、海河、辽河）、“三湖”（太湖、滇池、巢湖）水污染防治，“两控区”（酸雨污染控制区和二氧化硫污染控制区）大气污染防治、一市（北京市）、“一海”（渤海）（简称“33211”工程）的污染防治。

1998 年，国家环境保护局升格为国家环境保护总局，解振华任国家环境保护总局局长。2002 年 1 月 8 日，国务院召开第五次全国环境保护会议，提出环境保护是政府的一项重要职能，要按照社会主义市场经济的要求，动员全社会的力量做好这项工作。2006 年 4 月 17～18 日第六次全国环境保护电视电话会议召开。会议总结“十五”期间全国环保工作，部署

“十一五”环保工作任务。指出今后5年环境保护的主要目标：到2010年，在保持国民经济平稳较快增长的同时，使重点地区和城市的环境质量得到改善，生态环境恶化的局势基本遏制，单位国内生产总值能源消耗比十五期末降低20%左右，主要污染物排放总量减少10%，森林覆盖率由18.2%提高到20%。关键要加快实现三个转变，一是从重经济增长轻环保工作转变成两者并重；二是从环保滞后于经济发展转变成两者同步；三是从主要用行政办法保护环境转变成综合利用法律、经济、技术及必要的行政办法保护环境。与此同时要加大防治污染力度，特别是危害人民群众健康的污染问题；加强自然生态保护，扭转生态恶化的趋势；加快经济结构调整，从源头防治环境污染；大力发展环境科技和环保产业，提高环保水平。就如何实现“十一五”环境保护目标和任务，会议还提出落实环保责任制、实行污染物排放总量控制制度等八方面措施。

2008年3月27日，我国环境保护的历史翻开了新的一页——中华人民共和国环境保护部正式挂牌，首任部长为周生贤。从1982年在城乡建设部设立环境保护局，到1988年成立国务院直属的国家环境保护局，1998年升格为国家环境保护总局，再到2008年召开的十一届全国人大正式批准成立中华人民共和国环境保护部。近30年间，我国环境保护职能部门成功实现四级跳跃。2018年3月17日，十三届全国人大一次会议批准了国务院机构改革方案。调整包括组建生态环境部，不再保留环境保护部，生态环境部的职能包括污染防治和生态保护，监管职能进一步增强。2018年4月16日，环境保护部正式更名为生态环境部。

1.3.2 可持续发展战略

1. 可持续发展战略的由来

现代可持续发展思想的提出源于人们对环境问题的逐步认识和热切关注。其产生背景是人类赖以生存和发展的环境和资源遭到越来越严重的破坏，人类已不同程度地尝到了环境破坏的苦果。20世纪以来，许多国家相继走上了以工业化为主要特征的发展道路。随着社会生产力的极大提高和经济规模的不断扩大，人类前所未有的巨大物质财富加速了世界文明的演化进程。但是，人类在创造辉煌的现代工业文明的同时，一味地滥用赖以支撑经济发展的自然资源，使地球资源过度消耗，生态急剧破坏。

1）《寂静的春天》——对传统行为和观念的早期反思

20世纪50年代末，美国女海洋生物学家蕾切尔·卡逊（Rachel Karson）在潜心研究美国使用杀虫剂所产生的种种危害之后，于1962年发表了环境保护科普著作《寂静的春天》。书中描述了双对氯苯基三氯乙烷（Dichlorodiphenyltrichloroeth，DDT）等杀虫剂污染带来严重危害的现象，并通过对污染物迁移、转化的描写，阐明了人类同大气、海洋、河流、土壤、动植物之间的密切关系，初步揭示了污染对生态系统的影响。她告诉人们：“地球上生命的历史一直是生物与其周围相互作用的历史，只有人类出现后，生命才具有改造其周围大自然的异常能力。在人对环境的所有袭击中，最令人震惊的是空气、土地、河流以及大海受到各种致命化学物质的污染。这种污染是难以清除的，因为它们不仅进入了生命赖以生存的世界，而且进入了生物组织内。”《寂静的春天》对环境保护与现代环境学的发展起了积极的推动作用。

2）《增长的极限》——引起世界反响的严肃忧虑

1968年4月来自10个国家的大约30名科学家、社会学家、经济学家和计划专家等聚集在罗马林奇科学院，探讨什么是全球性问题和如何开展全球性问题研究。这次会议诞生了一个“无形的学院”——罗马俱乐部。受罗马俱乐部的委托，以麻省理工学院 Dennis Meadows 为首的研究小组，针对长期流行于西方的高增长理论进行了深刻反思，并于 1972 年提交了俱乐部成立后的第一份研究报告，即《增长的极限》。报告深刻阐明了环境的重要性以及资源与人口之间的基本联系。报告认为：由于世界人口增长、粮食生产、工业发展、资源消耗和环境污染这五项基本因素的运行方式是指数增长而非线性增长，全球的增长将会因为粮食短缺和环境破坏于 21 世纪某个时段内达到极限。就是说，地球的支撑力将会达到极限，经济增长将发生不可控制的衰退。因此，要避免因超越地球资源极限而导致世界崩溃的最好方法是限制增长，即“零增长”。《增长的极限》一发表，在国际社会特别是在学术界引起了强烈的反响。由于种种因素的局限，其结论和观点存在十分明显的缺陷。但是，报告所表现出的对人类前途的“严肃的忧虑”以及唤起人类自身的觉醒，其积极意义却是毋庸置疑的。它所阐述的“合理的、持久的均衡发展”，为孕育可持续发展的思想萌芽提供了土壤。

3）《人类环境宣言》——人类对环境问题的正式挑战

1972 年 6 月 5～16 日，联合国人类环境会议在斯德哥尔摩召开，来自世界 113 个国家和地区的代表汇聚一堂，共同讨论环境对人类的影响问题。大会通过的《人类环境宣言》宣布了 37 个共同观点和 26 项共同原则。它向全球呼吁：现在已经到达历史上这样一个时刻，我们在决定世界各地的行动时，必须更加审慎地考虑它们对环境产生的后果。由于无知或不关心，我们可能给生活和幸福所依靠的地球环境造成巨大的无法换回的损失。因此，保护和改善人类环境是关系到全世界各国人民的幸福和经济发展的重要问题，是全世界各国人民的迫切希望和各国政府的责任，也是人类的紧迫目标。各国政府和人民必须为全体人民和自身后代的利益而做出共同的努力。

作为探讨保护全球环境战略的第一次国际会议，本次大会的意义在于唤起了各国政府对环境问题，特别是对环境污染的觉醒和关注。尽管大会对整个环境问题的认识比较粗浅，对解决环境问题的途径尚未确定，尤其是没能找出问题的根源和责任，但是，它正式吹响了人类共同向环境问题挑战的进军号。各国政府和公众的环境意识，无论是在广度上还是在深度上都向前迈进了一步。会议建议联合国大会把联合国人类环境会议开幕日——6 月 5 日，定为“世界环境日”。1972 年，第 27 届联合国大会接受并通过了这项建议。世界环境日的意义在于提醒全世界注意全球环境状况和人类活动对环境的危害，要求联合国系统和各国政府在这一天开展各种活动，以强调保护和改善人类环境的重要性，联合国环境规划署在每年世界环境日发表环境现状的年度报告书。

4）《我们共同的未来》——环境与发展思想的重要飞跃

联合国世界环境与发展委员会（WCED）于 1983 年 3 月成立，挪威时任首相布伦特兰夫人任主席。负责制订长期的环境对策，研究能使国际社会更有效地解决环境问题的途径和方法。经过 3 年多的深入研究和充分论证，该委员会于 1987 年向联合国大会提交了研究报告《我们共同的未来》（*Our Common Future*）。该报告分为“共同的问题”“共同的挑战”和“共同的努力”三个部分。将注意力集中于人口、粮食、物种和遗传资源、能源、工业和人类居住等方面。在系统探讨了人类面临的一系列重大经济、社会和环境问题之后，第一次提出了“可持续发展”的概念。报告深刻指出，在过去，我们关心的是经济发展对生态环境带来的影响；而现在，我们迫切地感到生态的压力对经济发展所带来的重大影响。

因此，我们需要有一条新的发展道路，这条道路不是一条仅能在若干年内、在若干地方支持人类进步的道路，而是一直到遥远的未来都能支持全球人类进步的道路，这就是“可持续发展道路”。

5）《里约环境与发展宣言》和《21世纪议程》——环境与发展的里程碑

联合国环境与发展大会（UNCED）于1992年6月在巴西里约热内卢召开。共有183个国家的代表团和70个国际组织的代表出席了会议，102位国家元首或政府首脑到会讲话。会议通过了《里约环境与发展宣言》（又名《地球宪章》）和《21世纪议程》两个纲领性文件。前者是开展全球环境与发展领域合作的框架性文件，是为了保护地球永恒的活力和整体性，建立一种新的、公平的全球伙伴关系的“关于国家和公众行为基本准则”的宣言。它提出了实现可持续发展的27条基本原则；后者则是全球范围内可持续发展的行动计划，它旨在建立21世纪世界各国在人类活动对环境产生影响的各个方面的行动规则，为保障人类共同的未来提供一个全球性措施的战略框架。

以这次大会为标志，人类对环境与发展的认识提高到了一个崭新的阶段。大会为人类高举可持续发展旗帜，走可持续发展之路发出了总动员，使人类迈出了跨向新的文明时代的关键性一步，为人类的环境与发展矗立了一座重要的里程碑。

2. 可持续发展的观点

布伦特兰夫人提交的报告《我们共同的未来》中，把可持续发展定义为：“既满足当代人的需要，又不对后代人满足其自身需要的能力构成危害的发展”。1989年，联合国环境规划署第15届理事会通过《关于可持续发展的声明》，接受和认同了这一观点。可持续发展是指既满足当前需要，又不削弱子孙后代满足其需要的能力的发展，而且绝不包含侵犯国家主权的含义。联合国环境规划署理事会指出，可持续发展涉及国内合作和跨越国界的合作。可持续发展意味着国家内和国家间的公平，意味着要有一种互相支援的国际经济环境，从而使各国，特别是发展中国家经济持续增长，这对良好的经济管理也是至关重要的。可持续发展还意味着维护、合理使用并且加强自然资源基础，可持续发展表明在发展计划和政策中加入人们对环境的关注与考虑，而不是在援助和发展资助方面的一种新形式的附加条件。这些论述，涵盖了两种重要的观念，第一，人类要发展，要满足人类发展的需求；第二，不能损害自然界支持当代人和后代人的生存发展能力。

3. 可持续发展的基本原则

1）公平性原则

公平是指机会选择的平等性。可持续发展的公平性体现在两方面：一是本代人的公平，也就是同代人之间的横向公平。可持续发展要满足所有人的基本需求，保障世界各国公平的发展权、公平的资源使用权。各国拥有按本国的环境和发展政策开发本国自然资源的主权，也负有确保在自己管辖范围内的活动不损害其他国家环境的责任。二是代际间的公平，也就是世代间的纵向公平。自然资源是有限的，当代人不要因为自己的发展和需求，而损害后代人发展和需求的条件——自然资源和环境，要保障后代人公平利用自然资源和环境的权利。

2）持续性原则

有许多因素在制约着可持续发展，其中最主要的就是资源和环境。资源的持续利用和生态环境的可持续性是可持续发展的重要保证。人类发展必须不损害养育地球生命的大气、水、土壤和生物等自然条件，必须充分考虑资源的临界性，必须适应资源和环境的承载能力。人类在经济和社会发展中，要根据持续性原则调整自己的生活方式，确定自身的消费标准，不能盲目地、过度地生产和消费。

3）共同性原则

可持续发展关系到全球的发展。尽管不同国家的历史、经济、文化和发展水平不同，可持续发展的具体目标、政策和实施步骤也有差异，但是公平性和持续性的原则是一致的。要实现可持续发展的总目标，必须争取全球共同的配合行动。因此，达成既尊重各方的利益，也保护全球环境与发展体系的国际协定是十分重要的一种形式。《我们共同的未来》中提出“今天我们最紧迫的任务也许是要说服各国，认识回到多边主义的必要性”，“进一步发展共同的认识和共同的责任感，是这个分裂的世界十分需要的。”

4. 中国与可持续发展

中国是一个拥有全球近 1/4 人口的发展中国家，生态环境脆弱，人均资源不足，在交通闭塞、生存环境差的地方，有些农村还没有完全摆脱贫困的状态，发展与环境的矛盾十分尖锐。从 20 世纪 70 年代后期开始，中国通过总结经验、吸取教训，把计划生育和环境保护作为两项基本国策，从妥善处理人口和环境的根本关系上来协调社会与经济的共同发展。1992 年里约热内卢联合国环境与发展大会以后，中国政府率先制定了《中国 21 世纪议程》，把可持续发展战略确定为现代化建设必须始终遵循的重大战略。在保持经济持续、快速和健康发展的过程中，可持续发展的理念越来越为社会各界所接受。1994 年和 1996 年，中国政府分别召开了第一次、第二次中国 21 世纪议程高级国家圆桌会议，得到了联合国机构、有关国际组织、许多国家政府以及工商企业界的支持，交流了可持续发展的经验，推动了可持续发展领域的国际合作，促进了中国国内的工作。

1996 年 3 月，《中华人民共和国国民经济和社会发展“九五”计划和 2010 年远景目标纲要》，把可持续发展作为一项重要的指导方针，指导国家的发展规划。这五年中，中国还修订和制定了一系列有关环境、资源方面的法律、法规。在新修订的《中华人民共和国刑法》中，增加了“破坏环境资源保护罪”的规定，为强化环境监督执法、制裁环境犯罪行为，提供了强有力的法律依据。1999 年 12 月修订的《中华人民共和国海洋环境保护法》，进一步加大了对海上活动的环保监督力度。2000 年 4 月修订的《中华人民共和国大气污染防治法》，对空气污染防治做出了更为明确、严格的规定。在 2001 年 3 月底第九届全国人民代表大会第四次会议上通过的《关于国民经济和社会发展第十个五年计划纲要》中，提出要“促进人口、资源、环境协调发展，把实施可持续发展战略放在更突出的位置。”就加强生态建设和环境保护制定了明确的政策和目标。其具体内容是：“加强生态建设和环境保护。抓好长江上游、黄河中上游等地区的天然林保护工程建设。继续加强东北、华北、西北和长江中下游等重点防护林体系建设。加强天然草原的保护和建设。推进岩溶地区沙漠化综合治理。抓紧治理京津地区风沙源。搞好城市绿化，使大中城市环境质量明显改善。重视农村污染治理和环境保护。健全环境、气象和地震监测体系，做好防灾减灾工作。”通过各级政府、企业和社会各界的共同努力，中国可持续发展战略的实践取得了积极的进展并且出现了新的特点。

1）资源保护、开发和节约有了积极的进展

我国政府实行严格的资源管理制度，制止乱占耕地，实行节约用水和水价改革，治理整顿矿业开采。重新修订的《中华人民共和国海洋环境保护法》，对重点海域实施污染物排放总量控制制度，对主要污染源排放数量实施配额制。1996 年国家制定了对废弃物实现资源化的鼓励政策，提出了“资源开发与节约并举，把节约放在首位”的指导方针，资源综合利用的水平有了明显的提高。

2）生态建设、环境污染治理和灾害防御进入了新的阶段

国家先后实施了东北、华北、西北地区的防护林、长江中上游防护林、沿海防护林以及天然林保护等一系列林业生态工程。全国建立了2000多个生态农业试验区，建立各类自然保护区近1000处。与此同时，环境保护力度加大，正在实施污染源排放单位污染总量配额制，城市环境质量和污水排放情况都有改善。国家确定的重点流域、重点地区污染治理也取得了阶段性的成果，关闭了一批能耗高、污染重、破坏资源的企业和项目。

1.4 环 境 学

在人类和自然环境长期的发展过程中，随着社会生产力的发展，以及生产方式的演变和工艺技术的提高，人类面临的环境问题越来越严重，人类与环境之间的矛盾越来越显著，使得人们对自然现象和规律的认识日益深化，环境学正是在这样一个发展过程中，在人们亟待解决环境问题的社会需要下，迅速发展起来的。

1.4.1 环境学的形成与发展

一般认为，作为一门科学，环境学产生于20世纪五六十年代，然而人类关于环境必须加以保护的认识则可以追溯到人类社会的早期。

1. 探索时期

农业时代的开始以及崇拜自然的原始宗教的出现，表明人类已开始在实践与观念中把自己与环境区别开来，这是人类环境意识萌芽的标志。农业时代是人类改造自然的开端，也是同环境问题做斗争的开端。大约在公元前5000年，人类已开始用烟囱排烟，在公元前2300年知道使用陶质排水管道，在公元前300多年知道保护处于繁殖和发育阶段的动植物。这些都是环境保护知识以经验形态发展的开始。到18世纪，随着工业革命的发展，环境污染与生态破坏逐渐严重并引起社会的重视。与此同时，近代科学与哲学开始从不同的角度或层次研究环境保护与防治污染的技术及人与环境的关系，使环境保护知识从经验形态上升到单科性理论的高度。

从19世纪～20世纪上半叶，地理学研究环境的自然状况，寻求其与人文状况的关系；卫生学研究环境要素的卫生质量及其改善措施；生态学研究生态系统的特点和运动规律，揭示环境的生态特征，形成关于生命与环境有机统一的科学思想；哲学在反对唯心主义的上帝创世说的同时，讨论了地理环境在社会发展中的作用。此外，许多防治污染的技术措施如污水处理、烟气净化和除尘等工程技术方法也迅速发展起来。这些传统的基础科学、应用科学乃至哲学先导，分别成为环境保护知识领域中的重要环节。作为一门独立的科学，环境学诞生于20世纪60年代。

2. 形成时期

20世纪五六十年代，全球性的环境污染和破坏引起人类思想的极大震动和全面反省。1962年，美国海洋生物学家蕾切尔·卡逊出版了《寂静的春天》一书，通俗地说明了杀虫剂污染造成严重的生态危害。该书是人类进行全面反省的信号。可以认为，以此为标志，近代环境学开始产生并发展起来。据研究，“环境学”这一名词最先是美国学者为解决宇

宙飞船中的人工环境问题提出的，后来逐渐演变为具有现代意义的概念。

借助于地学、生物学、化学、物理学、公共卫生学、工程技术科学等学科的原理和方法，阐明环境污染的程度、危害和机理，探索相应的治理措施和方法，由此发展出环境地学、环境生物学、环境化学、环境物理学、环境医学、环境工程学等一系列新的分支学科。由于污染防治的实践活动表明，有效的环境保护还必须同时依赖于对人类活动和社会关系的科学认识与合理调节，于是环境学的发展又涉及许多社会科学的知识领域，并相应地产生了环境经济学、环境管理学、环境法学。这一系列传统自然科学、社会科学、技术科学等新分支学科的出现和汇聚标志着环境学的诞生。这一阶段的特点是直观地确定对象，即直接针对污染与生态破坏现象进行研究。

3. 发展时期

在其他学科分别探索的基础上发展起来的、具有独立意义的理论，主要是环境质量学说。其中包括有关环境中污染物质迁移转化规律，环境污染的生态效应和社会效应，环境质量标准和评价等科学内容。它表明环境学既植根于传统学科，又开始于传统学科分离。与此相应，这一阶段所达到的方法论高度是系统分析方法的运用。其具体表现为：寻求对区域环境污染进行综合防治的方法，并进而寻求局部范围内既有利于经济发展又有利于改善环境质量的优化方案。与这一阶段相适应，出现环境学的第一个定义，即环境学是关于环境质量及其保护与改善的科学。由于环境问题在实质上是人类社会行为失当造成的，是复杂的全球性的问题，因此不少学者、专家在按照环境质量学说工作的同时，也敏锐地感觉到此学说还有不能从根本上解决问题的一面，从而把目光集聚到全球环境问题和人类社会发展的战略模式上。他们认为，要从根本上解决环境问题，必须寻求人类活动、社会物质系统的发展与环境演化三者之间的统一。

由此，环境学发展到更高一级的新阶段，即把社会与环境的协调演化作为研究对象，综合考虑人口、经济、资源与环境等主要因素的制约关系，从多层次乃至最高层次上探讨人与环境协调演化的具体途径。它们涉及：科学技术发展方向的调整；社会经济模式的改变；人类生活方式和价值观念的变化等。其中不少观点互相分歧和对立，反映了环境问题和与之相关联的各种社会问题的复杂性以及学者们的社会背景的差异。这些互相分歧的观点之间的激烈争论，在总体上促进了环境学理论的发展和体系的形成。与这一阶段相应的环境学定义则是：研究环境结构、环境状态及其运动变化规律，研究环境与人类社会活动间的关系，并在此基础上寻求正确解决环境问题，确保人类社会与环境之间协调演化、持续发展的具体途径的科学。

1.4.2　环境学的研究对象与任务

1. 环境学的研究对象

目前，环境学可定义为：一门研究人类社会发展活动与环境（结构和状态）演化规律之间相互作用关系，寻求人类社会与环境协同演化、持续发展的途径与方法的科学。环境学的研究对象是“人类和环境”这对矛盾之间的关系。以“人类-环境”系统为其特定的研究对象，研究“人类-环境”系统的发生和发展、调节和控制以及改造和利用的科学，探讨人类社会持续发展对环境的影响及其环境质量的变化规律，从而为改善环境，实现可持续发展提供科学依据。

2. 环境学的研究任务

环境学研究的基本任务就是揭示人类与环境这对矛盾的实质，研究二者之间的关系，掌握其发展规律，调控二者的物质和能量交换过程，目的就是要改善环境质量，造福人民，促进人类与环境的协调发展。环境学的主要研究任务表现在以下几方面。

（1）探索全球范围内环境演化的规律。众所周知，环境总是不断演化，环境变异也随时随地产生。为了使人类在改造自然的过程中，使环境向有利于人类的方向发展，避免向不利于人类的方向发展，就必须了解环境变化过程，包括环境的基本特性、环境结构的形式和演化机理等。

（2）揭示人类活动同自然生态之间的关系。环境为人类提供生存和发展的物质条件。人类在生产和消费过程中不断地依赖环境和影响环境。人类生产和消费系统中物质和能量的迁移、转化过程虽然十分复杂，但必须使物质和能量的输入同输出之间保持相对平衡。即一方面要使排入环境的废弃物不超过环境自净能力，以免造成环境污染、损害环境质量；另一方面要使从环境中获取的资源有一定限度，以保障它们能永续利用，进而求得人类和环境的协调发展。

（3）探索环境变化对人类生存的影响。环境变化是由物理的、化学的、生物的和社会的因素以及它们的相互作用所引起的。因此，必须研究污染物在环境中的物理变化过程、化学变化过程，其在生态系统中迁移转化的机理，以及进入人体后发生的各种作用。同时，必须研究环境退化同物质循环之间的关系。这些研究可为保护人类生存环境、制定各项环境标准、控制污染物的排放量提供依据。

（4）研究区域环境污染综合防治的技术措施和管理措施。引起环境问题的因素有很多，实践证明需要综合运用多种工程技术措施和管理手段，从区域环境的整体出发，调节并控制人类和环境之间的相互关系。

1.4.3　环境学的分科与特点

1. 环境学的分科

环境学是一门综合性的新兴学科，已逐步形成各种学科交叉渗透的庞大学科体系，其特点是强调研究对象的整体性。随着各分支学科的发展及其在环境学领域的交叉应用，环境学得到了不断地丰富和发展。目前对环境学体系尚没有一个统一的分类标准，从不同的角度进行分类，得到的结果有所不同。按其性质及作用可以分为基础环境学、应用环境学和社会环境学，每一学科分支又包含许多更细的分支学科（图 1-1）。

基础环境学是从各基础学科的角度应用学科原理和理论对环境问题进行研究，是环境学体系的基础；应用环境学是基础理论的实际应用，主要是把一些应用科学如工程技术等运用于环境科学研究中；社会环境学是环境学与社会科学相互渗透形成的交叉学科，它以人类-社会环境为研究对象，主要运用社会科学研究的方法，研究社会、经济、环境三大规律的联合作用，并对人的行为和观念进行调控。

虽然各个分支学科具有自身的特点，但实际上它们又相互渗透、互相依存，既具有个性，又具有共性。如环境毒理学研究的是环境污染物，它不但要研究对生物个体的损害作用，而且要研究对整个生态系统的损害作用及其防治对策。环境毒理学具有特有的研究对象，但是由于环境污染物种类繁多，其影响对象、影响途径和效应及涉及的监测分析方法和学科理论等也是丰富多样的。因此，环境毒理学包含环境化学、环境物理学、环境医学

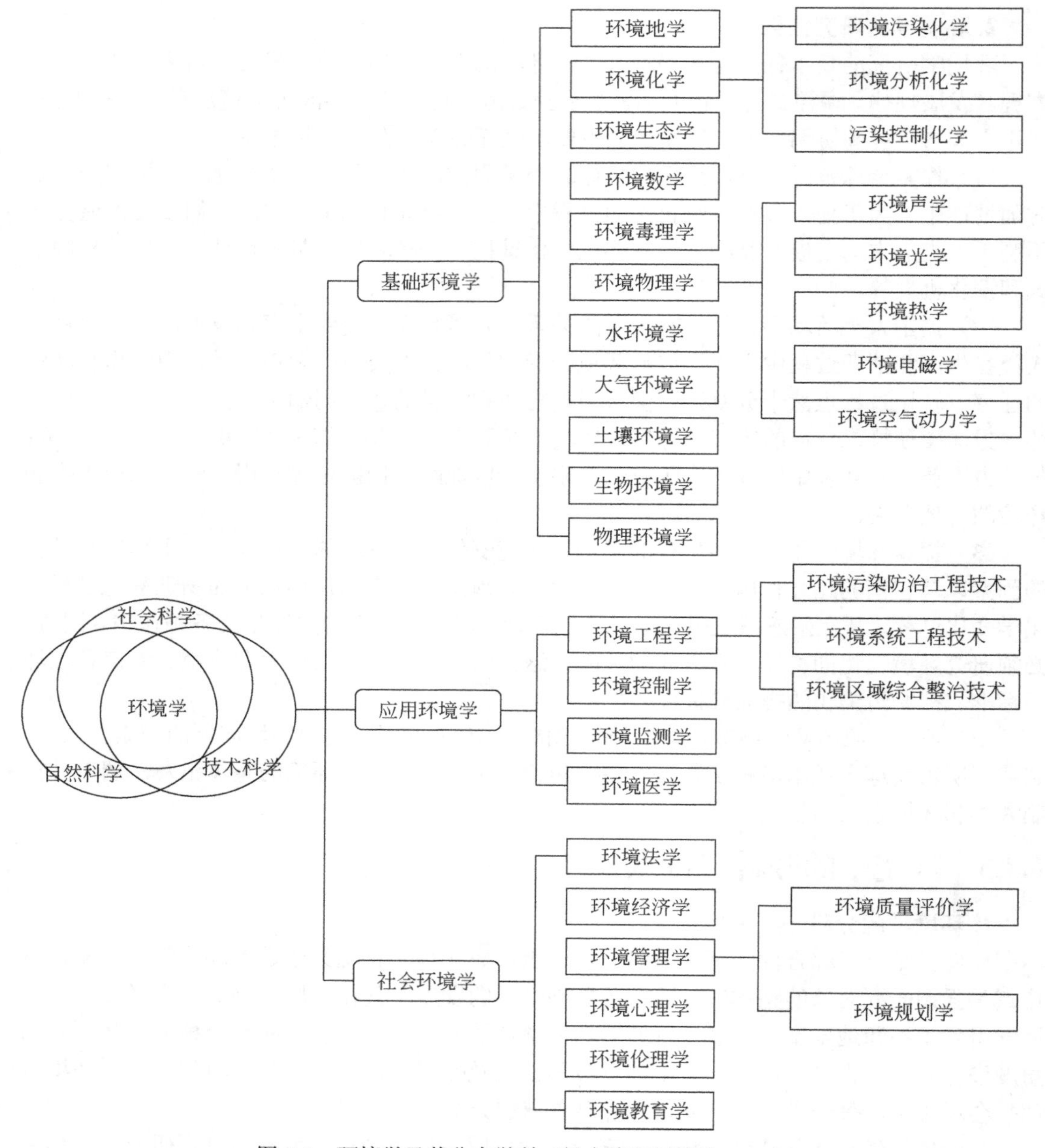

图 1-1　环境学及其分支学科（杨志峰和刘静玲，2013）

和环境监测等学科的内容。它们共同的目的都是弄清环境污染对生物机体的影响，从而采取相应的防治措施。今后，随着各学科的发展，学科间的交叉和渗透程度将加深，除了以上介绍的分支学科外，会有更多的分支学科形成，一个更加丰富的环境科学网络将会呈现在我们眼前。

本书并未对所有的分支学科进行详细专门的介绍，主要介绍了一些比较成熟的交叉学科；同时，由于环境学处于快速发展阶段，学科间不断交叉和整合，新的分支学科不断出现和变化。在此，主要是想让读者能够了解目前主要的环境分支学科以及今后环境学科交叉渗透的发展趋势。

2. 环境学的特点

从环境学的研究对象和研究内容来看，它有以下两个明显的特点。

1）整体性

人类环境是一个整体，环境中的各种因素相互依存、相互影响。环境遭到污染和破坏，常常不是一个因素，而是多种因素发生变化且互相影响的综合结果。因此，对环境整体进行研究是环境学的主要特点，20 世纪 50 年代，环境污染问题出现以后，一般认为是个技术问题，以为采取相应的大气、水质污染的治理措施就可以解决，但收效并不大。例如，我国为解决城市大气污染，曾采取改造锅炉的办法，花了很多资金，虽然取得了一定的效果，节约了煤炭，减少了烟尘排放，但城市大气污染的状况并没有得到有效控制。20 世纪 70 年代后期开始注意到这一问题必须同城市区域供热、锅炉改造、居住区布局、植树造林等问题统一研究解决。目前，从世界各国来看，环境问题的整体研究，除了综合分析环境各要素及它们的运动变化、相互联系外，还应侧重于人类活动与环境的相互作用，开展人口、资源、环境与发展之间的整体研究。

2）综合性

环境是一个有机的整体，涉及的面非常广泛，几乎关系到每一个自然因素和众多的社会因素，因此，解决某一环境问题必须组织多学科的综合研究。环境学研究领域已从 20 世纪 60 年代侧重于自然科学和工程技术，跨越到综合社会学、经济学和法学等多门社会科学。环境问题的研究基本上可以分为两大类。一类是研究社会经济活动排放的污染物进入环境的危害及其对人体健康的影响。这就需要各有关部门协同采取措施，才能控制污染。另一类是研究社会经济对环境资源的开发引起的水土流失、土壤沙化、森林减少、野生动植物灭绝等一系列自然破坏和生态失调现象，这同样也是一项综合性很强的工作。这既与自然科学、工程技术科学有关，又与社会学、经济学等社会科学密切相关，因此环境学是一门综合性很强的科学。可见，环境学是以解决环境问题为开端，以研究环境建设，寻求社会、经济与环境协调发展途径为中心，以争取人类社会与自然界的和谐为目标的一门科学。环境学的研究内容决定了它是一门融自然科学、社会科学和技术科学于一体的应用性很强的新科学。

问题与讨论

1. 简述环境的类型、功能与特征，并分析人类环境组成、功能与特征之间的内在联系。
2. 环境问题是如何产生发展的？与社会经济发展有何关系？
3. “八大公害事件”分别是什么类型的污染，污染物分别是什么?世界发生的主要的环境事件对我们有什么样的警示?
4. 请阐述环境学的研究对象和主要任务。
5. 谈谈你的家乡或周围所存在的环境问题，以及你对该环境问题的看法。

第2章　环境学相关原理与方法

［本章提要］：环境学的基本原理是理解和解决各类环境问题的根本，也有助于将环境作为一个整体去理解环境的产生途径，并基于综合性的手段去考虑环境问题的解决办法。环境学是一门新兴的综合性学科，交接于社会科学、自然科学和技术科学三大科学领域。相关经典学科的基本原理也适用于环境学。本章第1节着重阐述与环境学领域密切相关的若干基本原理及与环境问题的相关性：物质循环规律、能量流动规律、地域分异规律、外部性理论和环境价值理论。第2节简要介绍环境学的基本研究方法。

［学习要求］：通过本章的学习，理解环境学的相关学科原理及其在环境领域中的应用，了解环境学的基本研究方法。

环境学是一门独立、内容丰富、领域广阔的新兴学科。环境学从研究零散的、孤立的环境问题起步，至今已发展成交接于社会科学、自然科学和技术科学这三大科学领域的综合性学科。由于环境学的研究对象本身是一个多层次相互交错的网络结构系统，而每个系统都可以自成一个环境学科，因此环境学在借助原有经典学科基本原理的基础上，建立起自己的理论和方法。在环境各个分支学科蓬勃发展、欣欣向荣之际，人们不禁要深思：综合环境学各分支学科的基本原理是什么？对这个问题目前还没有成熟一致的看法，但借助于人们对自然法则的认识、哲学的思考和环境学研究中的实践，可以将各家所见之共同点归纳为环境学的基本原理。

2.1　环境学相关原理

2.1.1　物质循环规律

物质循环规律是指自然界中碳、氧、氮、磷、硫等组成生物有机体的基本元素，在生态系统的生物群落与无机环境之间形成的有规律的复原系列。在这个循环往复、不断还原的环形系列中，包括合成与分解等一系列物质转换与能量传递过程。在生态系统中，任何物质都不会成为废物无限期地积累在环境中，而总是处于特定的和永久的循环中，不过它们的存在形式（有机的和无机的）却在不断地发生变化。

各种化学元素，包括原生质所有必不可少的各种元素，在生物圈里具有沿着特定途径，从周围环境到生物体，再从生物体回到周围环境循环的趋势。这些元素进入生长着的动植物组织内并完全同化于组织之中，生物死亡后，各种元素又返回环境；在未被其他生物重新利用时，这些元素还将在环境中重新分配，往往还要经过一些复杂的变化和地区的转移。这些程度不同的循环途径称为生物地球化学循环（biogeochemical cycle）。通常将那些对生命必不可少的各种元素和无机化合物的运动称为营养物质循环。每一个循环都可以分为两个室（或库）。

（1）储存库容积大而活动缓慢，一般为非生物的成分。

（2）交换或循环库在生物体和它们周围环境之间进行迅速交换（即来回活动）的较小而更活跃的部分。

生物地球化学循环主要包括固体运动的地质循环、液体运动的水分循环、气体运动的大气循环和有机界的生物循环。

1. 固体运动的地质循环

地质循环是“物质的地质大循环”的简称，指在大陆和海洋之间进行的物质循环过程。如图 2-1 所示，地质循环包括风化、搬运、堆积和构造四个基本过程。陆地表面的岩石经风化作用变成细碎颗粒，并释放出可溶性物质。部分碎粒和可溶性物质经降水冲刷和淋溶，在流水搬运作用下最终流入海洋，沉积至洋底，形成各种沉积岩。在漫长地质年代里，由于地壳构造运动及海陆变迁，海洋底层的岩石又上升为陆地，岩石再次经历风化、淋溶、搬运和沉积过程形成新的海底岩石，这样周而复始且时间极长、范围极广的循环过程称为物质的地质大循环。

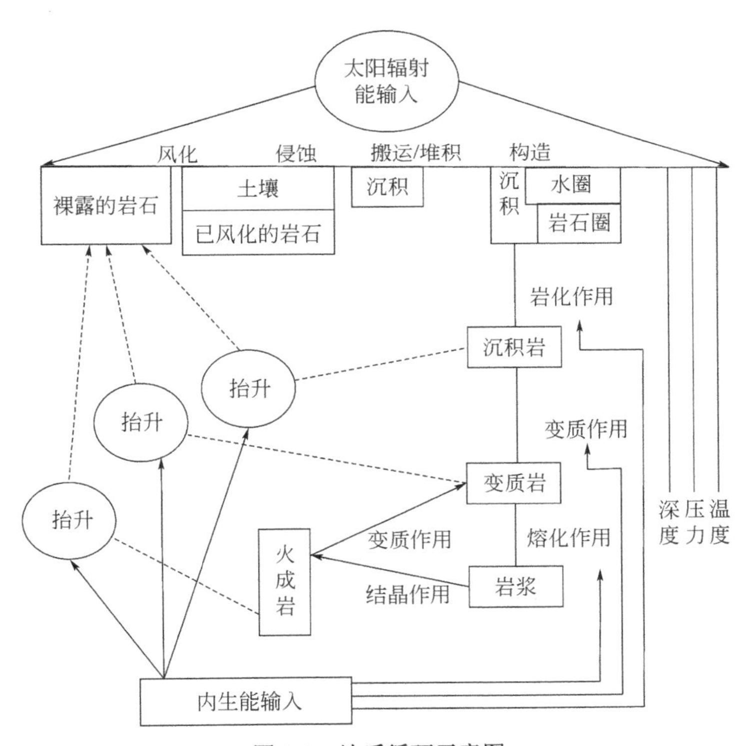

图 2-1　地质循环示意图

地质大循环中的内力和外力作用塑造了高低起伏的地表形态，形成了各种不同的地理环境，如黄土高原的形成与其千沟万壑的地表形态。地质大循环对土壤发育有着重要影响，特别是岩石的风化过程和风化产物的淋溶过程与土壤形成的关系最为密切。风化过程在土壤形成中的作用主要表现为原生矿物的分解和次生黏土矿物的合成。淋溶过程使有效养分向土壤下层和土体以外移动，而不是集中在表层，具有促进土壤物质更新和土壤剖面发育的作用。不同的岩石会发育不同的土壤，会对地理环境产生不同的影响。漫长的地质循环过程中形成了许多矿产资源，如铁矿、锰矿、铝土、磷矿等，都是有用矿物富集起来。矿产资源是社会和经济发展的重要支柱。无论是土壤的形成还是矿产资源的形成都是十分漫长的。因此，在土壤和矿产资源的开发利用过程中要注重持续利用和环境保护问题。

2. 液体运动的水分循环

在全球规模中，水分循环按规模大小与范围可分为陆地小循环、海洋小循环和海陆大循环三种，如图 2-2 所示。水分的循环主要采取以下基本方式。

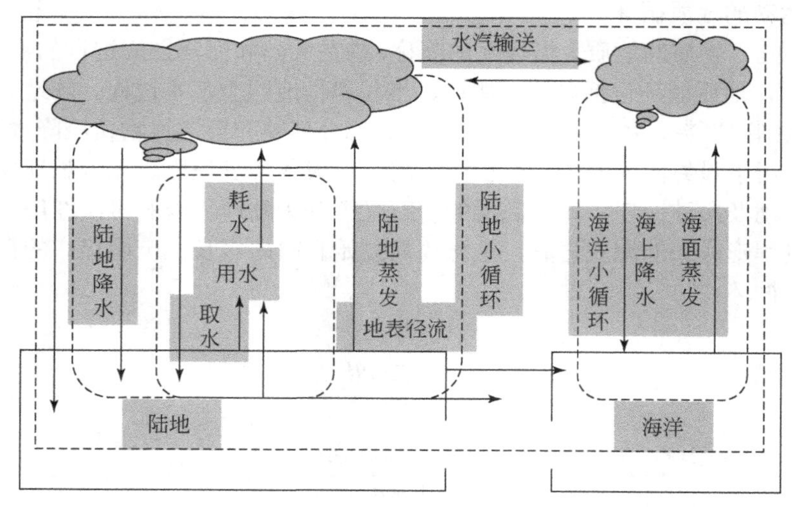

图 2-2　水分循环示意图

（1）通过水发生相变，即从液态或固态的水，吸热后转化为气态的水汽，随着大气环流或者地区性环流传布到远方。在适当条件下，重新由气态回到液态（雨）或固态（雪和冰雹）落在地面。

（2）通过地球表面的热力学梯度或势能梯度的作用，以洋流的形式（海洋中）和径流的形式（陆地上），形成水循环或水循环中的某一个环节。

在水分循环中，蒸发、降水（包括固态降水）和径流是 3 个互相衔接的过程。其对地球上生命的意义是巨大的：首先，在循环中，通过海洋和陆地的蒸发，连续产生淡水，为陆地生物和淡水生物提供了淡水资源。刚刚降落下来的大气降水，一般来说较少受到污染，流经地面，特别是被人类使用以后才被污染。蒸发和蒸腾是使污染水净化的主要过程。其次，由大气中水汽凝结而成的雨和雪降落地面，流入江、河、湖、泊，并渗入地下成为地下水源。最后，水是最好的溶剂。绝大多数物质都能溶于水，随水迁移，因此物质的循环都是结合水循环进行的。水循环和矿物元素的生物地球化学循环十分密切地交织在一起，对水循环的任何干预都会影响其他循环，甚至造成其他循环的瓦解，至少在局部范围内是如此。因此保护水循环的完整性是自然保护的一个重要问题。

3. 气体运动的大气循环

大气循环泛指大气层物质和热量的循环性流动。形成大气循环的主因是阳光辐射到地球表面的热能不均，大气循环的主要形态是大气对流。太阳光加热了地球表面，赤道附近的热空气上升，从高空分流向地球的两极，热空气在两极地区释放出所携带的热量而变冷变重，下降到地面之后又从两极吹回到赤道，周而复始，从而形成了大气的全球性对流即大气循环。大气对流在局部地区也会因冷热不均而形成。

由于气体的自由度最大，运动速度也远较地质循环和水循环快，交换能力也相当强，因此气体在地理环境中的作用也是巨大的。有相当一部分物质和能量是通过大气环流的方式实行输移的。例如，在赤道发生的环流，平均每秒可以使 2 亿 t 空气流动。因此，它能大规模地改变地理面中的能量、动量、水分和其他物质的分配，也是制约一个地区气候状况的基本因素之一。同时，人类活动过程中产生的许多污染物如二氧化硫、氯氟烃等也会随着大气对流扩散到很远的地方，一方面对大气污染起到了净化作用，但另一方面也常常导致跨境污染。

4. 有机界的生物循环

生物循环的主体是植物、动物和微生物。它们的循环过程包含两个方面的内容：其一，生物本身就是土壤-植物-大气系统中的一个联系环节，从而使它成为整个能量交换与物质循环的一个基本通道；其二，也是最本质的，生物循环实现了有机界与无机界之间的转化。物质被生物有机体利用，并在生态系统中循环必须遵循以下几条基本定理。

1）耐性定律

耐性定律是指对任何元素来讲都存在着一个浓度范围，称作忍耐区间。在这个范围内所有与该元素有关的生理学过程才能正常发生。因此，只有在这个浓度范围内，一定的动植物种类才有可能生存。在这范围内，有一个最适浓度称为偏好浓度。在该浓度下生物代谢过程速度最快。当浓度低于忍耐区间下限时，则将由于该元素的缺乏导致有机体死亡；另外，当浓度超出上限时，则可能由于元素过量造成有机体死亡，如图 2-3 所示。以土壤中硝酸盐为例。硝酸盐为大多数植物提供无机氮源。在其他条件相同情况下，土壤中这类无机盐达到某一特定浓度，那么某种植物如玉米就会适宜生长。如果低于某一浓度，氮素缺乏将阻碍植物生长发育；如走向另一极端，硝态氮过剩又会导致植物生长停滞，甚至中毒死亡。

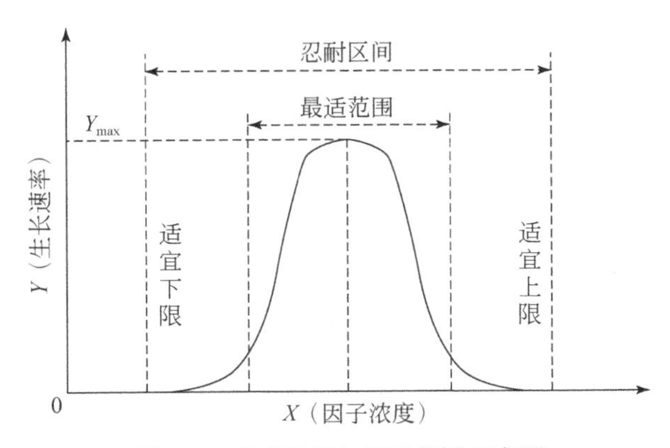

图 2-3　忍耐区间与最适范围示意图

2）最小因子定律

最小因子定律（the law of the minimum）是指只有在所有关键元素都达到足够的量时植物才可能正常生长，生长速度受浓度最低的关键元素限制。换言之，即使只有一种关键元素没有达到足够的数量，植物生长也将停滞。这个定律是由李比希在 19 世纪发现的。最小因子定律适用于所有生物有机体忍耐区间的整个范围。在忍耐区间一端，最小因子定律起作用；在另一端，一种元素过量将足以阻碍生长发育，因为这已经达到了致毒限。如果把某给定物种的生长发育所必需的全部因素都加以考虑，对物质空间上的“生态位”给出定义，即将每种关键元素的忍耐区间用不同的坐标轴表示，那么所有不同浓度的元素的作用将在一个多维空间或超空间中叠加。有机体正是在这个空间中生长。

3）物质不灭定律

物质不灭定律是指物质既不能创造，也不能毁灭，除非物质在系统中被储存起来，或者从储存中移去，则一个系统的物质输入必定等于物质输出。也就是说，在生态系统中，物质永远不会变成“废物”而在环境中无限累积。事实上，物质具有一种近乎完美无缺和永续持久的再循环机制。随着物质的不断循环，其形式在有机和无机状态之间相互转化。物质随着三大生物类群的相互作用不断运动。三大类群为初级光合生产者（自养生物）、动物消费者和动物分解者（它们都是异养生物）。这种循环如图 2-4 所示。

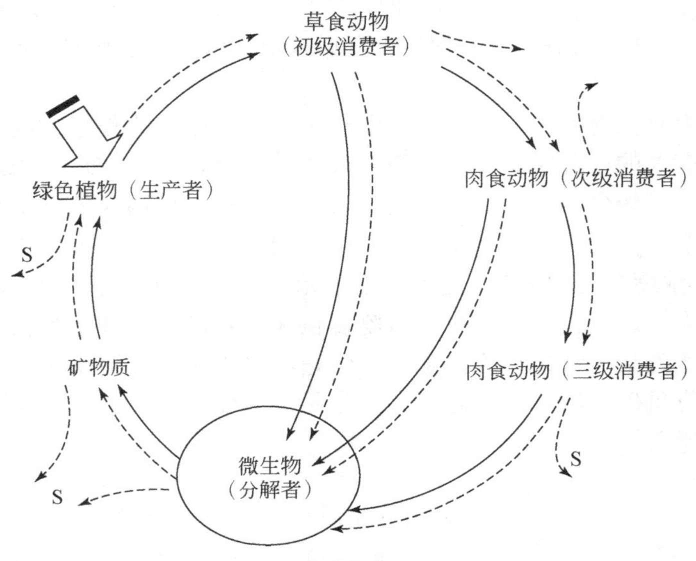

图 2-4　生态系统中的物质循环与能量流动

— 物质循环；---- 能量流动

在自然界各种物质循环中，与资源、环境联系较紧密的主要有水、碳、氮三大循环。与此同时，自然界中的各种物质（资源实体）也都按照自身特有的过程与规律发生周而复始的循环。人们对自然资源的开发利用过程可以看作是自然物质在生物地球化学物质循环中的一个特殊环节。因此，资源持续利用和环境保护的一个重要原则就是要充分考虑资源开发、生产、消费及消费过后这一完全过程的物质循环与转化特性，使不循环的物质进入循环，并尽可能增加循环利用的环节。如现阶段所实施的生态农业、静脉产业园区和清洁生产等充分运用了物质循环这一思想。

5. 几种主要的生物地球化学循环

1）碳循环

碳循环是生物圈中一个很重要的循环。碳是构成有机物的必需元素，生物体干重的40%～50%为碳元素。碳以 CO_2 形式存在于大气中。绿色植物从空气中获取 CO_2，通过光合作用把 CO_2 和水转化为葡萄糖，同时放出氧气。这一过程可视为自然界碳循环第一步。植物本身的新陈代谢或作为食物进入动物体内时，植物性碳一部分转化为动物体的构造物质等，一部分在动植物呼吸时，又以 CO_2 形式排入大气，这是碳循环第二步。最后植物败叶、动物尸体等有机物，又被微生物所分解，生成 CO_2 排入大气，从而完成了一次完整的碳循环。如图 2-5 所示。

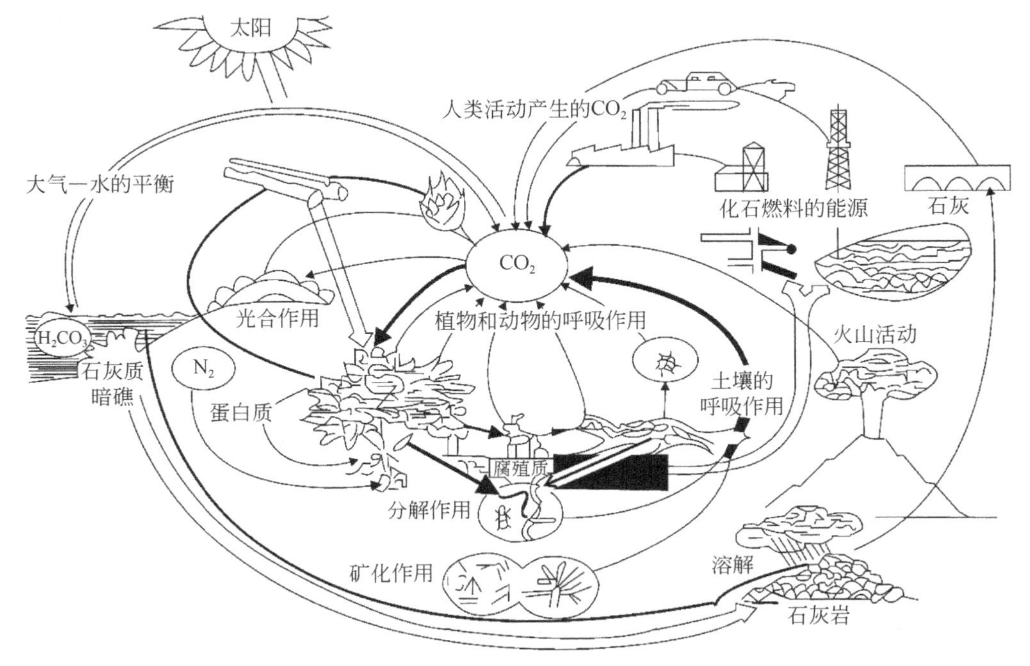

图 2-5　生物圈中碳循环示意图

另外，还有一些碳的支循环。例如，岩石中的碳酸盐从大气中吸收 CO_2 溶于水中，形成的碳酸氢钙在一定条件下转变为碳酸钙沉积到水底。而水中的碳酸钙又被鱼类、甲壳类动物摄取而构成它们的贝壳、骨骼等组织，一部分最终又转移到陆地上来，这是碳循环的又一途径。还有一条途径是在地质年代，动植物尸体长期埋在地层中，形成各种化石燃料，人类在燃烧这些化石燃料时，燃料中的碳氧化成 CO_2，重新回到大气中，完成碳的循环。

目前，碳循环出现的主要问题有两个方面：一方面是人为活动向大气中输送的 CO_2 大大增加，另一方面是人们砍伐破坏使森林的面积逐渐缩小，被植物吸收的 CO_2 越来越少，导致大气中的 CO_2 含量显著增加。即在碳循环过程中，CO_2 在大气中停滞或聚集，其“温室效应”的加强将导致全球气候变暖，这已成为全世界所忧虑的环境问题之一。

2）氮循环

氮是生物细胞的基本元素之一，蛋白质和核酸都是含氮物质。大气中 78%（体积分数）都是氮气，但绝大多数生物无法直接利用。氮只有从游离态变成含氮化合物时，才能成为生物的营养物质。

氮循环主要是在大气、生物、海洋和土壤之间进行的。大气中的氮进入生物有机体主要有四种途径：一是生物固氮，某些植物（豆科植物）的根瘤菌和一些蓝藻、褐藻类能把空气中的惰性氮转变为硝态氮，供植物利用。二是工业固氮，是人类通过工业手段，将大气中的氮合成氨和铵盐，即农业上使用的氮肥。三是岩浆固氮，火山爆发使喷出的岩浆可以固定一部分氮。四是大气固氮，雷雨天气发生闪电现象而产生电离作用，使大气中的氮和氧化合成硝酸盐，经雨水淋洗进入土壤。植物从土壤中吸收铵盐或硝酸盐等含氮离子，在植物体内与复杂的含碳分子结合成各种氨基酸和核酸。氨基酸缩合形成蛋白质，核酸构成生命的遗传物质。动物直接或间接从植物中摄取植物性蛋白，作为自身蛋白质的来源，并在新陈代谢过程中将一部分蛋白质分解成氨、尿素和尿酸等排出体外，进入土壤。动植物死后，体内的蛋白质和核酸被微生物分解成硝酸盐或铵盐回到土壤中，重新被植物吸收利用。土壤中的一部分硝酸盐，在反硝化细菌的作用下，变成氮回到大气中。所有这些过程总合起来构成氮的循环，如图 2-6 所示。

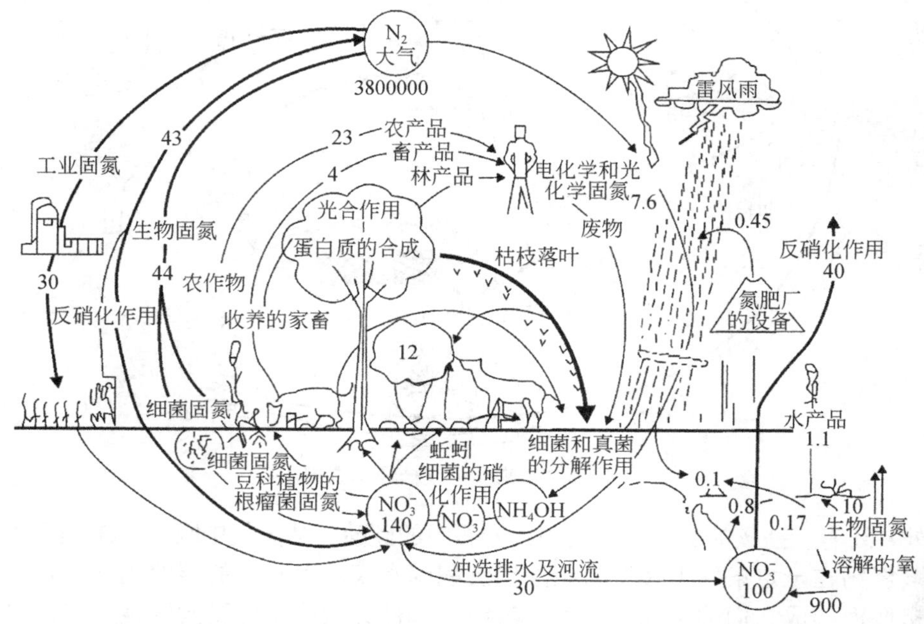

图 2-6　生物圈中氮循环示意图（图中数字代表 N_2 分子的数量级）

人类活动对氮循环的干扰，主要是工业固氮量占据了较大比例。据统计，20 世纪 70 年代，全世界工业固氮总量就已与全部陆生生态系统的固氮量基本相等。由于这种人为干扰，氮循环的平衡被破坏，每年被固定的氮超过了返回大气的氮。大量的化合氮进入江河、湖泊和海洋，水体出现富营养化，使藻类和其他浮游生物极度增殖，鱼类等难以生存。这种现象在江河湖泊中称为水华，在海洋中称为赤潮。另外，大气中被固定的氮，不能以相应数量的分子氮返回大气，而是形成一部分氮氧化物进入大气，这是造成现在大气污染的主要原因之一。

3）硫循环

硫是构成氨基酸和蛋白质的基本成分，它以二硫键的形式把多肽链的不同部分连接起来，对蛋白质的构型起着重要作用。硫循环兼有气相循环和固相循环的双重特征。SO_2 和 H_2S 是硫循环中的重要组成部分，属气相循环；硫酸盐被长期束缚在无机沉积物中，释放十分缓慢，属于固相循环，如图 2-7 所示。

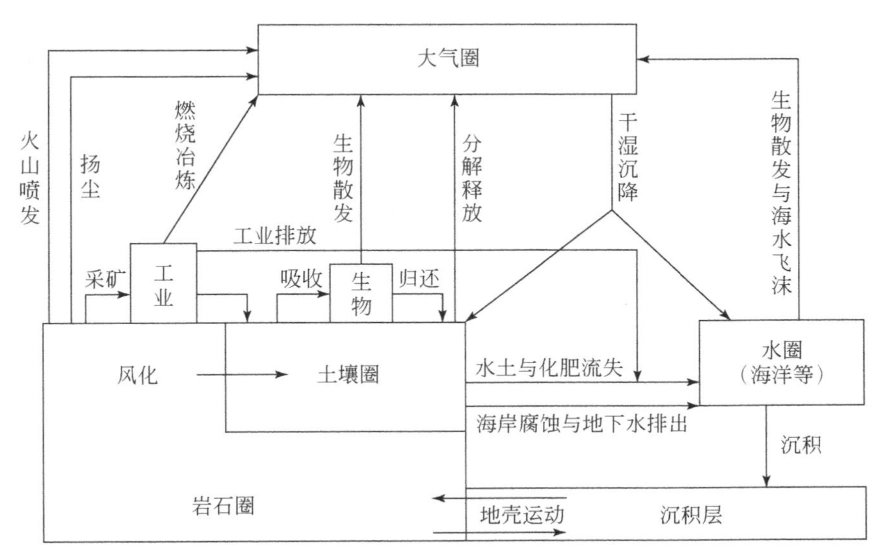

图 2-7　硫循环示意图

大气中的 SO_2 主要来自化石燃料燃烧以及动植物废物和残体燃烧。H_2S 主要来自有机物的厌氧分解和火山喷发，它们经雨水的淋洗进入土壤，形成硫酸盐。土壤中的硫酸盐一部分供植物直接吸收利用，另一部分则沉积海底，形成岩石。

人类对硫循环的干扰主要是化石燃料的燃烧，向大气排放了大量的 SO_2。这不仅给生物和人体健康带来直接危害，而且还会形成酸雨，使地表水和土壤酸化，对生物和人类生存造成更大的威胁。

6. 生物地球化学循环与全球环境变化

工业革命以来，人类的生产和生活活动强度大大增加，产生了大量的 C、N、P 和 S 污染物，导致大气、水体、土壤和动植物，乃至整个生态系统受到污染，使全球生态环境日益恶化。当这些污染物加入原有的 C、N、P 和 S 的生物地球化学循环中时，可能出现两种结局：生物地球化学循环一方面使环境中的这些污染物数量减少，而且转化为毒性较小或没有毒性的其他物质；另一方面，也有可能转化为毒性更大的二次污染物，从而表现为使 C、N、P 和 S 的局部污染有可能成为全球性的环境问题。

全球生态环境恶化是 C、N、P 和 S 等元素的生物地球化学循环受到破坏的必然结果。反过来，全球生态环境不断恶化，必然打乱 C、N、P 和 S 等元素的生物地球化学循环，甚至使它们终止而成为“非循环”状态。正如 Hutchinson 指出的，“我们如此加快了许多物质的迁移运动，以至于使循环区域更加不完善，导致了矛盾的局面”。例如，温室效应的发生与人类对全球水平上的 C、N、P、S 和水的循环的巨大干扰有着不可分割的关系。温室气体包括 CO_2、CH_4、N_2O、O_3、H_2O 等。臭氧层耗竭与氯和溴的生物地球化学循环有关，如含卤烃类（特别是氟利昂）通过光化学反应对臭氧层中的臭氧起着破坏作用。此外，平流层中的 NO、NO_2 等氮氧化物也可消耗臭氧。酸雨与 C、N、S 和水的生物地球化学循环有着密切的联系。释放到大气中的 NO 和 NO_2 等氮氧化物及 SO_2 和 SO_3 等硫氧化物通过生物地球化学循环和水蒸气相互作用，产生了危害性更大的稀 HNO_3 和 H_2SO_4 微滴，形成酸雨。湖泊富营养化与海洋赤潮则主要是 N、P 通过化肥、洗涤剂和动物粪便等进入水体所导致。

2.1.2　能量流动规律

当分析自然生态系统的功能或技术文明时，可以发现自然资源的利用涉及永久的物质转换，在生物有机体中是经过新陈代谢活动，在人类社会中是经过工业化过程。这种物质转换是能量不断流动和消耗的结果。对生物圈来说，能量来自太阳；对技术文明来说，能量来自化石燃料，实际上是地球历史上储存的太阳能量。资源可利用性即有效性的增加，实际上就是能量通过有机体数量的增加，从而产生了更大的能量转换率。生态系统中的能量流动服从热力学定律。

1. 能量守恒原理

能量守恒原理即热力学第一定律指出：能量既不会创生，也不会消灭，只能从一种形态变为另一种形态。这个原理可表述为

$$\Delta E=\Delta H-\Delta W \tag{2-1}$$

式中：ΔE 为孤立系统的能量增量；ΔH 为该系统的热量增量；ΔW 为系统对周围环境所做的功。

既然该定律是普适性的，那么它当然适用于所有生物学反应，包括光合作用（光能转化为生化能）、肌肉做功（生化能转化为机械能）、神经传导（化学能转化为电能）等。它也适用于涉及与生物有机体的整个群落有关的能量流的过程，如初级生产和次级生产。

能量流经动物有机体时，其消耗的比例比植物大得多。除用于代谢、生长、繁殖需要的能量消耗外，还要消耗能量以用于机体的运动及维持体内恒定的温度。图 2-8 简要地说明了动物类型的能量流动，食物不能完全被吸收（排出粪便），消化过程有部分能量损失。随后，便是随着各级组织器官代谢活动，而进一步以散热及其他代谢排泄物的方式消耗能量。

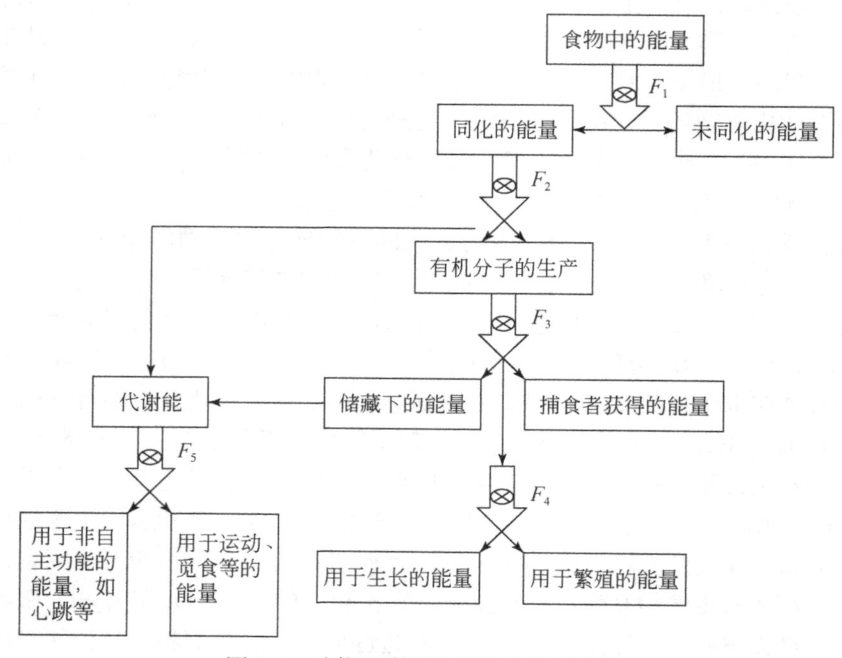

图 2-8　动物可利用能量分布流示意图

消费者将食物中的化学能转化为自身组织中的化学能的过程称为次级生产过程。在此过程中，消费者转化能量合成有机物质的能力即为次级生产力，即第二性生产力。第二性生产力的能量转化效率相当低。依靠生长和繁殖最终储藏于代谢链末端的能量，只是动物机体觅食（饲养）而汲取能量总量的很少部分。由于能量是基本的资源，从相关物种组成群体水平上看，所有活机体（包括人类）都明显地采用最优方式或能量对策利用这种资源。

2. 能量蜕变原理

能量蜕变原理即热力学第二定律指出，任何能量转化过程的发生都必然伴随着能质的部分蜕变，能量从集中、有序状态过渡到一种分散、无用的状态。这一过程中系统有用能量的丧失与熵值 S 成正比。这一原理可用公式表达为

$$\Delta G=\Delta H-\Delta T\Delta S \tag{2-2}$$

式中：ΔG 为有用能量（称自由能）的变化；ΔH 为与环境中的热量交换；ΔS 为熵的变化（在热力学中，熵是系统的热力学参量，它代表了系统中不可用的能量，衡量系统产生自发过程的能力，熵增加，系统的总能量不变，但其中可用部分减少）；ΔT 为这一过程发生时的热力学温度。由这一原理可得出一条推理：任何生物学过程的效率都不可能达到 100%。

能量与物质非常不同的一点在于：在食物链中，能量是单向流动的，能量只能通过任一给定营养级一次。在生态系统的能量单向流动过程中，第二定律表明，随着能量流动其质量在降低，并逐渐以一种不能利用的形态（熵）向环境中耗散，如图 2-4 所示。能量只能不可逆转地沿着一个方向转化，对人类利用来说是从可利用到不可利用状态，是有效到无效的状态转化。

所有生态系统所依赖的能量只有一个外源：太阳能输入。因此，栖居在地球表面一定区域内的生物群落的结构与功能，将由每一个点的太阳辐射的绝对值和其年度波动范围大小来决定。生物圈中大型生态学单元（宏观生态系统或生物群落）的分布主要取决于不同纬度的太阳辐射特点。在物种水平和群落水平上，还存在着能量的最优利用规律：所有占据一定生态位的物种，都能够比那些有着相似的需求但对环境适应较差的物种能更为有效地利用可利用能量。

同样，整个生态系统的自然进化方向也趋向于形成一个由能够最有效利用可得能量的群落组成的系统结构。这一趋势可以用群落的生物量 B 与单位时间进入该群落生境单位面积的能量ε的比率来表示。随着生态系统朝着成熟化方向发展，单位能流所维持的生物量 B/ε将增加。在耕地和自然草地上 B/ε很小，但在灌木林地上比值则逐渐变大，对于原始森林和珊瑚礁来说，B/ε值则达到最大。

生态系统能量转化效率总是偏低的，无论如何都不可能接近 100%。这符合热力学第二定律，能量的转化过程都伴随有能量的消耗。食物网或食物链中所有环节损失的能量反映于个体代谢过程之中。奥德姆（1959）给出了一个典型例子来说明生态系统中能量极低的转化率及食物链中能量低转化而导致的低产量。他从理论上计算了小孩吃牛肉、牛吃苜蓿的能量转化过程，其食物链为

太阳辐射——→苜蓿——→牛——→小孩

奥德姆计算得出，只有 0.24%的太阳辐射能量可以被栽培植物生长利用，牛所吃的栽培植物储藏能量的 8%被牛利用，小孩所吃牛肉的储藏能量的 0.7%被有效利用。总之，最初太阳辐射的能量中，只有不到 1%的能量被转化成食肉动物的能量，如小孩所利用的能量。

3. 林德曼定律

在生态系统中，关于能量转换的热力学第二定律，有一个重要的结果被表述为：在一个生物群落中，抵达一个给定营养水平级上的一部分能量，可以被传送到一个较高的营养水平级别上，在一般规则中，每一级以不超过 10%的能量沿着箭头的方向被传递到下一个营养级，即林德曼定律，又称十分之一定律。

地球表面的太阳辐射量平均每天 10000 kcal（1 cal=4.1868 J，下同），生产者每天能利用 1000 kcal。进入食草动物的每天约 100 kcal，而第一级食肉动物大约每天获得 10 kcal 能量。这是一个绝妙的林德曼定律，它说明了为什么食物链长度不可能是无限的原因。

在陆地环境中，最长的食物链通常可以这样表示，营养级为：植物—食草动物—食肉动物Ⅰ—食肉动物Ⅱ。

大陆环境中最常见的是：牧草—牛—人类。

海洋环境中有：浮游植物—浮游生物—食微小生物鱼—捕食鱼—超级捕食鱼。

海洋环境中最长的食物链（包括人类）是金枪鱼例子，营养级为：浮游植物（Ⅰ）—浮游动物（Ⅱ）—浮游动物（Ⅲ）—鲐鱼（Ⅳ）—金枪鱼（Ⅴ）—人类（Ⅵ）。

上述最后一个例子是林德曼法则的另一说明，储藏于金枪鱼的总能量仅仅是浮游植物的 10^{-5} 倍。显然，人类利用的能量是少得可怜的。

这个原理的必然结论是：在一个食物链中能量利用效率与食物链长度成反比。食物链越短，总的能量利用效率越大。因此，为有利于满足全人类营养需要，人类所处的营养级应该是食草动物而不是食肉动物，否则，就必须大大增加从植物中获取能量的数量。但由于作物产量增长的限制和人口数量不断增加，这是难以做到的。事实上，如在世界上许多欠发达国家所见到的那样，在粮食短缺地区，人们只好直接吃粮食而不能吃动物性食物。当人作为肉食动物者时，不但意味着损失了一部分热量，而且也降低了蛋白质的利用效率。例如，1 英亩土地如果用来种植大豆，可以满足 6 个人所需要的蛋白质；种植小麦，作为全面粉可以满足 3 个人所需要的蛋白质，精粉可以满足 2 个人；如果这块地用来饲养牛，牛奶提供的蛋白质可以满足 1 个人，牛肉所提供的蛋白质仅能满足 0.22 个人的需要。如果大豆直接用作人的食物而不是作为家畜的饲料，那么大豆将是一种更为重要的蛋白质来源。

能量守恒与转化定律是关于自然界物质运动的最重要的普遍规律之一。在资源–生态–经济系统中，自然资源都可以用不同形式的能量来表示。能量从一种形式转化为另一种形式，且在转化的过程中能量的总量不变。能量转换，普遍地发生在自然资源开发与利用过程中，它包括了能量以一种形式到另一种具有特定目的或更加有用的形式的转换，如水力发电与火力发电等。从本质上看，资源的开发利用就是物质与能量在地理环境中的转换过程。人们可以根据这一原理，充分利用每种资源的各种特性和效益，广泛开展资源互补与替代方面的研究，尽可能减少能源利用过程中的转换环节。

2.1.3　地域分异规律

地域分异规律是指自然地理各要素及其综合特征在地表按确定方向有规律地呈现水平分化的现象。由于地球表面纬度不同引起了全球热力分布差异，海陆对比引起了大陆内部湿度、水分分布的差异，陆地表面起伏引起局部区域的水热再分配，使得各自然组成要素及其综合体（可理解为环境资源）表现出不同规模的纬度地带性、经度地带性和垂直地带性。这些规律也制约着环境资源的空间分布，对资源区划与区域发展具有重要的理论意义。

此外，矿产资源受成矿构造控制，也具有地域性分异特征。地域分异规律决定了自然资源分布的地域性特征，不同区域因自然环境组成要素的不同其环境污染特点及其过程也不尽相同。

地域分异规律的规模有大有小，如各地理现象随纬度而发生的差别，大山系、大高原和大平原的差别，规模就大；而从河谷低处走向分水高处的差别规模就小；从山麓走向峰顶的垂直分带差别，规模中等。当然这三种尺度的分异规律并不是彼此孤立的，而是互相密切联系着的。一般说来，高一级地域分异是低、中级分异的背景，例如，一个纬度热量带（如亚热带）的丘陵山地区，在山地可以观察到从低处到峰顶土壤、植被及水分等的垂直分带差别，还可观察到丘陵区内沿地貌剖面所发生的“处境”差别。低一级地域分异的逐级合并和不同地方同种“处境”的相互对比，也将把高一级分异规律反映出来。

在这些不同尺度的地域分异规律作用下，地理环境形成了一些大小不同的地域单位。大尺度分异形成了一些大范围的地域单元。在这些单元的背景上，由于中、小尺度的分异形成一些中、小范围的地域单元，地球表面分化为一个复杂的镶嵌体系，构成了一个多等级的复杂“图案”。

1. 大尺度地域分异规律

大尺度的地域分异规律主要包括三个方面：①由于热力气候条件的纬度差异而形成各地理现象随纬度发生有规律变化的纬度地带性。②由于海陆分布和海陆对比关系带来的气候干湿度差异而形成的各地理现象随经度发生有规律的变化的经度地带性。③相应于大地构造各级分区的山系、高原和平原，以及它们的组合关系等的差异对地理环境地域分异的影响称为大地构造地貌分异。

1）纬度地带性

纬度地带性差异，首先使自然环境区分为一系列热量带。这些热量带基本上沿纬线方向延伸，并随纬度发生变化。纬度地带性常简称为地带性。海陆分布和大地构造地貌差异则使地域发生了不沿纬线方向的分异，其所形成的干湿度分区和大地构造地貌分区一般说来并不沿纬线方向延伸，因此相对于纬度地带性来说，称为非纬度地带性。

地带性的起因是地球的球形，即因太阳高度角的不同而引起的地表受太阳辐射热量沿纬度的不均匀分布所致。太阳热量的地带性分布直接或间接地反映在地球表面所进行的各种不同过程中，首先是反映在各个大气过程中，如气温、气压、大气环流、蒸发、空气湿度、云量和降水的地带分异；其次是植被带和生物群落的分异，再次是土壤带和地貌分异，最后表现则是景观的地带性。与此相关，气候资源、土地资源、生物资源与水资源都表现出明显的纬度地带性。

2）非纬度地带性

非纬度地带性规律根源于地球内力因素，其规模大小不一。属于大尺度地域分异规律的有：①地球表面区分为海陆和不同的海陆对比关系，对于陆地来说，首先是大陆的大小、形状及其与海洋的对比关系；②大地构造及其相应的大规模地貌分异。

大尺度非纬度地带性分异的第一种表现是海陆分布破坏了纬度地带性的分异规律，出现了所谓经度地带性分异。但是这种经度地带性分异也含有一些纬度地带性的内容。经度地带性与纬度地带性的相互作用决定了水平地带性的分布图式。气候资源、土地资源、生物资源与水资源也表现出明显的经度地带性与水平地带性。大尺度非纬度地带性分异的第二种表现是相应于大地构造分区的大山系、大高原和大平原的差异，或者是山地、高原和平原的组合差别。这种大尺度的非纬度地带性分异可以根据大地构造和与其相应的地貌规模差别而划分为各种等级。例如，我国分为东部季风、西北干旱和青藏高原三大自然区，便是大陆高一级的大地构造-地貌分异单位；一些明显的大地构造-地貌分区，例如，塔里木盆地、云贵高原、羌塘高原、黄土高原、天山山系等是一级的分异单位，山西高原、四川盆地等是更次一级的分异单位。

2. 中尺度地域分异规律

中尺度地域分异规律是在大尺度地域分异规律的背景下发生的，其主要有三方面：高地和平原内部的地势地貌分异、地方气候差异和垂直地带性。

1）高地和平原内部的地势地貌分异

高地（山地和高原）和平原内部存在着次一级的地貌分异。一个平原，如华北平原，从海边到山麓可以分为以下分带：①海陆交互相沉积物的滨海平原；②滨海和河流两种沉积物之间的断续分布的交接洼地分布带；③典型冲积平原；④冲积物和洪积物之间的断续分布的交接洼地分布带；⑤山前洪积冲积平原。

从平原向山地过渡，甚至从山间盆地向其周围山地过渡也存在着一系列的地貌分带。例如，从华北平原走向太行山和山西高原可以观察到以下分带：①山麓丘陵和盆地相间分布带，如河南林州、石家庄以西的井陉等处，都是丘陵与盆地相间分布的地方；②山麓丘陵分布带；③山地本身。

2）地方气候差异

地方气候差异是中尺度地域分异的另一个原因。海岸和湖泊沿岸，由于有干湿风和水温的调节，以及水面蒸发的影响，气候变化更加缓和湿润。灌溉区和森林区的气候资源特征与此相似。城市气候的热岛效应导致多云雾、能见度低、降水较多，对城市环境具有较大影响。地方风的作用对地域分异也有一定影响，风沙地貌景观、焚风效应等与地方盛行风密切相关。

3）垂直地带性

随着山地高度的增加，气温自山麓向山顶不断降低，一般平均为0.5～0.6℃/100m，而降水则在增加到一定高度后开始减少，从而使景观及其各环境要素组成发生相应的垂直分带现象。通常以植被和土壤为标志，并结合水热气候状况划分垂直自然带。因此，土壤、生物、植被与气候等环境要素均具有较为明显的垂直地带性。

3. 小尺度地域分异规律

自然界还存在一类由于局部地貌起伏、小气候、岩性、土质、地表水和潜水的排水条件等差别而形成的地方性分异规律。这类地域分异通常在小范围内发生变化，故称为小尺度地域分异，主要表现为以下几个方面。

地貌部位和小气候引起的分异。地貌分异从河谷到分水岭，首先是河床和低河漫滩，其次是高河漫滩和低阶地，再次是高阶地和谷坡，最后是山坡和山顶。地貌部位差别是最重要的小尺度地域分异因素。由于地貌部位重新分配了大、中尺度的水热条件，常伴有相应的彼此有差别的土壤类型与生物群落产生。小气候的分异因素并不全受控于地貌部位，如起因于地貌的山谷风可以大大加强山地河谷的通风条件。

岩性、土质和排水条件的影响。地貌部位范围内的岩性和土质的差别是更次一级的小尺度分异因素。同一地貌部位若基岩风化壳直接影响了土壤发育，那么岩性的差别，加上排水条件的影响，便可形成不同的生境，发育出不同的植物种类和生物群落。

可见，无论是大尺度、中尺度还是小尺度地域分异规律，均会导致不同区域或不同部位在气候、植被、土壤、水分、光照等环境要素分布和组合上的差异。不同区域环境要素本身具有不同的特征，主要环境问题及环境污染的特点和过程也不尽相同。因此，在进行环境问题研究和管理时，需要充分考虑区域差异性及其对环境过程的影响。

2.1.4　外部性理论

由马歇尔（Marshall）提出，庇古（Pigou）等做出了重要贡献的外部性理论为环境经济学的建立和发展奠定了理论基础。简单地说，外部性（externality）是一种自然资源开发利用对另一种资源或环境的影响。

已知有两种资源活动（i 和 j）同时并存，其产出分别为 Q_i 和 Q_j，而投入则分别为 R_i 与 R_j。若下列数学函数关系成立时，i 和 j 两种资源活动就有依存关系发生，而且 i 承受到 j 的外部性或称为外溢效应。即

$$Q_i=f_i(R_i, Q_j, R_j)，并且\partial Q_i/\partial Q_j\neq 0 或\partial Q_i/\partial R_j\neq 0 \tag{2-3}$$

当 Q_j 增加时，若 Q_i 随之上升，此时存在的是正外部性；反之，若 Q_j 增加时，Q_i 随之下跌，则为负外部性；即外部经济性和外部不经济性。

其实外部性不只是存在于两种资源活动之间，也可存在于资源与环境之间，或生产活动与消费活动之间，或两种消费活动之间。外部性理论实际上已经是对市场理论的某种修正。早年的经济学家甚至引用了一个典型的环境问题来说明外部性的具体表现：一台在铁路上行进的蒸汽机车冒出的火星引燃了路边农民成熟的麦田，由此产生了外部性问题，即外部不经济性。

在自然资源利用中，外部性是与共享资源密切相关的。在自然资源系统中共享资源种类繁多。它包括荒原上的野生动植物、公共水域、地下水域、地下水层、大气层等。由于这类自然资源可以共享，因此产生了种种问题，如不能促使使用者节约使用资源，使用者便可以把人类共同拥有的大气层和水体当成少数集团和个人的当然排废场所而不顾忌环境后果。共享资源的问题源于允许每个人都可使用这种资源而不能排斥他人使用这种资源的权利，每个人都担心在未利用这种资源之前就被他人用尽，因此造成每个人都想争先使用，致使共享资源利用过度、加速耗竭，乃至破坏资源的再生能力。

当一种消费或生产活动对其他消费或生产活动产生不反映在市场价格中的直接效应时，就存在外部性。外部性造成私人成本或收益与社会成本或收益的不一致，导致实际价格不同于最优价格。如上所述，外部性包括外部经济性和外部不经济性。外部经济性的典型事例为：上游居民种树，保护水土，下游居民的用水得到保障，这时社会收益大于私人收益。外部不经济性的典型事例为：上游伐木，造成洪水泛滥和水土流失，对下游的种植、灌溉、运输和工业产生不利影响。在许多情况下，外部性之所以导致资源配置失当，是因为产权不明确。如果产权是完全确定的并得到充分的保障，有些外部影响可能就不会发生。例如，河流上游的污染者使下游用水者受到损害。如果给下游用水者使用一定质量水源的产权，则上游的污染者将因把下游水质降到特定水平以下而受罚。这时上游污染者可以“贿赂”下游用水者以换取污染的权力，下游用水者可利用所得治理污染；同样，如果给予上游污染者水的产权，下游用水者为换取清洁的水会“贿赂”上游污染者，以使其减少污染。上游污染者可利用其所得改进生产，减少污染。以上任何情况下，社会福利都得到了改善。

2.1.5　环境价值理论

目前，学术界对环境资源价值尚无完全统一的定义，研究者通常根据研究对象和研究目的的需要自己加以界定。《中华人民共和国环境保护法》中“环境”的概念是指影响人类生存和发展的各种天然的和经人工改造的自然因素的总体，包括大气、水、海洋、土地、矿藏、森林、草原、野生生物、自然遗迹、人文遗迹、自然保护区、风景名胜区、城市和乡村等。从资源角度看问题，环境也是一种自然资源。而环境资源构成的整体不仅表现为有形的物质性的资源实体，而且具有无形的舒适性的生态功能，即生态系统（或生态环境）。到目前为止，对环境有价值这点基本达成了共识，但对环境价值的阐释却不尽相同。

1. 环境价值的阐释和含义

现在理论界对环境资源价值的阐释主要基于马克思的劳动价值论和哲学论。

1）基于劳动价值论的阐释

劳动是价值的源泉，社会必要劳动时间决定价值量。从威廉·配第（William Petty）、亚当·斯密（Adam Smith）、大卫·李嘉图（David Ricardo）到马克思，劳动价值论在不断修正的过程中发展，并由马克思将其发展成完整成熟的价值理论体系。马克思的劳动价值论认为，商品的价值决定于物化在商品中的社会必要劳动量，劳动是衡量一切商品交换价值的真实尺度。劳动价值论区分了“使用价值”和“价值”概念，认为价值是凝结在商品中的人类一般劳动；使用价值只是价值的物质承担者，本身并不形成价值。劳动价值论在中国理论界长期占主流地位，理论界关于价值的概念受到其深刻的影响。

正如威廉·配第所说，“劳动是财富之父，土地是财富之母”，劳动价值论认为使用价值的源泉是自然界和劳动，但价值的唯一源泉是劳动；自然力只是创造使用价值，而不能创造价值。可见，在马克思的定义中，“价值”是一个纯粹的、抽象的关系范畴，价值的来源也是抽象的，而不是物质的。马克思的劳动价值论强调人类劳动是价值的唯一源泉。因此，运用马克思的劳动价值论来考察环境价值，关键在于环境是否凝结人类的劳动。而在这一点上，目前有两种不同的观点。一种观点认为，处于自然状态下的环境是自然界赋予的天然物，不是人类劳动产品，没有凝结人类劳动，因而它没有价值。

另一种观点则认为，随着社会经济的发展，资源竞争加剧，自然资源的自然供给已经无法满足人类的需要，因此需要投入劳动来增加或补充其供给能力，从而使自然资源有了价值；后人进一步对“社会必要劳动时间”的概念做出了新的阐释，即每一种商品的价值都不是由这种商品本身包含的社会必要劳动时间决定的，而是由它的再生产所需要的社会必要劳动时间决定的。从这一点来看，人类为了保持自然资源消耗与经济发展需求增长的均衡，投入了大量的人力、物力，环境资源已不是纯天然的自然资源，因而具有价值。

上述两种观点都是从环境资源是否物化了人类的劳动为出发点展开论证的，但所得出的结论却截然不同。第一种观点没有考虑环境资源的现实问题，立足点是经济不发达、资源相对很丰富、环境问题也不突出的时代，因此认为环境没有价值。第二种观点虽然承认环境资源有价值，但只认识到了对所耗费的劳动的补偿，同样没有涉及对环境资源本身被耗费的补偿，最终还是不能完全避免环境资源被无偿使用。

2）基于哲学价值论的阐释

哲学中的价值概念是各门具体科学和各个具体生活领域所说价值的高度概括。哲学上对于什么是价值的问题也并非没有争论，但比较广泛地为人们接受的哲学“价值”，指的是客体的存在、作用以及它们的变化对于一定主体的需要及其发展的某种适合、接近或一致。进一步说，价值即客体对主体的影响或意义，即主体有某种（生存、发展等）需要，而客体能够满足这种需要，那么，对主体来说，这个客体就是有价值的。因此，“是否有价值”的问题，可以归结为“客体能否满足价值主体的需要”的问题。

从哲学角度看，一个系统只要其有主体，就可能成为价值的来源。因此可以认为，价值的主体不仅包括人，还包括一切有生命的动植物、生态系统。在经济学中，价值关系中的主体仍然是人类，而以人类为中心的经济价值评估也并不排除对其他物种的生存和福利的关心。例如，人类赋予其他物种以存在价值，不仅是因为人类可以利用它们（如用于食物和娱乐），还因为人类具有利他精神和伦理关怀。在经济社会中，价值的客体是多元的，随着客体选取的不同，将形成多种价值关系。传统经济学的价值理论主要关注的客体是各种商品（服务），从而形成了商品与人之间的价值关系。然而，随着人类社会的发展，人类对自身需要的认识也在不断变化，即价值关系中的“意义”和“需要”发生了变化，需要的变化必然带来各类资源对人的满足关系的变化。例如，人类除了有从自然中获得物质资料的需要外，还有从自然中获得舒适性和教益的需要，自然资源满足了人类的这种需要，价值关系的内涵也就获得了扩展。

在人类和环境这对关系中，人类是主体，环境是客体，环境能够提供满足人类生存、发展和享受所需要的物质性商品和舒适性服务，因此，对人类来说，环境是有价值的。而且，由于人类的需要大体上是按生存需要、发展需要和享受需要顺序逐步发展的。因此，环境的价值也就会越来越大。随着社会经济发展水平和人民生活水平的不断提高，人们对环境及其舒适性服务的需要，或者说对它的认识、重视程度和为其进行支付的意愿会不断增加。可见，基于哲学价值论，对环境价值的认识是比较全面、深刻和具有持续性的。

3）环境价值的含义

基于哲学价值论的阐述，环境的价值，首先取决于它对人类的有用性，其价值的大小则取决于它的稀缺性和开发利用条件。因此，不同的时间、不同的地区、不同的质量，都会对环境价值的大小有所影响。环境价值本身是个动态的概念，是指在一定的前提条件下，环境为人类的生存和发展提供必要的物质、能量基础（如石油、煤炭、水能、太阳能、风能等）以及精神满足。环境向人类提供了空气、生物、淡水、土地等资源，这是环境价值在物质性上的体现。另外，环境提供的美好景观（如旅游景点）、广阔空间虽然不能直接进入生产过程，却是另一类可满足人类精神需求以及延长生产过程的资源。

2. 环境资源价值的构成和体现

1）环境资源价值的构成

环境资源的价值称为总经济价值。环境资源的总经济价值分为两部分：①使用价值，或有用性价值；②非使用价值，或内在价值。使用价值又可以进一步分解为直接使用价值、间接使用价值和选择价值。

2）环境资源价值的具体体现

（1）使用价值。使用价值是指当某一物品被使用或消费时满足人们某种需要或偏好的能力。它包括直接使用价值、间接使用价值和选择价值。

直接使用价值是由环境资产对目前的生产或消费的直接贡献来决定的。也就是说，直接使用价值是指环境资源直接满足人们生产和消费需要的价值。以森林资源为例，其直接使用价值表现为：为人类提供木材、粮油、药材、生物基因、居住用地以及休闲娱乐和教育基地等。直接使用价值在概念上是易于理解的，但并不意味着它在经济上易于衡量。例如，森林产品的产量可以根据市场或调查数据进行估算，但药用植物的价值却难以衡量。

间接使用价值包括从环境所提供的用来支持目前的生产和消费活动的各种功能中间接获得的效益。间接使用价值类似于生态学中的生态服务功能。仍以森林为例，营养循环、水域保护、减少空气污染、小气候调节等都属于间接使用价值的范畴。它们虽然不直接进入生产和消费过程，但却为生产和消费的正常进行提供了必要条件。

选择价值又称期权价值，任何一种环境资产都可能具有选择价值。我们在利用环境资源时，可能并不希望马上就把环境的功能消耗殆尽，也许会设想在未来的某一天，该环境资源的使用价值会更大，或者由于不确定性的原因，如果现在利用了这一资源，那么未来就不可能获得该资源。因此，我们要对其作出选择，也就是说，我们可能会具有保护环境资源的愿望。选择价值与人们愿意为保护环境资源以备未来之用的支付意愿的数值有关。也就是说，该森林不是在现在被使用而是有可能在未来被使用，包括未来的直接和间接使用价值（生物多样性、被保护的栖息地等）。选择价值的出现取决于环境资源供应和需求的不确定性是否存在，并且依赖于消费者是想逃避风险还是喜欢冒险。因此，选择价值相当于消费者为一个未利用的资产所愿意支付的保险金，仅仅是为了避免在将来不能得到它的风险。

保护野生动植物资源，以尽可能多的基因，可以为农作物或家禽、家畜的育种提供更多的可供选择的机会。例如，适于在不良气候和土壤中生存的新的药用植物及粮食作物可以提高气候严酷和土壤贫瘠地区的生物生产力，改善全球日益增长的人口的健康和生活水平；再如，紫杉（又名红豆杉），是第四纪冰川后遗留下来的世界珍稀濒危植物，其最初只是作为用材和观赏树种来种植。随着医学技术的发展，一种抗癌特效药物——紫杉醇被从红豆杉中提取，使得红豆杉的开发利用价值倍增。据报道，紫杉醇身价超黄金，每千克能达 37 万美元。

（2）非使用价值。非使用价值则相当于生态学家所认为的某种物品的内在属性，与人们是否使用它没有关系。对于内在价值到底应该如何界定以及应该包括什么，存在着许多不同的观点。但有一种被普遍接受的观点认为，存在价值是非使用价值的一种最主要的形式。存在价值是指从仅仅知道这种资产存在中获得的满足，尽管并没有要使用它的意图。

从某种意义上说，存在价值是人们对环境资源价值的一种道德上的评判，包括人类对其他生物的同情和关注。例如，如果人们相信所有的生物都有权继续生存在我们这个星球上的话，人类就必须保护这些生物，即便看起来它们既没有使用价值，也没有选择价值。由于绝大多数人对环境资源的存在，如野生生物和环境的服务功能等具有支付意愿，所以环境经济学家认为，人们对环境资源存在意义的支付意愿就是存在价值的基础。随着环境意识的提高，存在价值被认为是总经济价值中的一个重要部分。如果该环境资产是独特的，上述关于存在价值的发现就更为重要。存在价值的提出，在经济学家和环境保护主义者之间搭建了一座相互理解的桥梁。

经济学家试图以经济学来解释该价值，并试图通过一些手段来度量它。他们为存在价值的存在提出了几个例证，说明人们之所以认为资源或环境具有存在价值，是因为人们具有某种情感上的需要与满足，如遗赠动机、礼物动机与同情动机。其中，遗赠动机同人们愿意把某种资源保留下来遗赠给后代人有关。从某种意义上说，它同对该资源的使用有关，所以很多经济学家争论道，应该把它纳入使用价值的范围内。因为人们相信，把资产留给后人，是为了让后人在使用它们时获得满足。礼物动机同遗赠动机类似，但更像是留给当代人，如亲戚朋友等，因此，许多经济学家也不赞成把它作为衡量存在价值的尺度。同情动机指人类对其他生物的同情与存在价值的关联性较大，尽管人类对其他生物的同情在不同的文化、宗教和国家等背景下有很大的差异，但从某种意义上说，目前在许多国家这已经成为一种行为规范。另外，有些物种，尽管其本身的直接价值很有限，但它的存在能为该地区人民带来某种荣誉感或心理上的满足，如我国的大熊猫、金丝猴、褐马鸡等。

2.2　环境学的研究方法

科学研究的方法论为环境学的发展提供了有力的武器。20 世纪发展起来的一些有关科学研究方法论的理论，如系统论、信息论和控制论具有高度的综合性和广泛的实用性。对于环境学这样的跨越自然科学、社会科学和技术科学的学科领域来说，这些方法论是极为重要的，尤其是在对复杂系统的综合研究中，先进的方法论在研究中更是必不可少的。

2.2.1　系统论在环境学中的应用

系统论是研究系统的模式、原则和规律，并对其功能进行数学描述的理论。系统论是 1937 年由贝塔朗菲提出的，很快得到科学界的认可和应用。系统论中的一些著名原则，对于研究环境学中的复杂系统来说是十分适用的。这些原则如下。

1. 整体性原则

整体性是系统的最基本特征。系统是一个有机整体，其整体大于它的各部分的总和。这就是说系统的性质、功能和运动规律不同于它的组成要素的性质、功能和运动规律的简单叠加，作为系统整体的组成要素与其独立存在时有质的区别。这个原则在讨论生态系统中环境要素和环境的性质时有所应用。

2. 相关性原则

环境系统、环境要素与环境是相互作用、相互依存、相互制约的。系统之所以可以运作并具有整体功能，就在于系统与要素、要素与要素、系统与环境是相互联系、相互作用的。

3. 结构性原则

系统内部各要素相互联系、相互作用的次序和方式构造成整体，只有系统内部要素有稳定的联系，形成有序结构，才能保持系统的整体性。

4. 层次性原则

复杂系统都具有多层次的特征，每个层次不仅具有相对独立性，还具有明显的等级性。只有处理好各层次之间的关系，整个系统才能正常运行。

5. 环境适应性原则

现实生活中的系统，都是在一定的环境中存在和发展的，都是开放系统。它与环境不断进行能量、物质和信息的交换。系统的结构决定了系统的功能，哪些功能得以表现取决于系统本身及其环境。

6. 动态性原则

系统是不断运动、变化和发展的。任何一个系统都有物质流、能量流和信息流的不断运动。系统本身也有一个孕育、产生、发展到衰退消亡的过程。

7. 最优化原则

最优化是指系统的最优目标、最佳功能。通常提出问题时有许多方案，其中能够成功的称为可行方案。在可行方案中，能得到最好效果的称为最优方案。最优化在复杂系统中往往是多目标的，因此需要在许多甚至是相互矛盾的可能性中找出一个合理的方案。

根据以上系统论的基本原则可以看到，生态系统是具有系统特性的，各环境要素按严格的等级组织起来，相互作用，在运动中达到优化。

2.2.2 信息论在环境学中的应用

1. 信息与信息论

信息是认识主体接收到的、可以消除对事物模糊认识的新消息、新内容和新知识。人们对信息研究的重视可以追溯到20世纪20年代，哈特莱在《信息传输》一文中探讨了信息的传输、量度问题，为信息论的建立提供了思路。第二次世界大战中雷达、电子通信、自动控制和计算机技术的发展，促使许多国家加强了对信息问题的研究。1948年，美国数学家香农（Shannon）在前人研究的基础上发表了《通信的数学理论》（*A Mathematical Theory of Communication*）一文，标志着信息论的诞生。

概括地讲，信息论方法就是把事物看成是一个以信息为中心的运动系统，运用数学工具来研究系统信息的传输、储存、转换、检索、处理，从而达到对某个复杂对象规律性认识的研究方法。它主要有以下特点：第一，抽象性。它可以完全撇开研究对象的具体运动形态，不需要对事物的整体结构加以剖析，而仅仅考察其流程，也就是把系统的有目的性运动抽象为一个信息交换过程。第二，整体性。信息论方法实际上也是一种整体综合方法，它不是通过割裂系统的联系，用形而上学的方法去研究对象，也不是把复杂对象分解为零散部件，再以机械组合来解释复杂事物系统，而是从系统的角度出发，把对象视为不可分割的完整体系，通过它的信息联系掌握其运动规律。第三，可类比性。类比是由两个对象内部属性关系的某些相似，得出它们在其他方面可能相似的推理方法，是一种从特殊到特殊的逻辑推论。通过类比，信息论方法发现了低级运动和高级运动、有机体和无机体、人和机器之间的共同本质：它们虽然千差万别，但本质上都是一种信息传递和转换的系统。

根据信息论的观点，把系统有目的的运动抽象为一个信息变换或传输的过程。信息流的正常流动及反馈信息的传递，使系统向目标逼近，直到实现预定目标。信息相关学科为科学整体化提供了重要的技术手段，如传感技术、通信技术和计算机技术。

2. 信息流与生态系统平衡

生态系统包含大量的复杂信息，信息是生态系统的基础要素之一。生态系统信息传递又称信息流，是生态系统中生命成分之间相互作用、相互影响的一种特殊形式。在一定程度上，整个生态系统中能量流和物质流的行为是由信息决定的。而信息又寓于物质和能量流动之中，物质流和能量流是信息流的载体。与物质流和能量流相比，信息流有其自身的特点：物质流是循环的；能量流是单向的，不可逆的；而信息流却是有来有往的双向流。正是由于信息流的存在，生态系统自动调节机制才得以实现。

信息流从生态学的角度主要分为营养信息、物理信息、化学信息和行为信息。营养信息指通过营养传递的形式，把信息从一个种群传递到另一个种群，或从一个个体传递给另一个个体，即营养信息。例如，三叶草是牛的饲料，而三叶草的传粉靠土蜂，土蜂的天敌是田鼠，田鼠的天敌是猫。猫的多少会影响到牛饲料的丰歉，这就是一个营养信息传递的过程。食物链中任一环节出现变化，都会发出一个营养信息，对其他环节产生影响。物理信息指通过声音、光、色彩等物理现象传递的信息。例如，很多被子植物依赖动物为其传粉，而很多动物依赖花粉而取得食物。被子植物产生鲜艳的花色，就是给传粉的动物一个醒目的标志，是以色彩传递的物理信息。化学信息是生物在某特定条件下，或某个生长发育阶段，分泌出的某些特殊化学物质，这些分泌物不提供营养，而是在生物个体或种群间传递某种信息，即化学信息，这些分泌物即称为化学信息素，也称为生态激素。这些物质制约着生态系统内各种生物的相互关系，使它们之间相互吸引、促进和相互排斥、克制，在种间或种内发生作用。行为信息指动物的不同个体在相遇时所表现出的有趣的行为。这些信息有的表示识别，有的表示威胁、挑战，有的向对方炫耀自己的优势，有的则表示从属。

对于生态系统的信息传递，人类还知之甚少。生态系统的信息比任何其他系统都要复杂，因此在生态系统中才形成了自我调节、自我建造与自我选择的特殊功能。生态系统在一定时间内结构和功能处于相对稳定状态，其物质和能量的输入、输出接近相等，在外来干扰下，能通过自我调解恢复到初始稳定状态，这种状态称为生态平衡。生态平衡包括三个方面的平衡，即结构上的平衡、功能上的平衡以及输入和输出物质数量上的平衡。信息传递在生态平衡中具有重要的作用，信息系统破坏会引起生态失衡。各种生物种群必须依靠彼此间的信息传递，才能保持其集群性，才能正常繁殖。而由于人类对环境的破坏和污染，破坏了某些信息，就可能使生态平衡遭到破坏。例如，噪声会影响鸟类、鱼类的信息传递，导致它们迷失方向或繁殖受阻。有些雌性昆虫在繁殖期将一种体外激素排放到大气中，有引诱雄性昆虫的作用。如果人们向大气中排放的污染物与这种激素发生化学反应，性激素失去作用，昆虫的繁殖就会受到影响，种群数量会减少，甚至消失。

3. 信息论在环境学中的应用

环境学是一个多学科交叉的综合性学科，其研究对象是一个既包括自然界又包括人类本身的复杂的大系统，即“人类-环境”系统。在这个复杂的系统中，存在着明显的物质流、能量流、信息流以及信息反馈过程。依据信息流和信息反馈，通过调整人类的社会行为，使系统中的物质流和能量流趋于合理化，有利于为人类社会发展提供持续、协调和稳定的环境保证。因此，信息论思想与技术在环境学研究中逐渐得到了广泛应用。例如，美国工兵工程研究实验室设计了一种环境影响评价的计算机系统，该系统对 9 个武装活动功能区的各种性质、数量进行监控，运用计算机来识别 11 类环境的广泛影响。

现代化的环境管理也同样是一个复杂的大系统，在整个系统的管理活动中存在着两种“流动”，一种是人力、物力、财力等的物质流动；另一种是随之产生的大量的环境数据、资料、指标、图纸、报表以及与环境有关的经济、社会发展等信息的流动。前一种流动是环境管理活动的主体流程，后一种流动则是前一种流动的表现或描述，这两种流动的交互作用就构成了实际的环境管理活动。为使环境管理取得最优效果，就必须对人流、物流、财流加以科学的计划、组织和调节，使它们按照一定的规律运动。而人流、物流、财流合乎目的运动的前提，是信息流的畅通。信息流调节着人流、物流和财流的数量、质量、方向和速度，信息流的任何阻塞都会造成人流、物流、财流的紊乱甚至中断，环境管理活动就要停顿或遭到破坏，管理目标就难以实现。因此信息既是环境管理组织的中枢神经，又是环境管理的重要资源，现代环境管理中首要的任务是对信息进行有效处理。

信息反馈是环境管理的重要手段，要实现对环境的科学控制与管理必须要有及时的信息反馈。没有健康畅通的信息反馈系统，环保部门以及相关企事业单位就无法对各项实践活动进行有效的监控和调整。高效完备的环境信息系统是环境管理得以正常运行的先决条件，如完善的环境信息检测系统、环境数据库和环境信息处理系统等的构建。

2.2.3　控制论在环境学中的应用

自1948年维纳提出控制论以来，当前控制论已形成了以理论控制论为中心，包括控制论、生物控制论、社会控制论和智能控制论四大分支在内的庞大学科体系。控制论的研究方法在环境学中得到广泛应用，其中较重要的有以下几类方法。

1. 黑箱方法

把系统当作黑箱。人们一时无法或无须直接观察黑箱的内部，通过系统的输入、输出关系去认识和把握系统的功能特性，这种研究方法称为黑箱方法。生态学主要就是利用这种方法来研究其变化规律的。这种研究方法可以在生物圈中从不同结构的水平入手，大至生物圈、生态系统、群落，小至种群、个体甚至细胞，可以把个别结构水平看成一系列“黑箱”，大黑箱中套小黑箱，每个黑箱的功能可以用输入、输出的数量来测定，如种群数、性别比、个体数、出生率、死亡率等，通过数学处理，得到定量的客观研究结果。

2. 功能模拟方法

借助黑箱方法，从功能上描述和模拟系统对环境影响所做出的反应，一般无须分析系统的内部机制和个别要素。这种方法同样在生态系统的研究中得到应用。著名的“生物圈一号”实验就采用了这种方法。

3. 反馈方法

以系统活动的结果来调整系统活动的方法称为反馈方法。控制论的研究方法可以把输入信息、输出信息、控制信息、反馈信息及环境变化引起的随机干扰信息等列成函数关系，进行数学处理，进而进行定量的描述。

问题与讨论

1. 什么是物质循环规律？简述生物圈层次的物质循环。

2. 根据物质参与循环的主要形式，可以将循环分为哪三种？请简述并举例说明。

3. 水循环是最基本的生物地球化学循环，试述水循环具有的意义及其与环境质量之间的联系。

4. 请简述碳循环的几条主要途径，并阐述目前碳循环存在的与环境质量相关的主要问题。

5. 请阐述氮循环过程，并简述因氮循环失衡可能导致的环境问题。

6. 请简述硫循环过程，并阐述因人类对硫循环的干扰带来的环境问题。

7. 请阐述生物地球化学循环与全球环境变化的关系，并举例说明。

8. 请简述物质循环规律对于资源利用和环境保护的启示？

9. 请阐述能量流动的主要规律。

10. 什么是林德曼定律？它在能源利用方面给了我们哪些启示？

11. 什么是地域分异规律？请阐述不同尺度下的主要地域分异规律。它在环境管理与规划方面给了我们哪些启示？

12. 什么是外部性？请阐述外部性的几种类型，并举例说明。

13. 什么是环境价值？试述环境包括哪些价值，请举例说明。

14. 简述环境学研究中常用的几种研究方法。

第 3 章　大气环境污染与控制

［本章提要］：本章首先介绍了大气的结构和组成，接着详细阐述了大气污染的概念、主要大气污染物的性质、来源和危害以及大气污染对全球大气环境的影响，分析了影响大气污染扩散的因素和两种典型的大气污染类型的机理，最后较为系统地介绍了国内外控制大气污染的主要途径与技术。

［学习要求］：通过本章的学习，应对地球大气圈的组成及其结构有清楚的认识；了解影响大气污染的气象因素；熟悉主要大气污染物的性质、危害和来源；了解基本的大气污染控制技术，力求理论联系实际，培养分析问题和解决问题的能力。

地球上的大气是环境系统的重要组成要素之一，是维持生命所必需的物质。陆地生物与大气的关系，就像鱼与水一样，片刻不能离开；即使是水生生物，也离不了大气。如果地球上没有了大气，也就没有了生命。一个人，大约每天需要呼吸 10 m^3 的空气，而每天的饮食需要也与大气的光合作用和压强等分不开。因此，大气环境在整个环境中占有重要地位。

大气环境质量的优劣直接关系到生态系统和人体健康。某些自然过程释放的物质和能量，直接对大气环境质量有影响，而人类活动的加强，对大气环境质量的影响更大。在近代城市环境问题阶段，最早出现的公害事件就是大气污染事件，如 1930 年 12 月的马斯河谷公害事件。八大公害事件中，大气污染事件占了 5 起，如比利时马斯河谷烟雾事件（1930 年 12 月）、美国多诺拉镇烟雾事件（1948 年 10 月）、伦敦烟雾事件（1952 年 12 月）、美国洛杉矶光化学烟雾事件（二战以后的每年 5～10 月）和日本四日市哮喘病事件（1961～1970 年间断发生）。北宋诗人秦观有词写到，“雾失楼台，月迷津渡，桃源望断无寻处”。在我们身边的城市中这样的场景频繁出现，大气污染已成为摆在人们面前的严峻现实。

3.1　大气结构和组成

3.1.1　大气的结构

地球表面覆盖着多种气体组成的大气，称为大气层。人们把由于地球引力而随之旋转的大气层称为大气圈（atmosphere）。大气圈与宇宙空间很难确切地划分，一般认为，从地球表面到高空 1200～1400 km，看作是大气层厚度。超出 1400 km 以外，气体非常稀薄，就是宇宙空间了。大气的化学成分和物理性质（温度、压力和电离状况等）在垂直方向上有着显著的差异。1962 年 WMO（世界气象组织）根据大气温度随高度垂直变化的特征，将大气层大体划分为五层：对流层、平流层、中间层、热层和逸散层，俗称五层楼结构，如图 3-1 所示。

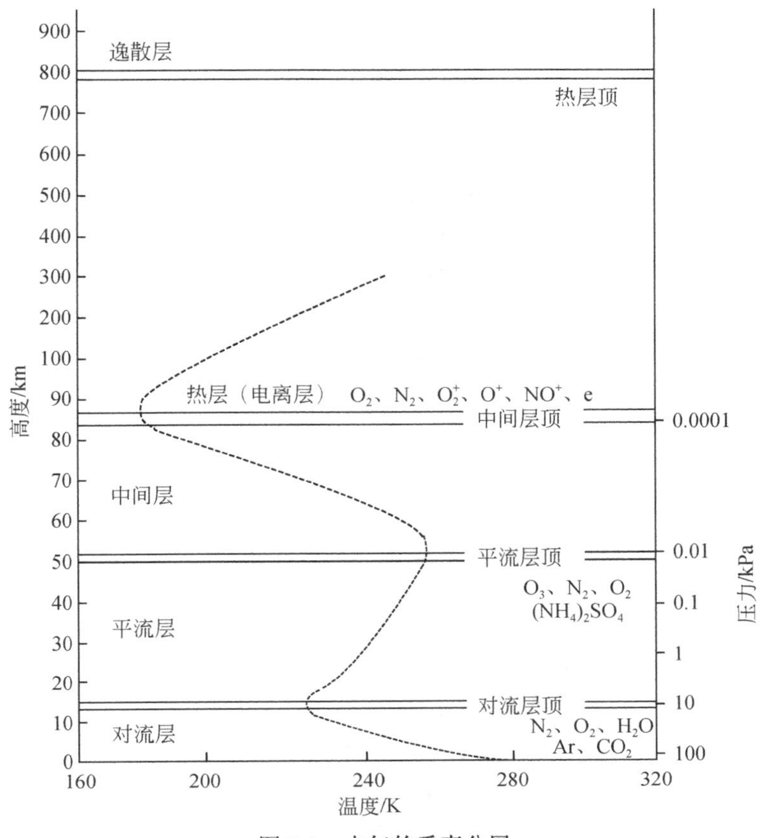

图 3-1　大气的垂直分层

1. 对流层（约 12 km）

对流层是大气圈的最下面一层，厚度随纬度和季节而变化，平均厚度约 12 km，两极薄为 8～9 km，赤道厚约 19 km。空气密度大，虽然整个厚度不大，但集中了大气总质量的 3/4 以及几乎所有的水汽。该层主要特征如下。

（1）一般情况下，气温随高度升高而降低，气温的垂直递减率（指空气温度在垂直方向上随高度升高而降低的数值，通常用 r 来表示，$r=\mathrm{d}T/\mathrm{d}z$）平均为 0.65℃/100m。

（2）大气对流运动强烈，风、雪、雨、霜、雾和雷电等复杂的气象现象都出现在这一层。

（3）受地面状况和人为活动影响最为显著，大气的温度、湿度等气象要素水平分布差异大，从而形成不同的大气环境和产生各种大气污染现象。

总体来说，对流层温度通常呈下部气温高、上部气温低的特点，因此这一层大气无论是垂直还是水平方向的对流都是很充分的。伴随着这种对流运动，由污染源排放到大气中的污染物可被输送到远方，并且由于分散和稀释作用而降低了污染物的浓度，因此一般并不造成危害。但当污染物量大，尤其是当近地 1 km 以下的边界流动层出现上热下冷的逆温层时，由于暖气团位于冷气团之上，人为排放的污染物混入低层冷气团中无法向上扩散，就有可能发生严重的大气污染事件。可见，对流层是对人类的生产、生活影响最大的圈层，大气污染来源和大气污染现象主要发生在这一层。

2. 平流层（12～50 km）

从对流层顶到约 50 km 的地方，为大气圈平流层。该层主要特征如下。

（1）温度随高度的增加而上升，并且经常保持稳定。因此很少发生大气的垂直对流，只能随地球自转而产生平流运动。污染物一旦进入平流层（氟利昂等可扩散进入平流层），就会在此层停留较长时间，有时可达数年之久，并遍布全球。

（2）空气比下层稀薄，水汽、尘埃含量很少，很少有对流层中的那种云、雨、风暴等天气现象，经常处于静悄悄。大气透明度好，10～20 km 是现代超音速飞机的理想飞行空间。

（3）在 15～35 km（平流层上层），有一层厚度约 20 km 的臭氧层，该臭氧层能强烈吸收 200～300 nm 的太阳紫外线，致使平流层上部的气层发生明显的增温（在平流层顶，气温可升至-3～0℃，比对流层的气温高出 60～70℃）。同时臭氧层也因能够吸收和阻挡紫外线到达地面而成为地球生命的保护伞。

3. 中间层（50～85 km）

50～85 km 这一层称为中间层。由于该层中没有臭氧这一类可直接吸收太阳辐射能量的组分，因此其气温随高度增加而下降，上部气温可降至-83℃。这种温度分布下高上低的特点，使得中间层空气再次出现强烈的垂直对流运动。中间层空气更稀薄，无水分。中间层上部，气体分子（O_2、N_2）开始电离。

4. 热层（电离 85～800 km）

从中间层顶至 800 km 高度称为热层。这一层空气更为稀薄，由于太阳和宇宙射线的作用，该层空气分子大部分发生电离成为离子和自由电子，故此层又称为电离层。由于电离后的氧能强烈地吸收太阳紫外线，空气迅速升温，并随高度增加不断上升。电离层能将电磁波反射回地球，对全球的无线电通信具有重大意义。

5. 散逸层（＞800 km）

位于大气圈的最外层，高度 800 km 以上的大气层，统称散逸层。它是大气向星际空间的过渡地带。由于该层大气直接吸收太阳紫外线的热量，因此该层气温随高度增加而升高。该层大气极为稀薄，气温高，分子运动速度快，以致一个高速运动的气体粒子可以克服地球引力的作用而逃逸到星际空间。

电离层和散逸层也称为非均质层，在此以外就是宇宙空间。

3.1.2　大气的组成

自然状态下的大气由干燥清洁的空气、水蒸气和悬浮微粒三部分组成。除去水汽和杂质的空气称为干洁空气，即干洁空气没有水汽和悬浮物。在 85 km 以下的低层大气中，干洁空气的组成基本上是不变的，其主要成分为氮（N_2）、氧（O_2）和氩（Ar），它们的体积分数分别为 78.09%、20.95%和 0.93%，三者合计占干空气总体积的 99.97%。其他各种气体的含量合计约为 0.03%，这些微量气体包括除氩之外的稀有气体、CO_2、臭氧等。大气的组成见表 3-1。

干洁空气中的氮气、惰性气体等性质不活泼，固氮作用所耗去的氮素基本上被反硝化作用形成的氮素所补充，自然界中由于燃烧、氧化、呼吸、有机物分解所消耗的氧，基本上由植物光合作用释放的氧分子而得到补充，因此干洁空气的组成相对稳定。

表 3-1 干洁空气的组成（体积分数）

气体类别	体积分数/%	相对分子质量	气体类别	体积分数/%	相对分子质量
氮（N_2）	78.09	28.016	氦（He）	5.24×10^{-4}	4.003
氧（O_2）	20.95	32.000	甲烷（CH_4）	1.0×10^{-4}～1.2×10^{-4}	16.043
氩（Ar）	0.93	39.944	氢（H_2）	0.5×10^{-4}	2.016
二氧化碳（CO_2）	0.03	44.010	氙（Xe）	0.08×10^{-4}	131.900
氖（Ne）	18×10^{-4}	20.183	臭氧（O_3）	0.01×10^{-4}	48.000

空气中可变组分是 CO_2 和水蒸气。其中，CO_2 的含量随季节和气象条件而改变，跟人类的活动关系密切。CO_2 主要来自生物的呼吸作用（respiration）、有机体的燃烧与分解。由于地面状况和人为活动影响的不同，近地层大气中 CO_2 在不同地区变化很大，一般大气中 CO_2 的体积分数是 0.03%，而城市大气中 CO_2 体积分数可能超过 0.06%。水蒸气主要来自海水、江河、湖泊的蒸发以及土壤、植物的蒸腾作用，又可以通过降水回到生物圈和水圈。因此，水汽含量也依空间位置和季节变化而改变，在热带达4%，而在南北极则不到 0.1%。大气中水汽含量及其变化对生物的生长和发育有重大影响。

大气中除气体成分外，还有很多液体、固体杂质和微粒，这些物质称为不定组分。这些不定组分有的来源于自然过程，如火山爆发、森林火灾、海啸和地震等暂时性灾难所产生的大量尘埃、硫化氢、硫氧化物、氮氧化物等；有的来源于人类活动，如人类生产工业化、人口密集和城市工业布局不合理等人为因素产生的煤烟、粉尘、硫氧化物、氮氧化物等污染性气体。不定组分和可变组分的含量过多，会影响生物的正常生长发育，给人类带来危害。因此，它们是环保工作研究的主要对象。

3.2 大 气 污 染

3.2.1 大气污染的概念

由于人类活动和自然过程导致在一定范围的大气中出现了原来没有的微量物质，其数量和持续时间都有可能对人、动物、植物及物品、材料产生不利影响和危害。当大气中污染物质的含量达到有害程度时，对人或物造成危害的现象称作大气污染（atmosphere pollution）。在英语中有两个名词：air pollution（空气污染）和 atmosphere pollution（大气污染）。后者用法比较固定，专指有毒有害化学物质排放到室外空气中所产生的污染问题；而对前者的使用比较混乱，有人将此词仅仅理解为室内空气污染；也有人将其理解为室内和室外空气污染的总称。

按照国际标准化组织（ISO）做出的定义：大气污染通常是指由于人类活动和自然过程引起某种物质进入大气中，呈现出足够的浓度，达到了足够的时间，并因此而危害了人体的舒适、健康和福利或危害了环境的现象。这里，舒适健康包括了从对人体正常的生活环境和生理机能的影响引起慢性疾病、急性病以致死亡这样一个范围。福利指与人类协调共存的生物、自然资源、财产以及器物等。大气污染的定义也指明造成大气污染的原因主要有两个：一是人类活动，人类在从事生产和生活过程中，会向大气排放各种污染物。二是自然过程，如火山爆发、森林火灾、海啸、土壤和岩石风化以及大气圈的空气运动等也会向大气释放各种污染物质。这些原因导致一些非自然大气组分如硫氧化物、氮氧化物等进入大气，或使一些组分的含量超过自然大气中该组分的含量，如碳氧化物、颗粒物等。

以上定义还指明了大气污染形成的必要条件，即污染物在大气中要含有足够的浓度，并对受体作用足够的时间，在此条件下对受体及环境产生了危害，造成了后果，称为大气污染。大气自净作用会使自然过程造成的大气污染经过一段时间后自动消除。可见，大气污染的形成过程需要三个环节，如图 3-2 所示。即由污染源排放污染物进入大气中，经过混合、扩散、化学转化等一系列大气运动过程，最后到达接受者，对接受者施加作用。缺少任何一个环节，就构不成空气污染。

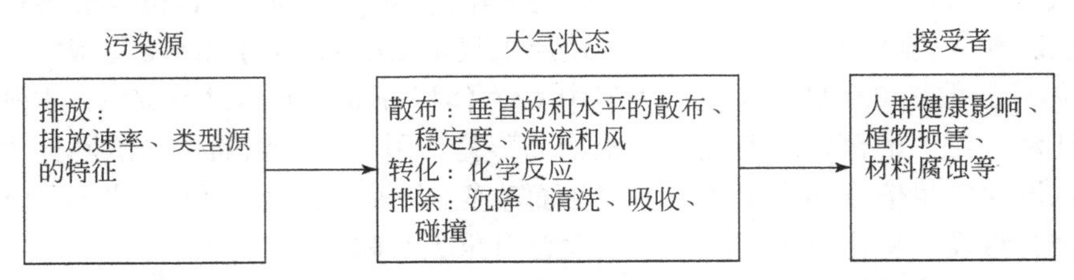

图 3-2　形成大气污染的三个环节（赵景联和史小妹，2016）

3.2.2　大气污染源

一般来说，大气污染源分为自然源和人为源两大类。自然源是指火山爆发、森林火灾、土壤风化等自然原因产生的沙尘、SO_2 和 CO 等。自然源污染多是暂时的、局部的。一般来说，只占大气污染的很小部分。人为源是指任何向大气排放一次污染物的工厂、设备、车辆或行为等。由人类活动所造成的这种污染通常是经常性的、大范围的，一般所说的大气污染问题多是人为因素所造成的。人为污染源较多，根据污染源产生的类型通常将其分为以下四类。

1. 工业企业排放源

工业企业是大气污染的主要来源。在工业企业排放的废气中，排放量最大的是以煤和石油为燃料，在燃烧过程中排放的粉尘、SO_2、NO_x、CO、CO_2 等，其次是工业生产过程中排放的多种有机和无机污染物质。

随着工业的迅速发展，大气污染物的种类和数量日益增多。由于工业企业的性质、规模、工艺过程、原料和产品种类等不同，其对大气污染的程度也不同，如表 3-2 所示。如一些火力发电厂、工业和民用炉窑的燃料燃烧，产生了大量的一氧化碳、二氧化硫和氮氧化合物，这是包括我国在内的部分发展中国家的主要大气污染源。在我国，工业及民用燃料以煤为主，因此煤炭燃烧所排放的烟尘是大气污染的主要特征，我国许多城市的大气首要污染物是可吸入颗粒物就是这个原因。其他如有色金属冶炼厂排出二氧化硫、氮氧化合物以及含重金属的烟尘等，石油化工企业排放碳氢化合物、二氧化碳等。总体来说，工业企业排放源的特点是排放总量大，产生的污染物质的种类复杂。

表 3-2　各类工业企业向大气中排放的主要污染物质（赵景联和史小妹，2016）

工业部门	企业名称	排放的主要大气污染物质
电力	火力发电厂	烟尘、二氧化硫、氮氧化物、一氧化碳、苯
冶金	钢铁厂	烟尘、二氧化硫、一氧化碳、氧化铁尘、氧化钙尘、锰尘
化工	有色金属冶炼厂	粉沙（各种重金属：铅、锌、镉、铜等）、二氧化硫
	炼焦厂	烟尘、二氧化硫、一氧化碳、硫化氢、苯、酚、萘、烃类
	石油化工厂	二氧化硫、硫化氢、氰化物、氮氧化物、氯化物、烃类
	氮肥厂	烟尘、氮氧化物、一氧化碳、氨、硫酸气溶胶
	磷肥厂	烟尘、氟化物、硫酸气溶胶
	硫酸厂	二氧化硫、氮氧化物、砷、硫酸气溶胶
	氯碱厂	氯气、氯化气
	化学纤维厂	烟尘、硫化氢、氨、二硫化碳、甲醇、丙酮、二氯甲苯
	合成橡胶厂	丁间二烯、苯乙烯、异乙烯、异戊二烯、丙烯、二氯乙烷、乙烯
		二氯乙醚、乙硫醇、氯代甲烷
	农药厂	砷、汞、氯、农药
	冰晶石厂	氟化氢
机械	机械加工厂	烟尘
轻工	造纸厂	烟尘、硫醇、硫化氢
	仪表厂	汞、氰化物
	灯泡厂	汞、烟尘
建材	水泥厂	水泥尘、烟尘等

2. 生活污染源

生活污染源指家庭炉灶、取暖设备等，多为燃烧燃料产生的污染。在我国的一些中小城镇，居民密集，燃煤质量差，燃烧不完全，排放出大量的烟尘和有害气体。另外，生活垃圾在堆放过程中由于厌氧分解排出的二次污染物和垃圾焚烧中产生的废气都将污染大气。生活污染源的主要特征是排放数量多、分布广且排放高度低。因此，这类污染源排放的气体不易扩散，在气象条件不利时往往会造成严重的大气污染，是低空大气污染不可忽视的污染源，排气中的主要污染物是烟尘、SO_2、CO、CO_2 等。

3. 交通运输污染源

交通工具如汽车、火车、轮船、飞机等排放的尾气，主要有碳氢化合物、CO、氮氧化合物和含铅的污染物等。在一些发达国家的城市中，汽车是十分重要的大气污染源。汽车尾气的排放量与车况、行驶状态、燃料的成分以及空燃比都有较大关系。其典型特征是交通运输污染源属于流动源，不易控制，对人体的危害更大。汽车污染大气的特点是排出的污染物距人们的呼吸带很近，能直接被人吸入。

4. 农业活动污染源

农业机械排放尾气，施用化学农药、化肥、有机肥时有害物质直接排放或从土壤中经分解之后排入大气以及秸秆焚烧等过程，产生有害污染物。

按污染源的分布特征，人为源又可分为点源、线源和面源。点源通常指位置固定的污染源，如工厂的排烟或排气。线源指移动污染源在一定街道上造成的污染。面源指许多低烟囱聚集起来造成的区域型污染源。按污染源排放时间，人为源也可分为连续源、间断源和瞬时源。连续源指污染物连续排放，如火电厂的排气筒。间断源指排出源时断时续，如餐饮企业的油烟。瞬时源指排放时间短暂，如某工厂的事故排放。

3.2.3　大气污染物

1. 大气污染物的概念

大气污染物指由于人类活动或自然过程排入大气，并对人和环境产生有害影响的物质。这些物质是那些能在大气中传播的天然的或人造的元素或化合物，它们在化学性质上可以是有毒的也可以是无毒的，关键是能够引起可以测量的有害影响。大气污染物，尤其是城市大气污染物，主要有粉尘、二氧化硫、CO、CO_2、氮氧化物、碳氢化合物、硫化物、光化学氧化剂和一些有毒重金属等。表 3-3 为各类工业企业向大气中排放的主要污染物质。

表 3-3　大气中的一次和二次污染物

污染物	一次污染物	二次污染物
含硫化合物	SO_2、H_2S	SO_3、H_2SO_4、MSO_4
含氮化合物	NO、NH_3	NO_2、HNO_3、MNO_3
碳氧化合物	CO、CO_2	无
碳氢化合物及衍生物	C_xH_y	醛、酮、过氧乙酰硝酸酯、臭氧等
卤素化合物	HF、HCl	无
颗粒物	重金属元素、多环芳烃	H_2SO_4、SO_4^{2-}、NO_3^-

2. 大气污染物的分类

依据不同的分类标准，大气污染物分类结果也是不同的。常见的大气污染物分类依据有污染物的存在状态、污染物的来源、污染物的形成机理、污染物的化学性质等。比较常用的分类依据为存在形式与形成机制。

1）依据存在形式分类

大气污染物以气体和气溶胶（aerosol）两种形式存在，其中气体形式约占 90%（体积分数），气溶胶形式约占 10%（体积分数）。气体形式污染物是指某些污染物质在常温常压下以气体形式分散在大气中，也包括某些在常温常压下是液体或固体的，但由于它们的沸点或熔点低，挥发性大，因而能以蒸气态挥发到空气中的物质。常见的气态污染物有 CO、氮氧化物、氯气、氯化氢、氟化氢、臭氧等。它们的运动速度较大，扩散快、易受气流影响。任何固态或液态物质当以小的颗粒物形式分散在气流或大气中时都称作气溶胶。各种气溶胶颗粒的粒度范围为 0.0002～500 μm。由于其粒度大小不同，因此这些气溶胶颗粒的化学和物理性质有很大的差异。在固体颗粒物中，粒径在 10 μm 以上，受重力作用很快沉降到地面上的称为降尘；粒径在 10 μm 以下，能长期飘浮在大气中的气溶胶粒子称为飘尘。气溶胶按其形成的方式不同又可分为：分散性气溶胶、凝聚性气溶胶以及化学反应性气溶胶。我们常见的雾、烟、粉尘和烟雾，便是不同形式的气溶胶。

2）依据形成机制的分类

大气污染物按其来源或形成机制可分为一次污染物和二次污染物两类，如表 3-3 所示。

A. 大气一次污染物

大气一次污染物是指直接从各类污染源排出进入大气的各种物质，进入大气后其性质没有发生变化，如气体（gas）、蒸汽（vapor）及尘埃（dust）。常见的有碳氢化合物（HC）、一氧化碳（CO）、氮氧化物（NO_x）、硫氧化物（SO_x）和微粒物质（particulates）等。一次污染物又可以分为反应性污染物和非反应性污染物两类。反应性污染物的性质不稳定，在大气中常与某些其他物质产生化学反应，或作为催化剂促进其他污染物产生化学反应。非反应性污染物，其性质较稳定，不发生化学反应，或反应速度很缓慢。

B. 大气二次污染物

大气二次污染物是指由进入大气的一次污染物互相作用或与大气正常组分经过一系列的化学反应生成的，以及在太阳辐射线的参与下引起光化学反应而产生的新的污染物。常见的有：臭氧、过氧化乙酰硝酸酯（PAN）、硫酸及硫酸盐气溶胶、硝酸及硝酸盐气溶胶，以及一些活性中间产物，如过氧化氢基（$\cdot HO_2$）、氢氧基（$\cdot OH$）、过氧化氮基（$\cdot NO_3$）和氧原子等。例如，二次污染物硫酸烟雾（又称硫酸气溶胶）就是通过下述变化过程而形成的。

$$SO_2 \xrightarrow{\text{催化或光化学催化}} SO_3 \xrightarrow{H_2O} H_2SO_4 \xrightarrow{H_2O} (H_2SO_4)_m(H_2O)_n$$

生成物$(H_2SO_4)_m(H_2O)_n$就是气溶胶，它继续吸附大量的 SO_2、SO_3 和 H_2SO_4-H_2O，长成较大的粒子，这些小微粒分散在空气中，即形成硫酸气溶胶。SO_2 在干燥空气中含量达 2285 mg/m^3 时，人体还可以忍受。但在形成硫酸气溶胶后，其含量仅 2.28 mg/m^3 时人体即不可忍受，足以见得大气中的二次污染物对环境的危害很大。

3. 主要的大气污染物

大气中的有害有毒物质达数十种之多，主要污染物的类型和源如表 3-4 所示。

表 3-4　大气主要污染物的类型和源

类型	天然源	人为源
颗粒物	火山、风的作用、流星、海浪、森林火灾	燃烧、工业生产过程
硫化物	细菌、火山、海浪	燃烧矿物燃料、工业生产过程
CO	火山、森林火灾	内燃机、燃烧矿物燃料
CO_2	火山、动物、植物	燃烧矿物燃料
碳氢化合物	细菌、植物	内燃机
氮化物	细菌	燃烧

1）大气颗粒物

飘浮在空气中的固态和液态颗粒物，其粒径范围在 0.1～100 μm，被称为总悬浮颗粒物（total suspended particulate，TSP）。总悬浮颗粒物的含量通常指用标准大容量颗粒采样器在滤膜上所收集到的颗粒物的总质量。它是目前大气质量评价中的一个通用的重要污染指标。

常用的颗粒物指标，除了 TSP 之外，还有降尘、飘尘、细颗粒物和雾尘等。粒径大于 10 μm，靠重力作用能在短时间内沉降到地面者称为降尘。单位面积的降尘量可作为评价大气污染程度的指标之一。飘尘指粒径＜10 μm，可在大气中长期飘浮的悬浮颗粒物，又被称为 PM_{10}（particulate matter 10）。PM_{10} 可以通过呼吸道进入人体，对人体健康产生危害。国家环境保护总局1996年颁布修订的《环境空气质量标准》（GB 3095—1996）中将飘尘改称为可吸入颗粒物（IP），作为正式大气环境质量标准。细颗粒物是指大气中直径小于或等于2.5 μm的颗粒物，又被称为$PM_{2.5}$（particulate matter 2.5），也称为可入肺颗粒物。雾尘是小液体微粒悬浮于大气中的悬浮物总称，其粒子粒径小于100 μm。这种小液体粒子一般是在蒸汽的凝结、液体的喷雾、雾化以及化学反应过程中形成的。

颗粒物中1 μm以下的微粒沉降速度慢，在大气中存留时间久，在大气动力作用下能够被吹送到很远的地方。因此颗粒物的污染往往波及很大区域，甚至成为全球性问题。粒径在0.1～1μm的颗粒物，与可见光的波长相近，对可见光有很强的散射作用。这是造成大气能见度降低的主要原因。由二氧化硫和氮氧化物化学转化生成的硫酸和硝酸微粒是造成酸雨的主要原因。大量的颗粒物落在植物叶子上影响植物生长，落在建筑物和衣服上能起玷污和腐蚀作用。粒径在3.5μm以下的颗粒物，能被吸入人的支气管和肺泡中并沉积下来，引起或加重呼吸系统的疾病。大气中大量的颗粒物干扰太阳和地面的辐射，从而对地区性甚至全球性的气候产生影响。

2）硫氧化合物

大气中的硫氧化合物主要是SO_2，还有小部分SO_3。硫以多种形式进入大气，特别作为SO_2和H_2S气体进入大气，但也有以亚硫酸、硫酸以及硫酸盐微粒形式进入大气的。整个大气中的硫约有2/3来自天然源，其中以细菌活动产生的硫化氢最为重要。大气中的H_2S是不稳定的硫化物，在有颗粒物存在下，可迅速地被氧化成SO_2。人类活动释放到大气中的S以SO_2最为重要，其主要来自发电厂和供热厂中含硫化石燃料（其中80%为煤）的燃烧，其次是冶炼厂、硫酸厂的排放气体，有机物的分解和燃烧等。SO_2是一种无色的中等强度刺激性气体。含量低时，主要影响呼吸道；含量较高时造成支气管炎、哮喘病，严重的可以引起肺气肿，甚至致人死亡。当人体吸入由SO_2氧化形成的SO_3和硫酸烟雾时，即使其含量只相当于SO_2的十分之一，其刺激和危害都更加显著。同时，大气中的硫氧化合物也是酸雨的前置物。

3）氮氧化合物（NO_x）

氮氧化合物的种类有很多，造成大气污染的主要是NO和NO_2等。天然排放的氮氧化物起因于土壤和海洋中有机物的分解。人为的氮氧化物大部分来源于矿物燃料的高温燃烧（如汽车、飞机、内燃机及工业窑炉等的燃烧）过程，也有来自生产或使用硝酸的工厂排放的尾气等，还有氮肥厂、有机中间体厂、有色及黑色金属冶炼厂的某些生产过程。NO是无色、无味、不活泼的气体，在阳光照射下，并有碳氢化合物存在时，能迅速地氧化为NO_2。而NO_2在阳光照射下，又会分解成NO和O。因此大气中NO和NO_2以及N_2O、N_2O_3、N_2O_5等自成一个循环系统，从而统称为NO_x。NO会刺激呼吸系统，还能与血红素结合成亚硝基血红素而使人中毒。NO_2能严重刺激呼吸系统，并能使血红素硝基化，危害比NO更大。另外，NO_2还会毁坏棉花、尼龙等织物，使柑橘落叶和发生萎黄病等。然而，大气中NO_2更严重的危害可能是其在形成光化学烟雾的过程中起了关键作用。另外，NO_2也会形成硝酸酸雨从而产生危害。

根据NO_x生成机理，煤炭燃烧过程中所产生的NO_x量与煤炭燃烧方式、燃烧温度、过量空气系数以及烟气在炉膛停留时间等因素密切相关。煤炭燃烧产生NO_x的主要机理有热力型、燃料型和快速型三种，其中快速型NO_x生成量很少，可以忽略不计。

（1）热力型。NO_x 的生成是由空气中氮在高温条件氧化而成的，生成量取决于温度。当 T<1500℃时，NO 的生成量很少，而当 T>1500℃时，T 每增加 100℃，反应速率增大 6～7 倍。当温度保持足够高时，热力型 NO_x 占总生成量的 20%。

（2）燃料型。NO_x 是燃料中氮化合物在燃烧过程中热分解且氧化而成的，与火焰附近氧浓度密切相关，占总生成量的 80%以上。

（3）快速型。碳氢化合物燃料燃烧时，如果燃料浓度较大，在反应区附近会快速生成 NO_x，在通常炉温下，生成强度微不足道。

根据燃煤过程中 NO_x 的生成机理可知，不同类型的 NO_x 在煤炭燃烧过程中的生成规律是有显著区别的。在具体实施燃烧技术措施上，主要是控制和减少燃料型 NO_x 的生成。

4）碳氧化合物

大气中的碳氧化合物主要是 CO 和 CO_2。CO 是大气的主要污染物之一。CO 又称“煤气”，是一种无色、无臭、无刺激性的有毒气体，几乎不溶于水。大气中的 CO 产生于含碳物质的不完全燃烧，主要来源于燃料的燃烧和加工、汽车排气。CO 是人类向大气排放量最大的污染物。它化学性质稳定，在大气中不易与其他物质发生化学反应，虽然 CO 可转化为 CO_2，但速度很慢。大气中的 CO 的自然去除主要通过地球表层土壤的吸收或与大气中羟基的反应。而土壤由于土壤微生物的活动很可能成为 CO 主要的天然源。

CO 极易与血红蛋白结合，形成碳氧血红蛋白，使血红蛋白丧失携氧的能力和作用，造成组织窒息，严重时导致死亡。CO 对全身的组织细胞均有毒性作用，尤其对大脑皮质的影响最为严重。CO 的危害不仅与 CO 的分压、体内碳氧血红蛋白的饱和度有关，还与接触含量、暴露时间、肌体活动时的肺通气量和血容量等许多复杂因素有关。

CO_2 一般不作为污染物来考虑，因为它是生命过程中的一种基本物质，无论什么时候在氧存在的情况下燃料完全燃烧都可以产生 CO_2。植物和动物是 CO_2 的天然源，它们在消耗碳水化合物燃料以后呼出 CO_2。植物和海洋是 CO_2 的天然汇，但是现今它们的消耗量已经无法和人为产生的 CO_2 增加速率相平衡。因此全球 CO_2 含量通常在增加，导致全球性的气候变暖，即温室效应（详见第 4 节）。

5）碳氢化合物

大气中的碳氢化合物（HC）通常是指 C_1～C_8 可挥发的所有碳氢化合物（hydrocarbons），即烃类，包括烷烃、烯烃、芳香烃，它们是形成光化学烟雾的前体物。大气中的碳氢化合物主要来自石油的不完全燃烧和石油类物质的蒸发。车辆是主要的排放源，石化企业、油漆及干洗过程也会把碳氢化合物排入大气。碳氢化合物是形成光化学烟雾的主要成分，其中的多环芳烃类还具有致癌作用。经证明，在上午 6：00～9：00 的 3 h 内排出的质量浓度达 0.174 mg/m^3 的碳氢化合物（甲烷除外），在 2～4 h 后就能产生光化学氧化剂，其质量浓度在 1 h 内可保持 0.058 mg/m^3，从而引起危害。大气中的碳氢化合物甲烷占 80%～85%，甲烷在大多数光化学反应中表现出惰性，本身也是一种无毒的烃类物质。然而，甲烷也是一种重要的温室气体，每个甲烷分子导致温室效应的能力比 CO_2 分子大 20 倍，而近年来甲烷的增长速度也是非常快的。

6）臭氧

O_3 有特殊的臭味，是已知的仅次于氟（F_2）的最强氧化剂。其自然来源为紫外线照射或电击等过程。人为来源主要是人为排放的 NO_x、碳氢化合物等污染物的光化学反应，以及高压放电、电焊和电弧等过程。随着经济和城镇化的快速发展，很多城市的 O_3 浓度出现超标问题。O_3对鼻子、咽喉、肺等呼吸器官有刺激作用，运动时吸入则更严重，甚至可以导致中枢神经发生障碍、思维紊乱。

7）多环芳烃

多环芳烃（polycyclic aromatic hydrocarbons，PAH）是指多环结构的碳氢化合物，其种类很多，如芘、蒽、菲、萤蒽、苯并蒽、苯并［b］萤蒽及苯并［a］芘等。这类物质大多数有致癌作用，其中苯并［a］芘是国际上公认的致癌能力很强的物质，并作为计量大气PAH污染的依据。城市大气中的苯并［a］芘主要来自煤、油等燃料的不完全燃烧，以及机动车的排气。大气中的苯并［a］芘主要通过呼吸道侵入肺部，并引起肺癌。实测数据说明，肺癌与大气污染、苯并［a］芘含量的相关性是显著的。从世界范围来看，城市肺癌死亡率约比农村高两倍，有的城市高达九倍。

雾霾

雾霾是指空气中的灰尘、硫酸与硫酸盐、硝酸与硝酸盐、有机碳氢化合物等粒子使大气浑浊、视野模糊并导致能见度恶化的现象，其典型特征是因非水成物组成的气溶胶系统造成的视程障碍。雾霾是污染物和特殊天气条件共同作用的结果。污染物的含量不仅与排放源有关，还与污染物的迁移、扩散和沉降有关，而这些又取决于天气形势。静止的高压系统下产生晴天、下沉气流和相对稳定的天气，从而导致污染物的积累。环境湿度也是影响雾霾形成的重要因素，允许细颗粒物和水蒸气同时积累的天气最有利于雾霾的形成。

大气中有非常庞大和复杂的颗粒物体系，颗粒物的大小不等，从几纳米到100 μm，可跨越4个数量级，颗粒物越小，质量越轻，每立方厘米空间内颗粒物的数量就越多，对可见光的吸收、折射、散射作用就越强。研究表明，颗粒物粒径在2.5 μm左右的硝酸盐、硫酸盐等干尘胶污染物以人为源为主，且与雾霾现象的发生有很好的相关性，当$PM_{2.5}$质量浓度大于75 $\mu g/m^3$时，易发生雾霾。可见，形成雾霾天气的主要原因是$PM_{2.5}$含量上升。

3.2.4 大气污染的危害

大气污染对人体的危害主要表现为呼吸道疾病；对植物可使其生理机制受抑制，生长不良，抗病抗虫能力减弱，甚至死亡；大气污染还能对气候产生不良影响，如降低能见度；大气污染物能腐蚀物品，影响产品质量；近十几年来，不少国家发现酸雨，雨雪中酸度增高，使河湖、土壤酸化，鱼类减少甚至灭绝，森林发育受影响，这与大气污染是有密切关系的。

1. 大气污染对人体的危害

大气污染物进入人体的途径主要有三个：呼吸道吸入、随食物和饮水摄入以及体表接触侵入等。如图3-3所示。

大气污染对人体的影响，首先是感觉上不舒服，随后生理上出现可逆性反应，再进一步就出现急性危害症状。大气污染对人的危害大致可分为急性中毒、慢性中毒、致癌三种。

（1）急性中毒。大气污染物对人体的急性影响是以急性中毒形式表现出来的，有时会使患有呼吸系统疾病和心脏病的患者病情恶化，进而加速这些患者死亡。在某些特殊条件下，如工厂在生产过程中出现特殊事故，大量有害气体泄漏外排，外界气象条件突变等，便会引起人群的急性中毒。如印度帕博尔农药厂甲基异氰酸酯泄漏，直接危害人体，导致

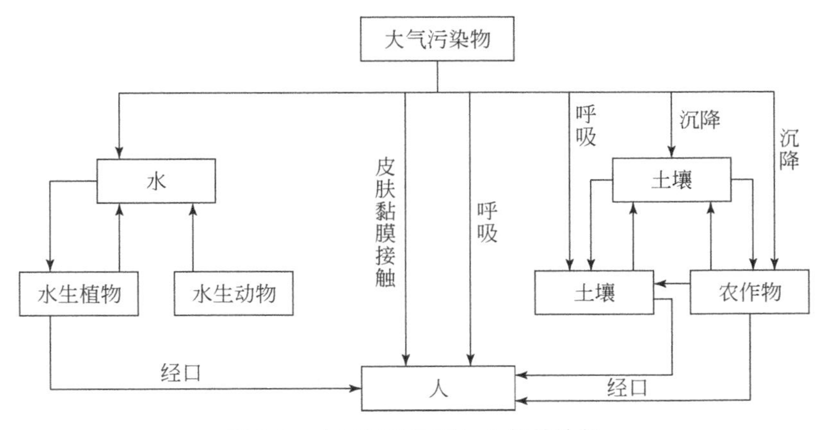

图 3-3　大气污染物侵入人体的途径

2500 人丧生，十多万人受害。近代史上几次重大的污染事件也突出表现出了大气污染对人体的急性影响。

（2）慢性中毒。大气污染对人体健康慢性毒害作用，主要表现为污染物质在低浓度、长时间连续作用于人体后，出现的患病率升高等现象。近年来中国城市居民肺癌发病率很高，其中最高的是上海市，城市居民呼吸系统疾病明显高于郊区。由于空气污染引起的急性死亡显而易见，但低水平污染对健康的持续慢性影响则很难得到精确的结论。对于这种情况，一般采用流行病学和毒理学的方法进行分析研究。

（3）致癌作用。污染物长期作用于肌体诱发肿瘤，称致癌作用。损害体内遗传物质，引起突变，如生殖细胞发生突变，使后代机体出现各种异常，称致畸作用。如果引起生物体细胞遗传物质和遗传信息发生突然改变作用，又称致突变作用。

2. 大气污染对植物的危害

通常，植物在高含量污染物影响下产生急性危害，使植物叶片表面产生伤斑（或称坏死斑），或者直接使植物叶片枯萎脱落；在低含量污染物长期影响下产生慢性危害，使植物叶片退绿，或产生所谓不可见危害，即植物外表不出现受害症状，但生理机能受到影响，造成植物生长减弱，降低对病虫害的抵抗能力。表 3-5 中给出了几种主要大气污染物对植物的伤害症状及敏感性植物和抗性植物。

大气污染对植物的危害，往往是由两种以上气体污染物造成的。两种或多种污染物所造成的危害称为复合危害。某些污染物共同作用时，有所谓增效或协同作用。同时，大气污染如雾霾等通过对太阳光的吸收与散射，导致太阳辐射强度减弱与日照时数减少，从而影响植物的呼吸和光合作用，会造成农业减产、绿地生态系统生长受阻等。

3. 大气污染对材料的影响

大气污染物对仪器、设备和建筑物等都有腐蚀作用，如金属建筑物出现锈斑、古代文物严重风化等。

4. 大气污染对全球大气环境的影响

大气污染发展至今已超越国界，其危害遍及全球。对全球大气的影响主要表现为三个方面：一是臭氧层破坏，二是酸雨腐蚀，三是全球气候变暖。详见 3.4 节“大气污染对全球大气环境的影响”。

表 3-5　几种主要大气污染物对植物的伤害症状

大气污染物	对植物的伤害症状	受害剂量	敏感性植物	抗性植物
二氧化硫	在各种植物叶片的叶脉间出现伤斑，伤斑由漂白引起失绿，逐渐呈棕色而坏死。产生伤斑的叶片首先是功能叶片，危害严重时，其他叶片也受损害	(0.05～0.5)$\times10^{-6}$（体积分数），暴露 8 h	紫花苜蓿、大麦、小麦、大豆、烟草、棉花、蚕豆、荞麦、梨、落叶松等	玉米、马铃薯、柑橘、黄瓜、洋葱等
氟化物	主要是在嫩叶、幼芽上首先发生。在叶上发生伤斑的部位主要是叶的尖端和边缘，伤斑由油渍状发展至黄白色，进而呈褐色斑块，在被害组织与正常组织交界处显现稍浓的褐色或近红色条带，有的植物表现大量落叶	10×10^{-9}，暴露 20 h	苹果、唐菖蒲、萝卜、荞麦、杏、葡萄、玉米、芝麻等	棉花、大豆、番茄、烟草、扁豆、松树等
氯气	叶脉间出现不规则点、块状伤斑，与正常组织间界限模糊或有过渡带	(0.46～4.67)$\times10^{-6}$（体积分数），暴露 1 h	苜蓿、荞麦、玉米、大麦、芥菜、洋葱、向日葵等	栀子花、海桐、女贞、山茶、夹竹桃等
氨	叶脉间出现点、块状褐色或褐黑色伤斑，与正常组织界限明显	10×10^{-6}（体积分数），暴露数小时	棉花、芥菜、向日葵等	银杏、无花果、杉木等
臭氧	主要是从叶背气孔侵入，通过周边细胞、海绵细胞间隙，到达栅栏组织，使其首先受害，然后再侵害海绵细胞，形成透过叶片的坏死斑点。同时，植物组织机能衰退，生长受阻，发芽和开花受到抑制，并发生早期落叶、落果现象	(0.05～0.07)$\times10^{-6}$（体积分数），暴露 2～4 h	烟草、番茄、苜蓿、大麦、小麦、花生、扁豆、洋葱、马铃薯、黑麦等	胡椒、松柏等
氮氧化物	氮氧化物进入植物叶气孔后易被吸收产生危害，最初叶脉出现不规则的坏死，然后细胞破裂，逐步扩展到整个叶片	(2～3)$\times10^{-6}$（体积分数），暴露 8 h	扁豆、番茄、莴苣、芥菜、烟草、向日葵等	刺槐、构树等
PAN	叶子背面气室周围海绵细胞或下表皮细胞原生质被破坏，使叶背面逐渐变成银灰色或古铜色，而叶子正面却无受害症状	0.05×10^{-6}（体积分数），暴露 8 h	番茄、扁豆、莴苣、芥菜、马铃薯等	玉米、棉花等

3.2.5　环境空气质量标准与空气质量指数

1. 环境空气质量标准

我国于 1982 年制定并颁布了《大气环境质量标准》(GB 3095—1982)，1996 年第一次修订，2000 年第二次修订，2012 年做了第三次修订，并命名为《环境空气质量标准》(GB 3095—2012)，自 2016 年 1 月 1 日起在全国实施。标准中把环境空气质量功能区分为两类：一类区为自然保护区、风景名胜区和其他需要特殊保护的地区；二类区为居住区、商业交通居民混合区、文化区、工业区和农村地区。

一类区适用一级浓度限值，二类区适用二级浓度限值。一、二类环境空气功能区质量要求见表 3-6 和表 3-7。各级人民政府制定地方环境空气质量标准时参考标准附录 A，见表 3-8。

表 3-6　环境空气污染物基本项目浓度限值

序号	污染物项目	平均时间	浓度限值		单位
			一级	二级	
1	二氧化硫（SO_2）	年平均	20	60	μg/m^3
		24 h 平均	50	150	
		1 h 平均	150	500	
2	二氧化氮（NO_2）	年平均	40	40	
		24 h 平均	80	80	
		1 h 平均	200	200	
3	一氧化碳（CO）	24 h 平均	4	4	mg/m^3
		1 h 平均	10	10	
4	臭氧（O_3）	日最大 8 h 平均	100	160	μg/m^3
		1 h 平均	160	200	
5	颗粒物（粒径≤10 μm）	年平均	40	70	
		24 h 平均	50	150	
6	颗粒物（粒径≤2.5 μm）	年平均	15	35	
		24 h 平均	35	75	

表 3-7　环境空气污染物其他项目浓度限值

序号	污染物项目	平均时间	浓度限值		单位
			一级	二级	
1	总颗粒悬浮物（TSP）	年平均	80	200	μg/m^3
		24 h 平均	120	300	
2	氮氧化物（NO_x）	年平均	50	50	
		24 h 平均	100	100	
		1 h 平均	250	250	
3	铅（Pb）	年平均	0.5	0.5	
		季平均	1	1	
4	苯并［a］芘（BaP）	年平均	0.001	0.001	
		24 h 平均	0.0025	0.0025	

表 3-8　环境空气中镉、汞、砷、六价铬和氟化物参考浓度限值

序号	污染物项目	平均时间	浓度（通量）限值		单位
			一级	二级	
1	镉（Cd）	年平均	0.005	0.005	μg/m^3
2	汞（Hg）	年平均	0.05	0.05	
3	砷（As）	年平均	0.006	0.006	
4	六价铬［Cr（Ⅵ）］	年平均	0.000025	0.000025	
5	氟化物（F）	1 h 平均	20①	20①	
		24 h 平均	7①	7①	
		月平均	1.8②	3.0③	μg/（dm^2 • d）
		植物生长季平均	1.2②	2.0③	

①适用于城市地区；②适用于牧业区和以牧业为主的半农半牧区、蚕桑区；③适用于农业和林业区。

2. 空气质量指数

1）空气质量指数定义

空气污染指数（air pollution index，API）：是一种反映和评价空气质量的方法，是将常规监测的几种空气污染物的浓度简化成为单一的概念性数值形式，并分级表征空气质量状况与空气污染的程度。其结果简明直观，使用方便，适用于表示城市的短期空气质量状况和变化趋势。空气质量指数（air quality index，AQI）是定量描述空气质量状况的无量纲指数。2012 年新标准规定，将用空气质量指数替代原有的空气污染指数。空气质量指数的确定原则：空气质量的好坏取决于各种污染物中危害最大的污染物的污染程度。空气质量指数是根据环境空气质量标准和各项污染物对人体健康和生态环境的影响来确定空气质量指数的分级及相应的污染物浓度限值。

2）空气质量分指数（IAQI）及对应的浓度限值

空气质量周报所用的空气质量指数的分级标准是：①API 50 点对应的污染物浓度为国家空气质量日均值一级标准；②API 100 点对应的污染物浓度为国家空气质量日均值二级标准；③API 200 点对应的污染物浓度为国家空气质量日均值三级标准；④API 更高值段的分级对应于各种污染物对人体健康产生不同影响时的浓度限值［《环境空气质量指数（AQI）技术规定试行》（HJ 633—2012）］。

3）空气质量分指数计算方法

A. 污染物项目 P 的空气质量分指数基本计算式

$$\mathrm{IAQI_P} = \frac{\mathrm{IAQI}_{H_i} - \mathrm{IAQI}_{L_0}}{\mathrm{BP}_{H_i} - \mathrm{BP}_{L_0}}(C_\mathrm{P} - \mathrm{BP}_{L_0}) + \mathrm{IAQI}_{L_0} \tag{3-1}$$

式中：$\mathrm{IAQI_P}$ 为污染物项目 P 的空气质量分指数；C_P 为污染物项目 P 的质量浓度值；BP_{H_i} 为与 C_P 相近的污染物浓度限值的高位值；BP_{L_0} 为表 3-9 中与 C_P 相近的污染物浓度限值的低位值；IAQI_{H_i} 为表 3-9 中与 BP_{H_i} 对应的空气质量分指数；IAQI_{L_0} 为表 3-9 中与 BP_{L_0} 对应的空气质量分指数。

B.全市空气质量指数的计算步骤

（1）求某污染物每一测点的日均值。

$$\overline{C}_{点日均} = \sum_{i=1}^{n} C_i / n \tag{3-2}$$

式中：C_i 为测点逐时污染物浓度；n 为测点的日测试次数。

（2）某一污染物全市的日均值。

$$\overline{C}_{市日均} = \sum_{j=1}^{1} \overline{C}_{点日均j} / l \tag{3-3}$$

式中：l 为全市监测点数。

（3）将各污染物的市日均值分别代入 API 基本计算式所得值，便是每项污染物的 API 分指数。

（4）选取 API 分指数最大值为全市 API。

$$\mathrm{AQI} = \max\{\mathrm{IAQI}_1, \mathrm{IAQI}_2, \mathrm{IAQI}_3, \cdots, \mathrm{IAQI}_n\} \tag{3-4}$$

式中：IAQI 为空气质量分指数；n 为污染物项目。

表 3-9　空气质量分指数及对应的污染物项目浓度限值

空气质量分指数（IAQI）	污染物项目浓度限值									
	二氧化硫（SO_2）24 h 平均/（μg/m^3）	二氧化硫（SO_2）1 h 平均/（μg/m^3）[1]	二氧化氮（NO_2）24 h 平均/（μg/m^3）	二氧化氮（NO_2）1 h 平均/（μg/m^3）[1]	颗粒物（粒径≤10 μm）24 h 平均/（μg/m^3）	一氧化碳（CO）24 h 平均/（mg/m^3）	一氧化碳（CO）1 h 平均/（mg/m^3）[1]	臭氧（O_3）1 h 平均/（μg/m^3）	臭氧（O_3）8 h 滑动平均/（μg/m^3）	颗粒物（粒径≤2.5 μm）24 h 平均/（μg/m^3）
0	0	0	0	0	0	0	0	0	0	0
50	50	150	40	100	50	2	5	160	100	35
100	150	500	80	200	150	4	10	200	160	75
150	475	650	180	700	250	14	35	300	215	115
200	800	800	280	1200	350	24	60	400	265	150
300	1600	[2]	565	2340	420	36	90	800	800	250
400	2100	[2]	750	3090	500	48	120	1000	[3]	350
500	2620	[2]	940	3840	600	60	150	1200	[3]	500
说明	（1）二氧化硫（SO_2）、二氧化氮（NO_2）和一氧化碳（CO）的 1 h 平均浓度限值仅用于实时报，在日报中需使用相应污染物的 24 h 平均浓度均值。 （2）二氧化硫（SO_2）1 h 平均浓度值高于 800 μg/m^3 的，不再进行其空气质量分指数计算，二氧化硫（SO_2）空气质量分指数按 24 h 平均浓度计算的分指数报告。 （3）臭氧（O_3）8 h 平均浓度值高于 800 μg/m^3 的，不再进行其空气质量分指数计算，臭氧（O_3）空气质量分指数按 1 h 平均浓度计算的分指数报告。									

AQI 大于 50 时，IAQI 最大的污染物为首要污染物。若 IAQI 最大的污染物为两项或两项以上时，并列为首要污染物。IAQI 大于 100 的污染物为超标污染物。

空气污染指数范围及相应的空气质量类别

目前计入空气污染指数的项目确定为五种：可吸入颗粒物（PM_{10}）、SO_2、NO_2、CO 和 O_3。空气污染指数的范围 0～500，其中 50、100、200 分别对应于我国《环境空气质量标准》中的Ⅰ、Ⅱ、Ⅲ级标准的污染物平均浓度限制。API＞300 则对应于人体健康产生明显危害的污染水平（表 3-10）。

表 3-10　空气污染指数范围及相应的空气质量类别

空气污染指数 API	空气质量级别	空气质量状况	对健康的影响	建议采取的措施	对应空气质量的适用范围
0～50	Ⅰ	优	可正常活动		自然保护区、风景名胜区等
51～100	Ⅱ	良			城镇居民区、商业区、文化区、一般工业区、农村地区
101～150	Ⅲ	轻微污染	易感人群症状有轻度加剧，健康人群出现刺激症状	心脏病和呼吸系统疾病患者应减少体力消耗和户外活动	特定工业区
151～200		轻度污染			
201～250	Ⅳ	中度污染	心脏病和肺病患者症状显著加剧，运动耐受力降低，健康人群中普遍出现症状	老年人和心脏病、肺病患者应停留在室内，并减少体力活动	
251～300		中度重污染			
＞300	Ⅴ	重污染	健康人运动耐受力降低，有明显强烈症状，提前出现某些疾病	老年人和患病人员应当留在室内，避免体力消耗，一般人群应避免户外活动	

3.3　影响污染物在大气中扩散的因素

由污染源排放到大气中的污染物在迁移转化过程中会受到多种因素的影响，如污染源自身特征、气象条件及下垫面状况等。污染源的特征主要包括：排放源的高度、烟气温度、排放速度等；气象条件主要包括风、大气温度层结、天气形势等；下垫面状况主要是局部地形变化引起的小气候。由于污染源的特征主要与涉及的行业及产生机理有关，此处不再进行单独论述，本节主要针对影响污染物扩散的气象因素和下垫面展开。

3.3.1　影响大气污染的主要气象因素

污染物在大气中的停留、聚积以及进一步的化学反应等，会使该地区的大气受到污染，而气象条件会直接或间接影响大气污染的程度。实践证明，风向、风速、大气稳定度、降水情况和雾天对空气污染有重要的影响。

1. 风向和风速的影响

空气的水平运动形成风。风是一个表示气流运动的物理量，不仅具有数值的大小（风速），还具有方向（风向）。风对大气污染扩散的影响包括风向和风速两个方面。风向影响着污染物的扩散方向，决定着污染物排放以后所遵循的路径。对于特定的地区，尽管风向一年四季都在变化，但是也有它自己的主风向。风速常用风压表示，在气象服务中，常用风力等级（分为十三级）表示风速大小。风速大小不仅决定着污染物的扩散和稀释状况，还影响着污染物输送距离。通常，当其他条件一样时，下风向任一点上污染物的浓度与平均风速成反比。若风速增大一倍，则下风方向污染物的浓度将降低一半。由于地面对风的摩擦阻碍作用，因此风速随高度的上升而增加。例如，100 m 高处的风速约为 1 m 高处的 3 倍。

在研究某地区大气污染物扩散模式时，常采用风向频率玫瑰图来形象描述。如果从一个原点出发，画许多条辐射线，每一条辐射线的方向就是某个地区的一种风向；而线段的长短则表示该方向风的风向频率（指某方向的风占全年各风向总和的百分率），将这些线段的末端逐一连接起来就得到该地区的风向频率玫瑰图，如图 3-4 所示。它能直观地反映一个地区的风向或风向与风速联合作用对空气污染物扩散的影响。图 3-4 括号里的数值为污染系数，污染系数表示风向、风速联合作用对空气污染物的扩散影响，其值为风向频率与该风向平均风速的比值。不同方向上污染系数的大小在一定程度上定量地表示了各个方向空气污染的程度。

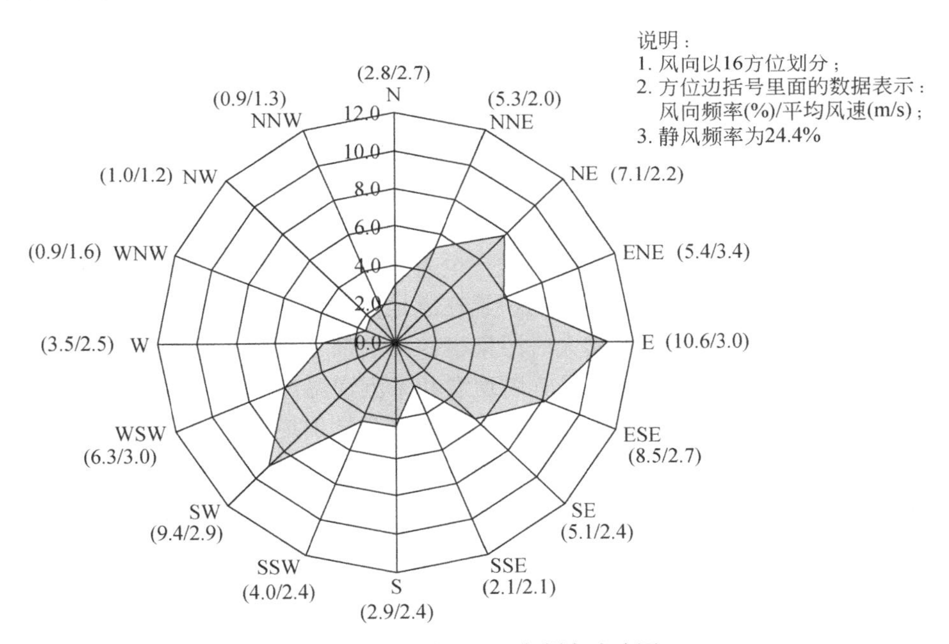

图 3-4　某地 3 月风向频率玫瑰图

2. 大气稳定度

大气稳定度是空气团在垂直方向稳定程度的一种度量。当气层中的气团受到对流冲击的作用时，将产生向上或向下的运动，而当冲击作用消失后，气团继续运动的趋势与大气的稳定状态有关。在对流层中，气温垂直变化的总趋势是随着高度的增加，气温逐渐降低。气温随高度的变化通常以气温垂直递减率（γ）来表示，指在垂直方向上每升高 100 m 气温的变化值。整个对流层中的气温垂直递减率平均值为 0.6℃/100 m。但在近地面的低层大气中，气温的垂直变化是相当复杂的，可分为三种情况（图 3-5）。

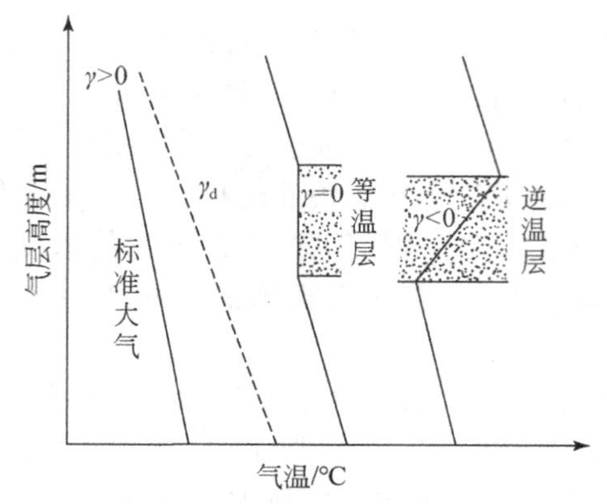

图 3-5　大气的温度层结

γ_d为干绝热递减率

（1）气温随高度递减（$\gamma>0$）。气温垂直递减率越大，大气越不稳定，有利于大气污染物的扩散、稀释。在近地面的大气层中，下部气温比上部气温高，因而下部空气密度小，空气会产生强烈的上下对流，一般出现在风速不大的晴朗白天，地面受太阳照射，贴近地面的空气增温。

（2）气温基本不随高度变化（$\gamma=0$）。一般出现在阴天，在风速较大的情况下，下层空气混合较好，气温分布较均匀。

（3）气温随高度递增（$\gamma<0$）。这种情况出现在风速较小的晴朗夜间，易出现逆温层。

气温垂直递减率越小，大气越稳定。这种情况不利于污染物的扩散稀释。如果大气的气温垂直递减率等于零（$\gamma=0$）或为负值（$\gamma<0$），出现等温或逆温层时，大气将非常稳定。这样会阻碍空气的上下对流运动，如同形成一个盖子一样起到阻挡污染物扩散的作用。一旦出现这种情况，就能使大气污染物停滞积累在近地面的空气之中，加剧污染程度，甚至形成大气污染事件。国外发生的多次大气污染事件几乎都与上述气象条件有关。

逆温形成有多种机理，较常见的是辐射逆温和下沉逆温。

（1）辐射逆温。因地面强烈辐射而形成的逆温称为辐射逆温。常出现在晴朗少云且无风或微风的夜晚，地面因辐射冷却而降温，与地面接近的气层冷却降温最强烈，而上层的空气冷却降温缓慢，因此使低层大气产生逆温现象。日出后，地面受日光照射而增温，辐射逆温会逐渐消失。

（2）下沉逆温。因整层空气下沉而形成的逆温称为下沉逆温。当某气层产生下沉运动时，因气压逐渐增大，以及气层向水平方向扩散，使气层厚度减小。若气层下沉过程是绝热过程，且气层内各部分空气的相对位置不变，这时空气层顶部下沉的距离比底部下沉的距离大，致使其顶部绝热增温的幅度大于底部。因此，当气层下沉到某一高度时，气层顶部的气温高于底部，而形成逆温。下沉逆温多出现在高压控制的地区，其范围广，逆温层厚度大，逆温持续时间长。

实际上气温的垂直分布除上述三种情况外，还存在着介于这三种情况之间的过渡状态。它们不仅受太阳辐射变化的影响，还受天气形势、地形条件等因素的影响。

3. 温度层结与烟迹类型

温度层结是指垂直方向的温度梯度。温度层结对大气湍流的强弱有很大影响，稳定层结抑制大气的湍流、造成污染物扩散不畅；而无稳定层结时，则由于热力不均，大气湍流得到加强，污染物扩散剧烈。温度层结是由垂直温度变化决定的。人们常常看到从烟囱排出的烟羽有不同的形态，主要是由于温度层结不同而引起的。现就常见的几种类型加以介绍。

（1）波浪型：一般出现在中午前后，气温垂直递减较强，即大气层结处于不稳定状态。烟形摆动大，扩散对流强烈，一般不易发生烟雾事件，如图 3-6（a）所示。

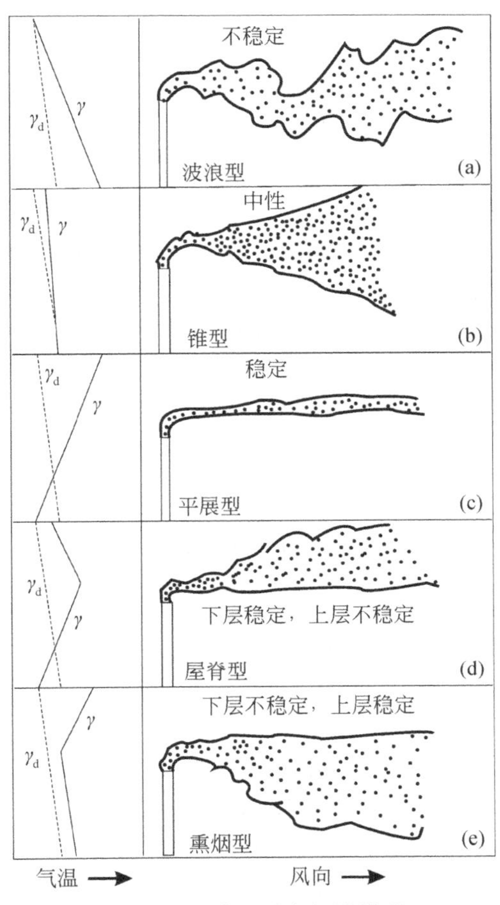

图 3-6　温度层结与烟迹类型

（2）锥型：多出现于阴天或多云天气，阳光不强烈、风力又较大的时候。气温垂直递减较弱，温度层接近于中性状态。故烟气一般扩散和向前推动良好，烟云在下风方向呈圆锥型烟羽，如图 3-6（b）所示。

（3）平展型：多出现于冬、春季节微风的晴天，并多在午夜清晨的时间出现。气温垂直递减率为负值（逆温），形成稳定层结，使得垂直方向上的湍流交换极弱，因而使烟流在垂直方向伸展很小，故只沿下风向水平地伸展（所以此烟型又称为扇型），烟流可输送到很远的下风向，如图 3-6（c）所示。

（4）上升型（屋脊型），一般出现在傍晚，这时由于地面有效辐射降温，烟囱高度以下形成逆温层，但上部仍保持温度递减状态，即处于下层稳定、上层不稳定状态。所以烟气只能向上扩散，很难向下扩散，一般不会造成污染，如图 3-6（d）所示。

（5）熏烟型：通常出现在日出以后，由于地面加热，烟囱高度以下的逆温层破坏而在上部有可能形成逆温层。即上层稳定、下层不稳定时，烟气向下层扩散，导致地面烟尘滞留聚积。如图 3-6（e）所示。

上述五种烟羽类型是在烟囱高度固定的情况下发生的。对于上升型和熏烟型来说，若改变烟囱高度，其烟羽形状也会发生变化。

4. 降水与雾的影响

雨、雪等各种形式降水的作用而使污染物从大气清除到地表的过程，称为降水清除或降水洗脱过程。降水净化大气的作用包含两个方面：①许多污染微粒物质充当了降水凝结核，然后随降水一起降落到地面。②在雨滴下降过程中碰撞、捕获了一部分颗粒物。两者既发生在云中，也发生在云下降水下落过程中。通常称云中的清除过程为“雨除”或“雪除”，降水下落过程中的清除过程为“冲洗”。冲洗清除过程实际上比雨除要有效得多，其效率和速率取决于降水速率、雨滴大小以及它们和污染物携带的电荷。

雾像一顶盖子，会使空气污染状况加剧。城市车辆的增多、城市建设的加快以及不合理清扫都会引起城市里粉尘增多，粉尘悬浮在空中落不下来，形成了悬浮物，为雾的形成提供充分的条件。

综上所述，风、大气稳定度、温度层结、降水及雾的出现，都是影响空气污染物扩散的主要气象因素。在进行某一地区规划时，对此必须加以考虑。进行环境质量评价时，也要考虑气象因素带来的影响。

3.3.2 影响大气污染物扩散的地形因素

由于不同地形地面之间的物理性质存在很大差异，从而引起热状况在水平方向上的分布不均匀。这种热力差异在弱的天气条件下，就可能产生局地环流，如海陆风、山谷风、城郊风。

1. 海陆风

海陆风是海风和陆风的总称，是由陆地和海洋热力学性质的差异而引起的。在白天，由于太阳辐射，陆地升温速度高于海洋，在陆地和海洋之间产生了温度差、气压差，使陆地的低空大气压低于海洋，导致低空大气由海洋流向陆地，形成海风；高空大气从陆地流向海洋，形成反海风。同时，陆地上空出现上升气流，海洋上空为下降气流，形成海陆风局部环流。在夜晚，陆地降温速度快于海洋，同样原理，形成了和白天相反的海陆风。在大湖泊、江河的水陆交界地带也会产生水陆风局地环流，成为水陆风，只是该种局地风的影响范围和海陆风相比较起来要小得多。

海陆风对大气污染物扩散的影响主要有以下几个作用。首先是循环作用，如果污染源处于局部环流中，污染物就可能循环积累达到较高的浓度，形成严重污染；如果是直接排入上层反气流的污染物，有一部分也会随环流重新回到地面，提高地面的浓度。其次是往返作用，在海陆风转换期间，原来随陆风输送向海洋的污染物又会被海风带回陆地。最后是海陆风容易形成逆温现象，从而影响污染物扩散。当低空的海风侵入陆地时，下层海风温度高于上空的陆风，在冷暖的交界面上，形成一层倾斜的逆温顶盖，阻碍污染物向上扩散，造成密闭性和漫烟型污染。

2. 山谷风

山谷风是由于山坡和谷地受热不均匀而产生的一种局地环流。白天受热的山坡把热量传递给其上面的空气，这部分空气比同高度的山谷中空气温度高，比重轻，于是就产生上升气流；同时山谷底中的冷空气沿坡爬升补充，形成谷地流向山坡的气流，称为谷风。夜间山坡上的空气温度下降较谷地快，使得其比重也比谷地大，在重力作用下，山坡上的冷空气沿坡下滑形成山风。与海陆风对污染物的扩散影响相似，山谷风转换时也往往造成严重的空气污染。山区辐射逆温因地形作用而增强，夜间冷空气沿坡下滑，在谷底聚集，逆温发展的速度比平原快，逆温层更厚，强度更大，并且因地形阻挡，更有利于逆温的形成。因此，山区全面逆温天数多，逆温层较厚，逆温强度大，持续时间长，不利于污染物的扩散，更容易形成重度污染。

3. 城郊风

城郊风是由城乡温度差所引起的局地环流。产生城乡温度差异的主要原因是：①城市人口集中、工业数量大、能耗水平高，产生的热量远大于郊区；②城市地面覆盖物（建筑物、硬化地面等）热容大，白天吸收太阳辐射热，夜间放热缓慢，使地面温度高于郊区温度；③城市排放大量的烟雾和 CO_2，形成一个天然的罩盖，使地面有效辐射减弱。上述因素导致城市上方空气的热量净收入比周围的农村多，平均温度高（特别是晚上），形成“热岛效应”。据统计，城乡年平均温差一般为 0.4～1.5℃，有时候，可以达到 3～4℃。其差值的大小与城市大小、性质、经纬度、周围环境及气候条件有关。城市的温度比郊区高，导致底层气温高于周围乡村，气压低于乡村，形成周围农村下层大气流向城市的特殊局地风，称为城市热岛环流或者城郊风。这种风在市区汇合就产生上升气流，在高空中，城市中心大气流向郊区，形成环流。

若城市周围有较多排放大气污染物的工厂，在夜间污染物就会向市中心输送，形成烟幕，造成市区的严重空气污染，特别是在夜间城市上空有逆温存在时，情况更为严重。

3.3.3　典型大气污染类型的机理和成因

大气污染物主要来源于燃料的燃烧过程，污染物进入大气后会发生转化生成二次污染物，因此大气污染的类型主要取决于所用能源的性质、污染物的化学反应特性。同时，大气污染的迁移受气象因素的影响非常大，因此气象条件在不同类型的大气污染的形成中起着比较重要的作用。大气污染从不同的角度有不同的分类。按污染物的性质可划分为还原型大气污染和氧化型大气污染这两种类型。还原型大气污染典型事件为伦敦型烟雾污染，氧化型大气污染典型事件为洛杉矶光化学烟雾污染。

1. 伦敦型烟雾

伦敦型烟雾，是由煤燃烧所产生的 SO_2、CO 和颗粒物，遇上低温、高湿的阴天，且风速很小并伴有逆温存在的情况时，扩散受阻，易在低空聚积，生成的还原性烟雾，因此又被称为还原型大气污染。这种烟雾在英国伦敦最早发现，其中以 1952 年 12 月出现的烟雾持续时间最长、最典型、危害最严重，因此目前世界各国习惯于把它统称为“伦敦型烟雾”。

（1）伦敦型烟雾由来。1952 年 12 月 5～8 日，不列颠岛许多地区由于反气旋气候条件，高空产生下沉逆温，地面则因辐射冷却强烈，近地层空气冷却很快，使空气中水汽趋于饱和而生成大雾，空气静稳、浓雾不散，地面空气中污染物含量不断增加，烟尘质量浓度最高达到 4.46 mg/L，相当于平时的 10 倍；SO_2 最高质量浓度达到 3.829 mg/m^3，相当于平时的 6 倍。在这一异常状况下，几千名市民感到胸口窒闷，并有咳嗽、喉痛、呕吐等症状发生，老人与病患者死亡数增加，到第三、四天发病率和死亡率急剧上升，4 天中死亡 4000

人，甚至在事件过后两个月内，还陆续有 8000 人死亡。

（2）伦敦型烟雾成因。伦敦型烟雾的主要污染物是煤烟粉尘和 SO_2，伦敦型烟雾的形成与伦敦特殊的地理条件及当时的气象条件有着密切关系。伦敦地处泰晤士河下游的开阔河谷中，又是英国的一个工业发达、人口稠密的大都市。1952 年 12 月 5 日清晨，伦敦地区上空为高气压控制，地面静风、雾很大，50～150 m 的低空出现逆温层。因此，从工厂和家庭炉灶排出的烟尘在低空积聚，久久不能散开，致使低层大气中的烟尘和二氧化硫含量不断升高，如图 3-7 所示。

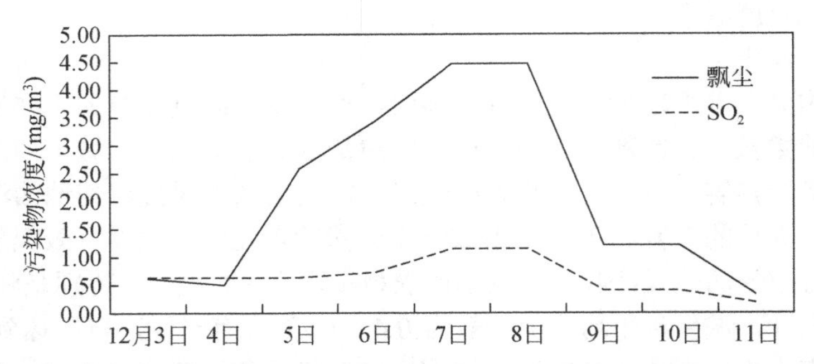

图 3-7　伦敦烟雾事件期间伦敦机关屋顶上大气污染物的质量浓度随时间变化情况

伦敦烟雾的起因，除气象及地理条件外，核心是大气中三种污染成分的存在，即 SO_2、雾（微小水滴）、粉尘相互叠加而成。大气中的气溶胶颗粒凝聚大气中的水分，并吸收 SO_2 和氧气，在颗粒气溶胶表面上发生 SO_2 的催化氧化反应，生成亚硫酸（盐）。

$$SO_2+H_2O \longrightarrow H^++HSO_3^-$$

生成的亚硫酸在颗粒气溶胶中的 Fe、Mn 等金属离子的催化作用下继续被氧化生成硫酸，进而在空气中形成硫酸烟雾。

$$2HSO_3^-+2H^++O_2 \longrightarrow 2H_2SO_4\text{（雾）}$$

所以，伦敦烟雾实质是硫酸烟雾。因此，又被称为硫酸烟雾污染。

（3）伦敦烟雾的特征。低层大气中的飘尘和二氧化硫的含量相当高。这是由家庭炉灶采暖和工厂的烟囱里排出的二氧化硫和煤粉尘，在大气静稳和低空逆温的情况下，扩散不开而在低空积聚而成的。灰褐色的烟雾笼罩，能见度很差，并有一股硫黄和煤烟的刺激性气味。

（4）伦敦烟雾的危害。伦敦烟雾对眼、鼻和呼吸道有强烈刺激作用。飘尘和酸雾滴被人体吸入后，能沉积肺部，一些可溶性物质还能进入血液及肺组织，造成呼吸困难，危及心脏，形成急性和慢性疾病，进而造成死亡。

2. 洛杉矶型光化学烟雾

光化学烟雾（photochemical smog）最早发生在美国洛杉矶市，故称为洛杉矶型光化学烟雾，又称为石油型烟雾。汽车、工厂等污染源排入大气的碳氢化合物和氮氧化物等一次污染物，在阳光的作用下发生光化学反应，生成臭氧、醛、酮、酸、过氧乙酰硝酸酯等二次污染物。参与光化学反应过程的一次污染物和二次污染物的混合物所形成的烟雾称为光化学烟雾。

1）洛杉矶型光化学烟雾的由来

20 世纪 40 年代初期，洛杉矶上空出现了一种浅蓝色的刺激性烟雾，有时持续几天不散，使大气可见度大大降低，许多人喉咙发炎，鼻眼受到刺激，而且有不同程度头痛，从此洛杉矶失去了优美的环境。现在，洛杉矶每年就有 60 天污染比较严重，被称作“美国的烟雾城”。经过大量的现场调查研究才弄清楚洛杉矶烟雾的来源及形成条件。起初调查认为是二氧化硫造成的，因为二氧化硫刺激眼鼻喉，能引起上述一些病状，于是采取措施，减少包括石油精炼在内的各工业部门二氧化硫的排放量，但是烟雾并没有减少。后来才发现石油挥发物（碳氢化合物）同二氧化氮或空气中的其他成分一起，在太阳光作用下，产生一种不同于一般煤尘烟雾的浅蓝色烟雾（其中含有臭氧、二氧化氮、乙醛及其氧化剂），即所谓的光化学烟雾。

2）光化学烟雾形成的化学机理

光化学烟雾的反应过程十分复杂，通过模拟光化学烟雾形成的实验，目前已明确在碳氢化合物和氮氧化物的相互作用方面有以下过程：

（1）NO 向 NO_2 转化是产生光化学烟雾的关键，而污染空气中 NO_2 的光解及 O_3 的产生是光化学烟雾形成的起始反应。低层大气中的一般成分和一次污染物如 NO、N_2、O_2、CO 等都不吸收紫外辐射，在被污染的空气中，只有 NO_2 吸收紫外辐射，NO_2 来源于燃料的燃烧产生的 NO 的缓慢氧化过程。NO_2 在太阳紫外线照射下吸收波长为 290～430nm 的光后分解生成活性很强的氧原子［O］，该原子与空气中的氧分子结合生成臭氧。

$$2NO+O_2 \longrightarrow 2NO_2$$
$$NO_2+h\nu \longrightarrow NO+O^*$$
$$O^*+O_2+M \longrightarrow O_3+M$$
$$O_3+NO \longrightarrow NO_2+M$$

O*是激发态的氧原子，M 是大气中的 N_2、O_2 等其他分子介质，可以吸收过剩的能量而使生成的 O_3 分子稳定。如果没有其他物质参与反应，大气中的 NO_2、NO 和 O_3 之间的反应形成循环，会形成稳态。

（2）碳氢化合物和大气中的羟基自由基（·HO）形成的过氧化基团加速了 NO 向 NO_2 的转化，也就加速了光化学烟雾的形成，导致醛、酮、醇、酸等产物以及很重要的中间产物——$RO_2\cdot$、$HO_2\cdot$、RC—O（酰基）等自由基的生成。

$$RH + \cdot HO \longrightarrow RO_2\cdot \text{（过氧烷基）} + H_2O$$
$$RCHO + \cdot HO \longrightarrow RC(O)O_2\cdot \text{（过氧酰基）} + H_2O$$
$$RCHO + h\nu \longrightarrow RO_2\cdot + HO_2\cdot + CO$$
$$HO_2\cdot + NO \longrightarrow NO_2 + \cdot HO$$
$$RO_2\cdot + NO \longrightarrow NO_2 + RCHO + HO_2\cdot$$
$$RC(O)O_2\cdot + NO \longrightarrow NO_2 + RO_2\cdot + CO_2$$

（3）羟基自由基（·HO）引起 NO_2 的转化，并进一步导致 HNO_3 和 PAN 的生成。

$$\cdot HO+NO_2 \longrightarrow HNO_3$$
$$RC(O)O_2+NO_2 \longrightarrow RC(O)O_2NO_2 \text{（过氧乙酰硝酸酯，PAN）}$$

由以上反应可以看出，光化学烟雾的形成过程是由一系列复杂的链式反应组成的，是以 NO_2 的光解生成激发态的氧为引发，导致了臭氧的生成。由于碳氢化合物的存在，促使 NO 向 NO_2 的快速转化，在此转化中自由基（特别是·HO）起了重要作用。致使不需要消耗臭氧就能使大气中的 NO 转化为 NO_2，NO_2 又继续光解产生臭氧。同时转化过程中产生的自由基又继续与碳氢化合物反应生成更多的自由基，使反应不断地进行下去，直到 NO 或碳氢化合物消失为止。所产生的醛类、O_3、PAN 等二次污染物是光化学烟雾的最终产物。

3）光化学烟雾形成的环境条件

光化学烟雾是污染源和气象条件共同作用下形成的。①要有 HC 和 NO_x 等一次污染物，且要达到一定含量。因此，以石油为动力燃料的工厂、汽车排气等污染源的存在是光化学烟雾形成的前提条件。②要有一定强度的阳光照射，才能引起光化学反应，生成臭氧等二次污染物。③要有适宜的气象条件配合——大气稳定、风小，大气相对湿度较低，气温为 24～32℃的夏季晴天。

4）洛杉矶型光化学烟雾的特征

表 3-11 所示为还原型（伦敦型）与氧化型（洛杉矶型）烟雾的主要特征比较。

表 3-11　还原型和氧化型烟雾的比较

项目		还原型（伦敦型）	氧化型（洛杉矶型）
污染源		工厂、家庭取暖、燃烧煤炭时的排放	汽车排气为主
污染物		SO_2、CO_2 颗粒物和硫酸雾、硫酸盐类气溶胶	碳氢化合物、NO_x、O_3、醛、酮、PAN
燃料		煤、燃料油	汽油、煤气、石油
反应类型		热反应	光化学反应、热反应
化学作用		催化作用	光化学氧化作用
气象条件	气温/℃	−1～4	24～32
	湿度/%	85 以上	70 以下
	逆温状况	辐射性逆差	沉降性逆温
	风速	静风	22 m/s 以下
发生季节		12～1 月（冬季）	8～9 月（早秋）
出现时间		白天夜间连续	白天
视野		0.8～1.6 km	＜100 m
毒性		对呼吸道有刺激作用，严重时可致死亡	对眼睛和呼吸道有刺激作用，臭氧氧化作用强

5）光化学烟雾的危害

光化学烟雾的危害非常大。它能刺激人眼和上呼吸道，诱发各种炎症，导致哮喘发作；伤害植物，使叶片上出现褐色斑点而病变坏死。由于光化学烟雾中含有 PAN、O_3 等强氧化剂，能使橡胶制品老化、染料褪色、织物强度降低等。

3.4　大气污染对全球大气环境的影响

整个地球的大气层是相互连通的，不断发生着能量和物质的传递过程。某一地区污染物排入大气中，不仅会导致区域性的大气环境污染，污染物还能够通过在大气圈中的流动使得其他区域发生污染，甚至影响全球大气环境。因此，想要彻底解决大气环境污染问题，需要全人类的共同面对和共同协作。当前人类面临的全球大气环境问题主要表现为酸雨、臭氧层破坏和全球变暖等。

3.4.1 酸雨

1. 酸雨的概念

酸雨（acid rain）即酸沉降（acid deposition），是指pH小于5.6的天然降水（湿沉降）和酸性气体颗粒物的沉降（干沉降）。由于非污染大气中也总是含有一定量CO_2，其溶于雨水可以形成碳酸，因此雨水饱和CO_2后的最小pH为5.5～5.6，有人在冰川中测到最小的pH也是5.5～5.6，证明了未受污染的雨水的pH的本底值5.6是合理的。

1872年英国化学家R.A.史密斯在其《空气和降雨：化学气候学的开端》一书中首先使用了“酸雨”这一术语，指出降水的化学性质受燃煤和有机物分解等因素的影响，也指出酸雨对植物和材料是有害的。20世纪50年代初瑞典和挪威的淡水鱼类明显减少，原因不详，直到1959年，此现象才被挪威渔场的一名检察员揭示：这是酸雨污染造成的。1972年瑞典政府向联合国人类环境会议提出一份报告:《穿越国界的大气污染：大气和降水中的硫对环境的影响》。从此，更多的国家关注这一问题，研究的规模不断扩大。1982年6月在瑞典斯德哥尔摩召开了国际环境酸化会议。至此，酸雨被公认为是当前全球性的环境污染问题之一。

2. 主要酸雨区

随着人口的增长和生产的发展，化石燃料的消耗不断增加，酸雨问题的严重性逐渐显露出来。20世纪五六十年代以前，酸雨只在局部地区出现，随后逐步扩大。80年代以来，在世界各地相继出现了酸雨，最严重的三大酸雨区是西北欧、北美和中国。中北欧、美国、加拿大已出现明显土壤酸化现象，水体也受酸雨影响而酸化。我国已存在的大片酸雨区主要分布于长江以南、青藏高原以东地区及四川盆地。如长江以南六个城市的降水最低pH低于4.0，其中贵阳降水pH曾低至3.1。

3. 酸雨的形成机理

酸雨中含有酸，主要是硫酸（H_2SO_4）和硝酸（HNO_3），二者是化石燃料燃烧产生的二氧化硫和氮氧化物排到大气中转化而来的。酸雨成分因各国能源结构和交通发达程度等而异。我国酸雨$H_2SO_4/HNO_3 \approx 10/1$，而发达国家为（1～2）/1。

酸雨的形成是一个复杂的大气化学、大气物理现象。一般认为，大气中的二氧化硫（SO_2）和氮氧化物（NO_x）通过气相、液相、固相氧化反应生成硫酸（H_2SO_4）和硝酸（HNO_3），形成了酸雨。

1）SO_2的氧化过程

（1）人类排放SO_2通过催化氧化成SO_3，进而与水生成硫酸，大气颗粒物中的Fe、Cu、Mn是成酸反应的催化剂，反应式表示为

$$2SO_2 + 2H_2O + O_2 \longrightarrow 2H_2SO_4$$

（2）大气光化学反应生成的臭氧（O_3）等，也可以通过光化学氧化将SO_2氧化为SO_3，进而生成硫酸。

$$2SO_2 + O_2 \longrightarrow 2SO_3 \longrightarrow 2H_2SO_4$$

2）NO_x的氧化过程

一氧化氮（NO）或二氧化氮（NO_2）在空气湿度大并存在金属杂质的条件下，主要经过催化氧化生成硝酸或硝酸盐，反应式可表示为

$$3NO_2 + H_2O \longrightarrow 2HNO_3 + NO$$

SO_2 和 NO_x 在大气中经历了以上复杂的过程后，形成了硫酸、硝酸等酸性污染物，使降水酸化。

4. 酸雨的影响

1）酸雨对农业的影响

酸雨可导致土壤酸化。我国南方土壤本来多呈酸性，再经酸雨冲刷，会加重酸化程度。我国北方土壤一般呈弱碱性或中性，对酸雨有较强缓冲能力，短期酸化不了。然而，经常降落的酸雨会使土壤 pH 降低，使得土壤里的营养元素钾、镁、钙、硅等不断溶出、流失。且土壤中含有大量铝的氢氧化物，土壤酸化后，可加速土壤中含铝原生和次生矿物的风化而释放大量铝离子，形成植物可吸收的铝化合物。植物长期过量地吸收铝，会中毒甚至死亡。

酸雨还可导致土壤微生物种群发生变化，细菌个体生长变小，生长繁殖速度降低，影响营养元素的良性循环，造成作物减产。特别是酸雨可降低土壤中氨化细菌和固氮细菌的数量，使土壤微生物的氨化作用和硝化作用能力下降。科学家试验后估计我国南方七省大豆因酸雨受灾面积达 2380 万亩，减产达 20 万 t，减产幅度约 6%，每年经济损失 1400 万元。

2）酸雨对森林的影响

酸雨可造成叶面损伤和坏死、早落叶，林木生长不良，以致单株死亡等。酸雨还能使土壤肥力降低，产量下降，造成大面积森林衰退，酸雨对森林的危害在许多国家已普遍存在。例如，全欧洲森林共有 1.1 亿 hm^2，已有 5000 万 hm^2 因酸雨而遭到破坏。又如，我国的四川、贵州、广东、广西四省区每年因酸雨造成的森林损失达十几亿元，在万州市的 650 万 hm^2 的松林中，已有 26%的松树枯死，还有 55%的松树遭到严重危害。图 3-8 是在重庆、株洲、柳州三市统计的马尾松叶硫含量与大气污染的关系。可以看到，马尾松叶全硫含量在污染区显著高于清治区 58.3%～100.0%。另外，乔灌木树种也遭受酸雨的危害，受害阔叶树种在叶片脉间、叶缘和叶尖部出现不规则伤斑，伤斑颜色多数为红棕色和褐色，也有部分为灰白色。如重庆市共观察了 60 种乔灌木，37 种有受害症状，占 62%；贵阳市共观察 40 种乔灌木，21 种有受害症状，占 53%。

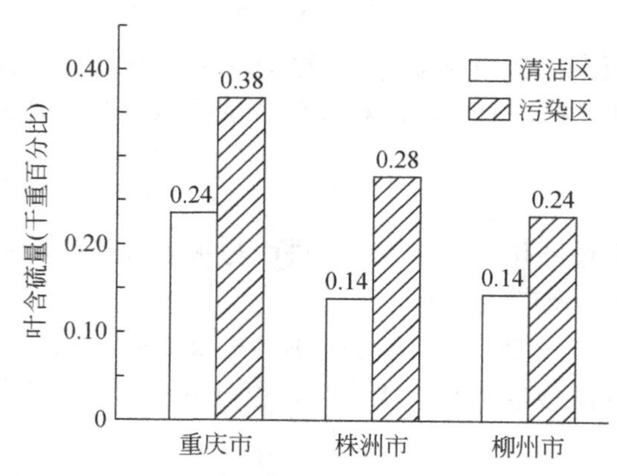

图 3-8　马尾松叶硫含量与大气污染的关系

3）酸雨对水体生态系统的影响

酸雨对水体生态系统的影响主要表现为酸雨所引起水体酸化的后期连锁反应。酸雨导致水体发生酸化，一方面使鱼卵不能孵化或成长，微生物的组成发生改变，有机物分解缓慢，浮游植物和动物减少；另一方面，水体酸化使许多金属溶解加快，如鱼体内汞浓度，一旦超过了鱼类生存的极限，也会导致鱼类大量死亡。据报道，加拿大原有的 30 万个湖泊，到 20 世纪末，已有近 5 万个因湖水酸化导致生物将尽灭绝。

4）酸雨对建筑和文物的损害

酸雨能使非金属建筑材料（混凝土、砂浆和灰砂砖）表面硬化，水泥溶解，出现空洞和裂缝，导致强度降低，使得建筑物损坏。科学家曾收集许多被酸雨毁坏的石灰石和大理石（主要成分为碳酸钙）建筑材料，分析发现该样品的碳酸盐的颗粒中总是嵌入硫酸钙晶体。经研究发现，大理石等建筑材料遭受酸雨侵蚀后，溶解生成硫酸钙，然后被雨水冲走或以结壳形式沉积于大理石表面，很容易脱落。酸雨腐蚀作用会使城市建筑变得灰暗脏旧、文物古迹面目全非，还可能危害市内的桥梁、铁路等公共设施。

5）酸雨对人体健康的影响

酸雨对人体健康能产生很大的危害。一方面表现为直接影响，如含酸的空气使多种呼吸道疾病增加，特别是在形成硫酸雾的情况下，会刺激皮肤，并引起哮喘和各种呼吸道疾病。其微粒侵入人体肺部，可引起肺水肿和肺硬化等疾病而导致死亡，酸雨对老人和儿童等的影响更为严重。另一方面，酸雨会对人体健康产生间接影响。如水质酸化后，由于一些重金属的溶出，对饮用者会产生危害。很多国家由于酸雨的影响，地下水中的铅、铜、锌、钼的浓度已上升到正常值的 10～100 倍。酸雨也可使河流湖泊中的有毒金属沉淀，留在水中被鱼类摄入，人类食用鱼类而受其害。另外，农田土壤酸化可使正常固定在土壤矿物中的有害重金属，如汞、镉、铅等再溶出，继而被粮食、蔬菜吸收和富集，人类摄取后中毒得病。

5. 控制酸雨的国际行动和战略

酸雨和城市 SO_2 污染控制是一项系统工程，也是一个国际环境问题。酸雨和二氧化硫污染存在着密切的联系，应协同控制。降低局部地区大气中的二氧化硫污染水平，改善局部地区空气环境质量，需要重点控制对二氧化硫污染贡献大的局部地区污染源。然而，控制酸雨不仅要控制局部地区污染源，而且要从区域的角度控制对酸雨和超临界负荷区的形成有贡献的所有二氧化硫和氮氧化物排放源。1985 年，联合国欧洲经济委员会的 21 个国家签署了《赫尔辛基议定书》，规定到 1993 年底，各国 SO_2 排放量要比 1980 年降低 30%。

为了控制 SO_2 及酸雨的污染，国际社会提倡包括煤炭加工、燃烧、转化、烟气净化等技术在内的清洁生产技术。美国从 1986 年开始了清洁煤计划，日本、西欧等发达国家主要采用烟气脱硫，对老式的设备强行改造或停用。我国 1995 年通过了新修订的《大气污染防治法》，其中专门规定在全国范围内划定酸雨控制区和二氧化硫控制区，即我们现在所说的“两控区”。酸雨控制区主要是长江以南、四川和云南以东地区，面积大约 80 万 km^2；二氧化硫控制区面积约 29 km^2。我国 75%以上的初级能源来自燃煤，煤炭的使用贡献了我国二氧化硫排放量的约 90%。因此，需要通过限制高硫煤的开采，从煤炭的源头上开始实施控制。两控区内将停止建设煤层含硫分大于 3%的煤矿；对于大于 1.5%的煤矿，要求配套建设相应规模的煤炭洗选设施。同时，提倡使用低硫煤，大力推广使用型煤、汽化煤、水煤浆、集中供暖供热及高效燃煤新技术等，提高煤炭的利用效率。在煤炭燃烧的末端，采取有效可行的烟道脱硫技术，减少二氧化硫向大气中的排放。

3.4.2 臭氧层破坏

臭氧是大气中的一种自然微量成分。臭氧层存在于平流层中，主要分布在距地面 15～35 km 范围内，浓度峰值在 25 km 处附近，最高浓度为 10 mL/m^3。若把 O_3 集中起来并校正到标准状态，其气层厚度也不足 0.45 cm。臭氧层能吸收来自太阳的 99%以上紫外线，保护人类和生物免遭紫外辐射的伤害。

1984 年英国科学家首次发现南极上空出现了“臭氧空洞”，1985 年美国的人造卫星“雨云 7 号”测到了这个“洞”。其面积与美国领土相等，深度相当于珠穆朗玛峰的高度。随后的多年观测表明，臭氧层的损耗在不断加剧、地域在不断扩大。

1. 臭氧层的形成

在平流层中，氧气吸收波长为 180～240 nmUV（紫外线）光而使氧气分子分解。

$$O_2 + h\nu \longrightarrow O + O$$

自由的 O 原子和其他的 O_2 分子形成臭氧，该反应被认为是平流层中臭氧的唯一来源。

$$O_2 + O + M \longrightarrow O_3 + M$$

但臭氧也会发生光解而遭到破坏。

$$O_3 + O \longrightarrow 2O_2$$

可见，平流层中同时存在着臭氧的产生和臭氧的分解两种光化学过程，这两种过程在光的作用下会达到动态平衡。最终，在离地面 25～30 km 的高空，形成一个浓度相对较大和稳定的臭氧层，阻挡了对人类有害的高能紫外线。

2. 臭氧层破坏的原因及机理

对于臭氧层损耗原因目前还存在着不同的认识，但比较一致的看法认为：人类活动排入大气的某些化学物质与臭氧发生作用，导致了臭氧的损耗。这些物质主要有 CFC、哈龙、N_2O、NO、CCl_4 和 CH_4 等。其中，90%归因于 CFC 和哈龙（它们绝大部分都由发达国家生产和消耗）。

1）氟利昂、哈龙等卤代烷烃类物质对大气臭氧的破坏作用

美国 Rowland 于 1974 年首先提出氟利昂、哈龙等物质破坏大气平流层中臭氧层的理论。由于氟利昂、哈龙很稳定，在低层大气中可长期存在（寿命约为几十年甚至上百年），经过一两年的时间，这些化合物在全球范围内的对流层均匀分布。然后，主要在热带地区的上空被大气环流带入平流层，风又将它们从低纬度地区向高纬度地区输送，从而在平流层内混合均匀。在平流层内，强烈的紫外线使氟利昂和哈龙分子发生解离，释放出高活性的 Cl、Br、HO 等自由基，可作为催化剂引起连锁反应，促使 O_3 分解。导致 O_3 层破坏的氯催化反应过程可表示为

$$Cl + O_3 \longrightarrow ClO + O_2$$

$$ClO + O \longrightarrow Cl + O_2$$

总反应

$$O_3 + O \longrightarrow 2O_2$$

其中，O 也是 O_3 光解（$O_3 + h\nu \longrightarrow O_2 + O$）的产物。反应中催化活性物种 Cl 本身不变，一个氯原子能破坏 10 万个 O_3 分子，而溴原子破坏臭氧层的能力比氯原子还要强。灭火剂哈龙主要有哈龙-1301、哈龙-1211、哈龙-2402，其分子式分别为 CF_3Br、CF_2ClBr、$C_2F_4Br_2$。

现已证明了氯原子主要来自氟利昂的光分解、溴原子来自哈龙的光分解（在平流层较

强紫外线作用下）。如下式所示：

$$CFCl_3 + h\nu \longrightarrow CFCl_2 \cdot + Cl \cdot$$
$$CF_2Cl_2 + h\nu \longrightarrow CF_2Cl \cdot + Cl \cdot$$

哈龙

所谓哈龙（Halon 的音译），就是我们平常说的 1211 和 1301 的商品名称，它属于一类称为卤代烷的化学品，主要用于灭火药剂。它通过破坏燃烧或爆炸的复杂的化学链式反应来达到灭火的目的。消防行业广泛使用的哈龙灭火剂是损耗臭氧的主要物质。人们用哈龙灭火器救火或训练时，哈龙气体就自然排放到大气中。哈龙含有氯和溴，在大气中受到太阳光辐射后，分解出氯、溴的自由基，这些化学活性基团与臭氧结合夺去臭氧分子中的一个氧原子，引发一个破坏性链式反应，使臭氧遭到破坏，从而降低臭氧浓度，产生臭氧空洞。

2）氮氧化物对臭氧层的破坏

许多氮氧化物也可以像 CFC 一样，起破坏平流层中臭氧的作用。现在已引起人们注意的是氧化亚氮（N_2O）。N_2O 的天然来源有土壤中的细菌作用和空中雷电等自然形成；其人为来源是施用化肥、化石燃料燃烧等。N_2O 的光解和氧化作用可以形成 NO、NO_2 等物质。

$$N_2O + h\nu \longrightarrow \begin{cases} NO + N \\ N_2 + O \end{cases}$$

$$N_2O + O \longrightarrow 2NO$$
$$NO + O_3 \longrightarrow NO_2 + O_2$$

据美国科学院估计，假如工业生产及豆科植物产生的氮肥增加 1～2 倍，全球的臭氧将减少 3.5%。

另外，飞机、汽车以及工业过程中所排放的废气中也含有大量的氮氧化物（如 NO 和 NO_2 等），这些氮氧化物可以破坏掉大量的臭氧分子，进而造成臭氧层的破坏。

平流层中的 NO 可与 O_3 发生反应导致臭氧的破坏：

$$O_3 + NO \longrightarrow NO_2 + O_2$$

NO_2 也能与平流层中较丰富的氧原子反应：

$$NO_2 + O \longrightarrow NO + O_2$$

该反应速率较快，生成的一氧化氮再次破坏臭氧，可以认为是在一氧化氮催化下加速了臭氧与氧原子的反应。

据美国运输部和科学院的报告，在平流层飞行的喷气式飞机的排放物会破坏大气臭氧层。大型喷气式飞机和其他航空器的高空飞行，其排放的 NO 类物质也可以使 O_3 分解；人类进行核试验时，核爆炸中有大量污染物进入平流层，核爆炸的火球能从地面直达 30～40 km 的高空，并将大量 NO_x 带到平流层，使 O_3 分解。

还有一些自然因素可能造成臭氧层破坏，如太阳高能粒子散射、火山大规模爆发等，但是这只能发生在地球局部地区，持续某一段时间，而不可能对臭氧层发生大规模的、永久性破坏。

3. 臭氧层破坏的危害

（1）对人类健康的影响。紫外线对促进合成维生素 D，对骨组织的生成、保护均起有益作用。但紫外线（λ=200～400 nm）中的紫外线 B（λ=280～320 nm）过量照射可以引起皮肤癌和免疫系统及白内障等眼部疾病。据估计平流层 O_3 减少 1%（即紫外线 B 增加 2%），皮肤癌的发病率将增加 4%～6%。按现在全世界每年大约有 10 万人死于皮肤癌计，死于皮肤癌的人每年大约要增加 5000 人。在长期受太阳照射地区的浅色皮肤人群中，50%以上的皮肤病是阳光诱发的，即肤色浅的人比其他种族的人更容易患各种由阳光诱发的皮肤癌。此外，紫外线还会使皮肤过早老化。

（2）对植物的影响。科学家对 200 多个品种的植物进行了增加紫外线照射的实验，发现其中三分之二的植物显示出敏感性。试验中有 90%的植物是农作物品种，其中豌豆、大豆等豆类，南瓜等瓜类，西红柿以及白菜科等农作物对紫外线特别敏感（花生和小麦等植物有较好的抵御能力）。一般说来，秧苗比有营养机能的组织（如叶片）更敏感。紫外辐射会使植物叶片变小，因而减少捕获阳光进行光合作用的有效面积，生成率下降。对大豆的初步研究表明，紫外辐射会使其更易受杂草和病虫害的损害，产量降低。同时紫外线 B 可改变某些植物的再生能力及收获产物的质量。

4. 保护臭氧层的国际行动

大气中臭氧层的损耗主要是由消耗臭氧层的化学物质引起的，因此必须对这些物质的生产量及消费量加以限制。1985 年以来联合国环境规划署召开了多次国际会议并通过了多项关于保护臭氧层的国际条约。最重要的有 1985 年签订的《保护臭氧层维也纳公约》，1987 年签订的《关于消耗臭氧层物质的蒙特利尔议定书》（后又经过两次修正）。其中，新的《关于消耗臭氧层物质的蒙特利尔议定书》中规定了限制 CFC 类物质生产和使用的时间表（表 3-12）。1995 年联合国大会指定 9 月 16 日为“国际保护臭氧层日”，进一步表明了国际社会对臭氧层保护问题的关注。我国在 1991 年加入修正后的《关于消耗臭氧层物质的蒙特利尔议定书》，于 1993 年 2 月，批准了《中国消耗臭氧层物质逐步淘汰国家方案》，确定在 2010 年完全淘汰消耗臭氧层物质。

表 3-12 《关于消耗臭氧层物质的蒙特利尔议定书》淘汰消耗臭氧物质时间表

消耗臭氧层物质	发达国家淘汰时间/年份	发展中国家淘汰时间/年份
氟氯化碳（不含氢）	1996	2010
哈龙	1994	2010
四氯化碳	1996	2010
1,1,1-三氯乙烷	1996	2015
氢氯氟烃	2030	2030
氢溴氟烃	1996	1996
甲基溴	2005	2015
溴氯甲烷	2002	2002

在进行这样的限定后，估计到 2050 年，北极臭氧减少速率将低于现在，而到 2100 年以后，南极臭氧空洞将消失。发达国家由于在消耗臭氧层物质的替代品和替代技术方面的准备比较充分，因此完成限控指标相对比较容易。而在发展中国家则缺乏这种能力，因此发达国家应该切实履行国际义务，在资金和技术等方面支援发展中国家。

3.4.3　温室效应

1. 温室效应与全球气候变暖

大气层中的某些微量气体如 CO_2、H_2O，能让太阳的短波辐射透过进而加热地面，而地面增温后所放出的热辐射（属长波红外辐射）被这些组分吸收，使大气增温。这种现象称为温室效应。

正常的温室效应，可以使地球表面保持在 15℃左右，保护着地球上的生命。但是由于人类活动的规模越来越大，向大气排放了过量的 CO_2、甲烷、水蒸气等，其中 CO_2 的增速最快，使得近百年来，全球地面平均气温增加了 0.3～0.7℃。全球年均温度的变化曲线如图 3-9 所示。

由于气候的变化，近年来世界各国出现最热的天气，厄尔尼诺现象也频繁发生，给各国造成了巨大的经济损失。发展中国家抗灾能力弱，受害最为严重。同时，发达国家也不能幸免于难。温室效应不仅使全球气候变暖，而且还会使海平面上升。全球海平面在过去的 100 年里平均上升了 14.4 cm，我国沿海的海平面平均上升了 11.5 cm，其原因可能是水温升高、海水膨胀及冰川融化。气候变暖还会使海滩和海岸受到侵蚀，海水倒灌和洪水加剧，严重影响低地势岛屿人民的生活，影响自然生态平衡，造成大范围的气候灾害，还可能加剧传染病的流行。

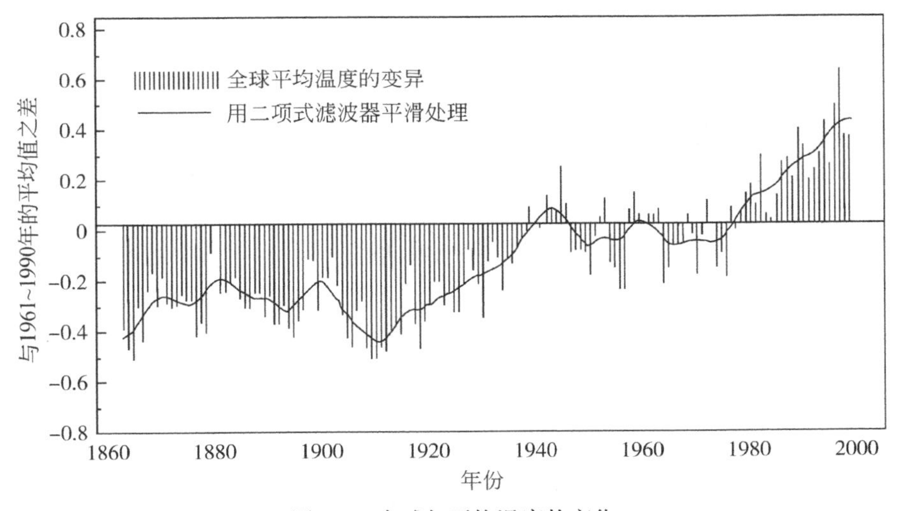

图 3-9　全球年平均温度的变化

2. 主要的温室气体及其效应

能使地球大气增温的微量组分称为温室气体。主要的温室气体有二氧化碳（CO_2）、甲烷（CH_4）、一氧化二氮（N_2O）、氟利昂（CFC）、臭氧（O_3）等。综合考虑其在大气中的浓度及其增长率，以及每个分子吸收红外线的能力这三个因素，各温室气体对全球变暖所做贡献为：CO_2 占 55%、CFC 占 24%、CH_4 占 15%、N_2O 占 6%（表 3-13）。因此，CO_2 的增加是造成全球变暖的主要原因。

表 3-13　大气中温室气体的现有浓度、增长率及对增温的作用

名称	现有浓度/（mL/m³）	估计年增长率/%	估计对温室效应增加的贡献率/%
CO_2	350	0.4	55
平流层 O_3	0.1～10（随高度变化）	-0.5	
对流层 O_3	0.02～0.1（随高度变化）	0～0.7	
CH_4	1.7	1～2	15
N_2O	0.3	0.2	6
CFC-11（$CFCl_3$）	2.3×10^{-4}	5.0	24
CFC-12（CF_2Cl_2）	4×10^{-4}	5.0	

1）二氧化碳（CO_2）

目前，人们普遍认为大气中 CO_2 浓度的增加是全球变暖的主要原因。诺贝尔化学奖获得者阿伦尼乌斯预言，如果大气中 CO_2 含量增加一倍，地球表面温度将升高 4～6℃。大气中 CO_2 浓度增加的人为原因主要有两个：一个是化石燃料的燃烧所排放的 CO_2，占排放总量的 70%；另一个是森林的破坏。有人将森林比作“地球的肺”，绿色植物的光合作用能大量吸收 CO_2。据估算，全球绿色植物每年能吸收 CO_2 2850 亿 t，其中森林的吸收量占 42%。因此，同时具有吸收和释放 CO_2 双重作用的陆地植被在大气 CO_2 浓度变化中的作用也一直是科学家十分关注的问题。

陆地植被在大气 CO_2 浓度变化中的作用表现为两个方面：一是森林通过 CO_2 光合作用及施肥效应吸收大气中的 CO_2。由于大气中的 CO_2 浓度升高，植物的光合作用将会增强，植物的生产率也将会有一定的提高，这种现象称为 CO_2 的施肥效应。二是通过热带雨林地区土地利用方式的改变向大气中释放 CO_2。热带雨林占全球森林面积的 40%，植被碳量的 46%，土壤碳量的 11%。人们大面积地砍伐热带雨林地区的原始林，或烧荒变成耕地，使热带雨林大面积地减少，这些原始林遭破坏以后，林地中所含的有机质将分解释放 CO_2 到大气中，从而增加了大气中 CO_2 的含量。科学家估计，由于热带雨林的破坏，每年向大气中释放的碳量约是化石燃料燃烧释放量的 1/3。这个数字也是不容忽视的。

另外，海洋对大气中 CO_2 浓度的变化也起着重要作用，表现在两个方面：一是海洋对大气中的 CO_2 起着吸收、储存和转移的作用。占地球 70%的海洋不仅起着因热交换调节地球气候的作用，而且对大气的 CO_2 起着吸收、储存和转移的作用。近 20 年的研究结果已证实人类每年向大气输送的 180 亿 t CO_2 有一半被海洋所吸收。大气存储 CO_2 的能力约为 7000 亿 t，而海洋仅溶解无机碳这一项，所存储的碳就达到 390 000 亿 t，同时它的 85%集中于只占海洋体积 10%的表层海水中。由此说明海洋，尤其是中层和深层的海水尚具有存储 CO_2 的巨大潜力。二是大气-海洋的 CO_2 交换对大气 CO_2 浓度变化的影响。

已有研究表明，北半球 CO_2 浓度随季节变化显著：大气中 CO_2 浓度的最低点出现在夏季 8～9 月，最高点在冬季。其原因有两个方面：一是大陆植被影响的结果，北半球的夏季，植物的光合作用吸收大气中 CO_2，使其浓度降低；冬季植物的光合作用相对较弱，加上冬季取暖，燃烧排放的 CO_2 量相对大。二是北半球中、高纬度地区海洋所占比例小，海洋对 CO_2 的吸收作用弱，难以消除来自大陆 CO_2 浓度的季节变化的影响。南半球大部分被海洋覆盖，陆地仅占 11%，这样陆地植被对 CO_2 浓度影响的季节差异很弱，而海洋又具有较大的调节作用，因而南半球 CO_2 含量几乎不随季节和纬度变化。

2）氟利昂（CFC）

氟利昂是氟氯烃的商品名，常用的有 CFC-11 和 CFC-12。人类大规模地生产这种物质，主要有三方面用途，一是用于制冷和空调；二是用作喷雾剂、灭火剂；三是用作发泡剂，如合成泡沫塑料聚苯乙烯、聚氨酯等。1925 年美国化学家托马斯成功研制出第一个氟氯烃，并于 1930 年投产，从此开始系列氟氯烃的生产，1974 年氟利昂的产量和释放量达到高峰，年产量为 70 万 t 以上，1950～2000 年 CFC-11 和 CFC-12 的排放情况如图 3-10 所示。

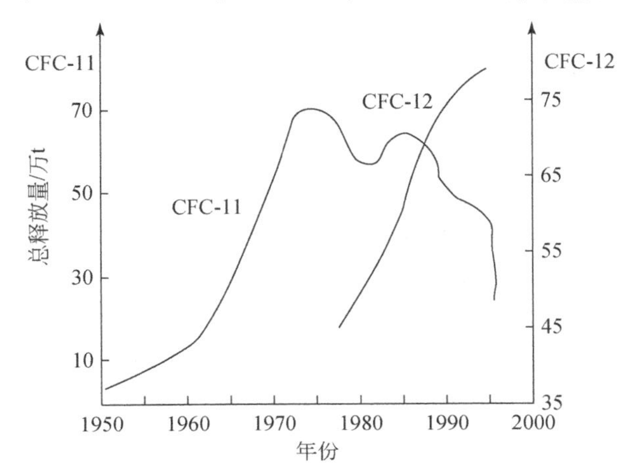

图 3-10　两种使用最广泛的 CFC（即 CFC-11 和 CFC-12）的排放情况

20 世纪七八十年代，科学家确认氟利昂不仅是温室气体的主要成分，还是破坏高空臭氧层的主要物质，便逐渐开始限制其生产和使用。近几年来由于签订《关于消耗臭氧层物质的蒙特利尔议定书》等措施，氟利昂的排放已开始减少。但其在大气中的浓度继续上升，这显示了这些化合物较长的寿命期。

3）甲烷（CH_4）

CH_4 对温室效应的贡献比同样量的 CO_2 大 20 倍，因此 CH_4 在大气含量中的增长也引起人们的关注。大气中 CH_4 含量的增加与人类活动密切相关。工业革命以前，大气中 CH_4 的质量分数仅为 0.7×10^{-6}，现有浓度为 1.7×10^{-6}，而且正以每年 1%～2%的速度增加。人类活动和生产，如稻田耕作、家畜饲养、煤矿、天然气开采所引起的 CH_4 排放量为每年 3.6 亿 t；湿地发酵、生物体分解等自然源的 CH_4 排放量为每年 1.55 亿 t。厌氧细菌的发酵过程可发生在沼泽、泥塘、湿冻土带及水稻田等环境。我国是一个农业大国，水稻田面积约占全球水稻田面积的 1/3，因此，水稻田是我国大气中 CH_4 的最大排放源。大气中的 CH_4 主要是通过与羟基自由基的反应而被消除的。由于该反应的存在，大气中 CH_4 的寿命为 11 年，而 CO 在大气中的停留时间仅仅为 0.4 年，在热带仅为 0.1 年。大气中羟基自由基浓度的下降会导致大气中 CH_4 浓度的增加。有研究认为：近年来大气中 CH_4 浓度的增加，70%是由于直接排放，30%是由于大气中羟基自由基浓度的减少。大气中羟基自由基的浓度表现出夏季高、冬季低的特点，因此，在自然释放的情况下，CH_4 浓度相应地表现出夏低冬高的趋势。

4）氧化亚氮（N_2O）

N_2O 俗称笑气，也是一种温室气体。N_2O 浓度增加的原因表现在两方面：一是农田化肥用量的增加；二是燃烧过程中氨氮化物排放增加。

3. 控制气候变暖的基本对策和国际行动

控制气候变暖的基本对策表现在三个方面：①能源对策。提高能源利用效率，改变能源结构，是控制 CO_2 排放的重要措施。发展核能源和氢能，开发利用新能源和替代能源是目前控制 CO_2 排放量较为经济可行的方法。②绿色对策。充分利用森林及绿色植被对温室效应的调节作用，努力扩大森林面积，禁止乱砍滥伐。③控制全球人口增速，减少温室气体排放。

为了控制温室气体的排放，应对全球气候变暖给人类经济和社会带来的不利影响，1992 年 5 月 22 日联合国政府间谈判委员会就气候变化问题拟订《联合国气候变化框架公约》，1992 年 6 月 4 日在巴西里约热内卢举行的联合国环境与发展大会上通过该公约，并于 1994 年 3 月正式生效。1997 年 12 月 160 个国家在日本京都召开了《联合国气候变化框架公约》第三次缔约方大会，大会上通过了《京都议定书》。该议定书规定，2008～2012 年，发达国家和地区的温室气体排放量要在 1990 年的基础上平均削减 5.2%，其中美国削减 7%，欧盟 8%，日本 6%。但由于在《京都议定书》执行的规则和条件等细节上争论不休，至今仍未有一个工业发达国家批准和履行该议定书。《巴黎协定》是《联合国气候变化框架公约》的近 200 个缔约方于 2015 年 12 月 12 日在巴黎气候变化大会上通过，于 2016 年 4 月 22 日在纽约签署的气候变化协定。这是继《京都议定书》后第二份有法律约束力的气候协议，为 2020 年后全球应对气候变化行动做出了安排，主要目标是将 21 世纪全球平均气温上升幅度控制在 2℃以内，并将全球气温上升控制在前工业化时期水平之上 1.5℃以内。

3.5　大气污染的综合防治

无论是大气污染源、污染物、污染类型还是大气污染的危害，都具有多样性。这种多样性给大气污染防治带来了很大难度。因此，若要从根本上解决大气污染问题，必须多种手段并行。大气污染防治经历了从“只重视经济发展，忽视污染治理”的第一阶段，到“单独重视污染末端控制”的第二阶段，最后进入“源头预防+末端控制”多种措施共用的综合防治阶段。在符合自然规律的前提下，运用社会、经济、技术多种手段对大气污染进行从源头到末端的综合防治，才能达到人与大气环境的和谐。如通过教育的手段提高人们保护环境的素质；在行业、城市、园区规划时，充分利用环境的自净能力；通过原材料替换，不用或者尽量少用污染物产生量大的原材料，从而避免或减少大气污染物的产生；提高企业清洁生产水平，强化原材料循环利用率，尽可能减少污染物的产生；通过强化末端治理技术，降低污染物向环境的排放量等。为了便于阐述，这里将大气污染防治措施分为综合防治与末端控制两大类。

3.5.1　大气污染综合防治对策

大气污染综合防治是指把一个区域的大气环境作为一个整体，统一规划能源消耗、工业发展、交通运输和城市建设等，综合运用社会、经济、技术等多种手段对大气污染从源头到末端进行防治，并充分利用环境的自净能力，消除或减轻大气污染。大气污染综合防治可以从以下几个途径去考虑。

1. 合理利用环境自净能力

（1）环境对大气污染物有一定的自净能力。合理利用环境的自净作用是大气污染防治技术的一项重要内容。大气环境的自净有物理作用（扩散、稀释）、化学作用（氧化、还原、降水洗涤）和生物作用（植物吸收大气中有害气体、截留粉尘、调节气候）。在进行大气污染综合防治时可考虑利用大气环境本身的自净能力减轻大气污染的程度，如利用气象规律稀释污染物、加强绿化等。

（2）合理工业布局。工业布局是否合理与大气污染的形成关系极为密切。工业过分集中的地区，大气污染物排放量必然过大，不易被稀释扩散。相反，将工厂合理分散布设，在选择厂址时充分考虑地形、气象等环境条件，则有利于污染物的扩散、稀释，发挥环境的自净作用，可减少废气对大气环境的污染危害。合理规划工业布局是解决大气污染问题的重要途径。合理规划工业布局既包括对新建工业进行合理布置，又包括调整现有的不合理的工业布局，有计划地迁移严重污染大气的工业企业。

（3）选择有利于污染物扩散的排放方式。排放方式不同其扩散效果也不一样。一般地面污染物含量与烟囱高度的平方成反比，提高烟囱有效高度有利于烟气的稀释扩散，减轻地面污染。目前国外较普遍地采用高烟囱和集合式烟囱排放。但根据“总量控制”的原则，上述措施虽可减轻地面污染物含量，但排烟范围却扩大了，污染问题尚不能从根本上得到解决。

（4）发展绿色植物，加强城市绿化。加强城市绿化，利用绿色植物对大气环境的净化作用来提高城市空气环境质量。绿色植物对大气环境的净化作用主要体现在以下几方面：①绿色植物能够在一定浓度范围内吸收大气中的有害气体。例如，1 hm^2 柳杉林每个月可以吸收 60 kg 的二氧化硫。就吸收有毒气体而言，阔叶林强于针叶林，而落叶阔叶林一般又比常绿阔叶林强，如垂柳、悬铃木、夹竹桃等对二氧化硫有较强的吸收能力。②绿色植物可以阻滞和吸附大气中的粉尘（表3-14）和放射性污染物。例如，1 hm^2 山毛榉林一年中阻滞和吸附的粉尘达 68 t。在有放射性污染的厂矿周围，种植一定宽度的林木，可以减轻放射性污染物对周围环境的污染。③许多绿色植物如悬铃木、橙、圆柏等，能够分泌抗生素，杀灭空气中的病原菌。因此，森林和公园空气中病原菌的数量比闹市区明显要少。表3-15列出了杀菌能力强的树种和杀死原生动物所需的时间。④调节城市小气候：绿地比非绿地温度要低3～5℃，绿地比建筑物要低10℃左右，绿地湿度比非绿地湿度要大10%～20%。

表3-14　各种树木叶片单位面积上的滞尘量　（单位：g/m^3）

树种	滞尘量	树种	滞尘量	树种	滞尘量	树种	滞尘量
刺楸	14.53	楝子	5.89	泡桐	3.53	大叶黄杨	6.63
榆树	12.27	臭椿	5.88	五角枫	3.45	刺槐	6.37
朴树	9.37	构树	5.87	乌桕	3.39	紫薇	4.42
木槿	8.13	三角枫	5.52	樱花	2.75	悬铃木	3.73
广玉兰	7.1	夹竹桃	5.39	蜡梅	2.42	桂花	2.02
重阳木	6.81	桑树	5.28	加拿大白杨	2.06	栀子	1.47
女贞	6.63	丝棉木	4.77	黄金树	2.05		

表 3-15　杀菌能力强的树种和杀死原生动物所需时间　（单位：min）

树种	时间	树种	时间	树种	时间	树种	时间	树种	时间
黑胡桃	0.08～0.25	柠檬	5	薜荔	5	柏木	7	稠李	10
柠檬桉	1.5	茉莉	5	紫薇	5	柳杉	8	枳壳	10
悬铃木	3	桧柏树	5	夏叶槭	6	白皮松	8	雪松	10

2. 通过技术途径控制和减少污染物的排放

控制污染源，从源头减少污染物的产生量，是控制大气污染的关键所在。控制大气污染应以合理利用资源为基点，以预防为主、防治结合、标本兼治为原则。控制大气污染主要有以下几个方面措施。

1）改善能源结构，发展清洁能源

能源是指可以为人类利用以获取有用能量的各种来源，它是人类社会存在和经济社会发展的重要物质基础。根据特性，能源可分为一次能源和二次能源。一次能源，又称天然能源，指自然界中以原有形式存在、未经加工转换的能量资源。一次能源又分为可再生能源和不可再生能源。可再生能源是指可以循环再生的天然能源，如太阳能、风能、水能、生物质能等。不可再生能源指在自然界中经过亿万年形成，短期内无法恢复且随着大规模开发利用，储量越来越少甚至枯竭的能源，主要是各类化石燃料（如煤炭、石油等）、核燃料。自 20 世纪 70 年代出现能源危机以来，各国都开始重视非再生能源的节约，并加速对再生能源的研究与开发。二次能源是指由一次能源经过加工转换以后得到的能源，包括电能、汽油、柴油、液化石油气、氢能等。

能源结构指能源总生产量或总消费量中各类一次能源、二次能源的构成及其比例关系。能源结构是否合理，会直接影响一个国家或区域经济的健康发展，还可能导致严重的环境污染。大气污染物大部分来自燃料的燃烧，特别是煤炭。一个城市若将煤燃料大部分改成天然气等清洁燃料，或开发利用太阳能、地热能、风能、水能、生物能、核能等较洁净的能源来代替燃煤，将可以显著改善大气环境质量。因此，改革能源结构是防治大气污染的一项重要措施。

我国能源消费结构变化历程

随着我国经济发展，1965 年以来我国能源消费总量呈现持续增长态势。从 1965 年的 1.31 亿 t 标准煤，到 2017 年的 44.75 亿 t 标准煤，52 年间能源消费总量增加了 43.44 亿 t 标准煤。1965 年之后，与世界相比，美国、欧洲的能源消费增长率都趋于平缓，且保持在 −5%～5%。除去个别年份，中国的能源消费增长率始终高于美国、欧洲及世界，增幅较大且波动明显。《BP 世界能源统计 2018》数据显示：中国占全球一次能源消费量的 23.2%和全球能源消费增长的 33.6%，一次能源消费量全球排名第一位。至此，中国已连续 17 年稳居全球能源增长榜首。

图 3-11 显示了我国 1960～2017 年能源消费结构及其信息熵变化情况（信息熵的概念是香农于 1984 年首先提出的，对于非热力学系统来说，系统的信息熵越大，系统的组成要素就越多，结构就越复杂）。1960～2017 年，能源消费结构的信息熵从 0.28 增加到 1.26。煤炭消费在我国能源消费总量中的比例由原来的 93.9%下降到 2017 年的 58.4%，而石油、天然气所占比例分别由最初的不足 5%增加至 2017 年的 18.8%和 6.4%。核能和水电所占比例逐渐稳步增加，分别占 2017 年能源消费总量的 1.7%和 8.1%。这表明随着经济、社会的

发展，我国能源消费结构逐渐趋于多样化，逐步改变了以煤炭为主的单一能源消费结构，水电、核能、可再生能源得到发展，即由传统能源向优质能源或清洁能源过渡转移。总的来说，近年来我国能源消费结构呈现逐步优化态势，我国的原油和原煤在一次能源消费中逐年降低，而天然气、水电和可再生能源增加较快。只有不断优化能源结构、逐步提升能源效率，才能有效改善大气环境质量，实现经济社会发展与环境保护的平衡。

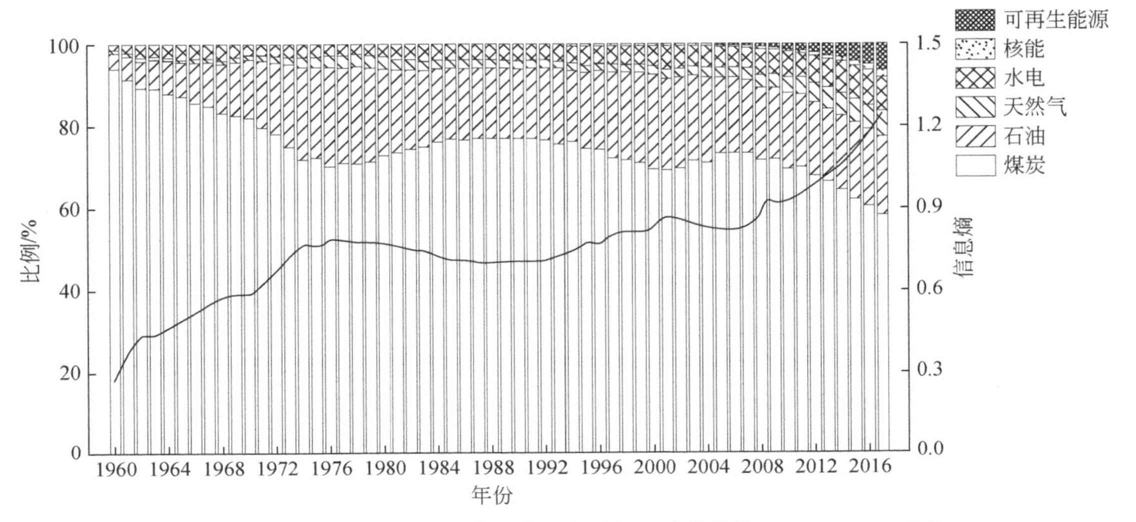

图 3-11　中国能源消费结构信息熵和中国能源消费结构（1960～2017 年）

（1）增大常规能源中相对清洁能源——天然气的比例。与煤炭、石油等传统能源相比，天然气具有优质、高效、清洁的特点。为改善能源结构和人类生活环境，许多国家都经历了煤炭—石油—天然气的优质能源转换过程。煤炭和天然气在相同能耗下排放灰粉的比例为 148∶1，排放二氧化硫比为 700∶1，排放氮氧化合物比为 29∶1。可见，天然气是常规能源中一种相对洁净的能源。天然气将成为我国改善能源结构、寻找煤炭替代能源的主要选择。

（2）增大核能发电的比例。核能是指原子核结构发生变化时发出的能量，有裂变能和聚变能两种。核能属于不可再生能源。核能在满足全球日益增长的能源需求，以及减少对环境的破坏等方面发挥着重要作用。20 世纪 50 年代，苏联和美国的科学家便把寻找新能源的希望寄托在了原子核裂变的反应上。1954 年苏联建成了世界上第一座电功率为 5000 kW 的实验性核电站，3 年之后美国建成了电功率为 9 万 kW 的希平港原型核电站。到了 20 世纪 70 年代，石油涨价引发的能源危机进一步促进了核电的发展。然而，1979 年和 1986 年分别发生在美国三里岛和苏联切尔诺贝利的核电站事故，让核电的发展进入了一个低潮和停滞期。进入 21 世纪以后，随着能源与环境危机的不断加剧，世界范围的核电发展开始复苏。根据世界核协会（World Nuclear Association，WNA）发布的报告，2017 年全球核电发电量连续五年增加。2017 年核电厂产量达到 2506 TWh，超过全球电力需求的 10%。2017 年底可运行的 448 座反应堆中，超过一半在美国和欧洲。但是中国继续主导新建市场，占 2017 年四个电网连接中的三个，2018 年初在建的 59 个反应堆中有 18 个。WNA 预计，到 2050 年核能容量将扩大到供应 25%的电力。

（3）增加可再生能源发电的比例。可再生能源是指在自然界中可以不断再生、永续利用、取之不尽、用之不竭的能源，它对环境无害或危害极小，而且分布广泛，适宜就地开发利用，主要包括水能、太阳能、风能、生物质能、地热能和海洋能等。英国石油（British Petroleum，BP）将可再生能源分为两种，一种是用于发电的可再生能源，包括水能、风能、太阳能、地热能、生物质能以及废弃物发电；另一种是用于交通运输业的生物能源，即生物乙醇和生物柴油。根据《BP 世界能源统计年鉴》（2018 年），2017 年全球再生能源发电占电力总量的 24.3%，其中水力发电最高，占 15.9%。同时，2017 年也是历史上可再生能源发电量增长最大的一年，其中光伏发电和风电场增幅最高。

水能是一种清洁的能源。我国水能资源丰富，居世界首位，但分布不均。68.7%的水能资源分布在我国西南地区，大型水电站多在西部（大型的占 70%，特大型的占到 80%）。由于我国水电资源分布与用电负荷分布的不平衡，客观上制约了水电的开发和利用。用电量大的东部沿海经济发达地区其能源资源非常短缺，只能从西部煤炭资源丰富地区运煤建火电厂，这一方面造成了严重的大气污染，另一方面也增加了交通运输压力。为了加强西部电力资源的开发并缓解东部沿海经济发达地区能源短缺，减轻其环境压力，我国启动了西电东送工程。西电东送工程指在开发贵州、云南、广西、四川、内蒙古、山西、陕西等西部省区的电力资源，将其输送到电力紧缺的广东、上海、江苏、浙江和京、津、冀地区。这一工程的实施，有利于西部能源资源优势转化为经济优势，减轻环境和运输压力，对于合理配置资源、优化能源结构、促进我国社会经济可持续发展具有重要意义。

太阳能是指太阳的热辐射能。太阳能是一种可持续利用的清洁能源，对它的开发有广阔的空间。太阳能的利用有光热转换和光电转换两种方式。太阳能的光热利用如太阳能暖房、太阳能热水器和太阳能灶等。目前，太阳能的热利用已广泛应用于工业、农业、建筑等多方面。如 20 世纪 80 年代户用太阳能热水器就已开始普及。太阳能发电是一种新兴的可再生能源。其中，光电转换是太阳能发电的主要方式，其基本原理是利用光生伏特效应将太阳辐射能直接转换为电能，它的基本装置是太阳能电池。太阳能发电被广泛用于太阳能移动电源、通信电源、太阳能灯具和太阳能建筑等领域。根据 BP 公司《2018 年世界能源统计评论》，2017 年全球光伏增长了将近 100 GW，其中中国新增装机容量就超过了 50 GW，这可以粗略等同于英国欣克利角核电站发电潜力的 2.5 倍。

风能是地球表面大量空气流动所产生的动能。利用风力机可以将风能转化为电能、热能、机械能等各种形式的能量，用于发电、提水、助航、制冷和制热等。风能作为一种清洁、安全、可再生的绿色能源，越来越受到世界各国的重视。风力发电是其主要的开发利用方式。风力发电不消耗资源，不污染环境，建设投资小，装机规模灵活，实际占地少。根据 BP 公司《2018 年世界能源统计评论》，2017 年，全球风电增长 17%（163 TWh），大部分的增长来自发展中国家。从全球风电新增装机容量的分布看，2017 年中国新增装机容量 19660 MW，占全球新增装机容量的 37.45%，位居世界第一；美国新增装机容量 7017 MW，占全球新增容量的 13.37%，位居世界第二。

生物质能，就是太阳能以化学能形式储存在生物质中的能量形式，即以生物质为载体的能量。它直接或间接地来源于绿色植物的光合作用，可转化为常规的固态、液态和气态燃料，取之不尽、用之不竭，是一种可再生能源，同时也是唯一一种可再生的碳源。生物质能具有可再生、低污染、分布广泛而总量又十分丰富等特点，其应用也非常广泛。如可以以沼气、压缩成型固体燃料、气化生产燃气、气化发电、生产燃料酒精、热裂解生产生物柴油等形式存在，应用在国民经济的各个领域。根据 BP 公司《2018 年世界能源统计评论》，中国的生物燃料发展速度较慢，全球居第七位。后来者如阿根廷、印度尼西亚发展得很快。

2）对燃料进行预处理，改变燃料组成

造成大气污染的原因是多方面的，以煤炭为主的能源消费结构的不合理被归为主因。2013 年 9 月发布的《大气污染防治行动计划》推出十项措施，不仅有五项涉及能源消费，而且剑指煤炭消费。我国是世界第一产煤大国，我国能源消费以煤为主。煤炭是我国最大的空气污染源，我国每年约 80%的 CO_2、85%的二氧化硫、67%的氮氧化物、70%的悬浮物排放来自燃煤。因此，如何清洁利用煤炭是我国能源领域待解决的问题之一，同时也是提高我国大气环境质量的重要举措之一，即洁净煤技术是提高我国大气环境质量的重要举措。

洁净煤技术是指在煤炭从开发到利用全过程中，旨在减少污染排放与提高利用效率的加工、燃烧、转化及污染控制等新技术。主要包括煤炭洗选、加工（型煤、水煤浆）、转化（煤炭气化、煤炭液化）、先进燃烧技术（常压循环流化床、加压流化床、整体煤气化联合循环、高效低污染燃烧器）、烟气净化（除尘、脱硫、脱氮）等方面的内容。原煤经过洗选、筛分、成型及添加脱硫剂等加工处理，不但可大大降低含硫量，减少二氧化硫的排放量，而且有可观的经济效益。实践表明，民用固硫型煤与燃用原煤相比，节煤 25%左右，CO 排放量减少 70%～80%，烟尘排放量减少 90%，二氧化硫排放量减少 40%～50%。据初步估算，洗煤带来的直接和间接效益为洗煤成本的 3～4 倍。这是最基本、最现实的防治燃煤型大气污染的有效途径。

3）调整工业结构、实行清洁生产

治理大气污染，一方面要调整能源结构，降低煤炭消费比重，大力发展绿色清洁能源；另一方面还要调整产业结构，转变经济发展方式，重点培育低能耗战略新兴产业。而且后者可能更为关键。工业发展的过程中综合能耗偏高，粗放型、传统型的发展模式是大气污染症结所在。在工业结构上优先发展污染少、能耗低、产值高的绿色产业，逐步淘汰高污染、高能耗、高排放和低产值的劣势产业。同时，积极实行清洁生产，以清洁生产思想为指导对生产工艺和过程进行改进，如改变生产过程中所用原材料以避免或减少污染物生成，或改变生产工艺条件以减少排气或排污。

4）改革工艺设备、改善燃烧过程

通过改革工艺及改造锅炉、改变燃烧方式等办法，以减少燃煤量来相应减少排尘量。如通过改革生产工艺，力争把一种生产中排出的废气作为另一生产中的原材料加以利用，这样就可以达到减少污染物的排放和变废为宝的双重目的。通过改善燃烧过程，以使燃烧效率尽可能提高，污染物排放尽可能减少。这就需要对旧锅炉、汽车发动机和其他燃烧设备进行技术更新，对旧的燃料加以改革，以便提高热效率和减少废气排放。

5）采用集中供热和联片供暖

利用集中供热取代分散供热的锅炉，是城市基础设施建设的重要内容，是综合防治大气污染的有效途径。集中供热比分散供热可节约 30.5%～35%的燃煤，且便于采取除尘和脱硫措施。分散的小炉灶，由于燃烧效率低，烟囱矮，同集中供热相比，使用相同数量的煤所产生的烟尘高 1～2 倍，飘尘多 3～4 倍。目前，我国集中供热方式主要有热电联产、集中锅炉房供热以及余热利用等方式。

6）发展绿色交通

随着经济的持续高速发展，我国汽车的持有量急剧增加。我国一些主要城市的大气污染类型正在由煤烟型向交通型转化，汽车尾气排放已成为城市重要污染源。因而综合治理汽车尾气、普及无铅汽油、开放环保汽车、发展绿色交通等是大气环境保护的重要措施。

绿色交通（green transport）是指采用低污染、适合都市环境的运输工具来完成社会经济活动的一种交通概念。绿色交通是一个全新的理念，它与解决环境污染问题的可持续性发展概念一脉相承。它强调的是城市交通的"绿色性"，即减轻交通拥挤，减少环境污染，合理利用资源。这种理念是三个方面的完整统一结合，即通达、有序；安全、舒适；低能耗、低污染。发展绿色交通还包括合理的交通规划，如轨道交通、高速公路网和公交优先等。同时，注重发展清洁汽车。清洁汽车是指低排放的燃气汽车、混合动力汽车、电动汽车以及通过采用多种技术手段大大降低排放污染物的燃油汽车及其他代用燃料汽车。从国际发展趋势看，新型汽车有燃料电池汽车、以太阳能为动力的汽车及以氢为燃料的汽车等。

3. 加强大气环境管理

大气环境管理就是运用法律、行政、经济、技术、教育等手段，通过全面规划，从宏观上、战略上、总体上研究解决大气污染问题。

1）编制区域大气污染防治规划

区域大气污染防治规划应该是区域规划的重要组成部分，它可以从协调经济和环保的关系出发，提出大气污染控制的优化方案和措施。如当前我国大气环境形势十分严峻，以臭氧、细颗粒物和酸雨为特征的区域性复合型大气污染日益突出，仅从行政区划的角度考虑单个城市大气污染防治的管理模式已经难以有效解决。根据《中华人民共和国大气污染防治法》与《国民经济和社会发展第十二个五年规划纲要》，国家发展和改革委员会、环境保护部等部门编制了《重点区域大气污染防治"十二五"规划》（2012 年 9 月 27 日），该规划从系统整体角度制定并实施区域大气污染防治对策，是我国第一部综合性大气污染防治规划，标志着我国大气污染防治工作的目标导向正逐步由污染物总量控制向改善环境质量转变，由主要防治一次污染向既防治一次污染又注重二次污染转变。

2）法律是环境管理中的一种重要手段

法律通过规范性、强制性、稳定性和指导性的方式来管理环境。我国继 1979 年颁布了环境保护基本法《中华人民共和国环境保护法（试行）》后，1984 年颁布了《关于防治煤烟型污染技术政策的规定》，1987 年又颁布《大气污染防治法》和《城市烟尘控制区管理办法》等法律法规。各省、市、自治区和国务院各部门结合本地区本部门的具体情况也制定和颁布了一系列环境保护条例和规定。同时，为了实现大气环境管理科学化、定量化，我国先后颁布了《环境空气质量标准》《大气污染物综合排放标准》《工业锅炉烟尘排放标准》《汽车尾气排放标准》等一系列大气环境质量标准和污染物排放标准，为大气环境管理提供了依据。在 2013 年 9 月发布的《大气污染防治行动计划》中第七条提出了"健全法律法规体系，严格依法监督管理"，包括完善法律法规标准、提高环境监管能力、加大环保执法力度、实行环境信息公开等。

3）运用行政手段管理环境

运用行政手段管理环境指在环境管理中依靠和发挥国家各级行政机关的作用，借助行政决策和运用行政命令、决议、指示等方式来组织管理环境，解决大气污染问题，如政府对一些大气污染严重的企业实行限期治理或关、停、并、转、迁等措施。大气污染物总量控制也是一种行政手段，它是从大气环境功能区划分和功能区环境质量目标出发，然后考虑排污源与功能区大气质量间的关系，通过区域协调，统筹分配允许排放量，把排入特定区域的污染物总量控制在一定的范围内，以实现预定的环境目标。2013 年 9 月发布的《大气污染防治行动计划》中第八条提出了"建立区域协作机制，统筹区域环境治理"，这里面包含了各地、各城市参与的协商管理，各个部门参与的整合管理，全社会包括企业和公众参与的公共管理机制和理念等。

4）运用经济方法管理环境

运用经济方法管理环境是按照经济规律的客观要求，充分利用价格、利润、信贷、税收等经济杠杆的作用来调整各方面的环境关系，凡是造成污染危害的单位，都要承担治理污染的责任，对向大气环境排放污染物或超过国家标准排放的企业，根据超标排放的数量和浓度，按规定征收排污费。《大气污染防治行动计划》中第六条提出了“发挥市场机制作用，完善环境经济政策”，它特别强调利用市场机制来解决大气污染防治的问题，其中涉及了将近20条左右相关的环境政策。比如说“谁污染谁负责，谁污染谁治理”；多减排获收益；如果是没有减排或对减排组织不力，则要受惩罚。

5）大气环境技术管理

大气环境技术管理是通过制定技术标准、技术政策、技术发展方向和生产工艺等进行环境管理，限制损坏大气环境质量的生产技术活动，鼓励开发无公害生产工艺技术。

4. 加强环境素质教育，促进全球合作

大气涉及社会方方面面，每个人既是污染的受害者也是污染源。要防治大气污染，必须全民参与。少开一天车、减少烟花爆竹燃放、不在户外野外烧烤，引导公众从自身做起、从点滴做起，倡导文明、节约、绿色的消费方式和生活习惯。在全社会树立起“同呼吸、共奋斗”的行为准则，共同改善空气质量。同呼吸，共责任，这里的责任是政府的责任，是企业的责任，也是每一个公民的责任。要建立健全政府统领、企业施治、市场驱动、公众参与的新机制。地球是人类共同生存的家园，人类只有一个地球。同时，地球是一个整体，是一个总的生态系统，一个地方的环境问题会不同程度直接、间接地影响其他地方的环境状况，危及其他国家和人民。因此，环境问题的国际化、全球性特点决定了环境保护还必须依靠各国合作共同解决。

3.5.2　大气污染末端控制技术

对于源头无法控制和减少的污染物，只能采用末端污染控制法。从目前来看，末端污染控制仍然是大气污染控制的主要手段。空气污染末端控制技术根据污染物的类型不同分为除尘技术和净气技术两大类。除尘技术是对含颗粒物废气的治理，常用方法（多为物理法），如重力除尘、离心力除尘、电除尘及过滤、洗涤等。净气技术是对含气体污染物废气的治理，常用湿法（多为化学法），如直接燃烧、催化燃烧或焚烧以及吸附、吸收或冷凝等。对于组成复杂的废气，常需要将几种方法组合使用，才能达到深度去污的目的。

1. 烟尘控制技术

采用设备在烟尘排入大气之前除尘。从废气中除去或收集固态或液态粒子的设备，称为除尘（集尘）装置，或称除尘（集尘）器。除尘装置有多种。依照除尘器除尘的主要机制可将其分为机械式除尘器、过滤式除尘器、湿式除尘器、净电除尘器四类。根据在除尘过程中是否使用水或其他液体可分为湿式除尘器、干式除尘器。根据除尘过程中的粒子分离原理，除尘装置又可分为重力除尘装置、惯性力除尘装置、离心力除尘装置、洗涤式除尘装置、过滤式除尘装置、电除尘装置、声波除尘装置。

1）机械式除尘器

仅利用重力、惯性力、离心力等作用去除气体中粉尘粒子的装置称为机械式除尘器。

主要类型有重力除尘装置、惯性除尘器和旋风除尘器等。

重力除尘装置是使含尘气体中的尘粒借助重力作用使之沉降，并将其分离捕集的装置。重力除尘装置分为单层沉降室和多层沉降室两种形式。重力沉降室通常作为预处理设备安装在其他设备之前。含尘气体通过横截面比管道大得多的沉降室时，由于水平流速降低，较大的粒子在沉降室中有足够时间受重力作用而沉降。重力沉降室是除尘器中最简单的一种，由于尘粒沉降速度较慢，除尘效率低，且只适于分离粒径较大的（50 μm 以上）的尘粒。图 3-12 为单层沉降室和多层沉降室的结构示意图。

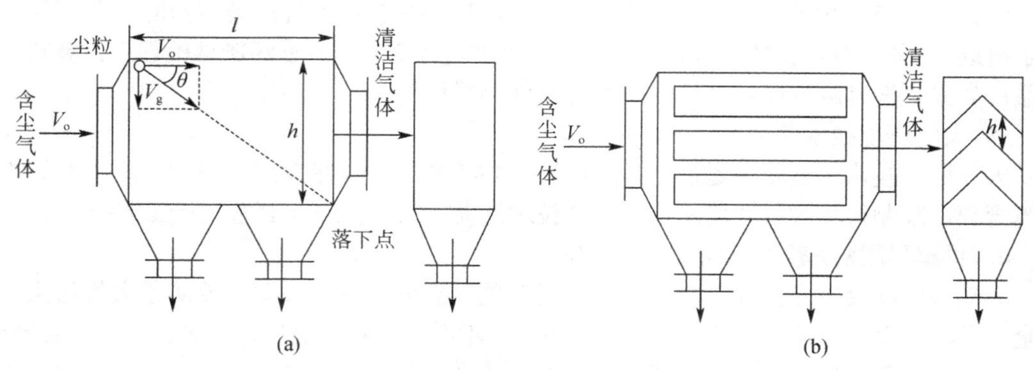

图 3-12　重力沉降室除尘示意图

（a）单层沉降室；（b）多层沉降室

惯性除尘器是使含尘气流与挡板相撞，或使气流急剧地改变方向，借助其中粉尘的惯性使粒子分离并捕集的除尘装置。惯性除尘器中的气流速度越快，气流方向转变角度越大，次数越多，对粉尘的净化效率越高，但压力损失也会越大。惯性除尘器只能捕集 10～20 μm 以上的粗尘粒，常用于多级除尘中的第一级除尘。图 3-13 是惯性除尘器分离机理示意图。图 3-14 是几种形式的惯性除尘器的不同构造示意图。

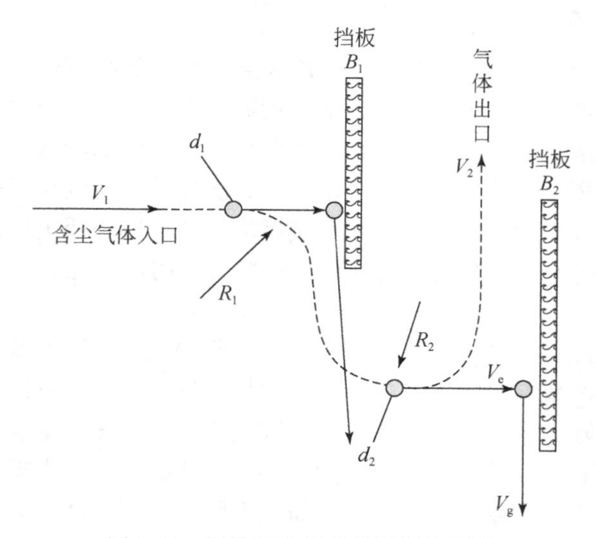

图 3-13　惯性除尘器分离机理示意图

V_1-气体流速；d-尘粒粒径；R-曲率半径；V_g-尘粒自由沉降速率；V_e-该点切向速度

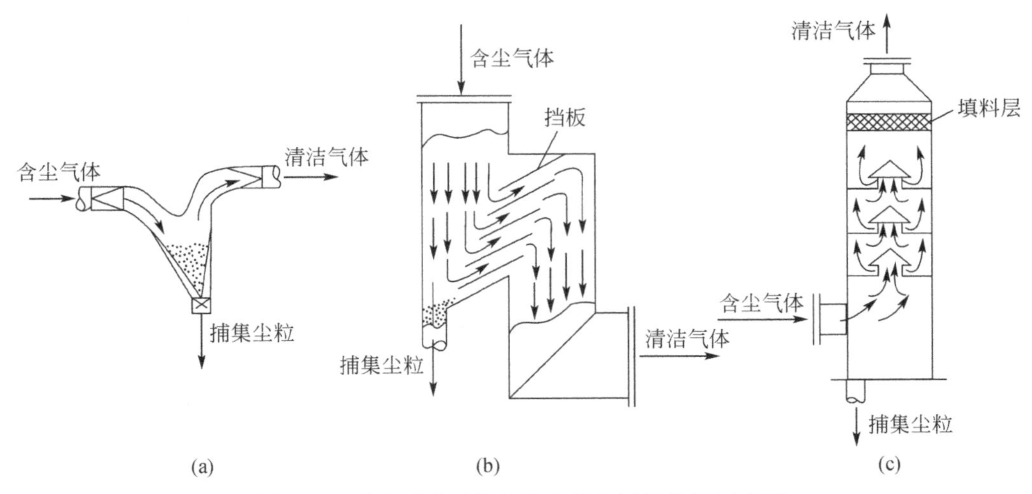

图 3-14　几种形式的惯性除尘器的不同构造示意图

旋风除尘器是利用旋转气流产生的离心力使尘粒从气流中分离的装置，又称为离心力除尘装置。它由进气管、筒体、锥体和排气管等组成，如图 3-15 所示。含尘气流进入除尘器后，沿器壁由上向下旋转运动，尘粒在离心力的作用下被抛向器壁与气流分离，然后沿器壁落到锥底排尘口进入灰斗。而净化的气体达到锥体底部后转而向上沿轴心旋转，最后经上部分排气管排出。旋风除尘器是机械式除尘器中效率较高的一种，它多应用于锅炉烟气除尘、多级除尘等。

2）过滤式除尘器

过滤式除尘器是使含尘气流通过过滤材料将粉尘分离捕集的装置。采用滤纸或玻璃纤维等填充层作滤料的空气过滤器，主要用于通风及空气调节方面的气体净化；采用沙、砾、焦炭等颗粒作为滤料的颗粒层除尘器，在高温烟气除尘方面引人注目；采用纤维织物作滤料的袋式除尘器，主要在工业尾气的除尘方面应用较广。袋式除尘器效率一般可达 90%以上，如图 3-16 所示。含尘气流从下部进入圆筒形滤袋，在通过滤料的孔隙时，粉尘被捕集

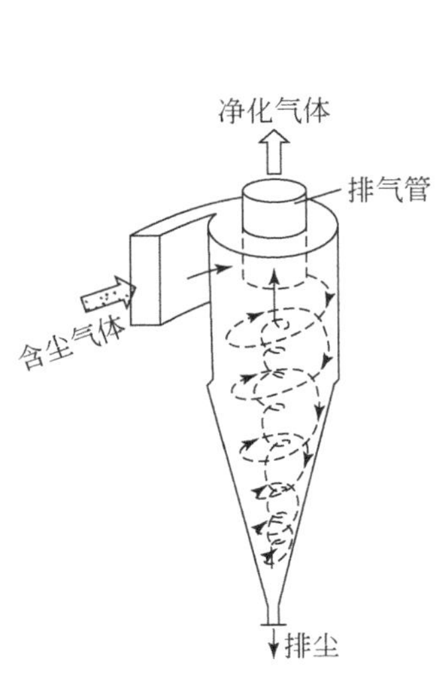

图 3-15　切向入口旋风除尘器

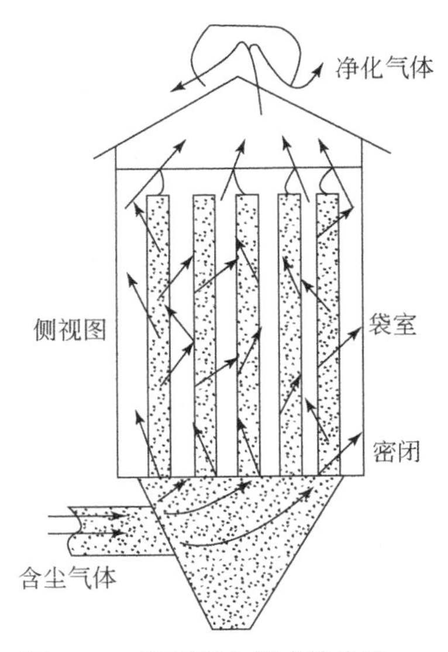

图 3-16　密闭压力袋式除尘器

在滤料上，透过滤料的清洁气体由排出口排出。一个袋室可装有若干只分布在若干个舱内的织物过滤袋，常用滤料由棉、毛、人造纤维织物加工而成。这种方法除尘效率高，操作简单，适于含尘浓度较低的气体。其缺点是占地多，维修费用高，不耐高温、高湿气流。

3）湿式除尘器

湿式除尘器是使含尘气体与液体（一般为水）密切接触，利用水滴和尘粒的惯性碰撞及其他作用捕集尘粒。它可以有效地将直径为 0.1～0.2 μm 的液态或固态粒子从气流中除去，同时，也能脱除部分气态污染物。应用广泛的三类湿式除尘器有喷雾塔式洗涤器、离心洗涤器和文丘里式洗涤器。湿式除尘器结构示意图如图 3-17 和图 3-18 所示。其中，文丘里式洗涤器的除尘机理是使含尘气流经过文丘里管的喉径形成高速气流，并与在喉径处喷入的高压水所形成的液滴相碰撞，使尘粒黏附于液滴上而达到除尘目的。

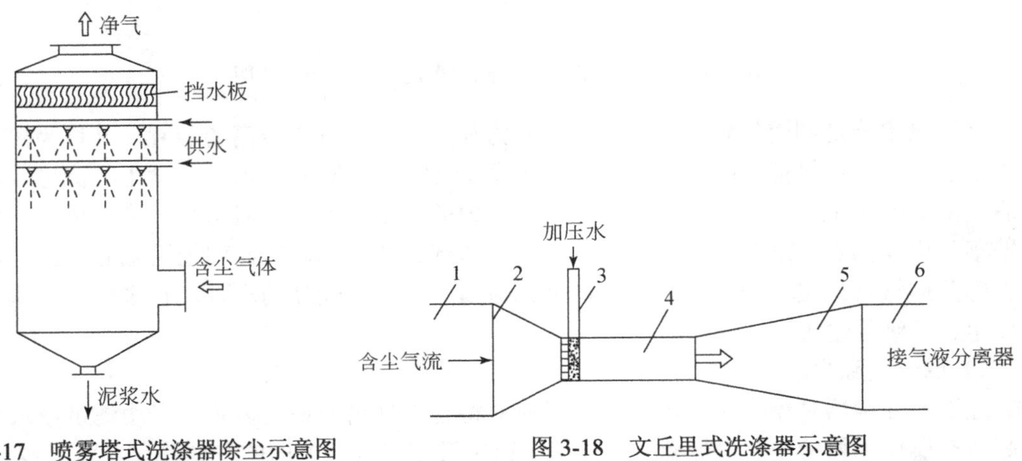

图 3-17　喷雾塔式洗涤器除尘示意图

图 3-18　文丘里式洗涤器示意图

1-进气管；2-收缩管；3-喷嘴；4-喉管；5-扩散管；6-连接管

4）静电除尘器

静电除尘器是指含尘气体在通过高压电场进行电离的过程中，使尘粒荷电，并在电场力的作用下使尘粒沉积在集尘极上，将尘粒从含尘气体中分离出来的一种除尘设备。图 3-19 是静电除尘器除尘机理示意图。图 3-20 为管式静电除尘器示意图。

管式静电除尘器的集尘极为一圆形金属管，放电极极线（电晕线）用重锤悬吊在集尘极圆管中心。含尘气流由除尘器下部进入，净化后的气流由顶部排出。这种电除尘器多用于净化气体量较大的含尘气体。此外还有板式电除尘器。这种电除尘器的优点是对粒径很小的尘粒具有较高的去除效率，耐高温，气流阻力小，除尘效率不受含尘浓度和烟气流量的影响，是当前较为理想的除尘设备，但设备投资费用高，占地大，技术要求高。

电除尘器具有优异的除尘性能。电除尘器几乎可以捕集一切细微粉尘及雾状液滴，除尘效率达 99%以上，对于粒径小于 0.1 μm 的粉尘粒子仍有较高的去除效率；电除尘器的气流通过阻力小，处理气量大；由于所消耗的电能是通过静电力直接作用于尘粒上，因此能耗也低；电除尘器还可应用于高温、高压的场合，因此被广泛用于工业除尘。电除尘器的主要缺点是设备庞大，占地面积大，一次性投资费用高，同时不适宜处理有爆炸性的含尘气体。在工业大气污染控制中，电除尘器与袋式除尘器占了压倒优势。我国目前电除尘器几乎一统火电天下，设计除尘效率也由 98%～99%提高到 99.2%～99.7%。不少国家规定燃

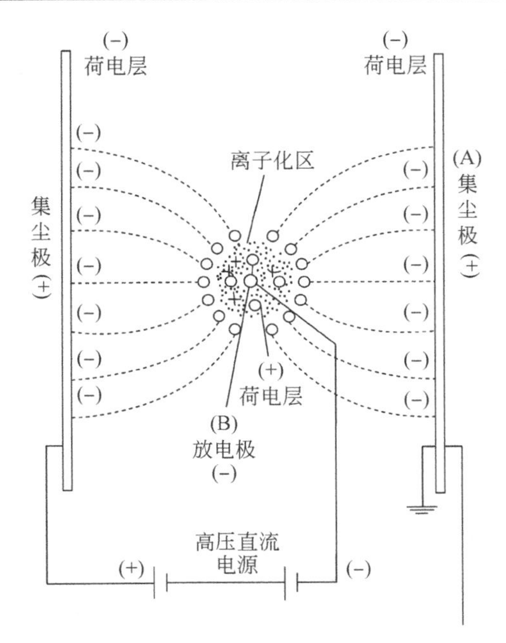

图 3-19　静电除尘器除尘机理示意图

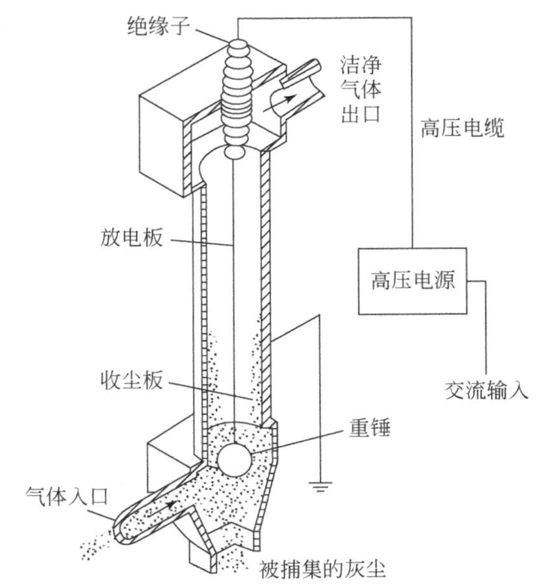

图 3-20　管式静电除尘器示意图

煤烟气排放到大气环境中的浓度不得高于 50 mg/m^3，目前只有电除尘器和袋式除尘器才能达到如此高的除尘效率。

一般说来，经济核算是考虑方法抉择的首要因素，其他还有所涉及污染物危及环境质量的紧迫性和决策管理部门对各方面利弊的权衡等。表 3-16 列举了几种常用除尘装置的实用性能比较；表 3-17 给出了四类除尘装置的优缺点及适用场合。

表 3-16　各种除尘装置实用性能比较

类型	结构形式	处理粒度/μm	压力降/mmH_2O	除尘效率/%	设备费用程度	运转费用程度
重力除尘	沉降式	50～1000	10～15	40～60	小	小
惯性力除尘		10～100	30～70	50～70	小	小
离心除尘	旋风式	3～100	50～150	85～95	中	中
湿式除尘	文丘里式	0.1～100	300～1000	80～95	中	大
过滤除尘	袋式	0.1～20	100～200	90～99	中以上	中以上
电除尘		0.05～20	10～20	85～99.9	大	小～大

表 3-17　除尘装置的优缺点及适用场合比较

除尘装置	机械式除尘器	湿式除尘器	袋式除尘器	静电除尘器
优点	造价比较低，维护管理较简便，结构装置简单，可耐高温	用水作为除尘介质，除尘效率一般可达 95%以上。其中，文丘里除尘器对微细粉尘除尘效率高达 99%以上	除尘效率可达 99%以上，能满足环保要求；也能较好地适应排风量的波动；回收有价值的细粒物料时更具有经济价值	能处理高温、高湿烟气。它的除尘效率高，可达 98%以上；处理风量大；运行阻力低
缺点	对 5 μm 以下的微粒去除率不高	能耗高，会产生废水，必须配备水处理设施，以消除二次污染；对设备的腐蚀须注意，在寒冷地区要采取防冻措施；处理高温烟气时，会形成白烟，不利于扩散		其结构复杂，初始投资高，占地面积大，对操作、运行、维护管理要求高，且对粉尘比电阻较敏感

续表

除尘装置	机械式除尘器	湿式除尘器	袋式除尘器	静电除尘器
适用场合	常作为二级除尘系统中的预除尘、气力输送系统中的卸料分离器和小型工业锅炉除尘用	可处理高温、高湿的烟气及带有一定劲性的粉尘，同时也能净化某些有害气体，如旋风水膜除尘器和湿法脱硫反应塔。湿式除尘还适用于净化易燃易爆的气体，如煤气净化	常用于炉窑含尘烟气或粉料运输含尘空气的净化；多用于冶金、水泥、化工、轻工等行业的气体净化，不受风量的限制	广泛作为各种工业炉窑和火力发电站大型锅炉的除尘设备

2. 气态污染物控制技术

1）主要控制技术

气态污染物控制技术很多，主要有吸收、吸附、冷凝、催化、燃烧、生物膜分离、电子束等。

A. 吸收法

吸收是利用气体混合物中不同组分在吸收剂（溶液、溶剂或水等）中溶解度的不同或者与吸收剂发生选择性化学反应，从而将有害组分从气流中分离出来的过程。不同的吸收剂可处理不同的有害气体。该法具有捕集效率高、设备简单、一次性投资低等特点，也可回收有价值的产品，因此，广泛地用于气态污染物的处理。例如，含 SO_2、H_2S、HF、NO_x 等污染物的废气，都可以采用吸收净化。但工艺比较复杂，吸收效率一般不高。吸收液还需处理，以免引起二次污染。常用的吸收设备有喷淋塔、填料塔、泡沫塔、文丘里管洗涤器等。

吸收分为物理吸收和化学吸收。由于在大气污染控制过程中，一般废气量大、成分复杂、吸收组分浓度低，单靠物理吸收难以达到排放标准，因此大多采用化学吸收法。

B. 吸附法

气体混合物与适当的多孔性固体接触，利用固体表面存在的未平衡的分子引力或化学键力把混合物中某一或某些组分吸留在固体表面上。这种分离气体混合物的过程称为气体吸附。吸附过程中，借助分子引力和静电力进行的吸附称为物理吸附。借助化学键力进行的吸附称为化学吸附。常用的吸附剂有活性炭、分子筛、氧化铝、硅胶和离子交换树脂等，应用最多的是活性炭。作为工业上的一种分离过程，吸附已广泛地应用于化工、冶金、石油、食品、轻工及高纯气体的制备等工业部门。由于吸附剂具有高的选择性和高的分离效果，能脱除痕量（10^{-6} 级）物质，所以吸附净化法常用于其他方法难于分离的低浓度有害物质和排放标准要求严格的废气处理，如用吸附法回收或净化废气中有机污染物。

吸附净化法的优点是净化效率高，能回收有用组分，设备简单，操作方便，易于实现自动控制。适于净化浓度较低、气体量较小的有害气体，常用作深度净化手段，或用作联合应用几种净化方法时的最终控制手段。但是一般吸附容量不高（约 40%），吸附剂机械强度、稳定性等方面有待提高。另外，吸附剂的再生使得吸附流程变得复杂，操作费用大大增加，并使操作变得麻烦。

C. 冷凝法

冷凝法是利用物质在不同温度下具有不同饱和蒸气压的性质对气体进行冷却，使处于蒸气状态的有害物质冷凝成液体，从废气中分离出来，以达到净化的目的。这种方法的优点是设备简单，操作简便，并可回收纯度较高的物质，用于去除高浓度有害气体十分有利，但不适宜净化低浓度的有害气体。

冷凝法只适用于处理高浓度的有机气体，通常作为吸附、燃烧等净化方法的前处理，以减轻这些方法的负荷；或预先除去影响操作、腐蚀设备的有害组分，以及用于预先回收某些可以利用的纯物质。

D. 催化法

催化法净化气态污染物是利用催化剂的催化作用，将废气中的有害物质转变为无害物质或转化为易于去除的物质的一种废气治理技术。常用的催化法有催化氧化法［如用五氧化二钒（V_2O_5）作催化利，把 SO_2 氧化为 SO_3 以回收硫酸］和催化还原法（如把甲烷、氢、氨等还原性有害气体中的有害物质还原为无害物）两种。

催化工艺流程一般包括预处理、预热、反应、余热回收等几个步骤。催化反应过程在催化反应器中进行。工业常用的催化反应器有固定床和流化床两类。用于有害气体净化的主要是固定床反应器。

催化法与吸收、吸附法不同，应用催化法治理污染物的过程中，无需将污染物与主气流分离，可直接将有害物转变为无害物，这既可避免产生二次污染，又可简化操作过程。此外，由于所处理的气态污染物的初始浓度一般较低，反应的热效应不大，可以不考虑催化床层的传热问题，从而大大简化了催化反应器的结构。上述优点促进了催化法的推广和应用。如利用催化法使废气中的碳氢化合物转化为 CO_2 和 H_2O，NO_x 转化成氮，SO_2 转化成 SO_3 后加以回收利用，以及汽车尾气的催化净化等。该法的缺点是催化剂价格较高，操作要求高，难以回收有用物质，且废气预热需要一定的能量。

E. 燃烧法

燃烧法是利用氧化燃烧或高温分解的原理把有害气体转化为无害物质的方法。这种方法可回收燃烧后产物或燃烧过程中的热量。它主要应用于 CO、碳氢化合物、恶臭、沥青烟、黑烟等有害物质的净化。常用的有直接燃烧法、热力燃烧法、催化燃烧法。

（1）直接燃烧法直接将有害气体中的可燃组分在空气或氧中当作燃料烧掉，从而使其有害组分转换为无害物质（如 CO_2 和水）。直接燃烧是有火焰的燃烧，燃烧温度较高（＞1100℃），适宜于净化温度较高、浓度较大的有害废气。例如，炼油厂产生的废气经冷却后，可送入生产用加热炉燃烧；铸造车间的冲天炉烟气中含有 CO 等可燃组分，可以燃烧，通过换热器来加热空气，作为冲天炉的鼓风。

（2）热力燃烧法是利用辅助燃料氧化燃烧放出的热量将混合气体加热到要求的温度，使可燃的有害气体高温分解变成无害气体的方法。它一般用于可燃有机物含量较低的废气或燃烧值较低的废气治理。热力燃烧为有火焰燃烧，但燃烧温度较低（760～820℃）。燃烧设备为热力燃烧炉，在一定条件下也可用锅炉。

（3）催化燃烧是在催化剂作用下使有害气体在 200～400℃温度下氧化分解成 CO_2 和水等物质，同时放出燃烧热。由于是无焰燃烧，安全性好。催化剂有铂、钯、锰、铜、铬和铬的氧化物。

在进行催化燃烧时，首先要把被处理的有害气体预热到催化剂的起燃温度。预热方法可采用电加热或烟道加热。预热到起燃温度的气体进入催化床层进行反应，反应后的高温气体可引出用来加热进口冷气体，以节约预热能量。因此催化燃烧法最适于处理连续排放的有害气体。除在开始处理时需要有较多的预热能量将进口气体加热到起燃温度外，在正常操作运行时，反应后的高温气体就可连续将进口气体预热，少用或不用其他能量进行预热。在处理间断排放的废气时，预热能量的消耗将大大增加。

燃烧法工艺简单，操作方便，可回收燃烧后的能量，但不能回收任何物质，并容易造成二次污染。

2）二氧化硫净化

我国燃料以煤为主，二氧化硫排放量很大，是主要的大气污染物。控制燃料生成的二氧化硫，可以从三个环节考虑，即燃料脱硫、燃烧脱硫或烟气脱硫。

A. 燃料脱硫

广泛采用的方法是煤炭重力分选，分选后原煤含硫量降低 40%～90%，其净化效率取决于煤中无机硫和有机硫的含量。其他方法有浮选法、氧化脱硫法、化学浸出法、化学破碎法、细菌脱硫法等，但目前尚无工业实用价值。另外，可以将煤炭气化或液化，加工过程中可以采用合适方法脱硫，使燃料净化。

B. 燃烧脱硫

将石灰石或白云石与煤粉碎成约 2 mm 的粒度，同时加入流化床燃烧炉内，在 800～900℃下，石灰石受热分解放出 CO_2，生成的多孔氧化钙与二氧化硫作用，生成硫酸盐，以达到固硫的目的。目前该技术只适用于中小容量的工业锅炉和炉窑。

C. 烟气脱硫

这是目前广泛采用的方法，可分为湿法和干法两大类。脱硫装置应尽量满足工艺简单、操作方便、脱硫效率高、脱硫剂便宜、尽可能回收硫资源、不造成二次污染等。下面对各种脱硫方法做一简单介绍。

（1）氨法。以氨水为吸收剂，与烟气中的二氧化硫反应生成中间产物亚硫酸氢铵，采用不同的方法处理中间产物，可以回收硫酸铵、石膏或单质硫等。氨法工艺成熟，流程设备简单，操作方便，是一种较好的方法。但由于氨易挥发，吸收液消耗量大，适合于有廉价氨源的地方。

$$NH_3(aq) \xrightarrow{SO_2(g)} (NH_4)_2SO_3(aq) \xrightarrow{SO_2(g)} NH_4HSO_3(aq)$$

（2）钙法（又称石灰-石膏法）。采用石灰石、生石灰或熟石灰的乳浊液吸收二氧化硫，生成的亚硫酸钙经空气氧化得到副产品石膏。该法原料价廉易得，副产品有一定用途，是目前国内广泛采用的方法之一。存在的主要问题是吸收系统易结垢堵塞，同时石灰乳循环量大，设备体积庞大，操作费时。

$$2Ca(OH)_2 + 2SO_2 \longrightarrow 2\,CaSO_3 \cdot 1/2H_2O + H_2O$$

$$2CaSO_3 \cdot 1/2H_2O + 2SO_2 + H_2O \longrightarrow 2Ca(HSO_3)_2$$

$$Ca(HSO_3)_2 + H_2O + 1/2O_2 \longrightarrow CaSO_4 \cdot 2H_2O + H_2SO_3$$

（3）双碱法。先用氢氧化钠、碳酸钠或亚硫酸钠（第一碱）吸收 CO_2，生成亚硫酸钠或亚硫酸氢钠，再用石灰或石灰石（第二碱）再生，生成亚硫酸钙。可以将亚硫酸钠结晶析出或做进一步处理。

第一碱吸收：

$$2NaOH + SO_2 \longrightarrow Na_2SO_3 + H_2O$$

$$Na_2CO_3 + SO_2 \longrightarrow Na_2SO_3 + CO_2$$

$$Na_2SO_3 + SO_2 + H_2O \longrightarrow 2NaHSO_3$$

第二碱用石灰再生：

$$Ca(OH)_2 + 2NaHSO_3 \longrightarrow CaSO_3 + Na_2SO_3 \cdot 1/2H_2O + 3/2\,H_2O$$

还可以将 Na_2SO_3 氧化，进一步生成石膏：

$$2Na_2SO_3 + O_2 \longrightarrow 2Na_2SO_4$$

$$Na_2SO_4 + Ca(OH)_2 + 2H_2O \longrightarrow 2NaOH + CaSO_4 \cdot 2H_2O$$

（4）催化氧化法。催化氧化法在锅炉烟气中脱硫已得到应用。对于高浓度二氧化硫，可以采用以 SiO_2 为载体的五氧化二钒催化氧化制成无水或 78%的硫酸。也可以采用具有高比表面积的活性炭吸收二氧化硫，进一步与氧和水蒸气反应生成硫酸。如我国科学家根据我国国情设计的干湿一体化设备，先把烟气中大部分煤灰用干法除尘从烟气中分离出来，再将烟气送入湿式脱硫洗涤塔，如图 3-21 所示。湿式脱硫洗涤塔主要由塔体、烟气进出口、吸收液进出口、工作塔板、气体脱水板组成。

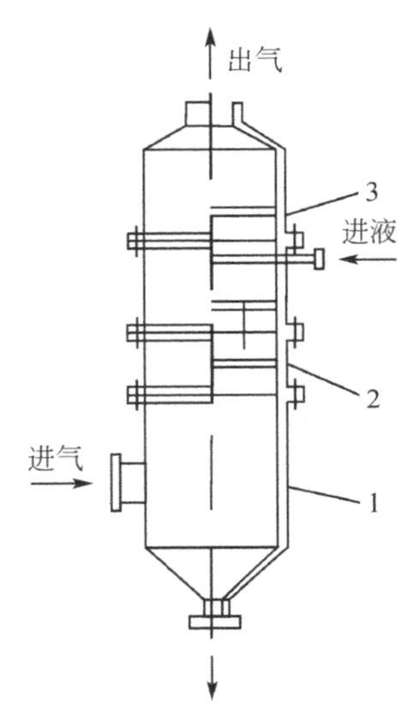

图 3-21　湿式脱硫洗涤塔

1-塔体；2-工作塔板；3-气体脱水板

图 3-22 是适用于我国中小型锅炉（10 t/h）的烟气脱硫除尘工艺，可由三部分组成：多管旋风除尘器、锅炉引风机、脱硫洗涤塔。其中灰水分离器、灰水池、清水池、清水泵、灰水泵组成水循环；灰水分离器及脱硫剂制备缸、碱水泵组成脱硫剂制备部分。

3）汽车尾气净化

汽车排放的污染物主要来源于内燃机，由于燃料含有杂质、添加剂及燃烧不完全等原因，排气中含 CO_2、CO、碳氢化合物、NO_x、醛类、有机及无机铅的化合物和苯并［a］芘等多种有害物。控制汽车尾气有害物排放的方法有两种：一种是改进发动机的燃料或燃烧方式，使污染物排放量减少，称为机内净化；另一种是利用装置在发动机外部的净化设备，对废气进行净化，这种方法称为机外净化。从发展方向上看，机内净化是解决问题的根本途径。当前世界各国都在开发、试运行一些节能、低废、高效、轻质的环保型汽车，如液化石油汽车、天然气汽车、燃料电池汽车、镍氢电池汽车等。机外净化的主要方法是催化净化法，其关键是寻找耐高温的高效催化剂。目前国际上通用的是三元催化净化装置，采用能同时完成 CO、碳氢化合物的氧化和 NO_x 还原反应的方法，将三种有害气体一起净化，采用此法可节省燃料，减少催化反应器数量，使内燃机的经济性和排放量均得到较好的改善。主要反应可表示为

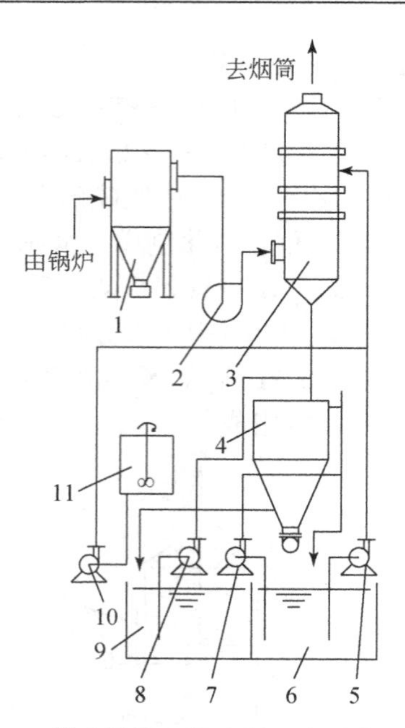

图 3-22　脱硫除尘工艺流程湿式脱硫洗涤塔

1-多管旋风除尘器；2-锅炉引风机；3-脱硫洗涤塔；4-灰水分离器；5-清水泵；6-清水池；7-反洗泵；8-灰水泵；9-灰水池；10-碱水泵；11-脱硫剂制备缸

$$CO + NO \xlongequal{\quad} 1/2N_2 + CO_2$$

$$CO + C_8H_{18} + 13O_2 \xlongequal{\quad} 9CO_2 + 9H_2O$$

当前 Pt、Pd、Ru 催化剂（CeO_2 为助催化剂、耐高温陶瓷为载体）可使尾气中有毒物质转化率超过 90%。

大气污染防治十条措施

大气污染防治既是重大民生问题，又是经济升级的重要抓手。中国日益突出的区域性复合型大气污染问题是长期积累形成的。治理好大气污染是一项复杂的系统工程，需要付出长期艰苦不懈的努力。2013 年 6 月 14 日，国务院总理李克强主持召开国务院常务会议，部署了大气污染防治十条措施：一是减少污染物排放。全面整治燃煤小锅炉，加快重点行业脱硫脱硝除尘改造。整治城市扬尘。提升燃油品质，限期淘汰黄标车。二是严控高耗能、高污染行业新增产能，提前一年完成钢铁、水泥、电解铝、平板玻璃等重点行业“十二五”落后产能淘汰任务。三是大力推行清洁生产，重点行业主要大气污染物排放强度到 2017 年底下降 30%以上。大力发展公共交通。四是加快调整能源结构，加大天然气、煤制甲烷等清洁能源供应。五是强化节能环保指标约束，对未通过能评、环评的项目，不得批准开工建设，不得提供土地，不得提供贷款支持，不得供电供水。六是推行激励与约束并举的节能减排新机制，加大排污费征收力度。加大对大气污染防治的信贷支持。加强国际合作，大力培育环保、新能源产业。七是用法律、标准“倒逼”产业转型升级。制定、修订重点行业排放标准，建议修订大气污染防治法等法律。强制公开重污染行业企业环境信息。公布重点城市空气质量排名。加大违法行为处罚力度。八是建立环渤海包括京津冀、长三角、珠三角等区域联防联控机制，加强人口密集地区和重点大城市 $PM_{2.5}$ 治理，构建对各省（区、市）的大气环境整治目标责任考核体系。九是将重污染天气纳入地方政府突发事件应急管理，根据污染等级及时采取重污染企业限产限排、机动车限行等措施。十是树立全社会“同呼吸、共奋斗”的行为准则，地方政府对当地空气质量负总责，落实企业治污主体责任，国务院有关部门协调联动，倡导节约、绿色消费方式和生活习惯，动员全民参与环境保护和监督。

3.6 室内空气污染与防治

建筑的初始，其本意是为人们提供一个可以遮风避雨和御寒的掩蔽所。从直接利用天然洞穴为家，到摩天大厦处处耸立，建筑的作用发生了翻天覆地的变化。建筑体现了一个时代的建筑艺术和建筑科技水平、价值观念和文化意识。但是归根结底，人们还是眷恋于一个舒适的家居感觉。早期的建筑能源纯粹天然，并且只是少量用于御寒、烹饪和照明，其他的能耗基本没有。科学技术和工业革命的飞速发展，使得大量新材料和新设施用于建筑，以丰富建筑的功能，满足人们日益增长的需求，而现代技术建立在大量消耗矿物燃料的基础之上。为了追求所谓的舒适，人们甚至建立起完全封闭的、靠人工照明和空调来维系室内环境的大型建筑，隔绝了人与自然环境的直接联系。

20 世纪 70 年代的石油危机，使得发达国家不得不以牺牲生活质量，降低生活水准为代价，节制使用能源，此后室内空气质量（indoor air quality，IAQ）在西方国家开始受到重视。国外大量研究结果表明，室内空气污染会引起“建筑综合征”，包括头痛、眼、鼻和喉部不适，干咳、皮肤干燥发痒、头晕恶心、注意力难以集中、对气味敏感等。这些症状的具体原因还在研究中，大多数患者在离开建筑物不久症状即行缓解。与此相关的是“建筑物关联症”，症状有咳嗽、胸部发紧、发烧寒战和肌肉疼痛等。此类症状在临床上可以找到明确的原因，患者即使在离开建筑物后也需要较长时间才能恢复。于是，室内空气污染问题成为学者们研究的热点。

现代成年人 70%～80%的时间在室内度过，老弱病残者在室内的时间更长，可达 90%以上，每天要吸入 10～13 m^3 的空气，长时间停留在室内并大量吸入含多种污染物且浓度严重超标的空气，引起眼、鼻腔黏膜刺激、过敏性皮炎、哮喘等症状。根据美国的一项调查，室内空气中可检出 500 多种挥发性有机化合物。加拿大健康部的调查表明，当前人们 68%的疾病都与室内空气污染有关。室内空气污染已经成为对大众健康危害最大的五种环境因素之一。有专家认为，在经历了 18 世纪工业革命带来的“煤烟型污染”和 19 世纪石油与汽车工业带来的“光化学烟雾污染”之后，现代人正经历以“室内空气污染”为标志的第三污染时期。

3.6.1 室内空气污染的概念和来源

室内空气污染是有害的化学性因子、物理性因子和（或）生物性因子进入室内空气中并已达到对人体身心健康产生直接或间接，近期或远期，或者潜在有害影响的程度的状况。这里所说的室内不单指居室，它包括商场、剧场、工厂、办公室和居住等所有室内场所。

室内空气污染来源有建筑材料、装饰材料、人类活动和室外污染物及家用电器等。其中，建筑材料如地板砖、水泥、石子等，易形成石棉、氡、氨等污染物。各种装饰、装修材料如塑料地板、地毯、复合木地板、漆或涂料、家具等，可能产生各种化学类污染物。

吸烟、烹调、饲养宠物、使用杀虫剂和清新剂等人类活动，也会产生烟尘等许多污染物。室内污染物的扩散与渗透，仍然是室内污染的主要来源。另外，家用电器等也会释放一些污染物，给人类健康带来不利影响。

3.6.2　室内空气主要污染物及危害

1. 室内空气污染物的种类

室内空气污染的种类主要划分为四个类型，即生物污染、化学污染、放射性污染和物理污染。目前室内环境空气中以化学污染最为严重。生物污染源包括细菌、真菌、病菌、花粉、尘螨等，其可能来自室内生活垃圾、现代化办公设备和家用电器、室内植物花卉、家中宠物、室内装饰与摆设等。化学污染物主要来源于建筑材料、装饰材料、日用化学品、人体排放物、香烟烟雾、燃烧产物如二氧化硫、CO、氨、甲醛、挥发性有机物等。放射性污染物主要来源于地基、建材、室内装饰石材、瓷砖、陶瓷洁具。物理污染指的是噪声、电磁辐射、光线等，一方面人体本身对这些因素有一定敏感性，另一方面通过这些因素的改变加强或减弱了其他污染因素的作用。

室内空气污染物按照形态可以分为气态污染物和颗粒物，具体又可分为挥发性有机污染物（VOCs）、无机污染物、颗粒物、生物性污染物和放射性污染物。室内空气污染物按照来源可划分为室内发生源和进入室内的大气污染物。

室内空气污染有其自身的特点，对于不同的建筑物，这些特点又有各自的特殊性。影响因素主要是建筑物的结构和材料、通风换气状况、能源使用情况以及生活起居方式等。总体上讲，当室内与室外无相同污染源时，空气污染物进入室内后浓度则大幅度衰减，而室内外有相同污染源时，室内浓度一般高于室外。

在 20 世纪 80 年代以前，室内污染物主要是燃煤产生的 CO_2、CO、二氧化硫、氮氧化物；在 20 世纪 90 年代初期，因为室内吸烟、燃煤、烹调以及人体排放等有害气体对室内的污染，引发了室内空气换气机的销售热潮，但是因为室外空气污染的日益严重，这种初级处理设备不久就渐渐退潮了；进入 21 世纪之后，随着建材业高速发展，由建筑和装饰材料所造成的污染成为室内污染的主要来源。尤其是空调的普遍使用要求建筑物密闭性要好，造成新风量不足，引发空气质量恶化。

2. 室内空气主要污染物及其危害

室内环境的影响因素很多，不只是化学污染物本身直接作用于受体产生污染结果，相关的风、热、光、居室结构等物理因素也会阻止或加深室内污染。这里主要讨论污染物本身的作用，其他因素在评述污染效果和控制时再讨论，同时应注意到室内污染与室内外污染源都相关。

（1）CO_2。CO_2 主要来自动植物燃料燃烧过程，以及有机物分解和呼吸作用。室内的来源主要是通风不好的燃烧器具（加热器、炉子、干燥器）、人和宠物等。室内最高浓度出现在人们停留时间最长的地方，并且直接与室内人数相关。室外来源主要是工厂排放和燃油的燃烧过程。

$$C+O_2 \longrightarrow CO_2$$

$$C_xH_yO_z+O_2 \longrightarrow CO_2+H_2O$$

在相对较低的污染浓度下，引起脉搏频率上升、呼吸困难、头痛和反常的疲乏感。在较高的污染浓度下，可能的症状包括恶心、头晕和呕吐。在极端的污染水平（浓度在 320～

350 ppm，一般家庭绝对不会达到），可能引起发狂。大多数由此引起的症状主要是因为CO_2浓度增高的同时氧气浓度降低，流向大脑的氧气量减少，导致大脑神经局部受损。为防止室内CO_2的浓度超过适当的水平，必须保证所有的燃料通风良好，使用必要的通风装置是可行的手段。减少产生CO_2的燃料的使用，代之以电是现在通行的方法。

（2）CO。CO主要来自燃料的不完全燃烧过程。室外的CO主要包括汽车排放、发电厂、燃烧燃油的工业过程。室内来源包括燃气加热装置、煤气炉、通风不好的煤油炉、吸烟。

$$2C+O_2 \longrightarrow 2CO$$

$$C_xH_yO_z+O_2 \longrightarrow CO+H_2O$$

CO一旦被吸入就会和血液运送氧分子的血红素结合为羧基血红素（COHb），抑制向全身各组织输送氧气，症状为头痛、恶心、注意力、反应能力和视力减弱、瞌睡。在高浓度下引起昏迷，甚至死亡（表3-18）。室内CO的平均浓度一般在0.5～5 ppm，如果有通风不好的炉子可能达到100 ppm。CO浓度在500 ppm时可能引起死亡，但是因个体身体情况而异，除非达到1500 ppm，暴露时间超过1 h，一般并不是致命。CO的长期暴露极限没有文献报道，但是研究表明，与不吸烟相比，孕妇吸烟会导致后代阅读能力和数学能力发展滞后。

表3-18 CO的生理效应

血红素转化为COHb百分数/%	效应
0.3～0.7	不抽烟者的生理标准
2.5～3.0	受损个体心脏功能减弱，血流改变，继续暴露后红细胞浓度变化
4.0～6.0	视力受损，警觉性降低，最大工作能力下降
3.0～8.0	吸烟者常规值。吸烟者比不吸烟者生成更多的红细胞以进行补偿，就像生活在高海拔的人因为低气压进行补偿性生成
1.0～20.0	轻微头痛，疲乏，呼吸困难，皮肤层血细胞膨胀，反常的视力，对胎儿有潜在危害
20.0～30.0	严重的头痛，恶心，反常的手工技巧
30.0～40.0	肌肉无力，恶心，呕吐，视力减弱，严重头痛，过敏，判断力下降
50.0～60.0	虚弱，痉挛，昏迷
60.0～70.0	昏迷，心脏活动和呼吸减弱，有时死亡
＞70.0	死亡

既然CO是燃油不完全燃烧的副产物，那么家庭中所有使用燃油的设备都有可能带来隐患。然而，如果能够确保所有这些设备都能燃烧充分，确保所有煤油炉和燃气炉都有完好的通风设施，那么这些可能的危险可以降到最低。如果家中CO浓度达到这样的危险值（即使采取了上述措施仍然有可能发生，特别是在靠近主要交通干道的地方），可以采用某些过滤装置。还可使用CO报警装置，可以在达到危险值时通知居住者。使用管道煤气的居室一定要尽量保证通风良好，发现危险时迅速增大通风换气量是可行的措施。因为CO与血红素结合的能力远高于氧气（220倍），因此中毒的患者需要用高压氧舱以交换出血液中的CO。

（3）甲醛。甲醛的直接来源为脲醛树脂、酚醛树脂等用于黏合剂中的原料。间接来源主要是使用黏合剂的人造板和家具、涂料、油漆及香烟等。甲醛对人体的危害主要表现在：刺激、致敏、致突变作用。甲醛的刺激作用表现在：甲醛是原浆毒物质，能与蛋白质结合、高浓度吸入时出现呼吸道严重刺激、水肿、眼刺激及头痛。对人的眼睛、鼻子、呼吸道有刺激性，具体表现为：①空气中甲醛浓度 0.6 mg/m^3 时，就会对眼睛产生刺激反应。②人在甲醛浓度为 10 mg/m^3 的空气环境中停留几分钟就会流泪不止。③甲醛对皮肤具有很强的刺激作用，浓度为 0.5～10 mg/m^3 时，会引起肿胀、发红。当甲醛浓度在 0.12～1.2 mg/m^3 时能致使肝功能、肺功能、免疫功能异常；当浓度为 0.06～0.07 mg/m^3 时，儿童发生气喘病。甲醛的致敏作用表现在：皮肤直接接触甲醛可引起过敏性皮炎、色斑、坏死，吸入高浓度甲醛时可诱发支气管哮喘。甲醛的致突变作用表现在：高浓度甲醛是一种基因毒性物质。实验动物在实验室吸入高浓度甲醛后，可引起鼻咽肿瘤。

（4）苯。苯的来源主要为建筑材料的有机溶剂、各种油漆的添加剂和稀释剂、防水材料的添加剂、空气消毒剂和杀虫剂。苯的危害表现在血液毒性、遗传毒性和致癌性三个方面。苯可以在肝脏和骨髓中进行代谢，而骨髓是红细胞、白细胞和血小板的形成部位，所以苯进入人体内可在造血组织本身形成具有血液毒性的代谢产物。长期接触苯可引起骨髓与遗传损害，血象检查可发现白细胞、血小板减少，全血细胞减少与再生障碍性贫血，甚至发生白血病。

经常接触苯，皮肤可因脱脂而变干燥、脱屑，有的出现过敏性湿疹。长期吸入苯能导致再生障碍性贫血。初期时齿龈和鼻黏膜处有类似坏血病的出血症，并出现神经衰弱症状，表现为头昏、失眠、乏力、记忆力减退、思维及判断力降低等症状。之后出现白细胞减少和血小板减少，严重可使骨髓造血功能发生障碍，导致再生障碍性贫血。近些年来很多劳动卫生学资料表明：长期接触苯及苯系混合物的工人患再生障碍性贫血的比率较高。若造血功能完全破坏，可发生致命的颗粒性白细胞消失症，并可引起白血病。另外苯还可导致胎儿的先天性缺陷。

（5）氨。氨的来源有两个方面：一是建筑材料中的混凝土外加剂，冬季施工常常在混凝土墙体中加入以尿素和氨水为主要原料的外加剂对混凝土进行防冻保护。这些添加剂在墙体中会随环境因素的变化而被还原成氨气，并从墙体中缓慢释放出来，造成室内空气中氨浓度的增加。二是室内装饰材料中的添加剂和增白剂，如采用含有尿素组分胶黏剂的木制板、以氨水作为添加剂与增白剂的涂料。另外烫发过程中氨水作为一种中和剂而被洗发店和美容院大量使用。

氨对人体的危害表现在：以气体形式吸入肺泡，与血红蛋白结合，破坏运氧功能；氨是一种碱性物质，对动物或人体的上呼吸道有刺激和腐蚀作用，使组织蛋白变性，使脂肪皂化，破坏细胞膜结构，减弱人体对疾病的抵抗力。轻度中毒者表现为呼吸道炎症，黏膜、咽部充血、水肿；严重中毒者表现为发生中毒性肺水肿，患者剧烈咳嗽、咳大量粉红色泡沫痰、昏迷等。

（6）可吸入颗粒物。可吸入颗粒物来源于室内燃料的燃烧、室外和空调系统带入以及二次扬尘等。可吸入颗粒物对人体的危害表现在：①易引起呼吸系统疾病，如哮喘、支气管炎、肺癌、发热、咳嗽、支气管收缩以及肺炎，对儿童危害更大。如果把肺炎、慢性呼吸道疾病和肺癌死亡都算在内，全球每年有 160 万人死亡，平均每 20 s 就有一人死于呼吸道疾病和肺癌。据调查研究，PM_{10} 每上升 10 $\mu g/m^3$，每日总死亡率上升 1%，呼吸道疾病上升 3.4%，哮喘病上升 3%；每增加 10 $\mu g/m^3$ 的 $PM_{2.5}$，肺癌死亡率增加 8%；WHO 指出如果空气中颗粒物浓度由 70 μg/m^3 降低到 20 μg/m^3，死亡人数将减少 15%。②增加心脏疾病的死亡率。美国癌症协会通过对 151 个城市 552138 名成人资料（1982～1989 年）的调查分析表明：$PM_{2.5}$ 每上升 10 μg/m^3，总死亡率和心肺疾病死亡率分别上升 4.0%和 8.0%。PM_{10} 每增加 10 μg/m^3，肺癌死亡率增加 6.0%。③引起眼和鼻的刺激或干涩以及其他过敏反应。④可吸入颗粒物是微生物和其他有害物的载体。另外，毒性粒子还会穿透肺泡组织进入血液随血流至肝、肾、脑，进入骨内，以至危害神经系统，引发人体机能性变化，易患过敏性皮炎及白血病等病症。

（7）生物性污染物。室内空气中微生物除部分来源于室外空气中的微生物外，主要是由于人在室内的活动使各种微生物进入空气中。患者和病原携带者咳嗽和喷嚏形成气溶胶将病原体排入空气中是造成室内空气污染的主要原因之一。当病人或病原体携带者将病原微生物排入空气中时，可造成疾病流行。另外，空调内部存水盘的凝结水以及周围湿度高的空气环境也给微生物的滋长提供了有利条件。微生物在此栖息并大量繁殖，停机一段时间后残留液体就会被室内空气所干燥，微生物便会飞散到室内空气中。长期在空调环境中工作的人，往往会感到烦闷、乏力、嗜睡、肌肉痛，感冒的发生概率也较高，工作效率和健康明显下降，这些症状统称为“空调综合征”。造成这些不良反应的主要原因是在密闭的空间内停留过久，CO_2、CO、可吸入颗粒物、挥发性有机化合物以及一些致病微生物等的逐渐聚集而使污染加重。

生物性污染物的危害表现在：易引起肺炎、鼻炎、呼吸道过敏、皮肤过敏并感染；引起传染病和变性疾病，乃至肺癌。

（8）氡。氡的来源：氡是自然界唯一的天然放射性气体，由镭衰变产生。氡有 27 种同位素，通常所说的氡指 ^{222}Rn。在讨论室内氡时以 ^{222}Rn 为主，^{220}Rn 次之。室内氡的主要来源有：①从建材中析出的氡，如花岗石、大理石等石材中；②从房基土壤中析出的氡；③由于通风从户外空气中进入室内的氡；④从供水及用于取暖和厨房设备的天然气中释放出的氡。

氡的危害表现在：氡对人类的健康影响表现为确定性效应和随机效应。①确定性效应指在高浓度氡的暴露下，机体出现血细胞的变化如外周血液中红细胞增加，中性白细胞减少，淋巴细胞增多，血管扩张，血压下降，并可见到血凝增加和高血糖。氡对人体脂肪有很高的亲和力，特别是神经系统与氡结合产生痛觉缺失。②随机效应主要表现为肿瘤的发生，由于氡是放射性气体，当人们吸入后，氡衰变过程产生的 α 粒子可在人的呼吸系统造成辐射损伤，诱发肺癌。流行病学研究表明：氡及其衰变子体的吸入是矿工肺癌发病的重要原因。

3.6.3 室内空气质量与标准

为保护环境、保障人民身体健康，中国已相继颁发了《民用建筑工程室内环境污染控制规范》《室内装饰装修材料有害物质限量标准》《室内空气质量标准》等一系列单项国家标准。如《室内空气质量标准》(GB/T 18883—2002)、《民用建筑工程室内环境污染控制规范(2013 版)》(GB 50325—2010)、《室内装饰装修材料　人造板及其制品中甲醛释放限量》(GB 18580—2017)、《室内装饰装修材料　溶剂型木器涂料中有害物质限量》(GB 18581—2009)、《室内装饰装修材料　内墙涂料中有害物质限量》(GB 18582—2008)、《室内装饰装修材料　胶粘剂中有害物质限量》(GB 18583—2008)、《室内装饰装修材料　木家具中有害物质限量》（GB 18584—2001）、《室内装饰装修材料　壁纸中有害物质限量》（GB 18585—2001）、《室内装饰装修材料　聚氯乙烯卷材地板中有害物质限量》（GB 18586—2001）和《住宅室内装饰装修工程质量验收规范》（JGJ/T 304—2013）等。这些标准共同构成我国一个比较完整的室内环境污染控制和评价体系。

3.6.4　室内空气污染的防治

1. 减少室内污染源

减少和消除室内污染源是改善室内空气品质，提高舒适性的最经济有效的途径。选择和开发绿色建材与装饰材料是非常重要的。室内不吸烟，购买环保家具、慎用或少用化学品、各种气雾剂。

2. 增加通风

通风是改善室内空气质量的关键。用室外新鲜空气来稀释室内空气污染物，使浓度降低。通风就是室内外空气互换。互换速率越高，降低室内产生的污染物的效果往往越好。加强通风换气，用室外新鲜空气来稀释室内空气污染，使浓度降低，是改善室内空气质量最方便快捷的方法。开窗是通风换气最有效的途径之一，开窗通风可以始终保持室内具有良好的空气品质，是改善住宅室内空气品质的关键。根据瑞典学者 Sundell 教授对瑞典 160 栋建筑进行的研究，发现新风量越大，发生建筑物综合征(SBS)的风险就越小。即使在较寒冷的冬季，也最好能开一些窗户，使室外的新鲜空气能进入室内。室内通风标准建议在无人吸烟的建筑物中最小通风速率是每分钟每人 114 m^3，而在有人吸烟时每分钟每人 157 m^3。但如果室外空气严重污染（如沙尘暴或可吸入颗粒物或其他污染物浓度高）时就要避免通风。

3. 采取适当的治理措施

室内污染的治理方法可以分为物理、化学、生物和遮盖法。物理法主要有：采用活性炭、硅胶、分子筛等作为吸附剂吸附空气中的有害物质。化学法主要有：氧化、还原、中和、离子交换和光催化等。生物法主要有：杀菌、生物氧化。遮盖法主要有：用芳香遮盖恶臭，如芳香剂、除臭剂等。

4. 辅助方法

采用植物净化的方式。通过在室内盆栽一些具有吸收污染气体功能的花卉，达到净化空气的目的。如在有阳光照射的情况下，一盆吊兰能有效吸收 8～10 m^2 的房间内空气中的甲醛、CO 等有毒化学物质；一盆虎尾兰可吸附 10 m^2 左右房间内 80%以上的多种有害气体；芦荟可消除 1 m^3 空气中所含甲醛的 90%；常青藤可吸收 90%的苯。另外，紫菀属、黄耆、含烟草和鸡冠花等能吸引大量的铀等放射性核素。常青藤、月季、蔷薇、芦荟和万年青等可清除室内的三氯乙烯、硫化氢、苯、苯酚、氟化氢和乙醚等。天门冬可清除重金属微粒。柑橘、迷迭香和吊兰等可使室内空气中的细菌和微生物大为减少。吊兰还可以有效地吸收 CO_2。绿萝等一些叶大和喜水植物可使室内空气湿度保持极佳状态。杜鹃花、郁金香、百合花和猩猩木等可吸收挥发性化学物质。

问题与讨论

1. 简述主要大气污染源。
2. 举例说明什么是大气一次污染物和二次污染物。

3. 简述燃料燃烧过程中产生 NO_x 的主要机理。

4. 阐述大气污染的危害。

5. 简述空气质量指数计算及其应用。

6. 简述影响大气污染的主要气象因素。

7. 简述气温垂直变化的三种情况及其对大气污染物扩散的影响。

8. 简述辐射逆温和下沉逆温的形成条件和特点。

9. 简述几种烟羽形态的形成条件和特征。

10. 什么是氧化型大气污染和还原型大气污染？简述其主要区别。

11. 简述酸雨的形成机理。

12. 酸雨的危害表现在哪些方面?

13. 试论气候变暖对人类的影响及控制对策。

14. 说明臭氧破坏的原因与机理。

15. 试分析为什么南半球 CO_2 浓度的年较差小且随纬向的变化也不明显；而北半球 CO_2 浓度的年较差大且随纬度的增加而迅速增大。

16. 简述大气污染的综合防治途径。

17. 列出几种新能源，并说明其利用对改善大气质量的作用。

18. 举例说明如何利用环境自净能力防治大气污染。

19. 简述常用除尘装置的除尘原理。

20. 简述大气气态污染物的治理方法。

21. 论述室内空气污染的概念、污染源、污染物、危害及其防治。

第4章 水体环境污染与控制

［本章提要］：水体环境是人类社会和经济发展不可缺少的重要资源。本章在介绍全球和我国的水资源概况、水质指标和水环境质量标准、水体环境污染和水体自净的基础上，系统介绍了水体污染防治的“三级控制”模式与基本途径以及国内外污水处理的先进适用技术。

［学习要求］：通过本章的学习，了解水资源对人类的重要性、水资源在世界范围内的匮乏情况；水体主要污染物的种类和危害、我国常用水质标准、水体污染的防治途径；重点掌握水污染的“三级控制”模式和相应技术，力求理论联系实际，培养分析问题和解决问题的能力。

地球有“水的星球”之称，水在推动地球及地球生物的演化、形成与发展过程中具有重大作用。水是生命之源，是人类生存的生命线，是经济发展和社会进步的生命线，也是实现可持续发展的重要物质基础。水体环境是与人类关系最为密切的环境要素之一。

水对于人类的生存、发展具有决定性意义，而人类活动对于水的状态也产生重要的影响，人与水的这种相互关系主要集中在三个层面：水资源、水灾害和水污染，水资源关系到人类的生存，水灾害威胁到环境的安全，而水污染则直接危害到环境的健康。因而调控人与水的关系，达到人与水的和谐，是实现人类社会、经济、环境可持续发展的重要内容。

4.1 水体环境

4.1.1 水资源与水循环

1. 地球上水的分布

水是世界上分布最广的，地球上的水数量巨大，全球总储水量估计为13.9亿m^3。如果将这些水平均分布于地球表面，相当于地球整个表面覆盖着一层平均深度为2650 m的水，因此地球又有“水球”之称。尽管地球上的水数量巨大，但能被人们利用的水却少得可怜，地球上97.41%的水是咸水（海水），淡水只占总水量的不到2.6%，即13.9亿m^3的总水量中淡水约为0.36亿m^3，而这些淡水中的绝大部分（2.59%中的1.984%）又存在于冰川、冰帽和冻土中，人类对这一部分淡水是无法利用的，算起来，人类可利用的淡水总量不足世界总储水量的1%。表4-1列出了全球水量分布表。

表 4-1　全球水量分布表

水的类型	河水	淡水湖	冰川	冰帽	土壤水	地下水	生物水	大气水	咸水湖	海水
水量/$\times10^{13}m^3$	0.21	12.5	20.0	2880.0	6.5	800.0	0.11	1.3	10.0	132000.0
比例/%	0.0002	0.009	0.015	2.121	0.005	0.589	0.0001	0.001	0.007	97.0

2. 地球上水的循环

地球上水的储量是有限的，水是不能新生的，只能通过水的大循环而再生。水的循环分为自然循环和社会循环两种。

1）水的自然循环

地球上各种形态的水都处在不断运动与相互转换之中，形成了水文循环。水循环直接涉及自然界中一系列物理、化学和生物过程，对于人类社会的生产生活以至整个地球生态都有着重要意义。

传统意义上的水循环即水的自然循环，指地球上各种形态的水在太阳辐射和重力作用下，通过蒸发、水气输送、凝结降水、下渗、径流等环节，不断发生相态转换的周而复始的运动过程。从全球范围看，典型的水的自然循环过程可表达为：从海洋的蒸发开始，蒸发形成的水气大部分留在海洋上空，少部分被气流输送至大陆上空，在适当的条件下这些水汽凝结成降水。海洋上空的降水回落到海洋，陆地上空的降水则降落至地面，一部分形成地表径流补给河流和湖泊，一部分渗入土壤与岩石空隙，形成地下径流，地表径流和地下径流最后都汇入海洋。由此构成全球性的连续有序的水循环系统（图 4-1）。全球每年从海、陆蒸发进入大气圈的水量为 57.7 万 km^3，每年也有同样的水量以降水的形式回到陆地和海洋。全球每年海洋蒸发量为 50.5 万 km^3，其中 91%在海洋上空形成降水，直接回到海洋。全球每年陆地降水量 11.9 万 km^3，其中 61%通过陆地上的水面、陆面和植物蒸腾返回大气。有 39%以地面和地下径流流入海洋。全球每年约有 115.4 万 km^3 的水参与世界的水循环，其中蒸发量的 87%和降水量的 79%发生在海洋–大气系统中；全球总蒸发量的 13%和降水量的 21%发生在陆地–大气系统中。在自然循环中几乎在每个环节都有杂质进入，使水质发生变化。

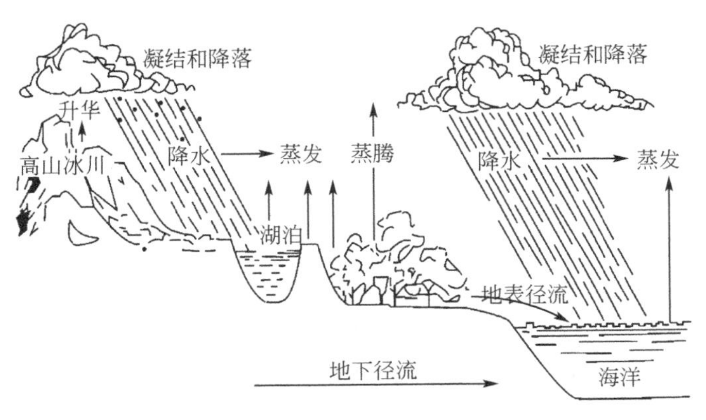

图 4-1　水的自然循环

水循环的基本动力是太阳辐射和重力作用。在地表温度、压力的作用下，水可以发生气、液、固三态转换，这是水循环过程得以进行的必要条件。水循环遵循质量守恒定律，地球的水循环可视为闭合系统，而局部地区的水循环则通常是既有水输入又有水输出的开放系统。局部地区水循环在空间和时间上分布的不均匀可能导致某些时段及地区严重旱灾，而另一些时段及地区则严重洪涝的情况。

由于水循环的存在，地球上的水不断得到更新，成为一种可再生的资源。不同水体在循环过程中被全部更换一次所需的时间（更替周期）各不相同，河流、湖泊的更替周期较短，海洋更替周期较长，而极地冰川的更新速度则更为缓慢，更替周期可长达万年。表 4-2 列出了全球各种水体的更新周期。水的更替周期是反映水循环强度的重要指标，也是水体水资源可利用率的基本参数，从水资源可持续利用的角度看，各种水体的储水量并非全部都适宜利用，一般仅将一定时间内能迅速得到补充的那部分水量计作可利用的水资源量。

表 4-2　全球各种水体的更新周期

水体	海洋	地下水	土壤水	极地冰和永久积雪	山地冰川	永久冻土下的冰	湖泊	沼泽	河流	大气水	生物水
更新周期	2500a	1400a	1a	9700a	1600a	10000a	17a	5a	16d	8d	*n* h

2）水的社会循环

水是关系人类生存发展的一类重要资源。人类社会为了满足生活和生产的需求，要从各种天然水体中取用大量的水。生活用水和工业用水使用后以生活污水和工业废水排出，最终又流入天然水体。这样，水在人类社会中构成的局部循环体系，称为社会循环。水的社会循环的前一半常称为给水（或供水），后一半称为排水，如图 4-2 所示。给水排水一直作为城市的基础设施的一部分，随着城市和工业的发展而发展。

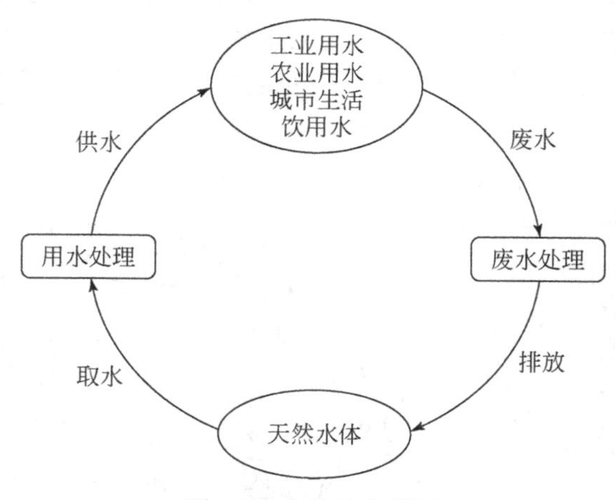

图 4-2　水的社会循环

水是生命之源，人和水是分不开的，成年人体内含水量占体重的 65%，人体血液中 80% 的成分是水。如果人体减少水分 10%便会引起疾病，减少 20%～22%就会死亡。因此水是构成人类机体的基础，又是传输营养和维持新陈代谢过程的一种介质，也可以参加化学反应，与蛋白质、糖、磷脂结合，发生复杂的生理作用。同时水还起着散发热量、调节体温的作用。一个健康成人，每天平均要摄入 2.2～3.0 L 水，再加上体内物质代谢产生的内生水 300～500 mL 水，总共 2.5～3.5 L，每天经皮肤和粪便排出与此相等数量的水。如果加上卫生方面的需要，全部生活用水量每人每天约需 50 L 以上。一般来说，人们的生活水平越高，生活用水量就越大。目前，发展中国家平均每人每天用水量大约为 50 L，而发达国家则达每人每天 200～300 L。

工业生产离不开水。人类用水量中，25%被用于工业，无论是电力、冶金、化工、石油，还是纺织、印染、食品、造纸等都需要水。如造纸行业，每生产 1 t 纸，需水 100～150 t，个别小企业甚至需要消耗 300 t。可以说，几乎没有一种工业不需要水。正如人们常说的，水是工业的血液。水也是农业的命脉，人类用水量中，70%以上被用于农场和牧场。世界上有不少国家尽管工业用水量很大，但用于农田灌溉的水量仍远远超过工业用水量。即使是一些工业发达的国家，如日本和美国，其农业用水量通常也是工业用水量的 2～3 倍。我国向来以农业为基础，农业是主要的用水产业。据统计，长江流域每亩水稻田的需水量为 300～500 t。北方地区主要种植旱作农作物，如小麦、玉米和棉花，每亩的需水量分别为 200～300 m^3、150～250 m^3 和 80～150 m^3。

随着世界人口的增长和工农业的发展，用水量也在日益增加。据统计，全世界总用水量由 1980 年的 3000 km^3 增加到 2000 年的 6000 km^3。阿拉伯联合酋长国被迫从 1984 年起每年从日本进口雨水 2000 万 t。另外，用水量增加的结果会使污水量也相应地增加。未经妥善处理的污水如果任意排入水体就会造成严重的污染。1 t 废水往往要污染数吨净水，使原本就不充裕的水资源更加紧张。因此，我们在合理开发利用水资源的同时，有必要有效地控制水体污染。

3. 水资源

1）水资源的含义

地球表层的水有大气中的水汽和水滴，海洋、湖泊、水库、河流、土壤、含水层和生物体中的液态水，冰川、积雪和永久冻土中的固态水，以及岩石中的结晶水等。人类可大量直接利用的是大气降水，江河、湖泊、水库、土壤和浅层地下水的淡水（含盐量＜0.1%），冰川和积雪只有在融化为液态水后，才容易被利用，海水和其他水体中的咸水被直接利用的数量很少，两极冰盖和永久冻土中的水被直接利用的机会极少，岩石中的结晶水则更难为人类利用。由此可见，天然水量并不等于可利用水量，水资源则一般仅指地球表层中可供人类利用并逐年得到更新的那部分水量资源。据估计，地球上可为人类直接利用的水资源总量约为 10 万 km^3，仅占地球总水量的 0.007%。随着社会发展和科技进步，人类可通过海水淡化、人工降水、极地冰块的利用等手段，逐步扩大水资源的开发范围。

2）水资源的特性

水资源与其他自然资源相比，具有如下一些明显的特性。

（1）作用上的重要性。水资源在维持人类生命、发展工农业生产、维护生态环境等方面具有不可替代的重要作用。

（2）补给上的有限性。水资源属于可再生资源，地球上各种形态的水一般均可通过水的自然循环实现动态平衡。但随着社会经济的发展，人类对水资源的需求越来越大，而可供人类利用的水资源量却不会有明显增加，甚至会因人为污染等因素而使质量变差，导致水质性水资源减少。因此水的自然循环所保证的水资源量是有限的，并非“取之不尽、用之不竭”。

（3）时空上的多变性。水是自然地理环境中较活跃的因素，其数量和质量受自然地理因素和人类活动影响。不同地区水资源的数量差别很大，同一地区也多有年内和年际的较大变化。这是水资源时空分布的一个重要特点，也是人类对水资源进行开发利用所应考虑的一个重要因素。

（4）利用上的多功能。即水资源具有“一水多用”的多功能特点。水资源的利用方式各不相同，有的需消耗水量（如农业用水、工业用水和城市供水），有的仅利用水能（如水力发电），有的则主要利用水体环境而不消耗水量（如航运、渔业等）。各种利用方式对水资源的质量要求也有很大差异，有的质量要求较高（如城市供水、渔业），而有的质量要求则较低（如航运）。因此对水资源应进行综合开发、综合利用、水尽其用，以同时满足不同用水部门的需要。

3）当前水资源形势

在 1998 年 8 月召开的“水与可持续发展”的会议上，法国总统希拉克对代表们警告说“如果不尽快行动起来，下个世纪可能因水而引起战争”。联合国确定了 70 处与水有关的冲突地区，从中东到西非，从拉丁美洲的干旱地带到印度次大陆，主要的闪燃点包括以色列与阿拉伯国家之间的争执，埃塞俄比亚与埃及对尼罗河的争执，印度与孟加拉国对恒河的争执，土耳其、叙利亚和伊拉克对幼发拉底斯河的争执等。

我国水资源形势是比较严峻的。尽管我国有许多河流、湖泊和水库，总水面积约 1.67 亿 m^2，年均径流量 28000 亿 m^3，居世界第 6 位，但人均水量仅约为 2300 m^3，不到世界人均值的 1/4，相当于美国的 1/5，加拿大的 1/48，被列为全球 13 个人均水资源贫乏国家之一。特别是我国水资源分布极不均衡，长江以南地区降水充沛，水资源丰富，而北方广大地区降水时间集中，水资源匮乏，在一定程度上已经成为经济建设和人民生活提高的制约因素。如 2016 年，北京市水资源总量为 35.06 亿 m^3，按照年末常住人口 2172.9 万人计算，北京市人均水资源占有量为 161 m^3。若加上流动人口，人均水资源占有量已经低于世界最缺水的以色列。人多水少是北京的基本市情水情。据有关资料，目前全国城市中有 400 多个城市缺水，年缺水量达 70 亿 m^3，严重制约了我国经济发展，限制了居民的生活用水。扩大水资源、节约用水，势在必行。

4.1.2　水质与水质指标

1. 水质的概念

水质是水体质量的简称，指水与水中的杂质共同表现的综合特征。它标志着水体的物理（如色度、浊度、臭味等）、化学（无机物和有机物的含量）和生物（细菌、微生物、浮游生物、底栖生物）的特性及其组成状况。为评价水体质量，规定了一系列水质指标和水质标准。

2. 水质指标

水中杂质的具体衡量尺度称为水质指标。水质指标是水质性质及其量化的具体表现，指水体中除水分子以外所含有的其他物质的种类和数量（浓度）。水质指标是对水体进行监测、评价、利用以及污染治理的主要依据。水的质量决定着水的用途和水的利用价值，优质的淡水可作为人类生活饮用水、工业生产用水和农业灌溉用水，盐分含量较高的水可作为盐矿开采，高温地下水可用来发电和取暖，低温水可用于室内降温，质量特优的地下水可用于酿酒和制作饲料，含有对人体有益的微量元素的优质淡水可用来生产饮用矿泉水。

天然水、生活用水以及废水排放等的水质指标可分为物理指标、化学指标和生物指标三大类。有些指标可直接用某一物质的浓度来表示其含量（如有毒物质的含量）；有些指标则是利用某一类物质的共同特性来间接反映其含量（如有机物的综合指标）。

1）物理指标

（1）温度：温度过高，水体发生热污染，不仅使水中溶解氧减少，而且加速耗氧反应，最终导致水体缺氧或水质恶化。温度过低，不利于水中生物生长。因此，水的温度是重要的物理指标之一。许多工业排出的废水都有较高的温度，这些废水排入水体使水温升高，引起水体的热污染，进而影响水生生物的生存和对水资源的利用。

（2）色度：感官性指标。纯净天然水为无色透明的。将有色废水用蒸馏水稀释，并与参比水样对照，一直稀释到两水样色差一样，此时废水的稀释倍数即为其色度。另外，色度也可用吸光度来表示。如果水样较浑，则可静置澄清或用离心法除去浑浊物质。纯水无色透明，天然水中含有泥土、有机质、无机矿物质、浮游生物等，往往呈现一定的颜色。工业废水含有染料、生物色素、有色悬浮物等，是环境水体着色的主要来源。有颜色的水减弱水的透光性，影响水生生物生长和观赏的价值，而且还含有危害性的化学物质。当水中含有矿物质、机械混合物、有机质及胶体时，地下水的透明度就会改变。根据透明度可将地下水分为透明、微浑、浑浊、极浑浊几种。

（3）嗅和味：感官性指标。天然水无嗅无味。当水体受到污染后会产生异样气味。地下水一般无味，但当其中含有一些特定成分时具有一定的气味。如含腐殖质时，具“沼泽”味；含硫化氢时有臭鸡蛋味。不同的岩石水质也不尽相同，地下水因其主要化学成分不同，味道会有所差异：如含 NaCl 的水有咸味；含 $CaCO_3$ 的水清凉爽口；含 $Ca(OH)_2$ 和 $Mg(HCO_3)_2$ 的水有甜味；当 $MgCl_2$ 和 $MgSO_4$ 存在时，地下水有苦味。

（4）固体物质：固体物质在水中有三种存在形态：溶解态、胶体态和悬浮态。在水质分析中，常用一定孔径的滤膜过滤的方法将固体微粒分为两部分：被滤膜截留的为悬浮物（suspended solids，SS），透过滤膜的为溶解性固体（dissolved solids，DS），两者合称即为水中所有残渣的总和，称为总固体（total solids，TS）。这时，一部分胶体包括在悬浮物内，另一部分包括在溶解性固体内。水中的悬浮固体会降低水的透明度，降低生活和工业用水质量，影响生物生长。

（5）浊度：水中因含有泥土、粉砂、微细有机物、无机物、浮游生物等悬浮物和胶体物而使水质变得浑浊。浊度是衡量水的浑浊程度的一个物理指标，是指水中的不溶解物质对光线通过时所产生的阻碍程度。一般来说，水中的不溶解物质越多，浊度也越高，但两者之间并没有固定的定量关系。这是因为浊度是一种光学效应，它的大小不仅与不溶解物质的数量、浓度有关，而且与这些不溶解物质的颗粒尺寸、形状和折射指数等性质有关。浊度用浊度计来测量，单位为度。水质分析中规定：1L 水中含有 1mg SiO_2 所构成的浊度为一个标准浊度单位，简称 1 度。

2）化学指标

（1）pH：根据水体 pH 大小，通常将水的性质分成下列几种类型：强酸性 pH＜5.0；微酸性 pH＝5.0～6.4；中性 pH＝6.5～8.0；微碱性 pH＝8.1～10.0；强碱性 pH＞10.0。多数天然水的 pH 为 7.2～8.0，正常海水的 pH 为 8.15，淡水的 pH 通常在 6.0～7.5，一些高含硫煤矿地下水酸性很大，其 pH 为 3.0～4.0。水体受到酸碱污染后，水中微生物的生长就会受到抑制，使水体的自净能力下降，同时也加快了对水下建筑物和船舶的腐蚀速度。pH 对水体中污染物的毒性有显著影响，一般来说，pH 低时会使水体中的污染物毒性增加。pH 还明显影响水体中污染物的存在状态、水解作用和弱电解质的电离度等，而且对水体底泥和悬浮物中的有毒物质的吸附、溶解、迁移都有较大的影响。测定和控制废水的 pH，对维护水处理设施的正常运行，防止水处理和输送设备的腐蚀，保护水生生物的生长和水体自净功能都有重要的意义。

（2）生化需氧量（biochemical oxygen demand，BOD）：生化需氧量表示在有氧条件下，好氧微生物氧化分解单位体积水中有机物所消耗的游离氧的数量，常用单位为 mg/L，这是一种间接表示水被有机污染物污染程度的指标。废水中有三类物质需氧：①可用作好氧微生物养料的含碳有机物；②可为亚硝酸菌、硝酸菌利用的氨、有机氮和亚硝酸盐；③可被溶解氧氧化的无机还原性物质，如 Fe^{2+}、SO_3^{2-}、S^{2-}等。有机物生物降解的过程可分为两个阶段。第一阶段称为碳化阶段，有机物在好氧微生物的作用下被降解，废水中绝大多数有机物被转化为无机的 CO_2、H_2O 和 NH_3，用简单的化学式表示为

$$\text{有机物} + O_2 \xrightarrow{\text{微生物}} CO_2 + H_2O + NH_3$$

在这一阶段，主要是不含氮有机物的氧化，但也包括含氮有机物的氨化，以及氨化后所生成的不含氮有机物的继续氧化。BOD 的反应速度依赖于微生物的种类、数目以及培养温度。与大多数可用于定量测定的化学反应相比，其速度是很慢的。在 20℃以下，一般有机物全部分解需百日以上的时间，即欲求 BOD 需时 100 天，实际困难较大。实验表明，在 20 天后，第一阶段生化反应已进行得非常缓慢，故以 20℃、20 天的生化需氧量（BOD_{20}）近似作为第一阶段或完全 BOD 已足够精确。但 20 天仍过长，故常以 5 日生化需氧量（BOD_5）作为衡量污染水有机物浓度的指标，BOD_5 约等于 BOD_{20} 的 70%～80%。

第二阶段为硝化阶段。在这一阶段，亚硝化细菌将氨转化为亚硝酸；然后，硝化细菌又将亚硝酸转化为硝酸，即用简单的化学式表示如下。

$$NH_3 + \frac{3}{2}O_2 \xrightarrow{\text{亚硝化细菌}} HNO_2 + H_2O \qquad HNO_2 + O_2 \xrightarrow{\text{硝化细菌}} HNO_3 + H_2O$$

硝化过程需要的氧量称为硝化需氧量，在被污染水中，一般也含有一些硝化细菌，但由于硝化作用常在水被污染后的第 5～7 天，甚至第 10 天以后才能显著开展，因此，在水体污染的最初几天往往觉察不出硝化作用的干扰，并且由于氨是无机物质，因此，可只用第一阶段生化需氧量作为有机物污染指标，而不包括第二阶段生化需氧量。再者，当污水排入水体后，不一定全部氨都会被氧化为 NO_3^-，且在缺氧条件下，反硝化细菌可利用 NO_2^- 和 NO_3^- 作为氮源，因此对于控制水体污染来说，可以认为，碳化需氧量才是氧的真正消耗量。

（3）化学需氧量（chemical oxygen demand，COD）：在一定严格的条件下，用化学氧化剂［重铬酸钾（$K_2Cr_2O_7$）、高锰酸钾（$KMnO_4$）等］氧化水中有机污染物时所需的溶解氧量称为 COD，单位 mg/L。COD 越高，表示水中有机污染物越多。以重铬酸钾为氧化剂时，记为 COD_{Cr}，以高锰酸钾为氧化剂时，记为 COD_{Mn}。由于高锰酸钾对含氮有机物较难分解，因此重铬酸钾体系对有机物的氧化能力明显高于高锰酸钾体系（即 $COD_{Cr}>COD_{Mn}$），其氧化程度可达其理论值的 95%～100%（因为有机污染物中的吡啶、苯、氨、硫等物质不

能被氧化，因而一般测定的 COD 仅为理论值的 95%左右)，所以多数国家和地区通常以 COD_{Cr} 为标准。

$$Cr_2O_7^{2-}+14H^++6e^- \longrightarrow 2Cr^{3+}+7H_2O \qquad MnO_4^-+8H^++5e^- \longrightarrow Mn^{2+}+4H_2O$$

在我国，废水测定主要用重铬酸钾法。高锰酸钾法多用于轻度污染水、天然水、清洁水的测定，或作相对值比较时用，但高锰酸钾法测定速度比较快。与 BOD 相比，COD 测定时间短，而且不受水质限制，氧化率高，能较好地反映废水的污染程度，然而其不具有直接的卫生学意义。当废水中有机物浓度较大时，可用 COD 粗略估计测定 BOD 的稀释倍数。

（4）总需氧量（total oxygen demand，TOD）：有机物主要是由碳（C）、氢（H）、氧（O）、氮（N）、硫（S）等元素所组成。当有机物完全被氧化时，C、H、N、S 分别被氧化为 CO_2、H_2O、NO_x 和 SO_2，此时的需氧量称为 TOD，单位为 mg/L。其测定方法是将水样注入一个装有催化剂并保持 900℃的燃烧管内，同时导入具有一定氧浓度的载气，使水样立即气化燃烧，其中所含元素因燃烧而生成稳态产物。根据燃烧时载气中氧浓度的降低量，计算出 TOD 值。该方法在几分钟内能完成，且可自动化、连续化。TOD 测定法对有机物的氧化比较彻底，但能被氧化的无机物的耗氧量也包括在 TOD 中。一般仪器测定值为理论计算值的 98%～103%，它比 COD 更接近于理论需氧量。

（5）总有机碳（total organic carbon，TOC）：TOC 表示污水中有机污染物的总含碳量，其测定结果以 C 含量表示，单位为 mg/L。其测定方法有湿式氧化法和碳分析仪法。湿式氧化法是在 $K_2Cr_2O_7$、H_2SO_4、KIO_3 和 H_3PO_3 体系中氧化试样，使碳的氧化产物 CO_2 通过装有 KOH 的管子，根据吸收管吸收 CO_2 前后的质量差计算出 TOC 值。TOC 分析仪法是将水样注入 900℃的高温炉中，在触媒的催化下，有机碳被氧化为 CO_2，用红外线测定仪定量地测定所生成的 CO_2，算出废水中有机碳总量。这种方法的突出优点是测定一个水样仅需几分钟。但要做空白实验，以扣除无机碳和溶解 CO_2 的干扰。

（6）溶解氧（dissolved oxygen，DO）：溶解氧指溶解于水中的分子氧的含量，单位为 mg/L。一般天然河水中的溶解氧在 5～10 mg/L。水体中溶解氧含量的多少也可反映出水体受污染的程度。溶解氧越少，表明水体受污染的程度越严重。天然水中溶解氧的含量与空气中氧的分压、水的温度都有密切关系。在自然情况下，空气中的含氧量变动不大，故水温是主要的因素，水温越低，水中溶解氧的含量越高。某些有机物在水体中发生生物降解要消耗水里的溶解氧。当水中的溶解氧值降到 5 mg/L 时，一些鱼类就会发生呼吸困难。当水中溶解氧低至 3 mg/L 时，许多鱼类的生存就会受到威胁。水里的溶解氧由于空气里氧气的溶入及绿色水生植物的光合作用会不断得到补充。但当水体有机物污染过度，耗氧严重时，溶解氧得不到及时补充，水体中的厌氧菌就会很快繁殖，有机物因腐败而使水体变黑、发臭。水中溶解氧的多少是衡量水体自净能力的一个指标，也是研究水自净能力的一种依据。水中溶解氧消耗后恢复到初始状态用时较短，说明该水体的自净能力强，或者说水体污染不严重；否则说明水体污染严重，自净能力弱，甚至失去自净能力。

（7）有机氮、氨氮、亚硝态氮与硝态氮：有机氮是反映水中蛋白质、氨基酸、尿素、有机胺、硝基化合物等含氮有机化合物总量的一个水质指标。生活污水中的有机氮主要是蛋白质及其分解产物（肽、氨基酸），是水体受污染的一个指标。有机氮进入水体后逐渐被微生物分解成较简单的化合物，最后生成无机氮化物。在缺氧的情况下，氨氮是最终产物；

在有氧条件下，氨氮进一步氧化成亚硝态氮和硝态氮。当含氮有机物进入水体后，随着时间的延长，有机氮不断减少，氨氮先增后减，亚硝态氮和硝态氮不断增加。同时测定河流同一取样点水中四种形态氮的含量有助于分析水体受污染的程度和自净状况。水体中总氮量的增加会导致藻类等水生生物的大量繁殖，出现富营养化污染。因此，水中总氮量也是一个重要的水质指标。

（8）有毒物质：有毒物质是指在污水中达到一定的浓度后，能够危害人体健康、危害水体中的水生生物，或者影响污水的生物处理的物质。由于这类物质的危害较大，因此，有毒物质含量是污水排放、水体监测和污水处理中的重要水质指标。有毒物质是人们所普遍关注的，可分为无机毒物和有机毒物。

3）生物指标

（1）细菌总数：细菌总数是指 1 mL 水中含有各种细菌的总量，它是反映水体受细菌污染的程度的指标，但不能说明污染的来源，必须结合大肠菌群数等来判断水体污染的安全程度。它是对饮用水进行卫生学评价时的依据。测量方法为在水质分析中，把一定量水接种于琼脂培养基中，在 37℃条件下培养 24 h 后，数出生长的细菌菌落数，然后计算出每毫升水中所含的细菌数。

（2）大肠菌群：大肠菌群数是指单位体积水中所含的大肠菌群的数目，单位为个/L，它是常用的细菌学指标。一旦水中检出大肠菌，即说明水已被污染。大肠菌群多来源于动物粪便。大肠菌群的值可表明水体被粪便污染的程度，间接表明有肠道病菌（伤寒、痢疾、霍乱等）存在的可能性。大肠菌本身虽非致病菌，但由于大肠菌在外部环境中的生存条件与肠道传染病的细菌、寄生虫卵相似，而且大肠菌的数量多，比较容易检验，因此把大肠菌群数作为生物污染指标。

4.1.3　水质标准

1. 天然水的组成

天然水是地表水圈的重要组成部分，指的是以相对稳定的陆地为边界的天然水域，包括有一定流速的沟渠、河流和相对静止的塘堰、水库、冰川、湖泊、沼泽、地下水以及受潮汐影响的三角洲与海洋等。自然界中的水通常不是纯净的，其中含有各种各样物理、化学和生物成分。由于水中各种成分及其含量不同，水的色、味、浑浊度等感官性状，温度、pH、电导率、氧化还原电势、放射性等性能，无机物、有机物化学成分，水中生物种类与数量组成，以及水体底泥的状况等，也就有很大的差别。天然水中的主要物质见表 4-3。

表 4-3　天然水中的主要物质

物质分类							
溶解气体		溶解物质			胶体物质		悬浮物质
主要气体	微量气体	主要离子	微量元素	生物生成物	无机胶体	有机胶体	
N_2，O_2，CO_2	H_2，CH_4，H_2S，SO_2 等	Na^+，Ca^{2+}，Mg^{2+}，Cl^-，CO_3^{2-}，SO_4^{2-}，HCO_3^-	Br，I，F，Ni，K，Al，Ti，Ba，Rn，V 等	NH_4^+，NO_3^-，Fe^{3+}，Fe^{2+}，PO_4^{3-}，HPO_4^{2-}，$H_2PO_4^-$	SiO_2，$Fe(OH)_3$，$Al(OH)_3$	腐殖质胶体	细菌，泥土，藻类及原生动物，其他不溶物

2. 水环境质量标准

水是地球上一切生物赖以生存的物质，也是人类生产生活不可缺少的最基本物质。为了保证天然水的水质，不能随意向水体排放污水，污水在排放之前要先进行处理以降低或消除其对水环境的不利影响。为此，各国政府都制定了有关的水环境标准。水环境标准的主体有水环境质量标准即水质标准和污染物排放标准。

根据水环境的现行功能和经济、社会发展的需要，依据地面水环境质量标准进行水环境功能区划，是水源保护和水污染控制的依据。划分原则是：因地制宜、实事求是，集中式饮用水源地优先保护；水体不得降低现状使用功能，兼顾规划功能；有多种功能的水域，依最高功能划类，统筹考虑专业用水标准要求；上下游区域间相互兼顾，适当考虑潜在功能要求；合理利用水体自净能力和环境容量；考虑与陆上工业合理布局相结合；考虑对地下饮用水源地的影响；实用可行，便于管理；按实测定量、经验分析、行政决策进行。

目前，对水质要求最基本的是由国家环境保护总局发布的《地表水环境质量标准》（GB 3838—2002），GB 表示国标，3838 表示标准号，2002 表示发布年份。此标准首次发布为 1983 年，1988 年为第一次修订，本次为第二次修订，依据地面水水域使用目的和保护目标，将水域划分为以下五类。

Ⅰ类：主要适用于源头水，国家自然保护区；

Ⅱ类：主要适用于集中式生活饮用水、地表水源地一级保护区、珍稀水生生物栖息地、鱼虾类产卵场、仔稚幼鱼的索饵场等；

Ⅲ类：主要适用于集中式生活饮用水、地表水源地二级保护区，鱼虾类越冬场、洄游通道、水产养殖区等渔业水域及游泳区；

Ⅳ类：主要适用于一般工业用水区及人体非直接接触的娱乐用水区；

Ⅴ类：主要适用于农业用水区及一般景观要求水域。

超过五类水质标准的水体基本上已无使用功能。各类水的水质指标有着具体的限值，如表 4-4 所示。

表 4-4　地表水环境质量标准基本项目标准限值　　（单位：mg/L）

序号	项目	Ⅰ类	Ⅱ类	Ⅲ类	Ⅳ类	Ⅴ类
1	水温/℃	人为造成的环境水温变化应限制在：周平均最大温升≤1；周平均最大温降≤2				
2	pH（无量纲）	6～9				
3	溶解氧≥	饱和率 90%（或 7.5）	6	5	3	2
4	高锰酸盐指数≤	2	4	6	10	15
5	化学需氧量（COD）≤	15	15	20	30	40
6	五日生化需氧量（BOD_5）≤	3	3	4	6	10
7	氨氮（NH_3-N）≤	0.15	0.5	1.0	1.5	2.0
8	总磷（以 P 计）≤	0.02（湖、库 0.01）	0.1（湖、库 0.025）	0.2（湖、库 0.05）	0.3（湖、库 0.1）	0.4（湖、库 0.2）

续表

序号	项目	Ⅰ类	Ⅱ类	Ⅲ类	Ⅳ类	Ⅴ类
9	总氮（湖、库，以N计）≤	0.2	0.5	1.0	1.5	2.0
10	铜≤	0.01	1.0	1.0	1.0	1.0
11	锌≤	0.05	1.0	1.0	2.0	2.0
12	氟化物（以F计）≤	1.0	1.0	1.0	1.5	1.5
13	硒≤	0.01	0.01	0.01	0.02	0.02
14	砷≤	0.05	0.05	0.05	0.1	0.1
15	汞≤	0.00005	0.00005	0.0001	0.001	0.001
16	镉≤	0.001	0.005	0.005	0.005	0.01
17	铬（六价）≤	0.01	0.05	0.05	0.05	0.1
18	铅≤	0.01	0.01	0.05	0.05	0.1
19	氰化物≤	0.005	0.05	0.2	0.2	0.2
20	挥发酚≤	0.002	0.002	0.005	0.01	0.1
21	石油类≤	0.05	0.05	0.05	0.5	1.0
22	阴离子表面活性剂≤	0.2	0.2	0.2	0.3	0.3
23	硫化物≤	0.05	0.1	0.05	0.5	1.0
24	粪大肠菌群/（个/L）≤	200	2000	10000	20000	40000

不同用途的水质要求有不同的质量标准。对人们的生活和健康影响最大的就是生活饮用水，我国于1985年颁布了《生活饮用水卫生标准》（GB 5749—1985）；共考核35项指标。2006年又修订颁布了《生活饮用水卫生标准》（GB 5749—2006）。新标准与1985年的相比，水质标准增加至106项，增加了71项，修订了8项，其中：微生物指标由2项增至6项；饮用水消毒剂由1项增至4项；毒理指标中无机化合物由10项增至21项，有机化合物由5项增至53项；感官性状和一般化学指标由15项增至20项。其他专项水质标准如《农业灌溉水质标准》（GB 5084—2005）、《渔业水质标准》（GB 11607—1989）、《海水水质标准》（GB 3097—1997）和《地下水质量标准》（GB/T 14848—2017）等。

3. 污水排放标准

水资源保护和水体污染控制要从两方面着手：一方面制订水体环境质量标准，保证水体质量和水域使用目的；另一方面要制订污水排放标准。污染物排放标准是国家环境保护法律体系的重要组成部分，也是执行环保法律、法规的重要技术依据，在环境保护执法和管理工作中发挥着不可替代的重要作用。自1973年全国第一次环境保护会议发布第一个环境保护法规标准《工业三废排放试行标准》（GBJ 4—1973）以来，迄今环境保护行政主管部门已经发布了一系列水环境污染物排放标准，从而形成了我国比较完整的水环境污染物排放标准体系。

针对污水排放，国家环境保护总局也制订了《污水综合排放标准》(GB 8978—1996)。另外，对一些特殊行业制定的行业排放标准：如《纺织染整工业水污染物排放标准》(GB 4287—2012)、《制浆造纸工业水污染物排放标准》(GB 3544—2008) 和《钢铁工业水污染物排放标准》(GB 13456—2012)。并按水域功能划定保护级别，提出控制水污染的具体要求。例如，特殊保护水域指国家《地面水环境质量标准》(GB 3858—2002) Ⅰ、Ⅱ类水域，对这类水域不得新建排污口，现有的排污单位由地方环境部门从严控制，以保证受纳水体水质符合规定用途；而重点保护水域，则是指《地面水环境质量标准》(GB 3838—2002) 规定的Ⅲ类水域，对排入水域的污水执行《污水综合排放标准》(GB 8978—1996) 规定的一级排放标准。

4.1.4　水体自净

水体自净是指污染物随污水进入水体后，经物理、化学与生物化学作用，使污染物含量降低或总量减少，受污染的水体部分或完全地恢复原状的现象。以河流为例，河流的自净作用是指河水中的污染物浓度在河水向下游流动中的自然降低现象。水体所具备的这种能力称为水体自净能力或自净容量。水体的自净作用往往需要一定时间、一定范围的水域以及适当的水文条件。另外，水体自净作用还取决于污染物的性质、含量以及排放方式等。若污染物的数量超过水体的自净能力，就会导致水体污染。水体自净过程十分复杂，按其作用机制可以分成以下三类。

1. 物理自净

物理自净是指污染物进入水体后，由于稀释、扩散和沉淀等作用，水中污染物的浓度降低，使水体得到一定程度的净化，但是污染物总量保持不变。其中稀释作用是一项重要的物理净化过程。稀释作用的实质是污染物在水体中因扩散而降低了浓度，对于特定水体的生态系统而言，当污染物浓度降低到一定程度后，其对该水生环境或从某种使用角度出发来考虑的水质的影响也就很小了，在一定程度上也就能够满足环境或人类的要求，也具有实际意义。物理自净能力的强弱取决于水体的物理及水文条件，如温度、流速、流量等，以及污染物自身的物理性质，如密度、形态、粒度等。物理自净对海洋和流量大的河段等水体的自净起着重要的作用。

2. 化学自净

化学自净是指污染物进入水体中以简单或复杂的离子或分子状态迁移，并发生化学性质或形态、价态上的转化，使水质也发生了化学性质的变化，减少了污染危害，如酸碱中和、氧化还原、分解化合、吸附、溶胶凝聚等过程。这些过程能改变污染物在水体中的迁移能力和毒性大小，也能改变水环境化学反应条件。影响化学自净能力的环境条件有酸碱度、氧化还原电势、温度、化学组分等。污染物自身的形态和化学性质对化学自净也有很大的影响。

3. 生物自净

生物自净是指水体中的污染物经生物吸收、降解作用而发生含量降低的过程，如污染物的生物分解、生物转化和生物富集等作用。水体生物自净作用也称狭义的自净作用。淡水生态系统中的生物净化以细菌为主，需氧微生物在溶解氧充足时能将悬浮和溶解在水中的有机物分解成简单、稳定的无机物（CO_2、水、硝酸盐和磷酸盐等），使水体得到净化。水中一些特殊的微生物种群和高等水生植物，如浮萍、凤眼莲等，能吸收浓缩水中的汞、镉等重金属或难降解的人工合成有机物，使水逐渐得到净化。影响水体生物自净的主要因素是水中的溶解氧含量、温度和营养物质的碳氮比例。水中溶解氧是维持水生生物生存和净化能力的基本条件，因此，它是衡量水体自净能力的主要指标。

未受污染的水体中，有一定浓度的溶解氧。当水体受到有机物的污染后，水体中的微生物就会大量繁殖起来。由于好氧微生物比厌氧微生物生长快，好氧微生物首先发展壮大。当好氧微生物发展到一定数量，它们消耗水中溶解氧的速率有可能超过空气中的氧气向水中溶解的速率（称为复氧速率），水中的溶解氧浓度就开始迅速下降，直到浓度降到接近零，使水体呈现缺氧或无氧状态。在缺氧或无氧状态下，好氧微生物的生长受到抑制，而厌氧微生物则大量繁殖起来，继承了大部分的自净工作。

一般情况下，天然河流中，有机污染物的自净过程中好氧生物降解起主要作用，生化过程中消耗的溶解氧可从大气及水生植物的光合作用中得到及时补充。河流净化的好氧分解过程分为两个阶段：首先，在水中溶解氧的参与下腐生细菌将可生化降解的胶态和溶解态的有机物分解为简单、稳定的无机物，如水、CO_2、氨氮和磷酸盐等。进而再在亚硝化细菌和硝化细菌的作用下，将氨氮相继转化为亚硝酸盐和硝酸盐。这一过程中要消耗水中的溶解氧，当其浓度降低后，大气中的氧可通过气水界面向水体中扩散进行补充，微生物也在分解有机污染物的过程中不断增殖，促使好氧分解过程不断进行，直至污染物完全被分解，水体得以净化为止。

水体自净的三种机制往往同时发生，并相互交织在一起。哪一方面起主导作用，取决于污染物性质、水体的水文学和生物学特征。水体污染恶化过程和水体自净过程是同时产生和存在的。但在某一水体的部分区域或一定的时间内，这两种过程总有一种过程是相对主要的过程，它决定着水体污染的总特征。这两种过程的主次地位在一定的条件下可相互转化。如离污水排放口近的水域，往往表现为污染恶化过程，形成严重污染区。在下游水域，则以污染净化过程为主，形成轻度污染区，再向下游最后恢复到原来水体质量状态。因此，当污染物排入清洁水体之后，水体一般呈现出三个不同水质区，即水质恶化区、水质恢复区和水质清洁区。

4.1.5 水环境容量

水体所具有的自净能力就是水环境接纳一定量污染物的能力。一定水体所能容纳污染物的最大负荷称为水环境容量，即某水域所能承担外加的某种污染物的最大允许负荷量。水环境容量与水体所处的自净条件（如流量、流速等）、水体中的生物类群组成、污染物本身的性质等有关。一般来说，污染物的物理化学性质越稳定，其环境容量越小；易降解有机物的水环境容量比难降解有机物的水环境容量大得多；而重金属污染物的水环境容量则甚微。水环境容量与水体的用途和功能有十分密切的关系。水体功能越强，对其要求的水质目标越高，其水环境容量将越小；反之，当水体的水质目标不甚严格时，水环境容量可能会大一些。

水体对某种污染物质的水环境容量可用下式表示：

$$W = V(C_s - C_b) + C$$

式中：W 为某地面水体对某污染物的水环境容量，kg；V 为该地面水体的体积，m^3；C_s 为地面水中某污染物的环境标准值（水质目标），g/L；C_b 为地面水中某污染物的环境背景值，g/L；C 为地面水体对该污染物的自净能力，kg。

4.2 水体污染

4.2.1 水体与水体污染

1. 水体

水体有两个含义：一般是指地球地面水与地下水的总称；在环境学领域中水体的概念则是指地球上的水及水中的悬浮物、溶解物质、底泥及水生生物等完整的生态系统或完整的综合自然体。水体即水的积聚体，是一个完整的生态系统，包括水中的悬浮物、溶解物、底泥及水生生物。而水只是水体的一部分。在水环境污染的研究中，区分“水”与“水体”概念是十分重要的。例如，重金属污染物容易从水中转移到底泥中，水中的重金属浓度一般都不高，如果只着眼于水，似乎未受污染，但是从水体来看，可能受到严重的污染，若不加以治理，则会使该水体成为长期的次生污染源。水体可分为海洋水体和陆地水体两大类。陆地水体又可分为地表水体和地下水体。其中，地表水体包括流动的水体（如江河和溪流）与静止的水体（如湖泊、水库和塘堰）。

2. 水体污染

当污染物进入水体后，其含量超过了水体的自然净化能力，使水体的水质和水体底泥的物理、化学性质或生物群落组成发生变化，破坏了水中固有的生态系统，从而降低了水体的使用价值和使用功能的现象，称为水体污染。日趋加剧的水体污染，已对人类的生存安全构成重大威胁，成为人类健康、经济和社会可持续发展的重大障碍。据世界权威机构调查，在发展中国家，各类疾病有 8%是因为饮用了不卫生的水而传播的，每年因饮用不卫生水造成全球至少 2000 万人死亡。因此，水污染被称作“世界头号杀手”。

4.2.2 水体主要污染源

造成水体污染的原因有自然的和人为的两个方面。前者如由火山爆发产生的尘粒落入水体而引起的水体污染；后者如生活废水、工业废水和农村污水、灌溉水未经处理而大量排入水体所造成的污染。通常所说的水体污染，均专指人为的污染。其中工业废水是水体的主要污染源，量大面广，含有的污染物质多，组成复杂，毒性大，处理困难。

1. 生活污水

生活污水主要来源于城市生活污水，城市人口每人每天一般需要生活用水 40～50 L，有些工业发达的国家高达 400～900 L，有几十万、几百万人口的大中城市，每天排放的生活污水数量相当大。生活污水主要是各种洗涤水，其含量 99.6%以上是水，固体物质不到 1%，多为无毒物质。其总的特点是含有部分悬浮物，以有机污染物为主体，氮、硫、磷含量较高。生活污水在厌氧细菌的作用下，容易产生硫化氢、硫醇、氮杂茚（吲哚）和 3-甲基氮杂茚（粪臭素）等有恶臭的物质。生活污水中还含有大量的合成洗涤剂，对人类构成一定的危害。生活污水中的糖类、各种氨基酸，以及非挥发性和挥发性有机酸、醇、酯、酮和洗涤剂等有机成分都是可溶性物质，而悬浮物质多为脂肪、碳水化合物和蛋白质，BOD 通常在 210～600 mg/L，SS 含量通常在 200～500 mg/L。此外，生活污水还含有多种微生物和细菌，这是其他污水所没有的。生活污水中也含有微量的金属，主要有 Zn、Cu、Cr、Mn、Pb 等。值得注意的是医院和疗养院的污水中，常含有病原菌和某些有毒物质等。

2. 农村污水和农业退水

农村污水是指农村居民生活活动所产生的污水，主要包括厕所卫生间冲厕、洗涤、洗浴和厨房排水，农村公用设施、旅游接待户、旅馆饭店、家庭农副产品加工及畜禽散养农户等排水，不包括乡镇企业工业废水。农业退水是指在农业生产中农作物栽培、牲畜规模化饲养、食品加工等过程中排出的污水和液态废物。农村污水和农业退水是水体污染的重要来源，其主要污染源包括牲畜粪便、农药、化肥等。农业污（退）水中，一是有机质、植物营养物及病原微生物含量高；二是农药、化肥含量高。据调查，一个饲养 1.5 万头牲畜的饲养场雨季流出的污水中，其 BOD 相当于一个 10 万人口的城市的排泄量。在污水灌溉区，河流、水库和地下水均受到了污染。其特点为面广、分散、难于收集、难于治理。我国是世界上水土流失最严重的国家之一，每年表土流失量约 50 亿 t，致使大量农药、化肥随表土流入江、河、湖、库、海洋，随之流失的氮、磷、钾营养元素，使 2/3 的湖泊、水库和部分近海受到不同程度富营养化污染的危害，造成藻类以及其他生物异常繁殖，引起水体透明度和溶解氧的变化，从而致使水质恶化。

3. 工业废水

工业废水是水体的主要污染源。由于量大、面广、含污染物多、组成复杂、毒性大，此类水不易净化，处理比较困难。其主要水质指标基本特征为：SS 含量高，100～3000 mg/L；COD 可达 400～10000 mg/L，BOD 可达 200～5000 mg/L；酸碱度变化大，pH 在 2～13；温度高达 40℃以上，可造成热污染；易燃，含低沸点的挥发性液体，易酿成水面火灾；含多种多样有毒有害成分：酚、氰、油、农药、多环芳烃、染料、重金属（Hg、Cr、Cd、As 等）、放射性等。不同的工业行业，由于生产过程不同，排出的废水差异也很大。同一工业行业也因具体工艺流程、工人操作水平、企业管理水平和生产规模等级等方面的差异，废水量和污染物含量也不同。

（1）轻纺工业废水。纺织、印染、制革、食品加工等行业，由于在加工过程中耗水量大，污染物复杂，是造成水质污染的主要原因。以纺织、印染为例，纺织废水主要是原料蒸煮、漂洗、漂白、上浆等过程产生的含天然杂质、脂肪及淀粉等有机物的废水。印染废水是洗染、印花、上浆等多道工序中产生的，含有大量染料、助染药剂、淀粉、纤维素、洗涤剂等有机物及碱、硫化物、各种盐类等无机物，污染性很强。如果印染废水进入水体，会使废水排泄区淤积的沉渣腐化，大量消耗水体中的溶解氧，鱼类无法生存。同时改变了水体的物理特性，使水具有色、味，造成严重的污染。另外还有一些废水中的重金属 Hg、As、Cd 等的盐对人体也有危害。

（2）冶金工业废水。冶金工业包括黑色冶金工业和有色冶金工业，是指开采、精选、烧结金属矿石并对其进行冶炼、加工成金属材料的工业部门。冶金工业废水包括采选矿废水、烧结废水、冶炼废水、洗涤废水等。洗涤废水是污染物质最多的废水，如除尘、净化烟气的废水常含大量的悬浮物，需经沉淀后再循环使用。有色金属如铜、铅、锌、镍以及铝等的冶炼废水水质同原料和采用工艺有关，一般含有大量的金属离子和盐类，严重污染水体。

（3）石油工业废水。石油工业废水主要来自石油的开采和石油的加工、提炼、储存及运输。废水中油的类型可分为轻碳氢化合物、重碳氢化合物、燃油、焦油、润滑油、脂肪油及清洗用化合物等。其主要危害表现在：油面的覆盖隔绝了水体的表面复氧，使水体丧失了自净能力；水体溶解氧的减少又破坏了水中生态平衡；而油类的氧化作用又将加速水体恶化；油中一些低沸点芳香烃化合物对水中生物有直接毒害作用，而多环芳烃的存在还会导致人类癌症发病率的升高；水中的油会使水质变臭，影响人体健康，若有巨浮油的存在还有可能引起火灾。

（4）制药工业。医药产品按生产工艺过程可分为生物制药和化学制药，按其特点可分为抗生素、有机药物、无机药物和中草药四大类。目前我国生产的常用药物达 2000 多种，不同种类的药物采用的原料种类、数量、生产及精制工艺各不相同。因此，制药生产工艺及废水的组成十分复杂，其废水水质和水量也存在着较大差异。如合成药物生产废水的水质、水量变化大，大多含有难生物降解物和微生物生长抑制剂；生物法制药的发酵废水中有机物浓度、抑菌物质和酸、碱含量高，属较难处理废水。

（5）化学工业废水。化学工业是十分复杂的行业，目前化工产品在万种以上。具有排放量大、污染物含量高、污染物毒性大的特点。有的物质不易降解，能在生物体内积蓄，转变为食物污染，如 DDT、多氯联苯等。有些物质是致癌物，如某些芳烃、芳香胺和含氮杂环化合物等。另外还有无机盐和碱类，它们有很强的刺激性和腐蚀性。各种有机物随废水进入水体中进行降解，消耗了大量的溶解氧，它们的化学需氧量和生化需氧量均比较高。化工废水有的是强酸性，有的是强碱性，pH 不稳定，对构筑物、水生生物和农作物都有危害，同时化工废水中有的含氮、磷均很高，使水体发生富营养化过程。另外化学反应常在高温下进行，排出的废水温度往往很高，常引起热污染。

总之，工业废水是水体污染的最主要的污染源，其特点为：排放量大，污染范围广，排放方式复杂；污染物种类繁多，浓度波动幅度大；污染物质有毒性、刺激性、腐蚀性、酸碱度变化大，悬浮物质和富营养物质多；污染物排放后迁移变化规律差异大；恢复比较困难。

4. 交通运输污染源

铁路、公路、航空和航海等交通运输部门，除了直接排放各种作业废水（如货车、货舱的清洗废水）外，还有船舶的油类泄漏，汽车尾气中的铅通过大气降水而进入水体等污染途径。

4.2.3　水体主要污染物及其危害

凡是使水体的水质、生物质、底泥质量恶化的各种物质均称为水体污染物。水体中的污染物种类很多，从不同的角度分类有多种类型。例如，按形态可分为阳离子、阴离子、分子态、简单有机物、复杂有机物及颗粒污染物等；按照制订水质标准的依据可分为感官、卫生、毒理及综合等四个方面。一般根据其种类和性质可分为无机无毒物、无机有毒物、有机无毒物、有机有毒物、油类污染物、生物污染物、放射性污染物和热污染物等几大类。

1. 无机无毒物

无机无毒物主要有颗粒状污染物，酸、碱及一般无机盐类污染物，以及氮、磷等植物营养物。

1）颗粒状污染物

砂粒、矿渣等一类的颗粒状无机污染物，属于感官性污染指标，一般是和有机性颗粒状污染物质混在一起统称悬浮物或悬浮固体。它们主要来自由水土流失、水力排灰、农田排水及洗煤、选矿、冶金、化肥、化工建筑等形成的一些工业废水、农业污水和生活污水中。另外，雨水径流、大气降尘也是其重要来源。粒径大于 0.1 mm 的颗粒，在河道流速减慢的地方容易沉降下来，粒径小于 0.1 mm 的胶体颗粒在静水中也不易沉降，因此，在水中可以迁移很远的距离。虽然无机颗粒状污染物本身无毒，但它们会吸附一些有毒的物质，使有毒物质污染范围扩大了。

悬浮物质是水体主要污染物之一，它能造成以下主要危害：①悬浮物是各种污染物的载体，虽然本身无毒，但它能吸附部分水中有毒污染物并随水流动迁移；②大大降低光的穿透能力，减少光合作用并妨碍水体的自净作用；③对鱼类产生危害，可能堵塞鱼鳃，导致鱼的死亡，造纸工业中的制浆废水尤为明显；④妨碍水上交通、缩短水库使用年限，增加挖泥费用等。

2）酸、碱及一般无机盐类污染物

污染水体中的酸主要来自矿山排水及冶金、金属酸洗加工、硫酸、酸法造纸等工厂排出的含酸废水，雨水淋洗含 SO_2、NO_x 的空气后，汇入地表水体也能形成酸污染。水体中的碱主要来源于碱法造纸、化学纤维、制碱、制革及炼油等工业废水。而且，酸性废水与碱性废水相互中和并与地表物质相互反应生成的无机盐类的污染也不可忽视。酸碱污染会使水体的 pH 发生变化，破坏自然缓冲作用，消灭或抑制微生物生长，妨碍水体自净，并能改变土壤性质，危害农、林、渔业生产等。此外，无机盐能增加水的渗透压，对淡水生物和植物生长不利。酸、碱污染物可增加水中无机盐类的浓度和水体硬度。水体硬度的增加对地下水的影响显著，可使工业用水的水处理费用提高。国家规定污水排放 pH 的一般范围为 6～9。

3）氮、磷等植物营养物

营养物质是指促使水中植物生长，从而加速水体富营养化的各种物质，主要是指氮、磷。污水中的氮可分为有机氮和无机氮两类。前者是含氮化合物，如蛋白质、多肽、氨基酸和尿素等；后者则指氨氮、亚硝酸态氮、硝酸态氮等。城市生活污水中含有丰富的氮、磷，每人每天都会带到生活污水中一定数量的氮，粪便是生活污水中氮的主要来源，含磷洗涤剂的使用，则使生活污水中也含有大量磷。在某些工业废水中和城市的雨水径流中也含有大量氮和磷。农田中未被植物吸收利用的化肥绝大部分被农田排水和地表径流带至地下水和地表水中。

植物营养物质污染的危害是水体富营养化，富营养化是水体老化的一种自然现象。在自然界物质的正常循环过程中，湖泊将由贫营养湖发展为富营养湖，进一步又发展为沼泽地和湿地，富营养化将大大地促进这一进程。如果氮、磷等植物营养物质大量而连续地进入湖泊、水库及海湾等缓流水体，将促进各种水生生物的活性，刺激它们异常繁殖（主要是藻类），这样就带来一系列的严重后果，如我国的滇池。值得注意的是，硝酸盐对人类健康的危害极大。硝酸盐本身无毒，但硝酸盐在人胃中可能被还原为亚硝酸盐，亚硝酸盐与仲胺作用可生成亚硝胺，而亚硝胺则是致癌、致突变和致畸的“三致”物质。因此，国家规定饮用水中硝酸盐含量不得超过 10 mg/L。

2. 无机有毒物

无机有毒物质可分为两类：一类毒性作用快，易引起人们的注意；另一类则是通过食物在人体内逐渐富集，达到一定浓度后才显示出症状，不易被发现，但一旦危害形成，后果严重。

1）重金属毒性物质

重金属毒性污染物主要指汞、镉、铅、铬、镍、铜等重金属。化石燃料的燃烧、采矿和冶炼是向环境释放重金属的最主要污染源，然后通过废水、废气和废渣向环境中排放。重金属在水体中不能为微生物所降解，只能产生各种形态之间的相互转化，以及分散和富集，这个过程称为重金属的迁移。重金属在水体中的迁移主要与沉淀、络合、吸附和氧化还原等作用有关。

从毒性和对生物体的危害方面来看，重金属污染的特点有：①在天然水体中只要有微量浓度即可产生毒性效应，一般重金属产生毒性的浓度在1～10 mg/L，毒性较强的重金属如汞、铅等，产生毒性的浓度在 0.001～0.01 mg/L；②金属离子在水体中的迁移和转化与水体的 pH 有关；③微生物不能降解重金属，而某些重金属有可能在微生物作用下转化为金属有机化合物，产生更大的毒性；④地表水中的重金属可以通过生物的食物链富集达到相当高的浓度，这样重金属能够通过多种途径（食物、饮水、呼吸）进入人体；⑤重金属进入人体后能够和生理高分子物质，如蛋白质和酶等发生强烈的相互作用，使它们失去活性，也可能累积在人体的某些器官中，造成慢性累积性中毒，最终形成危害。如日本的“水俣病”就是生产中的催化剂引起的汞中毒，造成50多人死亡。富山痛痛病是炼锌厂的镉废水引起的。目前已证实，有20多种金属可致癌，如铍、铬、钴、镉、钛、铁、镍、钪、锰、锆、铅、钯等都有致癌性。汞、铌、钽、镁已知为特异性致癌物质。

2）非重金属的无机毒性物质

（1）氰化物。水体中氰化物主要来源于电镀废水、焦炉和高炉煤气洗涤冷却水、某些化工厂含氰废水，以及金、银选矿废水等。氰化物本身是剧毒物质，急性中毒抑制细胞呼吸，造成人体组织严重缺氧，人只要口服0.3～0.5 mg就会致死。氰对许多生物有害，只要0.1 mg/L就能杀死虫类，只要0.3 mg/L就能杀死水体中的微生物。我国饮用水标准规定，氰化物含量不得超过0.05 mg/L。

（2）砷。砷是常见的污染物之一，对人体毒性作用也比较严重。工业生产排放含砷废水的行业有：化工、有色冶金、炼焦、火电、造纸、皮革等，其中以冶金、化工排放砷量较高。砷是累积性中毒的毒物，当饮用水中砷含量大于 0.05 mg/L 时，就会造成累积。近年来发现砷还是致癌元素。我国饮用水相关标准规定，砷含量不应大于0.05 mg/L。

3. 有机无毒物（或称需氧有机物）

这一类物质多属于碳水化合物、蛋白质、脂肪等自然生成的有机物，它们易于生物降解向稳定的无机物转化。有氧条件下，在好氧微生物作用下进行转化，这一转化进程快，产物一般为 CO_2、H_2O 等稳定物质。若需分解的有机物太多，氧化作用进行得太快，而水体不能及时从大气中吸收充足的氧来补充消耗时，不仅会造成水中耗氧生物（如鱼类）的死亡，还会因水中缺氧引起厌气性分解。这种分解的产物具有强烈的毒性和恶臭，典型的厌氧性分解物有 NH_3、CH_4、CO_2、H_2S、CO_2、H_2O；同时，造成水色变黑、底泥泛起等水质腐败现象，严重污染水环境和大气环境。在一般情况下进行的都是好氧微生物起作用的好氧转化，由于好氧微生物的呼吸要消耗水中的溶解氧、因此这类物质在转化过程中都要消耗一定数量的氧，因而这类物质的污染特征是耗氧，故被称为耗氧有机污染物或需氧有机物。我国绝大多数水体的环境污染属于这种污染。水体中的需氧污染物主要来自生活污水、牲畜污水及屠宰、肉类加工等食品工业，以及制革、造纸、印染、焦化等工业废水。未经处理的生活污水，BOD_5 值平均为200 mg/L左右，牲畜饲养场污水的 BOD_5

值可能高于生活废水 5 倍左右。工业废水的 BOD_5 值则差别很大，焦化厂的污水 BOD_5 值达 1400～2000 mg/L。一般以动植物为原料加工生产的工业企业，如乳品、制革等，废水的 BOD_5 值都可能在 1000 mg/L 以上。

4. 有机有毒物

这类物质多属于人工合成的有机物质，如农药、醛、酮、酚，以及聚氯联苯、芳香族氨基化合物、高分子合成聚合物、染料等。这类物质主要是通过石油化学工业的合成生产过程及其产品的使用过程中排放的污水排入水体而造成污染。这一类物质的主要污染特征：①比较稳定，不易被微生物分解，因此又称难降解有机污染物；②有害于人类健康，只是危害程度和作用方式不同；③在某些条件下，好氧微生物也能够对其进行分解，但速度较慢。有机有毒物质种类繁多，其中危害最大的有两类：有机氯化合物和多环有机化合物。有机氯化合物中污染最广泛的是多氯联苯（PCBs）和有机氯农药。它们一般通过水生生物的富集作用经食物链进入人体，达到一定浓度后，即显示出对人体的毒害作用。其毒性主要表现为：影响皮肤、神经、肝脏的代谢，导致骨骼、牙齿的损害，并有亚急性、慢性致癌和致遗传变异的威胁。

酚排入水体后污染水体，严重影响水质及水产品的产量及质量。酚污染物主要来源于焦化、冶金、炼油、合成纤维、农药等工业企业的含酚废水。除工业含酚废水外，粪便和含氮有机物在分解过程中也产生少量酚类化合物。因此城市中排出的大量粪便污水也是水体中酚污染物的重要来源。水体中的酚浓度低时能够影响鱼类的洄游繁殖，浓度高时引起鱼类大量死亡，甚至绝迹。人类长期饮用受酚污染的水源，可能引起头昏、出疹、贫血和各种神经系统症状。国家规定城市污水排放挥发酚的最高允许浓度为 0.5 mg/L。多环有机化合物一般具有很强的毒性，如多环芳烃可能有致遗传变异性，其中 3,4-苯并芘和 1,2-苯并蒽等有强致癌性。多环芳烃一般存在于石油和煤焦油中，能通过废油、含油废水、煤气站废水、路面排水，以及淋洗了空气中煤烟的雨水进入水体中，造成污染。

5. 油类污染物

此类污染主要来自石油化工、冶金、机械加工等工业，它不但不利于水资源的利用，而且对水生生物有相当大的危害。水中含油 0.01～0.1 mg/L 时对鱼类及水生生物就会产生有害影响。每滴石油在水面上能够形成 0.25 m^2 的油膜，每吨石油可能覆盖 500 万 m^2 的水面。油膜使大气与水面隔绝，减少进入水体的氧的数量，从而降低水体的自净能力。在各类水体中以海洋受到的油污染尤为严重，石油进入海洋后不仅影响海洋生物的生长、降低海滨环境的使用价值、破坏海岸设施，还可能影响局部地区的水文气象条件和降低海洋的自净能力，甚至造成海鸟、鱼类死亡。

6. 生物污染物

生物污染物是指废水中的致病微生物及其他有害的生物体，主要包括病毒、细菌、寄生虫等各种致病体。此外，废水中若生长有铁菌、硫菌、藻类、水草及贝类动物时，会堵塞管道、腐蚀金属及恶化水质，因此它们也属于生物污染物。它们主要来自医院污水、生活污水以及生物制品、屠宰、制革、洗毛等工业废水和牲畜污水。生物污染物造成的水污染危害历史最久，至今仍是危害人类健康和生命的重要水污染类型。通常规定用细菌总数和大肠杆菌指数作为水体受病原微生物污染的间接指标。病原微生物的特点是：数量大；分布广；存活时间较长；繁殖速度很快；易产生抗药性，很难消灭；污水经传统处理并消毒后，某些病原微生物、病毒仍能大量存活；传统的给水处理能够去除 99%以上病原微生物，但出水浊度若大于 0.5 时，仍会伴随有病毒。因此，此类污染物实际上是通过多种途径进入人体的，并在体内生存，一旦条件适合，就会引起人体疾病。

7. 放射性污染物

水中所含有的放射性核素构成的特殊污染总称为放射性污染。核武器试验是全球放射性污染的主要来源，核试验后的沉降物质带有放射性，造成对大气、地面、水体及动植物和人体的污染。原子能工业排放或泄漏出含有多种放射性同位素的废物，致使水体放射性物质含量日益增大。铀矿开采、提炼、纯化、浓缩过程均产生放射性废水和废物。污染水体最危险的放射性物质有 ^{90}Sr、^{137}Cs 等，这些物质半衰期长，其化学性能与组成人体的主要元素钙、钾相似，经水和食物链进入人体后，能在一定部位积累，从而增加了对人体的放射性辐照，引起遗传性变异或癌症。

8. 热污染物

因能源的消费而引起环境增温效应的污染称为热污染。水体热污染主要来源于工矿企业向江河排放的冷却水。其中以电力工业为主，其次是冶金、化工、石油、造纸、建材和机械等工业。热污染致使水体水温升高，增加水体中化学反应速率，从而使水体中有毒物质对生物的毒性提高。此外，水温增高可使一些藻类繁殖增快，加速水体“富营养化”的进程。同时，水温升高也可能导致一些病原体的滋生。如 1965 年澳大利亚曾流行过一种脑膜炎，后经证实，其祸根是一种变形原虫，由于发电厂排出的热水使河水温度升高，这种变形原虫在温水中大量滋生，造成水源污染而引起了这次脑膜炎的流行。

9. 微塑料等新型污染物

新型污染物是指目前确已存在，但尚无相关法律法规予以规定或规定不完善，危害生活和生态环境的所有在生产建设或者其他活动中产生的污染物。微塑料是目前较受关注的一类新型污染物。微塑料指的是粒径很小的塑料颗粒以及纺织纤维。现在在学术界对于微塑料的尺寸还没有普遍的共识，通常认为粒径小于 5 mm 的塑料颗粒为微塑料。微塑料这一概念是在 2004 年发表的一篇文章（*Lost at Sea: where is all the plastic?*）中首次提出（Richard et al，2004）。微塑料广泛存在于水环境中，被称为“水中 $PM_{2.5}$”，会对生物产生各种确定的以及不确定的危害，因此得到了各界的广泛关注。

微塑料体积小，这就意味着其具有更高的比表面积，比表面积越大，吸附污染物的能力越强。首先，环境中已经存在大量的多氯联苯、双酚 A 等持久性有机污染物，一旦微塑料和这些污染物相遇，正好可聚集形成一个有机污染球体。微塑料相当于污染物的坐骑，二者可以在环境中到处游荡。微塑料对生物的危害表现在：游荡的微塑料很容易被贻贝、浮游动物等低端食物链生物吃掉。微塑料不能被消化掉，只能在胃里一直存在，占据空间，导致动物生病甚至死亡。如果是带着有机污染物的微塑料被吃掉，污染物在生物体内酶的作用下释放出来，同样会加剧生物的病情。同时，会导致食物链的“富集”效应。而食物链的顶端生物是人类，人类在富集作用下会在体内累积大量微塑料，产生难以预计的危害。

4.3　典型水体环境污染

4.3.1　水体富营养化

富营养化（eutrophication）一词源于希腊文，意即“富裕”。从字面上看，“富营养化”的意思是营养状态变好的过程。它意味着水体中植物营养物含量增加，导致水生植物的大量繁殖，致使某些藻类的数量迅速增加。由于藻类繁殖过程的呼吸作用以及死亡藻类的分解作用都会消耗大量氧气，使水体在一定时间内严重缺氧，导致水生动物因缺氧死亡。因此，“水体富营养化”是指湖泊、水库、海湾或近岸海域、河流等封闭性或半封闭性水体内的氮磷等营养元素富集，引起藻类和其他水生植物大量繁殖，造成水质恶化和水生生物大量死亡的一种污染现象。引起水体富营养化的物质主要是浮游生物增殖所必需的C、P、N、S、Mg、K等营养盐类。另外，一些微量元素Fe、Zn、Mn、Cu、B、Mo、Co、I、Ba等以及维生素类也是多种浮游生物生长和繁殖不可缺少的要素。例如，铁是浮游生物繁殖的激素，铁和锰对小球藻、鞭毛藻的繁殖有非常好的促进作用。但在水体富营养化的过程中，营养元素C、P、N最为重要。

1. 富营养化的特征

富营养化水体的主要特征是，水面上覆盖着一层厚厚的油绿色藻类漂浮物，使水体失去表面复氧作用，酿成严重的蓝藻等水体污染以及藻毒素对水环境的危害。富营养物造成浮游植物或大型水生植物的繁殖，过量增长的浮游生物呼吸作用要消耗水体中的溶解氧，导致水体严重缺氧。

1）水体中氮、磷等营养物质富集

水体中氮、磷等营养物质主要来源于农田施肥、农业废弃物、城市生活污水及一些工业废水。首先，施入农田的化肥，只有小部分被植物吸收，例如，通常被植物利用的氮肥一般在30%～50%，少数情况下低于20%，那些未被植物利用的化肥就又回到水中。其次是大量的城市污水，特别是含磷洗涤剂的污水以及屠宰畜产品加工、食品、酿造等工业废水，这些废水未经处理或处理不达标即行排放，就会导致相当多的营养物质进入水体，为形成水体富营养化提供了物质基础。

2）水体生态失衡

在正常的水体中，绿藻吸收水中的氮和磷，浮游生物再吃绿藻，小鱼食浮游生物，大鱼吃小鱼，维持了水体的勃勃生机。而在富营养化状态的水体中，绿色植物（尤指藻类）远远超过鱼、虾、贝类和一些分解有机物的菌类，造成生态系统明显的不平衡。因此在富营养化水体中，植物群落占优势地位，而动物处于极不重要的地位。因而我们常看到水草疯长、鱼虾数量锐减、悬浮物质增多、化学耗氧量升高、水体透明度下降、霉臭味和腥味弥漫等现象。一般认为当N含量大于0.2 mg/L、P含量大于0.02 mg/L时，水体即处于富营养化。据有关资料介绍，对藻类而言，氮磷比为（10～17）：1，pH在7.24～7.73时最有利于藻类生长。即

$$106CO_2+16NO_3^-+122H_2O+HPO_4^{2-}+\text{微量元素}+\text{能量} \longrightarrow C_{106}H_{263}O_{110}N_{16}P\text{(藻类原生质)}+138O_2$$

3）水底富集的营养物质形成一个沉积层

以固体径流形式进入水体的营养物质可以机械地沉积在水底，并进行分解，使原本沉积的营养物质慢慢地又一次释放出来，以溶质形式再一次进入水体。这种由营养物质吸附作用与水体中的悬浮物一同沉积在水底的过程，加速了水体进一步恶化并使其向沼泽化趋势迈进。

2. 水体富营养化类型

（1）天然富营养化。世界上许多湖泊等水体在数万年前处于贫营养状态。然而，随着时间的推移和环境变化，水体一方面从天然降水中接纳氮、磷等营养物质，另一方面通过土壤的自然淋溶、渗透，使大量的营养元素进入水体内，逐渐增加水体的肥力，大量的浮游植物和其他水生植物的生长就有了可能，这就为草食性的动物、昆虫和鱼类提供了丰富的食料。当这些植物和动物死亡后，它们的机体沉积在水底，积累形成底泥沉积物。残存的植物和动物机体不断分解，由此释放出的营养物质依照食物链的途径进入其他生物机体内。按照这样的方式和途径，经过千年甚至万年的天然演进过程，原来的贫营养湖泊等水体会逐渐演变成为富营养水体。水体营养物质因天然富集浓度逐渐增高而发生水质变化的过程，就是通常所称的天然富营养化。从天然环境中获得的氮、磷营养物质一般数量都非常微小，水质演变的过程极其缓慢，往往需要以地质年代来描述天然富营养化的进程。

（2）人为富营养化。随着人类对环境资源开发利用的活动日益增加，特别是进入 20 世纪以来，工农业生产大规模迅速发展和工业化带来的“城市化”现象，使得不断增长的人口集中在一些水源丰富的特定地区。城市化导致大量含有氮、磷营养物质的生活污水排入附近的湖泊、水库和河流，增加了这些水体的营养物质的负荷量。同时为了提高农作物产量，施用的化肥和农家肥逐年增加，经过风吹、雨水冲刷和渗透，相对多的营养物质流失而最终排入水体。另外为了提高渔业产量，一些国家和地区采用投放饵料粪便养殖的方法。这样，投放饲料也成为水体接纳氮、磷营养物质的主要渠道。这些人为因素的影响，使得湖泊等水体在一定的时间内，由原来营养物质浓度较低的贫营养状态，逐渐演变成为具有高浓度营养物质的富营养水体，我们把这种由于人为活动因素而使水质富营养化的过程称为人为富营养化。通常讲的富营养化主要是指人为富营养化。人为富营养化与天然富营养化不同，它演变的速度非常快，往往只需要几十年，甚至几年时间就可使水体由贫营养状态变为富营养状态。

3. 富营养化程度判断标准

富营养化的指标从测定的项目上大致可分为物理、化学和生物学三种指标，这些指标是衡量富营养化的一个尺度，但富营养化现象是复杂的，必须把这些因子的复杂性交织在一起才能表示富营养化状态。目前对湖泊富营养化评价的基本方法主要有营养状态指数法、营养度指数法、物元分析法、模糊评判法等。对于富营养度的判定标准，虽已提出不少方法，但目前尚无一个统一的指标。

1）吉克斯塔特标准

表 4-5 是吉克斯塔特（Gekstatter）提出的划分水质营养状态的标准，并为美国环境保护局（EPA）在水质富营养化研究中采用。

表 4-5　吉克斯塔特划分水质营养状态的主要参数和标准

参数项目	单位	贫营养	中营养	富营养
总磷浓度	mg/L	＜0.01	0.01～0.02	＞0.02
叶绿素 a 浓度	μg	＜4	4～10	＞10
塞克板透明度	m	＞3.7	2.0～3.7	＜2
溶解氧饱和度	%	＞80	10～80	＜10

2）捷尔吉森营养类型判定标准

丹麦水质富营养化专家捷尔吉森研究了湖泊水生物学和水化学特征，1980 年他从湖泊生态学的观点出发，提出了划分湖泊水质营养类型的判定标准，他将湖泊的水质营养类型细分为 8 种状态，见表 4-6。

表 4-6　捷尔吉森湖泊营养类型判定标准

项目 营养 类型	平均初级生产力/[mg/(m^2·d)]	浮游植物密度/(cm^3/m^3)	浮游植物量/(mg/m^3)	叶绿素含量/(mg/m^3)	浮游植物优势种群	光消减系数/m	总有机碳/(mg/L)	总磷/(μg/L)	总氮/(μg/L)	总无机固体量/(mg/L)
极度贫营养	＜50	＜1	＜50	0.01～0.5		0.03～0.8		＜1～5	1～250	2～15
贫营养	50～300		50～100	0.3～3.0		0.05～0.1				
贫-中营养		1～3			隐藻纲			5～10	250～1000	10～200
中营养	250～1000		100～300	2～15	甲藻纲	0.1～20	＜1～5			
中-富营养		3～5			硅藻纲			10～30	500～1100	100～500
富营养	＞1000		＞300	10～500	硅藻、蓝藻纲	5.0～4.0	5～30			
极度富营养		＞10			绿藻纲			30～5000	500～1500	400～1000
异常营养	＜50～500		＜50～200	0.1～10	异常性生物	1.0～4.0	3～30	＜1～10		5～200

3）综合营养指数法（TLI）

按照相关性、可操作性、简洁性和科学性相结合的原则，从影响湖泊富营养化的众多因子中选取叶绿素 a、总磷（TP）、总氮（TN）、透明度（SD）、高锰酸盐指数（COD_{Mn}）等五项指标作为湖泊富营养化评价的统一指标。采用 0～100 的一系列连续数字对湖泊营养状态进行分级，见表 4-7。

表 4-7　综合营养指数法

营养程度	贫营养	中营养	富营养	轻度富营养	中度富营养	重度富营养
TLI(∑)	＜30	30＜TLI＜50	＞50	50＜TLI(∑)＜60	60＜TLI(∑)＜70	＞70

4）我国湖库富营养化评分和分类标准

我国的湖泊、水库水体富营养化的评分和分类标准如表 4-8 所示。

表 4-8　我国湖库富营养化评分和分类标准

营养程度	评分值	叶绿素/（mg/m^3）	总磷/（mg/m^3）	总氮/（mg/m^3）	COD_{Mn}/（mg/L）	透明度/m
贫营养	10	0.5	1.0	20	0.15	10.0
	20	1.0	4.0	50	0.4	5.0
中营养	30	2.0	10	100	1.0	3.0
	40	4.0	25	300	2.0	1.5
	50	10.0	50	500	4.0	1.0
	60	26.0	100	1000	8.0	0.5
富营养	70	64.0	200	2000	10.0	0.4
	80	160.0	600	6000	26.0	0.3
	90	400.0	900	9000	40.0	0.2
	100	1000.0	1300	16000	60.0	0.1

从上述几个表可以看到，对发生富营养化作用来说，磷的作用远大于氮的作用，磷的含量并不是很高时就可以引起富营养化作用。近年来有人认为，水体富营养化问题的关键不是水质营养物质的浓度，而是连续不断流入水体中的营养物质氮、磷的负荷量。有的研究者认为，贫营养与富营养水体之间临界负荷量可设定总磷为 0.2～0.5 $g/(m^3 \cdot a)$，总氮为 5～10 $g/(m^3 \cdot a)$。

4. 富营养化的危害

1）水体腥臭难闻，影响水质

在富营养化状态的水体中生长着很多藻类，其中有一些藻类能够散发出腥味异臭，大大降低水质质量。藻类散发出的这种腥臭，向四周空气扩散，将直接影响人们的生活和工作。另外，富营养化水体由于缺氧而产生硫化氢、甲烷和氨等有毒有害气体，也会大大降低水体质量。同时，富营养水体中生长着以蓝藻、绿藻为优势种类的大量藻类。这些藻类浮在湖水表面，形成一层“绿色浮渣”，导致水体浑浊，透明度显著降低，不利于人们的娱乐、旅游和观赏。如果用富营养化水体作为供给水源，一方面过量的藻类会给制水厂在过滤过程中带来障碍；另一方面富营养化水体含有腥臭和水藻产生的某些有毒物质，在制水过程中会增加水处理的技术难度。

2）降低水体的溶解氧

在富营养水体的表层，藻类可以获得充足的阳光，从空气中获得足够的 CO_2 进行光合作用而放出氧气，因此表层水体有充足的溶解氧。但是，在富营养水体深层情况就不同，首先是表层的密集藻类使阳光难以透射入水体深层，而且阳光在穿射过程中被藻类吸收而衰减，因此深层水体的光合作用明显受到限制而减弱，使溶解氧来源减少。其次，藻类死亡后不断向湖底沉积腐烂分解，也会消耗深层水体大量的溶解氧，严重时可能使深层水体的溶解氧消耗殆尽而呈厌氧状态，使得需氧生物因缺氧而大量死亡。在厌氧状态下，那些死亡的藻类尸体和底生植物进一步腐烂分解，将氮、磷等植物营养素重新释放进水中，再供给藻类利用。这样周而复始，形成了植物营养素在水体中的物质循环，使植物营养素长期保存在水中，形成富营养水体的恶性循环。同时由于大量藻类尸体沉积底部，使水深逐渐变浅，严重时能使这些水体变成沼泽。

3）破坏水体生态系统

在正常情况下，水体中各种生物都处于相对平衡的状态。但是，一旦水体受到污染而呈现富营养化状态时，某些种类的生物明显减少，而另外一些生物种类则显著增加。这种生物种类演替会导致水生生物的稳定性和多样性降低，破坏水体生态平衡。例如，我国的滇池，由于大规模的围海造田、防浪堤的建设及大量放养草鱼等人为活动的影响，严重破坏了滇池原有生态系统的平衡，使得一些对污染较为敏感的水生植物如轮藻、金藻及海菜花等相继灭绝，土著鱼类及大型底栖动物基本消失，生物多样性丧失，水体自净和抑藻能力大幅度下降，蓝藻和水葫芦疯长。现在更为严重的是，有不少海域已经出现了富营养化，造成“赤潮”频繁发生，如1998年渤海湾形成大片“赤潮”，引起鱼虾大批死亡，并造成食用鱼虾污染。

5. 水体富营养化防治

水体富营养化的防治是水污染治理中十分困难的问题，这主要是因为导致水体富营养化的氮、磷营养物质污染源多，既有外源性，又有内源性，这给控制污染源带来很大的困难。另外，营养物质去除难度高。至今还没有任何单一的生物学、化学和物理措施能够彻底去除废水中的氮、磷营养物质。

1）加强流域管理和立法管理

建立国家级和地区级行政机构，负责协调全流域的管理工作，重点是保障湖泊的主要功能。颁布实施一系列保护水体的政策、法规和法律，如在全流域范围内禁止销售和使用含磷洗涤剂，禁止新建污染企业及开展有害于环境的活动，禁止向河水中倾倒垃圾、砍伐林木、围水造田和建房，合理控制水体养殖和沿岸畜禽养殖，禁止外来物种引进等。加大执法力度，杜绝污染水体的现象发生。

2）控制外源性营养物质输入

绝大多数水体富营养化主要是外界输入的营养物质在水体中富集造成的。从长远观点来看，要想从根本上控制水体富营养化，首先应该着重减少或者截断外部营养物质的输入：①制订营养物质排放标准、水质标准和相应的水质氮、磷浓度的允许标准；②根据水环境氮、磷容量，实施总量控制；③实施截污工程或者引排污染源；④合理使用土地，最大限度地减少土壤侵蚀、水土流失与肥料流失。

3）减少内源性营养物质负荷

（1）生态防治。生态学方法是从生态系统结构和功能进行调整，从营养环节来控制富营养化，使营养物改变为人类需要的终产品（如鱼等水产品）而不是藻类。它的最大特点是投资小，有利于建立合理的水生生态循环。例如，在浅水型的富营养湖泊中种植莲藕、蒲草等高等植物，随着这些水生植物收获，氮、磷营养物也就随着水生植物体一道离开了水体。再如，利用养鱼去除氮、磷。各种不同的鱼类有着不同的食性，利用鱼类的食性不同，放养以浮游藻类为食的鱼种，就能够达到去除水体氮、磷的目的。如白鲫摄食藻类和有机腐屑；鲴鱼能摄食固着藻类及丝状藻类。

（2）工程性措施。工程性措施主要包括挖掘底泥沉积物、进行水体曝气、注水稀释等。挖掘底泥可减少积累在表层底泥中的总氮、总磷，减少或消除潜在性内部污染源，对底泥营养物质含量高的水体是一种有效的改善手段。深层曝气适用于水体较深而出现厌氧层水体。磷容易在厌氧条件下从底泥中释放出来，采取人为水底深层曝气充氧，使水与底泥之间不出现厌氧层，有利于抑制底泥磷释放，改善水质。注水稀释是在一些有条件的地方，用含磷、氮浓度低的水注入富营养的水体，起到稀释营养物质浓度的作用，但营养物绝对量并未减少，不能从根本上解决问题，而且局限较多。

（3）化学方法。这类方法包括凝聚沉降和用化学药剂杀藻等。对那些溶解性营养物质如正磷酸盐等，可往水中投加化学物质使其生成沉淀而沉降。而使用杀藻剂可杀死藻类，藻类被杀死后，应及时捞出死藻。另外，还可运用机械方式去除藻类。

（4）生物处理法。生物处理是利用微生物的作用改善水质。微生物是降解废物、废水的主力军，利用经过遗传工程改造的微生物将成为治理环境污染、保持生态平衡的最有效方法。如硝化细菌可去碳除氮、杀灭病毒、降解农药、絮凝水体重金属及有机碎屑，能将硝酸盐反硝化成 NO_2 和 N_2，它在消解碳系、氮系等有机污染的同时，也可消解有机污泥。光合细菌能够利用水中残留的有机物作为氢的供体进行光合作用，减少分解水中的有害物质，起到改善水质，相对提高溶氧量的作用。

（5）物理化学方法。城市生活污水及某些工业废水中含有较高浓度的氮、磷营养物质，通过生化处理仅有 30%～50%的氮、磷被去除，还可以利用物理化学方法去除污水中剩余的 50%～70%的氮、磷营养物质。常用的物理化学方法有：铁盐及聚合铁凝聚沉降法；铝离子交换法；石灰凝聚与氨气提法。

4）制定长期的污染防治规划，加大水体保护宣传和教育力度

制定长期的污染防治规划，进一步削减污染负荷，优先解决监测计划所确定的主要污染源；且规划需要定期修改和更新，即应建立“环境监测系统”；还应意识到要达到预期的水质目标需要长期的努力，但监测和管理系统应能反映出随着时间的推移水质得到了不断的改善。加大水体保护与公众参与信息宣传和教育的力度；及时公布水体污染及恢复的有关信息、提高公众意识；鼓励政府机构、非政府组织、私人团体和公民开展水体保护和修复行动，规范各利益相关者的行为。

4.3.2　重金属污染

重金属（heavy metals）元素没有统一的定义，在化学中主要是指密度等于或大于 4.5 g/cm^3 的金属，在环境污染研究中多指汞、镉、铅、铬以及类金属砷等生物毒性显著的元素，其次是指有一定毒性的一般元素，如锌、铜、镍、钴、锡等。目前最受关注的是汞、镉、铅、铬和砷等。重金属是造成水体污染的一类有毒物质，微量的重金属即可产生毒性效应，某些重金属还可以在微生物的作用下转化为毒性更强的难以被生物降解的金属化合物，在食物链的生物放大作用下，经过大量富集，最后进入人体。重金属对人体健康的危害是多方面、多层次的，其毒理作用主要表现在影响胎儿正常发育、造成生殖障碍、降低人体素质等方面。

1. 水体重金属污染的现状

在没有人为污染的情况下，水体中的重金属含量取决于水与土壤、岩石的相互作用，一般情况下重金属含量很低，不会对人体健康造成危害。然而，随着城市化进程的加快和工农业的迅猛发展，大量未经处理的垃圾、被污染的土壤、工业废水和生活污水，以及大气沉降物不断排入水中，使水体悬浮物和沉积物中的重金属含量急剧升高。虽然河流沉降物对排入水中的污染物特别是金属类污染物有强烈的吸附作用，但是当水体 pH、氧化还原电位等条件发生变化时，吸附的污染物又会再次被释放出来，导致水环境重金属的进一步

污染。水体中的重金属通过直接饮水、食用被污水灌溉过的蔬菜和粮食等途径进入人体，威胁着城市人群的健康。

近些年来，几乎所有的河流、湖泊和海洋都遭受了不同程度的重金属污染。如北美的伊利湖和安大略湖，大面积区域湖泊沉积物Pb的含量高达100～150 mg/kg；澳大利亚港的杰克逊港，海水沉降颗粒物中Pb的浓度高达365～750 mg/kg，Zn的浓度高达700～1100 mg/kg，Cu的浓度高达170～280 mg/kg；流经新德里等都市的河段沉积物中重金属的含量与自然背景值相比，Cr和Ni的富集超过1.5倍，Cu、Zn、Pb的富集超过3倍，Cd的富集超过14倍。根据对我国七大水系中水质最好的长江的调查，其近岸水域已受到不同程度的重金属污染，Zn、Pb、Cd、Cu、Cr等元素污染严重，如攀枝花、宜昌、南京、武汉、上海、重庆6个城市的重金属累积污染百分率已达到65%。

2. 重金属污染来源

水体重金属污染主要来源于燃料燃烧、土壤流失、采矿、冶金、染料、油漆、电镀、石油精炼等工业的废水。具体表现：①土壤流失：因受工业“三废”和农用化学品的污染，全球有相当数量土地遭受重金属的污染，这些土壤中的重金属随着风吹、灌溉及水土流失等渠道，有相当一部分迁移到水体。②工业污染源排放：采矿、冶炼、电镀、化工、电子、制革、染料等工业“三废”是重金属污染的主要来源。③医院废水：医院中经常使用的体温计的破碎和红汞消毒，均产生汞污染。1 g汞（一支水银温度计的含量）就足以使一个面积8万m^2水体中的所有鱼类受到污染。④火力发电厂排放：火力发电厂的污染途径主要是洗煤水、废煤渣与烟道气。据美国环境保护局的估计，全美火力发电厂每年向大气排放汞41 t。⑤城市化带来的问题：城市化的夜景缤纷灿烂，然而被损坏的高压汞灯、各种霓虹灯、日光灯管等未能得到很好的处置，成为重金属污染的一大来源。⑥汽车业带来的问题：汽车修理废弃蓄电池与电池液造成铅严重污染；含铅汽油虽已停止使用，但铅对环境的污染危害仍有一个相当长的滞后效应。另外，随便丢弃的废电池也是一个污染源。据报道上海市每年产生废干电池有1.6亿节，重3200 t。1节1号废干电池可使1 m^2土地失去利用价值，1粒纽扣电池可污染600 m^3的水。

3. 重金属污染危害

重金属在农业和工业中有多种用途，但是，它也是工业垃圾中常见的一种污染物。一经排放，可在环境中驻留数百年甚至更久。人为地质作用改变了原生自然环境中元素的平衡，这种不平衡表现在某些元素含量在环境中大幅度增加，并由食物链转移到生物和人体内。通过一段时间的积累，生物和人体内这些元素含量也大幅度增加。当其含量超越生物和人体所能忍受的临界值时，生物和人体某些组织与系统就产生病变，这就是生态地质病，如泰国东南部和我国台湾省的黑脚病（皮肤癌）等。

汞及其化合物对温血动物的毒性很大，有机汞的毒性更是大大超过无机汞。天然水体中汞的含量很低，一般不超过1.0 μg/L，水体汞的污染主要来自生产汞的厂矿、有色金属冶炼及使用汞的生产部门排出的废水。由消化道进入人体的汞将迅速被吸收并随血液转移到全身各种器官和组织中，进而引起全身性的中毒。汞为积蓄性毒物，除慢性和急性中毒外，还有致癌和致突变作用，如日本水俣病即是由于甲基汞在人畜脑中积累所致。此外，汞对水生生物也有严重的危害，并可在沉积物、食物链中积累。由于汞及有机汞的严重危害，世界各国都严格控制汞污染，我国将汞作为一类污染物中首选的控制对象。

镉不是生命活动所必需的元素，但是高等海洋脊椎动物体内易积累镉，并且在肾组织中含量较高，哺乳动物体内含镉量随年龄的增加更明显。镉污染曾使日本富山县神通川流域发生震惊世界的痛痛病。根据有关研究，镉中毒还会引发心血管病和糖尿病与癌症（如骨癌、胃肠癌、食道癌、直肠癌、肝癌、前列腺癌）等高危病种。镉污染会通过母体传给婴儿。另外，镉对鱼类和其他水生生物的毒性比对人毒性更大，并且在水生生物体内有积累作用。

铅是生命活动非必需元素。矿山开采、金属冶炼、汽车废气、燃煤、油漆涂料等都是环境中铅的主要来源。铅主要损害骨髓造血系统和神经系统，对男性生殖腺也有一定的损害。其主要毒性效应表现在：贫血症、神经机能失调及肾损伤，对儿童的大脑造成损害。一些研究表明，铅中毒会严重降低儿童的智商。

砷是生命活动需要的元素，但是砷污染会导致皮肤和其他癌症。砷的致毒作用主要是其与细胞酶结合，使细胞代谢失调，营养发生障碍，其中以 As^{3+}对神经细胞的危害最大。急性砷中毒将严重损害消化系统和呼吸系统，引起腹部剧痛、呕吐、腹泻、血尿，如不及时治疗，一天内可能死亡。慢性砷中毒症状有：消化系统食欲不振、胃痛、恶心、肝大；神经系统神经衰弱、多发性神经炎；此外还有皮肤病变等。

铬对人和温血动物、水生生物的危害主要体现为致毒作用、刺激作用、累积作用、变态反应、致癌作用和致突变作用。电镀、染色、制革、颜料等工业废水的排放，均会使水体受到污染。天然水中铬的含量在 1～40 μg/L，对人体而言，通常 Cr^{6+}的毒性比 Cr^{3+}大 100 倍。

锌是一些金属蛋白特别是一些酶的配位体，是生命活动必需元素，动物之间锌浓度变化很小，且不随物种和地理位置而改变。天然水中锌含量为 2～330 μg/L，但不同地区和不同水源的水体，锌含量有很大差异，但水生生物对锌有很强的吸收能力，因而可使锌向生物体内迁移，富集倍数达 1000～10 万倍。各种工业废水的排放是引起水体锌污染的主要原因。过量摄入锌会破坏身体内元素平衡，促使体内铜元素降低，从而引发胃癌和食道癌。

铜与多种金属酶和金属蛋白结合，是脊椎动物体内的一种必需元素。铜在化学上常被作为催化剂。当它们的浓度较低时，则显示出“有利”的剂量反应，随着浓度的增加，它们将逐渐变为抑制因子，最终将变成毒物。

总之，重金属对人的危害，一是直接毒性作用，二是通过食物链富集产生长期慢性毒害作用。重金属中毒的急性表现是使人呕吐、乏力、嗜睡、昏迷甚至死亡。慢性症状则是人的免疫抵抗力长期低下，各种恶性肿瘤、慢性病多发。人体的自我保护能力与屏障，一是防御病菌的白细胞；二是防御病毒的免疫蛋白。重金属对蛋白质有凝固变性的不可逆作用，可以损坏人的免疫防护能力，这就是重金属长期慢性毒性的危害所在。

4. 防治对策与措施

随着经济、社会发展，重金属污染呈上升趋势，重金属中毒事件时有发生。因此，人们应该对重金属污染高度重视，积极开展防治工作。①推广应用清洁生产工艺和清洁产品，将污染消除在生产过程中，从源头消除污染，尽量不排或少排“三废”；②加强舆论宣传，增强全民环保意识；③各级政府、环保部门切实负起主管责任，加强监测，掌握污染变化情况；④加强对废电池、废灯管、废电视机、废电脑等废物的处理、处置管理；⑤采取有效措施和综合技术治理修复重金属造成的污染；⑥对重金属进行资源回收再利用，是解决其污染的根本途径和有效措施。

4.3.3　持久性有机污染

持久性有机污染物（persistent organic pollutants，POPs）指人类合成的能持久存在于环境中、通过食物链（网）累积并对人类健康造成有害影响的化学物质。它具备四种特性：高毒、持久、生物累积性和远距离迁移性。位于生物链顶端的人类，能够把其毒性放大到7万倍。同时大多POPs具有“三致”（致癌、致畸、致突变性）效应和遗传毒性，能干扰人体内分泌系统而引起“雌性化”现象。

1. 水体中POPs的污染现状

虽然POPs均为疏水亲脂性，但绝大多数的城市污水、水库、江河和湖海都不同程度地受到POPs的污染，主要是因其在环境中大部分被水体中的悬浮颗粒物质如矿物、生物碎屑和胶体物质所吸附，并随着重力沉降等物理化学作用进入水体沉积物中或由生物吸收富集于生物体内，生物体死亡后在底泥中分解进入沉积环境而导致水环境污染。

早在20世纪90年代，陈静生等较全面地研究了我国东部自北向南自然条件和社会经济水平各异的11条主要河流城市区段（珠江广州段、钱塘江杭州段、长江武汉段和南京段、黄河郑州段等）沉积物样品中多氯联苯的含量，对14个同系物与混杂于其中的DDE（二氯二苯二氯乙烯，dichlorodiphenyl dichloroethylene）进行了测定。结果表明：90年代初我国河流沉积物PCBs的一般水平在10.5～25.5 ng/g。与瑞典学者Hakanson提出的沉积物PCBs的评价参比值为10 ng/g相比，远离明显污染源处的我国主要河流城市区段沉积物中PCBs含量已达到和略超过PCBs的污染临界值。就已有资料来看，我国湖泊POPs污染水平与发达国家污染水平相当。如我国白洋淀湖鱼中PCBs、DDT浓度与俄国拉多加湖相差不大。我国PCDD/FS（polychlorinated dibenzo_p_dioxin and dibenzofurans，多氯二苯并二噁英/呋喃）污染不容忽视，武汉附近的鸭儿湖底泥中PCDD/FS含量分别高达779 ng/g和997 ng/g，英国埃斯韦特湖每克底泥中含量仅为零点几纳克，鸭儿湖高出埃斯韦特湖近三个数量级。

2. POPs的危害

POPs之所以成为当前全球环境保护的热点，正是由于其能够对野生动物和人体健康造成不可逆转的严重危害，具体表现为对免疫系统、内分泌系统、生殖和发育等的危害，并有致癌等作用。

（1）对免疫系统的危害。POPs会抑制免疫系统的正常反应、影响巨噬细胞的活性、降低生物体的病毒抵抗能力。研究表明，海豚的T细胞淋巴球增殖能力的降低和体内富集的滴滴涕等杀虫剂类POPs显著相关，海豹食用了被PCBs污染的鱼会导致维生素A和甲状腺激素的缺乏而易感染细菌。一项对因纽特人的研究发现，母乳喂养和奶粉喂养婴儿的健康T细胞和受感染T细胞的比率与母乳的喂养时间及母乳中杀虫剂类POPs的含量相关。

（2）对内分泌系统的危害。多种POPs被证实为潜在的内分泌干扰物质，它们与雌激素受体有较强的结合能力，会影响受体的活动进而改变基因组成。例如，亚老哥尔（多氯联苯商品名）在体内试验中表现出一定的雌激素活性。另有研究发现，患恶性乳腺癌的女性与患良性乳腺肿瘤的女性相比，其乳腺组织中PCBs和滴滴伊（滴滴涕的代谢产物）水平较高。

（3）对生殖和发育的危害。生物体暴露于POPs会出现生殖障碍、先天畸形、机体死亡等现象。受POPs暴露的鸟类产卵率降低、种群数目减少；捕食了含PCBs鱼类的海豹生殖能力下降。一项对200名孩子的研究（其中3/4孩子的母亲在孕期食用了受POPs污染的鱼）发现，这些孩子出生时体重轻、脑袋小，7个月时认知能力较一般孩子差，4岁时读写和记忆能力较差，11岁时的智商值较低，读、写、算和理解能力都较差。

（4）致癌作用。国际癌症研究机构（IARC）在大量的动物实验及调查基础上，对POPs的致癌性进行了分类，其中：2,3,7,8-四氯代二苯并-对-二噁英（TCDD）被列为Ⅰ类（人体致癌物），PCBs混合物被列为ⅡA类（较大可能的人体致癌物），氯丹、滴滴涕、七氯、六氯苯、灭蚁灵、毒杀芬被列为ⅡB类（可能的人体致癌物）。

（5）其他毒性。POPs还会引起一些其他器官组织的病变，导致皮肤表现出表皮角化、色素沉着、多汗症和弹性组织病变等症状。一些POPs还可能引起精神心理疾患症状，如焦虑、疲劳、易怒、忧郁等。

3. POPs的防治措施

POPs控制技术分为“源”控制和“汇”控制。“源”控制就是努力从工业生产等源头杜绝POPs的产生；“汇”控制则是对进入环境的POPs进行削减和消除，也就是对受POPs污染的环境进行修复。消除POPs污染的源头是当前POPs控制工作的重点。POPs的源头控制主要有三种途径：一是替代“源”，即开发POPs的替代品；二是削减“源”，即通过严格的工艺控制，削减污染源排放的POPs数量；三是处置“源”，即对废弃或库存的POPs进行最终处置。

2001年5月23日，在瑞典首都签署的《关于持久性有机污染物的斯德哥尔摩公约》（以下简称《公约》），标志着人类全面开始削减和淘汰POPs的国际合作。2004年5月17日，《公约》在国际上正式生效，首批被列入《公约》全球控制的POPs有12种（类），即艾氏剂、氯丹、滴滴涕、狄氏剂、异狄氏剂、七氯、六氯苯、多氯联苯、灭蚁灵、毒杀芬、多氯代二苯并-对-二噁英和多氯代二苯并-对-呋喃。2009年5月9日，在瑞士日内瓦举办了《关于持久性有机污染物的斯德哥尔摩公约》第四次缔约方大会。与会代表达成共识，同意减少并最终禁用10种严重危害人类健康与自然环境的有毒化学物质，分别是α-六六六、β-六六六、商用五溴联苯醚、商用八溴联苯醚、十氯酮、六溴联苯、林丹、五氯苯、全氟辛烷磺酸和其盐类以及全氟辛烷磺酰氟。第五次缔约方会议通过了一种POPs：工业硫丹及其相关异构体；第六次缔约方会议通过了一种POPs：六溴环十二烷；第七次缔约方会议通过了三种POPs：多氯萘、六氯丁二烯和五氯酚及其盐类和酯类；2017年4月24日～5月5日，《公约》第八次缔约方大会通过决议，将十溴二苯醚与短链氯化石蜡增列入公约附件中。至此，《公约》自2004年5月17日在全球生效以来，在首批12种POPs基础上，已新增列16种POPs，《公约》受控化学品家族扩大至28种/类。POPs名单是开放的，随着科学技术的发展和人们对POPs认识的不断加深，根据《公约》规定的POPs的4个甄选标准（持久性、生物蓄积性、远距离环境迁移的潜力、不利影响）将会有更多的有机污染物被确定为POPs而加以控制和消除。我国是最早的缔结方之一，《公约》2004年11月11日在我国正式生效，截至2018年6月，该《公约》的签字国已达151个，批准国家已达98个。

POPs源处置技术的思路是破坏POPs的结构，进而消除其危害。目前主要有高温焚烧、化学处理、工程填埋、长期控制存储和回收综合利用等方法。国内已实现商业化的有水泥窑技术和高温焚烧技术；气相化学还原、电化学氧化、离子电弧法和热脱附技术等在国外已实现商业化，但尚未引入我国。这些技术的成本不一，但总体而言，投资成本和运行成本都比较高。全球范围的POPs研究表明，POPs广泛存在于水、空气、土壤和生物等生态环境的各要素之中。针对其源头广、介质多的复合性污染和污染物毒性大、结构稳定的特点，用于 POPs“汇”控制的主要有经济可行性强、易操作、安全性好的物化技术，以及注重生物降解能力与基因工程菌环境安全性的生物技术。

4.3.4 海洋污染

海洋污染（marine pollution）是广义水污染的一部分。随着社会经济的发展，人口高速增长，在生产和生活过程中产生的废弃物也越来越多。这些废弃物的绝大部分最终直接或间接地进入海洋。这种由于人类活动直接或间接地排入海洋的有害物质和能量，超过了海洋的自净能力，改变了海水及底质的物理、化学和生物学性状的现象，称为海洋污染。

其污染的主要来源有：①工业废水、废渣直接或间接的（经江河）排放和倾倒；②生活污水、垃圾、农药等直接或间接排放和倾倒；③船舶、油船排放的废水和废物；④海底石油开采渗漏的石油及其他有害物质；⑤投弃进海洋中的放射性废物；⑥大气降落的有害灰尘和有害气体。一些自然因素如水土流失、海底火山爆发以及自然灾害等，引起海洋的损害则不属于海洋污染的范畴。很明显，受到污染的海域，会造成海洋生物资源的损害，危害人类健康，妨碍人类的海洋生产活动，损害海水使用质量，破坏优美环境等。

1. 海洋污染物的种类

污染海洋的物质众多，如果按引起海洋污染的原因分类，主要有油船泄漏、倾倒工业废料和生活垃圾、生活污水直接排进海洋。若从污染物的形态上分有废水、废渣和废气。若根据污染物的性质和毒性，以及对海洋环境造成危害的方式，大致可以把污染物的种类分为以下几类。

（1）石油及其产品。包括原油和从原油中分馏出来的溶剂油、汽油、煤油、柴油、润滑油、石蜡、沥青等，以及经过裂化、催化而成的各种产品。目前每年排入海洋的石油污染物约 1000 万 t，主要是由工业生产，包括海上油井、管道泄漏、油轮事故、船舶排污等造成的。特别是一些突发性的石油泄漏事故，导致大片海水被油膜覆盖，促使海洋生物大量死亡，严重影响海产品的价值，以及其他海上活动。

（2）重金属和酸碱类物质。主要有汞、铜、锌、钴、镉、铬等重金属，砷、硫、磷等非金属以及各种酸和碱。由人类活动而进入海洋的汞，每年可达万吨，已大大超过全世界每年生产约 9000 t 汞的记录。造成这一现象的原因是煤、石油等在燃烧过程中会使其中含有的微量汞释放出来，逸散到大气中，最终归入海洋，估计全球在这方面污染海洋的汞每年约 4000 t。镉的年产量约 1.5 万 t，据调查，镉对海洋的污染量远大于汞。随着工农业的发展，通过各种途径进入海洋的某些重金属和非金属，以及酸、碱等的量呈增长趋势，加速了对海洋的污染。

（3）农药。包括农业上大量使用含有汞、铜、有机氯、磷等成分的除草剂、灭虫剂，以及工业上应用的多氯联苯等。这一类农药具有很强的毒性，进入海洋经海洋生物体的富集作用通过食物链进入人体，产生的危害性更大，每年因此中毒的人数多达几十万人。另外，人类所患的一些新型的肿瘤等恶性疾病大多与此有密切关系。

（4）有机物质和营养盐类。这类物质比较繁杂，包括工业排出的纤维素、糖醛、油脂，生活污水的粪便、洗涤剂和食物残渣，以及化肥的残液等。这些物质进入海洋后，造成海水的富营养化，能促使某些生物急剧繁殖，大量消耗海水中的氧气，易形成赤潮，继而引起大批鱼虾贝类的死亡。

（5）放射性核素。是指由核试验、核工业和核动力设施释放出来的放射性物质，主要

是指 ^{90}Sr、^{137}Cs 等半衰期较长（如 30 年）的同位素。据估计目前进入海洋中的放射性物质总量为 2 亿～6 亿 Ci①，这个量的绝对值是相当大的。由于海洋水体庞大，放射性物质在海水中的分布极不均匀，在较强放射性水域中，海洋生物通过体表吸附或通过食物进入消化系统，并逐渐积累在器官中，通过食物链作用传递给人类。

（6）固体废物。主要是工业和城市垃圾、船舶废弃物、工程渣土等。据估计，全世界每年产生各类固体废弃物约百亿吨，若 1%进入海洋，其量也达亿吨。这些固体废弃物严重损害近岸海域的水生资源和破坏沿岸景观。

（7）废热。工业排出的热废水造成海洋的热污染，在局部海域，如有比原正常水温高的热废水常年流入时，就会产生热污染，破坏生态平衡和减少水中溶解氧。

上述各类污染物质大多是从陆上排入海洋的，也有一部分是由海上直接进入或是通过大气输送到海洋的。这些污染物质在各个水域分布是极不均匀的，因而造成的不良影响也不完全一样。

2. 海洋污染的特点

由于海洋的特殊性，海洋污染与大气污染和陆地污染有很多不同，其突出的特点如下。

（1）污染源广。海洋约占地球总面积的 71%，是地球上最大的水体。除人类在海洋的活动外，人类在陆地和其他活动方面所产生的各种污染物，由于风吹、降雨也将通过江河径流或大气扩散和雨雪等降水过程，最终汇入海洋。人类的海洋活动主要是航海、捕鱼和海底石油开发。目前全世界各国有近 10 万艘远洋商船穿梭于全球各港口，总吨位达 5 亿 t，它们在航行期间都要向海洋排出含有油性的机舱污水，仅这项估计向海洋排放的油污染每年可达百万吨以上。通过江河径流入海洋的含有各种污染物的污水量更是大得惊人。

（2）持续性强。海洋是地球上地势最低的区域，它不可能像大气和江河那样，通过一次暴雨或一个汛期使污染得以减轻，甚至消除。一旦污染物进入海洋后，很难再转移出去，不能溶解和不易分解的物质在海洋中越积越多，它们可以通过生物的浓缩和食物链传递作用，对人类造成威胁或潜在威胁。如美国向海洋排放的工业废物占全球总量的 20%，每年因水生物污染或人们误食有毒海产品造成的污染中毒事件达 1 万起以上。

（3）扩散范围广。全球海洋是相互连通的一个整体，浩瀚的大海时刻在运动着，一个海域出现的污染，往往会扩散到周边海域，甚至扩大到邻近大洋，损害水产资源，危害人类健康，有的后期效应还会波及全球。如海洋遭受石油污染后，海面会被大面积的油膜所覆盖，阻碍了正常的海洋和大气间的交换，有可能引起全球或局部地区的气候异常。此外石油进入海洋后，经过种种物理化学变化，最后形成黑色的沥青球，可以长期漂浮在海上，通过风浪流的扩散传播，在世界大洋一些非污染海域里也能发现这种漂浮的沥青球。因此，保护海洋环境，是人类共同的任务。

（4）防治难、危害大。海洋污染有很长的积累过程，不易及时发现，一旦形成污染，需要长期治理才能消除影响，且治理费用较大，造成的危害会波及各个方面，特别是对人体产生的毒害更是难以彻底清除干净。20 世纪 50 年代中期，震惊中外的日本水俣病，就是直接由汞对海洋环境污染造成的公害病，通过几十年的治理，直到现在也还没有完全消除其影响。“污染易、治理难”，它严肃地告诫人们，保护海洋就是保护人类自己。据联合国环境规划署估计，全球每年花在沿岸地区污染引起的疾病及保健的费用约为 160 亿美元。

① Ci，居里，$1Ci=3.7\times10^{10}Bq$。

我国海洋污染现状

我国大陆的东部和南部濒临渤海、黄海、东海和南海，总面积 77460 万 km^2，有丰富的矿产和海产资源。其中近岸海域面积约 37 万 km^2。近年来，随着沿海经济的高速发展和海洋资源开发利用力度不断加大，污染程度日益加剧。海水三类水质以上占近岸海域面积约 56.8%，一类水质仅为 14.7%。生态环境部 2018 年 5 月 22 日发布的 2017 年《中国生态环境状况公报》显示，2017 年夏季，符合第一类海水水质标准的海域面积占中国管辖海域面积的 96%（表 4-9）。

表 4-9　2017 年未达到第一类海水水质标准的各类海域面积

季节	各类海水水质海域面积/km^2			
	第二类	第三类	第四类	劣于第四类
夏季	49830	28540	18240	33720
秋季	71970	38440	30280	47310

3. 防治海洋污染对策

1987 年环境与发展世界会议要求各国，特别是发达国家要达到持续发展的目的，必须实施有效的环境保护措施，其中对海洋环境保护的原则是：①保护和持续利用海洋资源，各国应维护生态系统和生态学过程，维护生物的多样性和严守生物资源利用的最佳承受量。②各国应建立可行的环境保护标准，监测者应交换和公布环境质量和资源利用的有关数据。③各国应严格控制对海洋环境有影响的开发活动，海洋开发项目必须提出环境预评价。同时，需要建立综合的海洋环境保护对策。

（1）提高全民的海洋意识，重视对海洋的环境保护宣传教育。海洋是人类生存的第二空间，保护海洋与每个公民的切身利益息息相关，结合近几年的海洋污染造成的经济损失和人员伤亡事件，加大宣传力度，建议中小学开设海洋知识课，让孩子从小就懂得保护海洋的重要性；对沿海企业和人员加强保护海洋的法制教育，要加强海洋环保工作的领导。特别要加强对环境管理与执法工作者的自身能力建设，严格管理，公正执法。同时要健全海洋环保研究、监测、监视、管理、执法和技术服务的系统与层次，扩大环保部门的职能。

（2）加强沿海管理，控制近海的进一步污染。《海洋环境保护法》是防治海洋污染的准则。坚持依法治海，加强法制和管理，控制沿岸生活污水、工厂废水的排放，改进养殖技术、降低养殖自身污染，改善近海养殖生态环境以及降低沿岸农田化肥、农药流失等；从根本上改善海洋环境。对含有汞、镉等重金属和有机氯化合物的废弃物、强放射性废弃物、原油和石油产品、塑料废弃物等，要严格禁止向海洋倾倒。对一些无毒无害或毒性危害较轻的废弃物倾倒时也要在指定的区域内进行。另外，对生产洗涤剂的企业也要加强管理，禁止生产含磷洗涤剂，从源头上杜绝含磷废物的排放。

（3）加强海洋环境保护的科研投入，确保海洋的可持续开发和利用。海洋环境保护实际上是一个全球性的问题，对某一个国家来讲，首先，它所要担负的责任主要是提高本国公民的整体素质；其次，在科研方面投入一定的力量，鼓励有志者投身这一研究领域，对海洋养殖提供技术服务，优化养殖结构，通过确定合理养殖密度，实行多品种间养、混养，改造投饵技术，减少养殖对海洋环境的污染。

（4）加强对船舶及海洋石油开发的防污管理，增强防污意识，提高除污救灾技能。

4.3.5 城市黑臭水体

城市黑臭水体是指城市建成区内呈现令人不悦的颜色和（或）散发令人不适气味的水体的统称。20 世纪中期，英国的泰晤士河是世界上最早发生黑臭问题的河流之一。20 世纪 70 年代，德国的莱茵河由于流经重工业区，工业污水排入莱茵河，其污染也达到了顶峰。同时期美国的芝加哥河、特拉华河等，也因为遭到严重污染导致水体常年黑臭。在我国城市化和工业化进程加快的过程中，由于水污染控制与治理措施滞后，或者能力有限与水平低下，一些城市水体尤其是中小城市水体，直接成为工业、农业及生活废水的主要排放通道和场所，导致城市水体大面积受污染，引起水体富营养化，形成黑臭水体。

21 世纪初期城市黑臭水体在我国城市中广泛存在，是经济转型发展过程的一个常见城市病，随着经济发展必然消失。城市黑臭水体除了污染水体、散发恶臭、影响观感外，其滋生的微生物导致黑臭水体周边空气污染，甚至引发个体疾病或传染病暴发。国务院 2015 年 4 月 2 日颁布的《水污染防治行动计划》提出“到 2020 年，地级及以上城市建成区黑臭水体均控制在 10%以内，到 2030 年，城市建成区黑臭水体总体得到消除”的控制性目标。城市黑臭水体整治已经成为地方各级人民政府改善城市人居环境工作的重要内容。然而，由于城市水体黑臭成因复杂、影响因素多，整治任务十分艰巨。

1. 黑臭水体的分级

根据黑臭程度的不同，可将黑臭水体细分为“轻度黑臭”和“重度黑臭”两级。水质检测与分级结果可为黑臭水体整治计划制定和整治效果评估提供重要参考。城市黑臭水体分级的评价指标包括透明度、溶解氧、氧化还原电位（ORP）和氨氮（NH_3-N），分级标准见表 4-10。

表 4-10　城市黑臭水体污染程度分级标准

程度	透明度/cm	溶解氧/（mg/L）	氧化还原电位/mV	氨氮/（mg/L）
轻度黑臭	25～10*	0.2～2.0	−200～50	8.0～15
重度黑臭	<10*	<0.2	<−200	>15

* 水深不足 25cm 时，该指标按照水深的 40%取值。

注：某检测点 4 项理化指标中，1 项指标 60%以上数据或不少于 2 项指标 30%以上数据达到“重度黑臭”级别的，该检测点应认定为“重度黑臭”，否则可认定为“轻度黑臭”。连续 3 个以上检测点认定为“重度黑臭”的，检测点之间的区域应认定为“重度黑臭”；水体 60%以上的检测点被认定为“重度黑臭”的，整个水体应认定为“重度黑臭”

2. 城市黑臭水体产生的原因

城市黑臭水体产生的原因有外源、内源以及不流动和水温升高。

1）外源有机物和氨氮消耗水中氧气

城市水体一旦超量受纳外源性有机物以及一些动植物的腐殖质，如居民生活污水、畜禽粪便、农产品加工污染物等，水中的溶解氧就会被快速消耗。当溶解氧下降到一个过低水平时，大量有机物在厌氧菌的作用下进一步分解，产生硫化氢、胺、氨和其他带异味易挥发的小分子化合物，从而散发出臭味。同时，在厌氧条件下，沉积物中产生的甲烷、氮气、硫化氢等难溶于水的气体，在上升过程中携带污泥进入水相，使水体发黑。

2）内源底泥中释放污染

当水体被污染后，部分污染物日积月累，通过沉降作用或随颗粒物吸附作用进入水体底泥中。在酸性、还原条件下，污染物和氨氮从底泥中释放，厌氧发酵产生的甲烷及氮气导致底泥上浮也是水体黑臭的重要原因之一。有研究指出，在一些污染水体中，底泥中污染物的释放量与外源污染的总量相当。此外，由于城市河道中有大量营养物质，导致河道中藻类过量繁殖。这些藻类在生长初期给水体补充氧气，在死亡后分解矿化形成耗氧有机物和氨氮，导致季节性水体黑臭现象并产生极其强烈的腥臭味道。

3）不流动和水温升高的影响

丧失生态功能的水体，往往流动性降低或完全消失，直接导致水体复氧能力衰退，局部水域或水层亏氧问题严重，形成适宜蓝绿藻快速繁殖的水动力条件，增加水华暴发风险，引发水体水质恶化。此外，水温的升高将加快水体中的微生物和藻类残体分解有机物及氨氮速度，加速溶解氧消耗，加剧水体黑臭。

3. 黑臭水体治理技术

城市河道的黑臭治理遵循“外源减排、内源清淤、水质净化、清水补给、生态恢复”的技术路线。其中外源减排和内源清淤是基础与前提，水质净化是阶段性手段，水动力改善技术和生态恢复是长效保障措施。

1）外源阻断技术

外源阻断包括城市截污纳管和面源控制两种情况。针对缺乏完善污水收集系统的水体，通过建设和改造水体沿岸的污水管道，将污水截流纳入污水收集和处理系统，从源头上削减污染物的直接排放。针对目前尚无条件进行截污纳管的污水，可在原位采用高效一级强化污水处理技术或工艺，快速高效去除水中的污染物，避免污水直排对水体的污染。

城市面源污染主要来源于雨水径流中含有的污染物，其控制技术主要包括各种城市低影响开发（如海绵城市）技术、初期雨水控制技术和生态护岸技术等。城市水体周边的垃圾等是面源污染物的重要来源，因此水体周边垃圾的清理是面源污染控制的重要措施。

2）内源控制技术

清淤疏浚技术通常有两种：一种是抽干湖/河水后清淤；另一种是用挖泥船直接从水中清除淤泥。后者的应用范围较广，江河湖库都可用之。清淤疏浚能相对快速地改善水质，但清淤过程因扰动易导致污染物大量进入水体，影响水体生态系统的稳定，因而具有一定的生态风险性，不能作为一种污染水体的长效治理措施。

3）水质净化技术

城市黑臭水体的水质净化技术主要包括：①人工曝气充氧（通入空气、纯氧或臭氧等），可以提高水体溶解氧浓度和氧化还原电位，缓解水体黑臭状况。德国萨尔河、英国泰晤士河、澳大利亚天鹅河、中国的苏州河等治理中都采用了曝气充氧的方法。②絮凝沉淀技术是指向城市污染河流的水体中投加铁盐、钙盐、铝盐等药剂，使之与水体中溶解态磷酸盐形成不溶性固体沉淀至河床底泥中。但需要注意的是，化学絮凝法的费用较高，并且产生较多的沉积物，某些化学药剂具有一定毒性，在环境条件改变时会形成二次污染。③人工湿地技术是利用土壤-微生物-植物生态系统对营养盐进行去除的技术，多采用表面流湿地或潜流湿地，湿地植物可选择沉水植物或挺水植物。④生态浮岛是一种经过人工设计建造、漂浮于水面上供动植物和微生物生长、繁衍、栖息的生物生态设施，通过构建水域生态系统对水体中的污染物摄食、消化、降解等，实现水质净化。⑤稳定塘是一种人工强化措施与自然净化功能相结合的水质净化技术，如多水塘技术和水生植物塘技术等。可利用水体沿岸多个天然水塘或人工水塘对污染水体进行净化。

4）水动力改善技术

调水不仅可以借助大量清洁水源稀释污染物的浓度，而且可加强污染物的扩散、净化和输出，对于纳污负荷高、水动力不足、环境容量低的城市效果明显。但调用清洁水来改善河水水质是对水资源的浪费，应尽量采用非常规水源，如再生水和雨洪利用。同时在调水的过程中要防止引入新的污染源。

5）生态恢复技术

水体黑臭现象往往是由于水中氮磷浓度较高引起藻类暴发等次生问题，造成水质恶化、藻毒素问题和其他水生生物的大量死亡，继而导致黑臭复发。城市河道富营养化控制的关键是磷的控制，目前污水处理厂出水标准中磷的指标限值远高于地表水标准限值。因此，在有条件的地方实行区域限磷或提高污水总磷排放标准是十分有效的措施。进入水体的磷大多以磷酸盐形式沉淀在底泥中，因此保持水–泥界面弱碱性、有氧状态是河道富营养化控制的主要举措。藻类生长人工控制技术包括各种物理、化学和生物技术。物理控制技术包括藻类直接收集和紫外线杀藻等，化学控制技术包括投加无机或有机抑（杀）藻剂，生物控制技术包括种植抑藻水生植物或投放食藻鱼类等。这些措施一般在应急时采用。水生态修复包括水生植物和水生动物（如鱼类、底栖动物等）食物链的修复与水文生态系统构建。利用生态学原理构建的食物链，可以持续去除城市水体中的污染物和营养物，改善水体生境。

4. 治理黑臭水体的管理对策

1）建立以溶解氧为核心指标的评价体系

黑臭水体治理的关键是改善水体的溶解氧状态，使水体由低氧/厌氧恢复到正常的好氧状态。国家重大水专项相关研究成果，建议以溶解氧为核心，建立包括臭阈值、透明度、色度等 4 项指标的黑臭水体评价体系。其阈值为：溶解氧 1 mg/L、臭阈值 100、透明度 25 cm、色度 20，当其中任意一个指标值超过阈值时，则可判定其为黑臭水体。

2）先截污后修复，综合手段治理黑臭水体

河流黑臭问题的本质是污染物输入超过河流水环境容量。在流域尺度上采取污染源工程治理等截污措施，能够大幅度削减入河污染负荷，是消除黑臭问题的首要举措。同时将河岸带修复、人工充氧等河道内工程措施作为污染负荷削减的重要补充手段，进一步降低污染水平。在河流水质得到有效改善的基础上，通过水生生物（如水生植物、鱼类、鸟类）等的恢复，逐步实现河流生态修复，达到消除黑臭的目的。

3）改善生态条件，让水流动起来

我国大多数城镇河流水深为 1～3 m，在一般条件下，大气氧可以穿透上覆水体到达河流沉积物表层。然而，由于排污加剧，大量 COD 和氨氮等耗氧污染物在水–沉积物界面累积，导致溶解氧大量消耗而形成缺氧跃变层。增加河流水生态条件，可以改变城市水体水土界面亏氧状况。一般情况下，维持河流水体流速 0.4～1.0 m^3/s，就可以打破溶氧跃变层形成的理化条件，使得水土界面层的溶解氧维持在 3 mg/L 以上，可以有效控制水体底质污染。流水不腐，是减缓甚至基本消除河流黑臭的关键因素。

4）构建岸边绿化带，增强水体自净能力

治理黑臭水体的目的之一是为公众提供一个休闲娱乐的场所，因此必须彻底清除沿河垃圾，严格控制有色有味污染源直排，对岸边带进行绿化改造，恢复其自然状态，建立河道保洁的长效运行管理机制。同时，采用岸边植物、挺水植物和沉水植物搭配构筑的景观修复途径，有效改变水生态系统的能量和物质流动方式，形成具有自净功能的水体。

4.4　水体环境污染控制

水体环境污染是当今世界各国面临的共同问题。随着经济的发展、人口的递增和城市化进程的加快，全球水污染负荷还有日益加重的趋势，另外，人们生活水平的提高又对水环境质量提出了更高的要求。因此，科学、经济地进行水污染的控制，保证水环境的可持续利用，已成为世界各国特别是发展中国家最紧迫的任务之一。按水污染控制的工作程序、污水处理的实际程度，水污染控制可概括为系统整合、全过程的“三级控制”模式。

第一级，污染源头控制（上游段）。源头控制主要是利用法律、管理、经济、技术、宣传教育等手段，对生活污水、工业废水、农村面源和城市径流等进行综合控制，防止污染发生，削减污染排放。控源的重点是工业污染源和农村面源，进入城市污水截流管网的工业废水水质应满足规定的接管标准。

第二级，污水集中处理（中游段）。对于人类活动高度密集的城市区域，除了必要的分散控源外，应有计划、有步骤地重点建设城市污水处理厂，进行污水的大规模集中处理。污水处理厂的建设较为普遍，其特点是技术成熟，占地少，净化效果好，但工程投资甚大。同时应重视城市污水截流管网的规划及配套建设，适当改造已有的雨水/污水合流系统，努力实现雨污分流。

第三级，尾水最终处理（下游段）。城市尾水是指虽经处理但尚未达到环境标准的混合污水。一般而言，城市污水处理厂对去除常规有机物具有优势，但对引起水体富营养化的氮、磷和其他微量有毒难降解化学品的去除效果不佳。尾水并不等于清水（如尾水中氮、磷负荷一般占原污水的 60%～80%），直接排入与人类关系密切的清水水域，仍然存在极大的危险性，在发达国家日益受到重视的微量有毒污染问题就是例证。此外，城市污水处理厂基建投资和运行成本甚高，在经济较为落后的发展中国家，大规模地普建污水处理厂存在困难，城市尾水中实际上含有大量未经任何处理的污水（如我国目前城市污水集中处理率仅 13.65%）。因此，在排入清水环境前，加强对污水处理厂出水为主的城市尾水的处置，无论是对削减常规有机污染或是微量有毒污染而言，都殊为重要。三级深度处理可进一步解决城市尾水的处置问题，但因费用高昂，一般难以推广。国内外的研究及实践表明，以土壤或水生植物为基础的污水生态工程是较理想的尾水处理技术，甚至可作为一般城市污水集中处理重要的技术选择。此外，利用水体自净能力的尾水江河湖海处置工程也较为普遍，而污水的重复利用也是一个重要的发展方向。

“三级控制”是一个从污染发生源头到污染最终消除的完整的水污染控制链，在控制过程中，实行清污分流、污水禁排清水水域等措施，以保障区域水环境的长治久安。

4.4.1　污染的源头控制

污染源头控制的实质是污染预防。事实证明，水污染预防要比通过“末端治理”试图消除水污染更加经济、有效。1990 年美国通过的《污染预防法》强调，在任何可行的情况下都要优先考虑污染的预防，并指出污染预防“与废物管理和污染控制截然不同，而且比它们要理想得多”。此外，对于并非来自单一、可确定源的水污染，如农村面源、城市径流以及大气沉降等，“末端治理”的办法并不适用，加强水污染预防尤为必要。根据水污染发生源的不同，有不同的污染源头控制对策。

1. 工业废水

工业废水排放量大，成分复杂，因此工业水污染的预防是水污染源头控制的重要任务。工业水污染的预防应当从优化结构、合理布局、清洁生产、就地处理以及管理控制等多方面着手，采取综合性整治对策，才能取得良好的效果。

（1）优化结构、合理布局。在产业规划和工业发展中，应从可持续发展的原则出发制定产业政策，优化产业结构，明确产业导向，限制发展能耗物耗高、水污染重的工业，降低单位工业产品的污染物排放负荷。工业的布局应充分考虑对环境的影响，通过规划引导工业企业向工业区相对集中，为工业水污染的集中控制创造条件。

（2）清洁生产。清洁生产是采用能避免或最大限度减少污染物产生的工艺流程、方法、材料和能源，将污染物尽可能地消灭在生产过程之中，使污染物排放减小到最少。在工业企业内部推行清洁生产的技术和管理，不仅可从根本上消除水污染，取得显著的环境效益和社会效益，而且往往还具有良好的经济效益。

（3）就地处理。城市污水处理厂一般仅能去除常规有机污染物，工业废水成分复杂，含有大量难降解有毒有害物质，对污水处理厂的正常运行构成威胁，因此必须加强对工业企业污染源的就地处理或工业小区废水联合预处理，达到污水处理厂的接管标准。工业废水中的许多污染物往往可以通过处理、回收，获得一定的经济效益。

（4）管理措施。进一步完善工业废水的排放标准和相关控制法规，依法处理工业企业的环境违法行为。建立积极的激励机制，如通过产品收费、税收、排污交易、公众参与等方法来控制污染，通过提高环境资源投入的价格，促使工业企业提高资源的利用效率。

2. 生活污水

随着生活水平的提高，城镇生活用水量日益增长，生活污水问题逐渐突出。在世界发达国家及我国发达地区，生活污水已逐步取代工业废水成为水环境主要的有机污染来源。

（1）合理规划。由于生活污水具有源头分散、发生不均匀的特点，很难从源头上对城市生活污水进行逐个治理，因此从规划入手实现居民入小区，引导人口的适度集中，既符合社会经济的发展需要，又有利于生活污水的集中控制。

（2）公众教育。现代水输系统使公众逐渐对废物产生一种“冲了就忘”的态度，所以应将加强“绿色生活”教育、提高公众环保意识，作为减少家庭水污染物排放、降低城市污水处理负担的重要内容，如节约用水，鼓励选用无磷洗衣粉，避免将危险废物如涂料、石油等产品随意冲入下水道等。

3. 面源污染

1）农村面源

农村面源种类繁多，布局分散，难以采取与城市区域“同构”的集中控制措施以消除污染。农村面源控制的首要任务就是控源，具体措施如下。

（1）发展节水农业。农业是全球最大的用水部门，农业节水不仅可以减少对水资源的占用，而且“节水即节污”，从而降低农田排水，减少对水环境的污染。

（2）减少土壤侵蚀。富含有机质的土壤持水性能好，不易发生水土流失，因此减少土壤侵蚀的关键是改善土壤肥力，具体措施包括调整化肥品种结构，科学合理施肥，增加堆肥、粪便等有机肥的施用，实行作物轮作，减少土壤肥力的消耗等。此外，研究表明，中等坡度土地的等高耕作（沿自然等高线耕作）与直行耕作相比可减少土壤流失 50%以上，应重视开展土地的等高耕作制度。当然，有时解决高侵蚀区（如大于 25°的坡地）水土流失的唯一的办法是将土地从农业耕作中解脱出来，实行退耕还林（森林）、还草（草地）、还湿（湿地）。

（3）合理利用农药。推广害虫的综合管理（IPM）制度，以最大限度地减少农药施用量，该模式包括各种物理技术、栽培技术和生物技术，如使用无草无病抗虫品种，实行不同作物的间种和轮作，利用昆虫抑制害虫，选用低毒、高效、低残留的多效抗虫害新农药，合理施用农药等。

（4）截流农业污水。恢复多水塘、生态沟、天然湿地、前置库等，以储存农村污染径流，目的是实现农村径流的再利用，并在到达当地水道之前，对其进行拦截、沉淀、去除悬浮固体和有机物质。

（5）畜禽粪便处理。现代畜禽饲养常常会产生大量的高浓缩废物，因此需对畜禽养殖业进行合理布局，有序发展，同时加强畜禽粪尿的综合处理及利用，鼓励科学的有机肥还田。此外，应严格控制高密度水产养殖业发展，防止水环境质量恶化。

（6）乡镇企业废水及村镇生活污水处理。对乡镇企业的建设应统筹规划，合理布局，积极推行清洁生产，对高能耗、高污染、低效益的乡镇企业实施严格管制。在乡镇企业集中的地区以及居民住宅集中的地区，逐步建设一些简易的污水处理设施。

2）城市径流

在城市地区，暴雨径流所携带的大量污染物质是加剧水体污染的一个重要原因。工程技术人员和城市规划者们提出了许多减少和延缓暴雨径流的措施。

（1）充分收集利用雨水。通过设立雨水收集桶、收集池等装置，将雨水收集用于城市的道路浇洒或绿化，既有利于减轻城市供水系统的压力，又由于雨水不含自来水中常有的氯，也有利于植物的生长。此外，在平坦的屋顶上建造屋顶花园，不仅能减少暴雨径流，还可在冬季减少楼房的热损失，在夏季保持建筑物凉爽，提高城市环境的舒适度。

（2）减少城市硬质地面。大面积地铺筑地面会加剧城市径流，用多孔表面（如砾石、方砖或其他更复杂的多孔构筑）取代某些水泥和沥青地面，则有利于雨水的自然下渗，减少径流量。据研究，多孔铺筑地面能去除暴雨中80%～100%的悬浮固体、20%～70%的营养物和15%～80%的重金属。但多孔表面没有传统铺筑地面耐久，因此从经济角度看，多孔表面更适合于交通流量少的道路、停车场、人行道。

（3）增加城市绿化用地。一般说来，城市中绿地越多，径流就越少。目前，国外很多城市通过暴雨滞洪地或湿地的建设，以延缓城市径流并去除污染，这些系统可去除约75%的悬浮物及某些有机物质和重金属。这些地区往往建设成为城市公园，还可为某些野生动植物提供生境。

4.4.2 污水的集中处理

污水的集中处理即活水的人工处理，其废水处理方法可以根据污染物质在处理过程中的变化特征、处理程度、处理原理等来分类。

1. 根据污染物质在处理过程中的变化特征分类

根据污染物质在处理过程中的变化特征，可将废水处理分为分离法、转化法和稀释法三种类型。

1）分离法

分离法是通过各种外力作用，把有害物从废水中分离出来。废水污染物存在形式的多样性（离子态、分子态、胶体和悬浮物）和污染物特性的各异性，决定了分离方法的多样性。①离子分离方法：离子交换法、离子吸附法、离子浮选法、电解法、电渗析法。②分子分离法：吹脱法、汽提法、萃取法、蒸馏法、吸附法、浮选法、结晶法、蒸发法、冷却法、反渗透法等。③胶体分离方法：混凝法、气浮法、过滤法和胶粒浮选法等。④悬浮物分离方法：重力分离法、离心分离法、磁力分离法、筛滤法等。

2）转化法

转化处理是通过化学或生化的作用，改变污染物的性质，使其转化为无害的物质或可分离的物质，然后再进行分离处理的过程。转化处理又分成三种基本类型，即化学转化法、生物化学转化法和消毒转化法。①化学转化法：中和法、氧化还原法、电化学法、沉淀法、水质稳定法、自然衰变法等。②生物化学转化法：好氧处理法、厌氧处理法及土地处理系统等。③消毒转化法：药剂消毒法和能源消毒法两类。

3）稀释法

稀释法既不能把污染物分离，也不能改变污染物的化学性质，而是通过高浓度废水和低浓度废水或天然水体的混合来降低污染物的浓度，使其达到允许排放的浓度范围，以减轻对水体的污染。

2. 根据废水处理的原理分类

对不同的污染物质应采取不同的污水处理方法，传统的污水处理技术已有上百年的发展历史，这些技术方法按其作用原理可分为物理处理法、化学处理法、物理化学处理法和生物处理法四大类。详见表 4-11。

表 4-11　废水处理基本方法

分类		处理方法	处理对象	适用范围
物理法	稀释法		污染物浓度小，毒性低或浓度高	最终处理、预处理
	调节法		水质、水量波动大	预处理
	重力分离法	沉淀	可沉固体悬浮物	预处理
		隔油	大颗粒油粒	预处理
		气浮（浮选）	乳化油及比重近于 1 的悬浮物	中间处理
	离心分离法	水力旋流	比重大的悬浮物如铁皮、砂等	预处理
		离心机	乳状油、纤维、纸浆、晶体等	预处理或中间处理
	过滤法	格栅	$d>15$nm 粗大悬浮物	预处理
		筛网	较小的悬浮物、纤维类悬浮物	预处理
		砂滤	细小悬浮物、乳油状物质	中间处理或最终处理
		布滤	细小悬浮物、沉渣脱水	中间处理或最终处理
		微孔管	极细小悬浮物	最终处理
		微滤机	细小悬浮物	最终处理
	热处理法	蒸发	高浓度废液	中间处理（回收）
		结晶	有回收价值的可结晶物质	中间处理（回收）
		冷凝	吹脱、气提后回收高沸点物质	中间处理（回收）
		冷却、冷冻	高浓度有机或无机废液	中间处理（回收）
	磁分离法		可磁化物质	中间或最终处理

续表

分类		处理方法	处理对象	适用范围
化学法	投药法	混凝	胶体、乳化油	中间或最终处理
		中和	稀酸性废水或碱性废水	中间或最终处理
		氧化还原	溶解性有害物，如 CN^-，S^{2-}	最终处理
		化学沉淀	重金属离子，如 Cr^{3+}、Hg^{2+}、Zn^{2+}等	中间或最终处理
	电解法		重金属离子	最终处理
	水质稳定法		循环冷却水	中间处理
	自然衰变法		放射性物质	最终处理
	消毒法		含细菌、微生物废水	最终处理
物理化学法	传质法	蒸馏	溶解性挥发物质，如酚	中间处理
		气提	溶解性挥发物质酚、苯胺、甲醛	中间处理
		吹脱	溶解性气体，如 H_2S、CO_2 等	中间处理
		萃取	溶解性物质，如酚	中间处理
		吸附	溶解性物质，如汞盐；有机物	中间处理
		离子交换	可离解物质，如金属盐类	中间或最终处理
	膜分离法	电渗析	可离解物质，如金属盐类	中间或最终处理
		反渗透	盐类、有机物油类	中间或最终处理
		超滤	分子量较大的有机物	中间或最终处理
		扩散渗析	酸碱废液	中间或最终处理
生物法	天然生物处理	氧化塘法	胶体状和溶解性有机物	最终处理
	人工生物处理	土地处理法	胶体状和溶解性有机物、N、P 等	最终处理
		生物膜法	胶体状和溶解性有机物	最终或中间处理
		生物滤池	水量大，水质波动小，连续排水	最终或中间处理
		生物转盘	水量小，水质波动大，间隔排水	最终或中间处理
		活性污泥法	胶体状和溶解性有机物	最终或中间处理
		生物接触氧化	胶体状和溶解性有机物	最终或中间处理
		厌氧消化	高浓度有机废水或有机污泥	最终或中间处理

1）物理处理法

物理处理法的基本原理是利用物理作用使悬浮状态的污染物质与废水分离，在处理过程中不改变污染物的性质。既可使废水得到一定程度的澄清，又可回收分离出的物质加以利用，其目的是将粗大颗粒物去除，它们的大小约在 0.1 mm 或 1 mm 以上。该法最大的优点是简单、易行、经济、效果好。常用的有过滤法、沉淀法、气浮法、离心分离等。

A. 过滤法

（1）格栅、筛网与微滤机。在废水排放过程中，废水通过下水道流入水处理厂，应首先经过斜置在渠道内的格栅、穿孔板、筛网或微滤机，使漂浮物或悬浮物不能通过而被阻留在格栅、筛网或微滤机上。此步是废水的预处理，其目的在于回收有用物质；初步澄清废水，减轻处理设备的负荷；以免抽水机械发生故障和管道受到颗粒物堵塞。

（2）粒状滤料过滤。废水通过粒状滤料（如石英砂）层时，其中细小的悬浮物和部分胶体就被截留在滤料的表面和内部空隙中。这种通过粒状介质层分离不溶性污染物的方法称为粒状滤料过滤。其过滤机理包括以下几个方面。

阻力截留。当废水自上而下流过粒状滤料层时，粒径较大的颗粒首先被截留在表层滤料上或空隙中，从而使此层滤料空隙越来越小，截污能力也变得越来越高，结果逐渐形成一层主要由被截留的固体颗粒构成的滤层，并由它起主要的过滤作用。

重力沉降。废水通过滤料层时，众多的滤料表面提供了巨大的比表面积。据估计，1 m^3 粒径为 0.5 mm 的滤料中就有大约 400 m^2 不受水力冲刷影响而可供悬浮物沉降的有效面积，形成无数的小沉淀池，悬浮物比较容易在此沉降下来。

接触絮凝。由于滤料具有巨大的比表面积，它与悬浮物之间有明显的物理吸附作用。此外，砂粒、煤渣、碎石、粒煤或其他滤料在水中常带有表面负电荷，能吸附带正电荷的铁、铝、硅等胶体，从而在滤料表面形成带正电荷的薄膜，并进而吸附带负电荷的黏土和有机物等胶体，在滤料上发生接触絮凝。

B. 沉淀法

沉淀法是利用废水中悬浮颗粒和水的比重不同，借助重力沉降作用将悬浮颗粒从水中分离出来的水处理方法。根据水中悬浮颗粒的浓度和絮凝特性可分为以下几种。

（1）自由沉降。颗粒之间互不聚合，单独进行沉降。在沉淀过程中，颗粒呈离散状态，只受到本身在水中的重力、水的浮力和水流阻力的作用，其大小、形状、质量均不改变，下降速度也不受其他颗粒的影响。如少量砂粒在水中的沉淀。

（2）混凝沉降。混凝沉降是指在混凝剂的作用下，使废水中的胶体和细微悬浮物凝聚为絮凝体，然后再靠重力沉降予以去除。常用的无机混凝剂有明矾、硫酸铁、三氯化铁、聚铁系列、聚铝系列、聚合硅酸铝铁系列；常用的有机絮凝剂有聚丙烯酰胺系列、聚丙烯酸钠、聚二甲基二烯丙基氯化铵、聚胺、木质素、改性淀粉、改性田菁胶等，最近微生物絮凝剂越来越受到人们的青睐。

（3）拥挤沉降。当废水中悬浮物含量较大时，颗粒间的距离较小，其间的聚合力能使其集合成为一个整体，并一同下沉。因此澄清水和浑浊水间有一明显的界面（即浑液面），逐渐向下移动，此类沉降为拥挤沉降或区域沉降。据资料介绍，当悬浮物的数量占液体体积的 1%时，就会出现拥挤沉降现象。

（4）压缩沉降。压缩沉降即污泥压缩，当悬浮液中的悬浮固体浓度很高时，颗粒互相接触、挤压，在上层颗粒的重力作用下，下层颗粒间隙中的水因压力增加而被挤出，颗粒群体被压缩，使污泥浓度升高。压缩沉降经常发生在沉淀池的污泥斗或污泥浓缩池中，进行得很缓慢。

C. 气浮法

气浮法就是在废水中产生的大量微小气泡作为载体去黏附废水中微细的疏水性悬浮固体和乳化油，使其随气泡上浮到水面，形成泡沫层，然后用机械方法撇除，从而实现固液或液液分离，使污染物从废水中分离出来。气浮过程包括气泡产生、气泡与颗粒（固体或液滴）附着以及上浮分离等连续步骤。要实现气浮法分离：第一，必须向水中提供足够数量的微细气泡，气泡尺寸为 15～30 μm 较理想；第二，必须使目标物呈悬浮状态或具有疏水性，从而附着于气泡上并上浮。产生微气泡的方法主要有电解法、机械法和压力溶气法三种。①电解法：向水中通入 5～10 V 的直流电，废水电解产生 H_2、O_2 和 CO_2 等气体，气泡微细，密度小，直径小，浮升过程中不会引起水流紊动，浮载能力大，特别适用于脆弱絮凝体的分离。若采用铝、钢板作阳极，则电解溶蚀产生的Fe^{2+}和Al^{3+}离子经过水解、聚合及氧化，生成具有凝聚、吸附及共沉作用的多核羟基络合物和胶状氢氧化物，有利于水中悬浮物的去除。但由于电极板易结垢、电耗较高等，目前该法还未大规模使用。②机械法：使空气通过微孔管、微孔板、带孔转盘等生成微小气泡；③压力溶气法：将空气在一定的压力下溶于水中，并达到饱和状态，然后突然减压，过饱和的空气便以微小气泡的形式从水中逸出。目前废水处理中的气浮工艺多采用压力溶气法。

气浮法的特点：①由于气浮池的表面负荷较高，水在池中停留时间短（10～20 min），故占地较少，节省基建投资；②气浮池具有预曝气作用，出水和浮渣都含有一定量的氧，有利于后续氧化处理或再用；③气浮法处理效率高，甚至还可去除原水中的浮游生物，出水水质好；④浮渣含水率低，这对污泥的后续处理有利，而且表面刮渣也比池底排泥方便；⑤可以回收利用有用物质。气浮法的主要缺点是：耗电量较大；设备维修及管理工作量较大；浮渣露出水面，易受风、雨等气候因素影响。

在水处理中，气浮法广泛应用于：①分离地面水中的细小悬浮物、藻类及微絮体；②回收工业废水中的有用物质，如造纸厂废水中的纸浆纤维及填料等；③代替二次沉淀池，分离和浓缩剩余活性污泥，特别适用于那些易于产生污泥膨胀的生化处理工艺中；④分离回收含油废水中的悬浮油和乳化油；⑤分离回收以分子或离子状态存在的目标物，如表面活性物质和金属离子。

D. 离心分离

物体做高速旋转时会产生离心力。含悬浮颗粒或乳化油的废水在高速旋转时，由于颗粒和水分子的质量不同，因此受到的离心力大小也不同，质量较大的颗粒被甩到外围，质量较小的油粒则留在内围。通过不同的出口，就可使颗粒物与水分开，从而使水质得到净化。用这种离心力分离废水中悬浮颗粒或乳化油的办法称为离心分离法。根据离心力产生的方式，离心分离设备可分为水力旋流器和器旋分离器（如离心机）。该法具有体积小、用料少、单位容积处理能力高的优点，但设备易受磨损、电耗较大。

2）化学处理法

化学处理法是利用化学反应的作用来去除水中的杂质或回收某些物质。主要处理对象是污水中溶解态和胶态的污染物质。它既可去除废水中无机的或有机的污染物，改变污染物的性质或存在状态，降低废水负荷，又可回收某些有用物质。常用的方法有混凝法、沉淀法、氧化还原法、中和法和电解法等。

A. 混凝法

混凝法是向水中投加混凝剂，使得污水中的胶体粒子（粒度 1～100 nm）以及微小悬浮物（粒度 100～10000 nm）污染物失去稳定性而聚集、下沉的水处理方法。水中的胶体和微细粒子表面通常都带有电荷，若向水中投加带有相反电荷的混凝剂，可使污水中的胶粒和微粒表面电性改变，呈现电中性或接近电中性，从而失稳凝聚成大颗粒而沉降去除。它是现代城市给水和工业废水处理工艺中的关键环节之一，它既可以去除水的浊度和色度及多种高分子物质、有机物、某种重金属毒物和放射性物质等，又可以去除导致富营养化的物质，如磷等可溶性无机物，同时，还能够改善污泥的脱水性能。它既可以自成独立的处理系统，又可以与其他单元过程组合，用于预处理、中间处理和终处理。由于混凝法具有经济、处理效果好、管理简单的特点，因此在污水处理中使用得非常广泛。

混凝剂的种类繁多，主要有无机混凝剂和有机混凝剂两大类。常用的无机混凝剂有：

①铝系混凝剂：如硫酸铝、氧化铝和明矾、聚合氯化铝、聚合硫酸铝等。②铁系混凝剂：主要是氯化铁、硫酸亚铁、聚合硫酸铁、聚磷酸铁等。③复合型混凝剂：聚氯化铝铁、聚硫酸铝铁、聚硅酸铝铁、聚合硅酸氯化铝铁等。常用的有机混凝剂有：①合成高分子混凝剂，如聚丙烯酰胺和聚磺基苯乙烯等。②天然高分子混凝剂，主要品种有淀粉及改性淀粉类、半乳甘露聚糖类、纤维素衍生物类、微生物多糖类及动物骨胶类等。③微生物高分子混凝剂。

B. 沉淀法

沉淀法是指向水中投加某些化学物质，使其与水中的溶解性污染物发生反应，生成难溶于水的沉淀，以降低或除去水中污染物的方法。根据使用的沉淀剂不同可将化学沉淀法分为石灰法、硫化物法、钡盐法等，也可根据互换反应生成的难溶沉淀物分为氢氧化物法、硫化物法等。化学沉淀法常用于含重金属、有毒物（如氰化物）等工业废水的处理。

如去除水中的锌、铜、汞等重金属离子时：

$$ZnSO_4+Na_2CO_3 \longrightarrow ZnCO_3\downarrow+Na_2SO_4$$

$$Cu^{2+}+S^{2-} \longrightarrow CuS\downarrow$$

$$Hg^{2+}+S^{2-} \longrightarrow HgS\downarrow$$

沉淀法具有经济、简便等优点，但管道易结垢堵塞与腐蚀、沉淀体积大、脱水困难。

C. 氧化还原法

在化学中，发生电子转移的反应称为氧化还原反应。失去电子的过程称为氧化，失去电子的物质（还原剂）被氧化；与此同时，得到电子的过程称为还原，得到电子的物质（氧化剂）被还原。因此，利用液氯、臭氧、高锰酸钾等强氧化剂，或利用电解时的阳极反应，将废水中的有害物质氧化分解为无害或毒性小的物质；利用还原剂（铁屑、锌粉、硫酸亚铁、亚硫酸氢钠等）或电解时的阴极反应，将废水中的有害物还原为无害或毒性小的物质，上述这些方法统称为氧化还原法。此法几乎可以处理各种工业废水以及脱色、除臭，特别是对废水中难以生物降解的有机物处理效果较好，但成本大多偏高。

目前常用的氧化还原法有：①氯化处理法。在水中加入氯气、氯水、液氯、漂白粉、次氯酸钠和二氧化氯等药剂，可氧化废水中许多污染物（如氰化物、硫化物、酚等），降低废水的负荷，同时还可消毒、杀菌。②臭氧氧化。臭氧是一种强氧化剂，它的氧化能力在天然元素中仅次于氟。它对各种有机基团均有较强的氧化能力，如蛋白质、胺、不饱和脂肪烃、芳香烃和杂环化合物、木质素、腐殖质等都能被臭氧氧化。它对去除有机物和无机物都有显著的效果，且不会产生二次污染；同时，制备臭氧用的电和空气不必储存和运输，操作管理简单，但臭氧发生器耗电量大。③铁屑还原处理含铬、含汞废水。

D. 中和法

中和法是利用酸碱中和以调整废水中的 pH，使废水达到中性左右的水处理方法。其反应原理是降低废水中的酸性（H^+）或碱性（OH^-）。处理酸性废水以碱为中和剂，处理碱性废水以酸作中和剂。被处理的酸与碱主要是无机酸和碱。其工艺过程比较简单，主要是混合或接触反应。

酸性废水的中和法常用的有：投药中和法、过滤中和法和碱性废水中和法。其中，①投药中和法是向酸性废水中投加碱性药剂，如石灰、氢氧化钠、石灰石、碳酸钠、氨水等。②过滤中和法是用耐酸材料制成滤池，内装碱性滤料，如石灰石、大理石和白云石等。③碱性废水中和法是向酸性废水中加入碱性废水，节约资源。碱性废水的中和处理常采用废酸、酸性废水、烟道气（含有 CO_2、SO_2、H_2S 等及酸性废气）进行中和处理。

E. 电解法

电解质溶液在电流的作用下，发生电化学反应的过程称为电解。电解法处理工业废水的机理是经电极通入一定电压的电流后，使溶解在废水中的电解质电离，不同极性的离子分别向两极移动，经过化学反应而逐步形成絮凝物质，或生成气体从水中逸出，使废水中的电解质或胶状物得以去除。像这种利用电解的原理来处理废水中有毒物质的方法称为电解法。电解法是一个复杂的氧化、分解及混凝沉淀相结合而连续进行的过程。电解槽中的废水在电解过程中，实际上常包括氧化反应、还原反应、浮选、混凝等复杂过程。因此该方法多用于去除水中的铅、汞等金属离子及含油废水的脱色等工业废水的处理。

3）物理化学处理法

利用物理化学的原理和化工单元操作来除去水中杂质的方法称为物理化学法。常用的方法有萃取法、吸附法、离子交换法、膜分离法等方法。

A. 萃取法

萃取法是利用某些污染物在水中和特定溶剂中的溶解度不同来分离混合物的方法。该方法是使废水中的溶质转入另一与水不互溶的溶剂中，而后使溶剂与废水分层分离，并且溶剂可再生反复利用。萃取法处理废水时，一般经过四个步骤：①混合传质。把萃取剂加入废水中并充分混合接触，污染物作为萃取物从废水中转移到萃取剂中。②分离。利用萃取剂与溶质（污染物）的沸点、酸碱性、密度等性质的不同，将萃取剂和水分离。③回收。把萃取物从萃取剂中分离出来，然后再处理污染物。④萃取剂纯化，以便循环利用。

B. 吸附法

吸附法是利用多孔性的固体物质，使污水中的一种或多种物质（通过范德华力、化学键力和静电引力）被吸附在固体表面而去除。常用的吸附剂有活性炭、磺化煤、焦炭、木炭、泥煤、高龄土、硅藻土、硅胶、炉渣、木屑、金属屑（铁粉、锌粉、活性铝）、吸附树脂等。此法多用于吸附污水中的酚、汞、铬、氰等有毒物质及废水的除色、脱臭。吸附操作可分为静态和动态两种。动态吸附是在废水流动条件下进行的吸附操作；静态吸附则是在废水不流动的条件下进行的操作。目前常用的吸附装置有固定床、移动床和流化床三种。

C. 离子交换法

离子交换法是一种用离子交换剂去除废水中阴、阳离子的方法。目前主要使用的交换剂是离子交换树脂，它大多是把废水中需去除的阴、阳离子与树脂中的氢、钠以及其他离子进行交换。采用离子交换法处理污水时必须考虑树脂的选择性。交换能力的大小主要取决于各种离子对该种树脂亲和力的大小。随着离子交换树脂的生产和使用技术的发展，近年来，其在回收和处理工业污水的有毒物质方面，由于效果良好、操作方便而得到广泛的应用，如去除污水中的铜、镍、镉、锌、汞、金、铬、酚、无机酸、有机物和放射性物质等污染物。

D. 膜分离法（膜析法）

膜分离是利用薄膜来分离水溶液中某些物质的方法的统称。它是指在一种流体相内或是在两种流体相之间用一层薄层凝聚相物质（膜）把流体相分隔为互不相通的两部分，并能使这两部分之间产生传质作用。这种膜可以是固体、液体或气体。它在分离过程中，一般不消耗热能，没有相的变化，设备简单，易于操作，适用性较广；但处理能力较弱，除扩散渗析法外，能耗较大。目前常用的有渗析法、反渗透法、超过滤法、微孔过滤、电渗析法和离子交换膜等。

（1）渗析法（扩散渗析法）。渗析法是利用一种渗透膜把浓度不同的溶液隔开，溶质（污染物）从浓度高的一侧透过膜而扩散到膜的另一侧，当膜两侧浓度达到平衡时，渗析过程停止。渗析法主要用于酸、碱物质的去除。如选用阴离子膜（只允许阴离子通过），可以从废酸液中回收酸。

（2）反渗透法。利用一种特殊的半渗透膜，在一定的压力下将水分子压过去，而溶解于水中的污染物质则被膜所截留，污水被浓缩的一种水处理方法（截留粒子粒径零点几纳米到 60 nm 或截留分子量在 500 以下）。目前该处理方法已用于海水淡化、含重金属的废水处理及污水的深度处理等方面。常用醋酸纤维素、芳香聚酰胺等有机高分子物质制作半透膜。

（3）超过滤法。超过滤法（简称超滤法）是利用特殊半渗透膜的一种膜分离技术；它与反渗透法类似，也是以压力为推动力，使水溶液中大分子物质（截留分子量在 500 以上乃至几万到上百万，如蛋白质、淀粉、油漆、藻类等）与水分离。膜表面孔隙大小是主要控制因素，超滤膜孔比反渗透膜孔大，且有较大的水通量。常用的制作材料有醋酸纤维素、聚酰胺、聚砜等高分子物质。

（4）微孔过滤。微孔过滤与超滤、反渗透类似，也是以压力为推动力的膜分离过程。其分离组分的颗粒粒径一般在 0.1～10 μm，操作压差一般为 0.01～0.2 MPa。其作用机理与普通过滤相似，是通过膜的筛分作用进行的。微孔过滤膜一般用纤维素、工程塑料制成，主要应用于电子、医药、化工、原子能、饮料、生物工程等行业及废水的深度处理。

（5）电渗析法。电渗析法是在直流电场的作用下，利用阴阳离子交换膜对溶液中阴阳离子的选择透过性（即阳膜只允许阳离子通过，阴膜只允许阴离子通过），使得溶液中的电解质（污染物）与水分离，以达到浓缩、纯化、合成、分离目的的一种水处理方法。它是在离子交换技术基础上发展起来的一项新技术。它与普通离子交换法不同，省去了用再生剂再生树脂的过程，因此具有设备简单、操作方便等优点。它可用于海水淡化、去离子水制备、分离或浓缩回收造纸等工业废水中的某些有用成分、电镀等工业废水处理等。

（6）离子交换膜。离子交换膜是一种由高分子材料制成的具有离子交换基团的薄膜，具有迁移传递阴、阳离子的功能，如电渗析和隔膜电解所用的膜。按照膜的构造可分为均相膜和异相膜，按照膜功能分为阴膜、阳膜和复合膜。

4）生物处理法

生物处理法是利用自然环境中微生物的生物化学作用氧化分解废水中呈溶解和胶体状态的有机物和某些无机毒物（如氰化物、硫化物），并将其转化为稳定无害的无机物的一种废水处理方法，具有投资少、效果好、运行费用低等优点，在城市废水和工业废水的处理中得到最广泛的应用。根据参与作用的微生物种类和供氧情况分为好氧生物处理和厌氧生物处理两大类。

A. 好氧生物处理

好氧生物处理法是在有氧的条件下，借助于好氧微生物（主要是好氧菌）和兼性菌的作用来进行的，如图 4-3 所示。其中一部分有机物被分解转化或氧化为 CO_2、NH_3、亚硝酸盐、硝酸盐、磷酸盐和硫酸盐等代谢产物，同时释放出的能量作为好氧菌自身生命活动的能源。另一部分（约三分之二）有机物则作为其生长繁殖所需要的构造物质，合成为新的原生质（细胞质）。其生物化学方程式可表示为

有机物的氧化：$C_xH_yON_n + O_2 \xrightarrow{\text{微生物}} CO_2 + H_2O + \text{能量}$

原生质的合成：$C_xH_yON_n + NH_3 + O_2 + \text{能量} \xrightarrow{\text{微生物}} C_5H_7N_2 + CO_2 + H_2O$

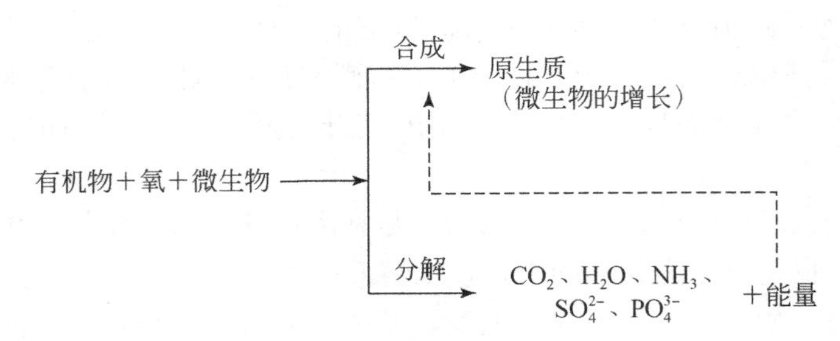

图 4-3　好氧处理的生化过程

依据好氧微生物在处理系统中所呈的状态不同，又可分为活性污泥法和生物膜法。

（1）活性污泥法。活性污泥法是利用人工培养和驯化的微生物群体（以细菌为主，包括真菌、藻类、原生动物及后生动物等）去分解氧化污水中可生物降解的有机物，通过生物化学反应，改变这些有机物的性质。活性污泥法是当前使用最广泛的一种生物处理法。它有多种运行方式，常用的有普通活性污泥法、完全混合式表面曝气法、吸附再生法等。大多数有机物均能用活性污泥法处理。当废水中有机物浓度不高（BOD 含量在 100～750 mg/L）时，废水在曝气池内停留时间一般为 4～6 h，去除废水中的有机物（BOD_5）90%左右。

（2）生物膜法。使污水连续流经固体填料（碎石、煤渣或塑料填料），在填料上大量繁殖生长微生物形成污泥状的生物膜，利用生物膜上的大量微生物吸附和降解水中有机污染物的水处理方法称为生物膜法。它与活性污泥法的不同之处在于微生物固着生长在介质滤料表面，故又称为“固着生长法”。即在废水与生物膜接触时，进行固、液相的物质交换，膜内微生物将有机物氧化，使废水获得净化，同时，生物膜内微生物不断生长和繁殖。从填料上脱落下来的衰老生物膜随处理后的污水流入沉淀池，经沉淀泥水分离。常用的生物膜法主要有：①填充式（或称润壁式）：废水和空气沿固定的或转动的接触介质表面的生物膜流过，典型的有生物滤池和生物转盘等。②浸渍式（或称浸没式）：生物膜载体完全浸没在水中，采用鼓风曝气。若载体固定，则称接触氧化法；若载体流化，则称为生物流化床。

B. 厌氧生物处理

厌氧生物处理过程又称厌氧消化，是在厌氧条件（隔绝氧气）下由多种微生物（厌氧菌和兼性菌）共同作用，使有机物分解并生成 CH_4、CO_2 和少量 H_2S、H_2 等无机物的过程，如图 4-4 所示。这种过程广泛地存在于自然界，人类早在 100 年前就开始了利用厌氧消化处理废水。整个消化过程可分为酸性发酵和碱性发酵两个阶段。

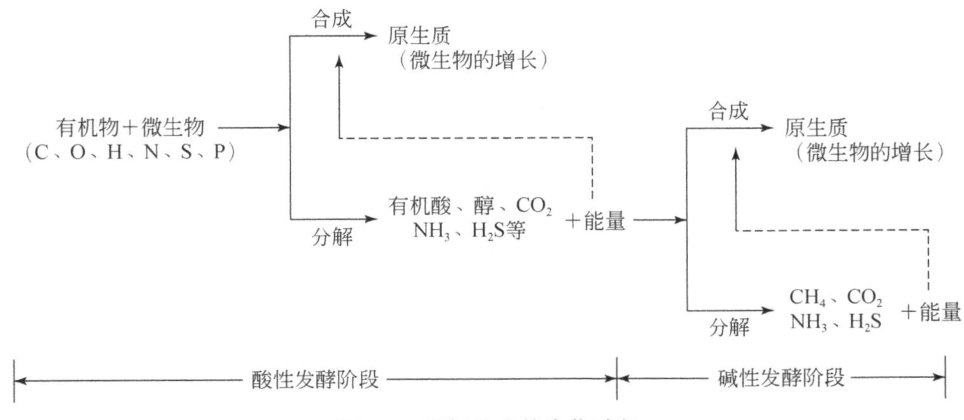

图 4-4　厌氧处理的生化过程

第一阶段是酸性发酵阶段。在微生物作用下，复杂的有机物进行水解和发酵。分解产物为有机酸（如甲酸、乙酸、丙酸、丁酸、脂肪酸、乳酸）、醇、H_2、NH_3、H_2S、CO_2 等以及其他一些硫化物，这时废水发出臭气。由于此阶段内有机酸大量生成，pH 随即下降，故称作酸性发酵阶段。第二阶段是碱性发酵阶段，又称作甲烷发酵阶段。随着发酵阶段的进行，由于所产生的 NH_3 的中和作用及有机酸的进一步降解，废水的 pH 逐渐上升，产物主要为甲烷和 CO_2，因此此阶段又称作碱性发酵阶段。

厌氧生物处理的特点是：能耗低、应用范围广、负荷高，通常好氧生物处理法的有机容积负荷为 1～2 kg BOD/（m^3·d），而厌氧生物处理法为 2～10 kg COD/（m^3·d），有时可高达 50 kg BOD/（m^3·d），也就是说，厌氧生物法适合于高浓度有机废水的处理；剩余污泥少。但厌氧生物增殖缓慢，启动和处理时间较长；出水常不能达到排放标准；系统控制因素较复杂。

C. 自然生物处理法

自然生物处理法即利用在自然条件下生长、繁殖的微生物处理废水的技术。主要特征是工艺简单，建设与运行费用都较低，但净化功能易受到自然条件的制约。自然生物处理法主要的处理技术有稳定塘和土地处理法。

3. 根据污水处理程度分类

由于污水中的污染物质具有多样性，因此不可能用单一的处理方法去除其中的全部污染物，往往需要多种处理方法、多个处理单元有机组合，才能达到预期处理程度的要求，而处理程度又主要取决于原污水的性质、出水受纳水体的功能以及有无后续再处置工程等。按污水处理深度的不同，污水处理大致可分为预处理、一级处理、二级处理和三级处理（深度处理）。

1）预处理

预处理的工艺主要包括格栅、沉砂池，用于去除污水中粗大的悬浮物、比重大的无机砂粒及其他较大的物质，以保护后续处理设施正常运行并减轻污染负荷。预处理中，污水通过箅子筛去掉树枝和碎布之类的残渣，并进入特别设计的通道，使其流速降低，砂砾等依靠重力沉淀下来。

2）一级处理

一级处理多采用物理处理方法，其任务是从污水中去除呈悬浮状态的固体污染物。经一级处理后，悬浮物去除率为 60%～70%，有机物去除率 20%～40%，废水的净化程度不高，一般达不到排放标准，因此一级处理多属于二级处理的前处理。

3）二级处理

二级处理的主要任务是大幅度去除污水中呈胶体和溶解状态的有机污染物，生物处理法是最常用的二级处理方法。经二级处理后，有机物去除率可达 70%～90%，处理后出水 BOD_5 可降至 20～30 mg/L，COD 与 SS 能达到国家目前规定的污水排放标准，但氮磷污染物仍很难达标排放。

4）三级处理

三级处理是在二级处理之后，进一步去除残留在污水中的污染物质，其中包括微生物未能降解的有机物、氮、磷及其他有毒有害物质，以满足更严格的污水排放或回用要求。三级处理通常采用的工艺有生物除氮脱磷法，或混凝沉淀、过滤、吸附等一些物理化学方法。国内县级以上污水处理厂，大部分于 2015 年底完成三级深度处理改造工作。

城市污水一级、二级和三级处理污染物质的去除效率比较见表 4-12。

表 4-12　污水一级、二级和三级处理的净化效果比较　（单位：%）

污染物质	一级处理	二级处理	三级处理
悬浮固体	60～70	80～95	90～95
生物耗氧量	20～40	70～90	>95
总磷	10～30	20～40	85～97
总氮	10～20	20～40	20～40
大肠杆菌	60～90	90～99	>99
病菌	30～70	90～99	>99
镉和锌	5～20	20～40	40～60
铜、铅和铬	40～60	70～90	80～89

由于工业废水的水质成分极其复杂，因此没有通用的集中处理工艺流程。应根据各类工业企业废水水质的具体情况，选取适宜的废水处理技术和工艺流程。对处理后达到城市污水截流管网接管标准的工业废水，可纳入城市污水处理厂进行统一处理。需要指出的是，污水的一级、二级、三级处理与水污染的“三级控制”模式是两个不同的概念。污水的一级、二级、三级处理是从纯技术角度而言，指对污废水的人工处理程度。而“三级控制”则是一个更广义的概念，它从规划与管理的角度，指对水污染从发生源头到最终消除这样的一个完整的水污染控制过程，“三级控制”既包括合理规划布局、优化产业结构、加强环境管理及宣传教育等社会经济手段，又包括清洁生产、污水人工处理、尾水生态处理等一系列技术措施。

4.4.3　尾水的生态处理

尾水人工三级处理的基建投资大，运行费用高，需要消耗大量的能源及化学品，因而较少大规模地使用。相比之下，尾水生态处理技术则依赖水、土壤、细菌、高等植物和阳光等基本的自然要素，利用土壤–微生物–植物系统的自我调控机制和综合自净能力，完成尾水的深度处理，同时通过对尾水中水分和营养物的综合利用，实现尾水无害化与资源化的有机结合，具有基建投资省、运行费用低、净化效果好的特点，是尾水深度处理的主导技术。尾水生态处理的主要类型包括稳定塘系统、土地处理系统和人工湿地处理系统。

1. 稳定塘

稳定塘又称氧化塘或生物塘，是指经过人工适当修整，设置围堤和防渗层的污水池塘，主要依靠自然生物净化功能使污水得到净化的一种水处理设施。稳定塘中除个别类型（如曝气塘）外，在提高其净化功能方面，不采取实质性的人工强化措施。污水在塘中的净化过程与自然水体的自净过程相似。污水在塘内缓慢流动、较长时间贮留，通过污水中存活微生物的代谢活动和包括水生植物在内的多种生物的综合作用，使有机污染物降解，污水得到净化。其净化过程包括好氧、兼性和厌氧三种状态。好氧微生物生理活动所需要的溶解氧主要由水面溶氧和塘内以藻类为主的水生浮游植物的光合作用所产生。

1）稳定塘的净化原理

稳定塘中，废水中的有机物主要是通过菌藻共生作用去除的。微生物（需氧细菌和真菌），将有机物氧化降解为 CO_2、水、无机的氮、磷等；藻类通过光合作用固定 CO_2 并摄取氮、磷等营养物质而生长，并释放出氧；藻类释放出的氧供需氧菌和兼性菌用以降解有机物。氧化塘工作示意图如图 4-5 所示。

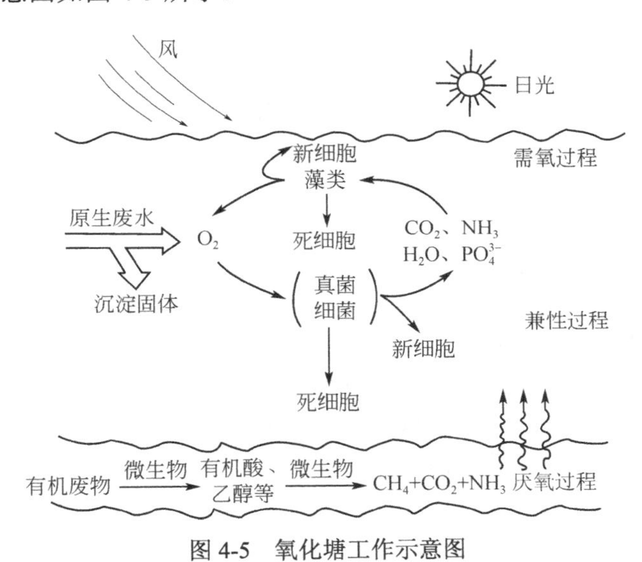

图 4-5　氧化塘工作示意图

2）稳定塘的特点

作为一种污水的自然生物处理技术，稳定塘具有一系列显著的优点：①能够充分利用地形，工程简单，建设投资省。建设稳定塘，可以利用农业开发利用价值不高的废河道、沼泽地以及峡谷等地段。这样既可起到整治国土，绿化、美化环境的作用，在建设上也具有周期短、易施工的优点。②能够实现污水资源化，使污水处理与利用相结合。稳定塘处理后的污水，一般能够达到农业灌溉的水质标准，可用于农业灌溉，充分利用污水的水肥资源。稳定塘内能够形成藻菌、水生植物、浮游生物、底栖动物以及虾、鱼、水禽等多级食物链，组成复合的生态系统。③水处理能耗低，维护方便，成本低廉。

稳定塘也具有一些问题：①占地面积大，没有空闲的余地是不宜采用的；②污水净化效果在很大程度上受季节、气温、光照等自然因素的控制，在全年范围内，不够稳定；③防渗处理不当，地下水可能遭到污染；④易于散发臭气和滋生蚊蝇等。

3）稳定塘的类型

根据塘水中微生物优势群体类型和塘水的溶解氧工况的不同，稳定塘可以分为好氧塘、兼性塘、厌氧塘、曝气塘四种。

（1）好氧塘。为了使整个塘保持好氧状态，塘深不能太大，一般不超过 0.5 m，阳光能够透入塘底。塘中的好氧微生物起有机污染物的降解与污水的净化作用，其所需的氧气由水面溶氧和生长在塘内的藻类进行光合作用提供。藻类是自养型微生物，它利用好氧微生物放出的 CO_2 作为碳源进行光合作用。一般污水在塘内停留时间较短，通常为 2～6 天，BOD_5 去除率可达 80%以上。好氧塘一般只适用于温暖而光照充足的气候条件，而且往往在需较高的 BOD_5 去除率且土地面积有限的场合应用。好氧塘的主要优点有出水稳定、占地面积小、能耗低以及停留时间较短等。但是好氧塘运转较为复杂，出水中含有大量藻类，排放前要经沉淀或过滤等将其去除。与养鱼塘结合，藻类可作为浮游动物的饵料。又由于其深度很小，故要对塘底进行铺砌或覆盖，以防杂草丛生。

（2）兼性塘。这是一种最常用的稳定塘，水深一般为 1.5～2.0 m，从塘面到一定深度（0.5 m 左右），阳光能够透入。藻类光合作用旺盛，溶解氧比较充足，呈好氧状态，塘底为沉淀污泥，处于厌氧状态，进行厌氧发酵。介于好氧和厌氧之间的为兼性区，存活大量的兼性微生物。通常的污水停留时间为 7～30 天，BOD_5 去除率可达 70%以上。由于污水停留时间长，降解反应可进入硝化阶段，产生的硝酸盐可在下层反硝化而去除氮，因此，兼性塘具有脱氮的功能。兼性塘应用非常广泛。可用于处理原生的城市污水（通常是小城镇），以及用于处理一级或二级出水。还可应用于工业废水的处理，此时，接在曝气塘或厌氧塘之后使处理水在排放之前得到进一步的稳定。兼性塘出水中也含有大量藻类，此外，还需要很大的面积来使表面 BOD_5 负荷保持在适宜的范围内。

（3）厌氧塘。水深一般在 2.0 m 以上，可接收很高的有机负荷，几乎全部区域为厌氧区，在其中进行水解、产酸以及甲烷发酵等厌氧反应全过程，净化速率低，污水停留时间长（20～50 天）。厌氧塘一般用作高浓度有机废水的首要处理工艺，后续兼性塘、好氧塘甚至深度处理塘，还可作为工业废水排入城市污水系统前的预处理工艺。厌氧塘的一个重要缺点是会产生难闻的臭味。塘的硬壳覆盖层，无论是由油脂自然形成的，还是由苯乙烯泡沫球形成的，都能有效控制臭味。

（4）曝气塘。水深一般在 2.0 m 以上，由机械或压缩空气曝气供氧。某些情况下，藻类光合作用与人工曝气同时供氧。污水停留时间为 3～10 天。曝气塘可分为好氧曝气塘和兼性曝气塘两种，可用于处理城市污水和工业废水，其后可接兼性塘。曝气塘的主要优点是有机负荷较高，占地面积较小。但是，由于需要人工曝气，增加了能耗，操作和维修复杂。

除以上四种稳定塘外，在应用上还存在一种专门用以处理二级处理后出水的深度处理期。这种塘的功能是进一步降低二级处理水中残留的有机污染物、悬浮固体、细菌以及氮、磷等植物营养物质等。

2. 污水土地处理系统

污水的土地处理系统是指在人工控制的条件下，将污水投配在土地上，通过土壤–植物系统，进行一系列物理、化学和生物的净化过程，使污水得到净化，并转化为新的水资源的一种污水自然生物处理方法。污水灌溉作为水肥合一、综合利用的一种污水农用的重要途径，在国内外已有很长的历史。近年来，由于对土壤及其生态系统和污水处理的关系有了深刻的认识，常规的污水灌溉发展成为污水的土地处理系统。由于化学等三级处理方法往往成本很高，因此，研究和开发土地处理系统作为污水三级处理的手段，并在某些条件下，将其作为污水的二级处理手段，能够经济有效地净化污水，充分利用污水中的营养物质和水，强化农作物、牧草和林木的生产，促进水产和畜产的发展，绿化、整治国土，建立良好的生态环境，是一种环境生态工程。

1）污水土地处理系统的组成

①污水的预处理设备；②污水的调节、储存设备；③污水的输送、配布和控制系统与设备；④土地净化田；⑤净化水的收集、利用系统。其中，土地净化田是土地处理系统的核心环节。

2）污水土地处理系统的净化机理

土地处理系统对污水的净化作用是一个非常复杂的综合过程，其净化过程主要包括：物理过程的过滤和吸附、化学反应和化学沉淀、植物的吸收利用以及微生物代谢作用下的有机污染物的分解等。其大体过程是：污水通过土壤时，土壤把污水中悬浮及胶体态的有机污染物截留下来，在土壤颗粒的表面形成薄膜，这层薄膜里充满了细菌，它能吸附和吸收污水中的有机污染物，并利用从空气中透进土壤空隙中的氧气，在好氧细菌的作用下将污水中的有机污染物转化为无机物，植物通过光合作用利用细菌代谢的最终产物（CO_2、NH_4^+、NO_3^-、PO_4^{3-}等）为原料，进行自身的生长。由此可知，土地处理系统净化污水实际上是利用土地生态系统的自净能力消除环境污染的。因此，保持污水土壤–微生物–植物的生态平衡是十分重要的。生态系统一旦被破坏，不仅达不到污水净化的目的，土地环境还将受到污染。

3）污水土地处理系统的工艺

污水土地处理系统的工艺主要有慢速渗滤（或称作物灌溉）、快速渗滤、地表漫流、湿地处理和地下渗滤五种类型。

（1）慢速渗滤处理系统。慢速渗滤处理系统是将污水投配到种有作物的土地表面，污水缓慢地在土地表面流动并向土壤中渗透，一部分污水直接为作物所吸收，一部分则渗入土壤中，从而使污水得到净化的一种处理工艺，如图 4-6 所示。

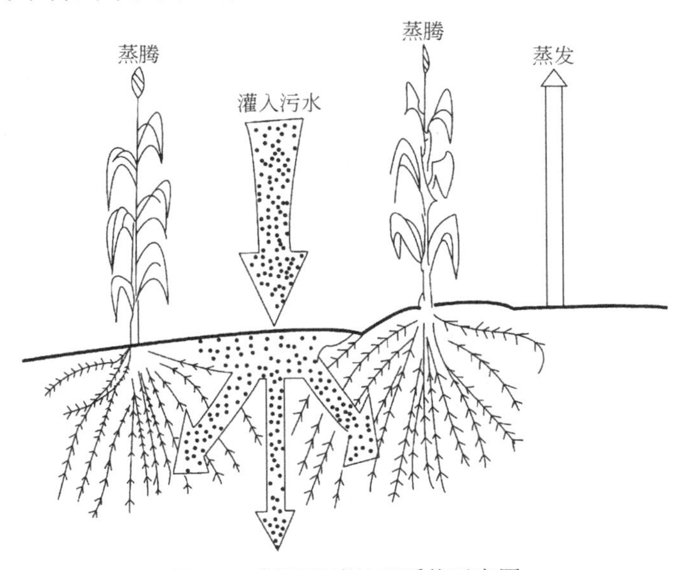

图 4-6　慢速渗滤处理系统示意图

向土地布水可采用表面布水和喷灌布水两种形式。污水的投配负荷低，污水在土壤层的渗滤速度慢，在含有大量微生物的表层土壤中停留时间长，水质净化效果非常好。当以处理污水为主要目的时，可采用多年生牧草作为种植的作物，牧草的生长期长，对氮的利用率高，可耐较高的水力负荷；当以利用污水为主要目的时，可选种谷物。由于作物生长受到气候条件的限制，对污水的水质及调蓄管理应加强。慢速渗滤系统是污水土地处理中最常用的方法，它适用于渗水性能良好的土壤（如砂质土壤）和蒸发量小、气候湿润的地区。

（2）快速渗滤处理系统。快速渗滤处理系统是将污水有控制地投配到具有良好渗滤性能的土地表面，在污水向下渗滤的过程中，通过过滤、沉淀、氧化、还原以及生物氧化、硝化、反硝化等一系列物理、化学和生物的作用，使污水得到净化的一种土地处理工艺，如图 4-7 所示。

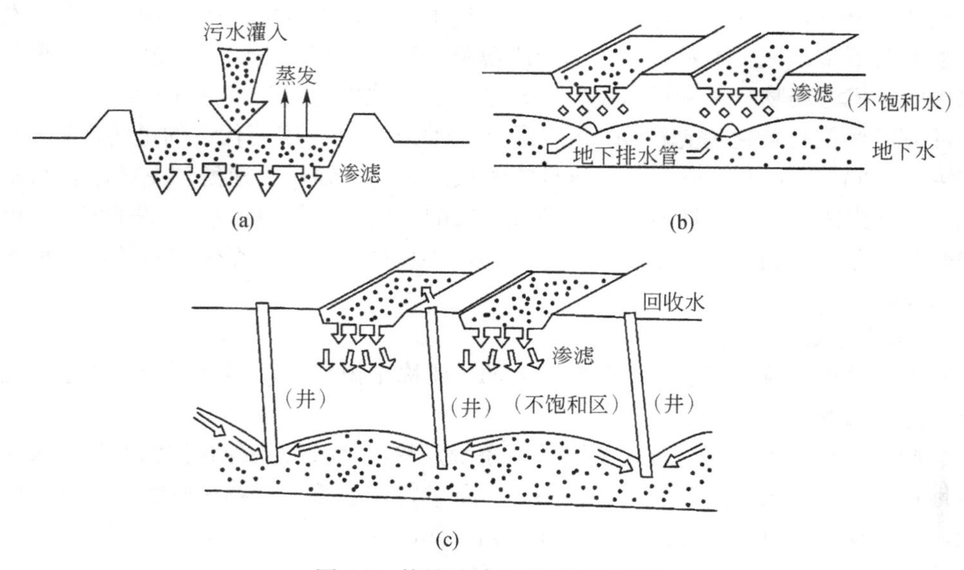

图 4-7　快速渗滤处理系统示意图

（a）补给地下水；（b）由地下排水管收集处理水；（c）由井群收集处理水

系统在运行过程中，周期性地向渗滤田灌水和休灌，使表层土壤处于淹水和干燥的交替状态，即厌氧和好氧交替运行状态。在休灌期，表层土壤恢复好氧状态，在这里产生强力的好氧降解反应，被土壤层截留的有机污染物被微生物所降解。休灌期土壤层脱水干化有利于下一个灌水期水的下渗和排出。在土壤层形成的厌氧、好氧交替运行状态还有利于氮、磷的去除。本系统的负荷率高于其他类型的土地处理系统，净化效果也很高。进入快速渗滤系统的污水需要进行一定的预处理，以去除易堵塞土壤表层的悬浮固体，同时还要进行一定的消毒处理，处理后的出水可作为地下水的补给水源。

（3）地表漫流处理系统。地表漫流处理系统是将污水有控制地投配到坡度较缓、土壤渗透性差的多年生牧草土地上，污水以薄层方式沿土地缓慢流动，在流动过程中得到净化的一种土地处理工艺，如图 4-8 所示。本系统以处理污水为主，兼行生长牧草。它对污水的预处理程度要求较低，地表径流收集处理水，对地下水污染较轻。污水在地表漫流的过程中，只有少部分蒸发和渗入地下，大部分汇入建于低处的集水沟。地表漫流系统适用于渗透性较低的黏土、亚黏土，最佳坡度为 2%～8%，处理效果良好，出水水质相当于传统生物处理的出水水质。

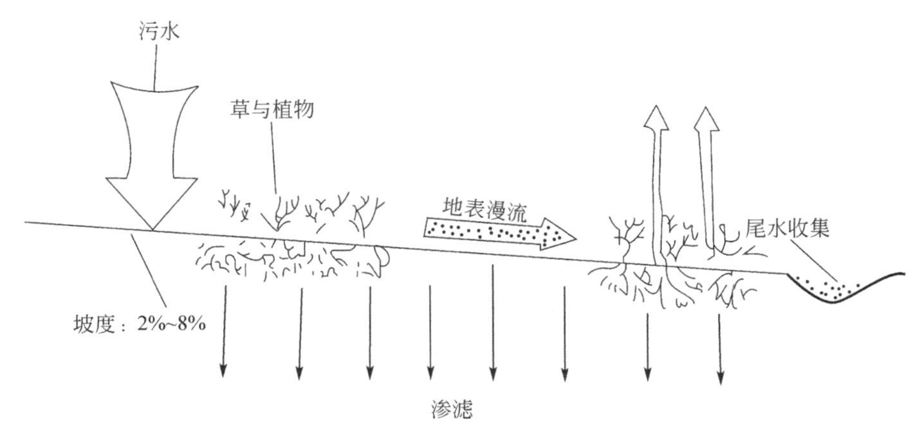

图 4-8　地表漫流处理系统示意图

（4）湿地处理系统。湿地处理系统是将污水投放到土壤经常处于水饱和状态而且生长有芦苇、香蒲等耐水植物的沼泽上，污水沿一定方向流动，在流动过程中，在耐水植物和土壤联合作用下，使污水得到净化的一种土地处理工艺。湿地一般可以分为天然湿地、自由水面人工湿地和地下水流人工湿地三类。湿地净化污水的物理、化学以及生物过程除具有土地处理的基础反应和相互作用的一般功能外，其系统主要特征是有水生植物生长。茂盛的水生植物提供了微生物的栖息地。维管束植物向根茎周围充氧，同时又有均匀水流、衰减风速、抑制底泥卷起和避免光照、防止藻类生长等多种作用。污水湿地处理系统既能处理污水，又能改善环境。

（5）地下渗滤处理系统。地下渗滤处理系统是将经过化粪池或酸化水解池预处理后的污水有控制地通入设于距地面约 0.5 m 深处的渗滤田，在土壤的渗滤作用和毛细管作用下，污水向四周扩散，通过过滤、沉淀、吸附和在微生物作用下的降解作用，使污水得到净化的一种土地处理工艺。本系统具有以下特征：①整体处理系统都设于地下，无损于地面景观，而且能够种植绿色植物，美化环境；②不受外界气温变化的影响，或影响较小；③建设运行费用低；④对进水负荷的变化适应性强，耐冲击负荷能力强；⑤如运行得当，处理水水质良好、稳定，可用于农业灌溉、城市绿化用水。

一般来说，尾水生态处理的净化效率高、运行效果稳定，通常优于常规二级处理，不少指标达到甚至超过三级处理的水平（表 4-13），因而也常用作污水人工二级处理的替代技术。值得指出的是，尾水生态系统对多种有机化学品（如多氯联苯、苯、甲苯、氯苯、硝基苯、萘等优先控制污染物）的净化效果理想。

表 4-13　几种主要的污水生态系统的净化效果　　（单位：%）

污染物质	慢速渗滤	快速渗滤	地表漫流
生化需氧量	80～99	85～99	>92
化学需氧量	80～95	>50	>80
悬浮物	80～99	>98	>92

续表

污染物质	慢速渗滤	快速渗滤	地表漫流
总磷	80～99	60～99	40～80
总氮	80～99	＜80	70～90
微生物	90～95	＞98	＞98
重金属	＞95	50～95	＞50
有机化学品	＞98	＞90	＞88

不足的是，与常规的人工处理方法相比，污水生态系统处理污水通常需要更多的停留时间和占用较大的空间，这在土地紧缺的大中城市是一大难题，因此将城市尾水调离城市区域，异地进行生态处理是一个值得重视的研究方向。

3. 人工湿地污水处理系统

人工湿地是近年来国内外研究较多的新型污水处理技术，它具有处理效果好、氮磷去除能力强、运转维护管理方便、工程基建费用低、对负荷变化适应性强等优势，较为符合我国目前大多数中小城市的污水处理发展需要。相应地，人工湿地污水处理系统因其具有投资建设成本小、运行费用低、易于管理维护等优点；且能够结合景观进行建设，具有景观优美的效果，近年来越来越受到人们的重视和接纳。目前，许多污水厂出水再经过人工湿地处理以进一步提高出水水质，减轻了对河流的污染，对水体的生态恢复具有积极的意义。

1）人工湿地的构成

人工湿地是由人工建造并控制运行的一种用于深度处理污水的生态系统，如图 4-9 所示。它是由一定比例的土壤和基质填料组合形成的填料床（在填料床的表面种植一些生命力强、具有较好的处理性能的水生高等植物）以及具有多种功能的微生物组成，利用填料床、植物、微生物的物理、化学、生物作用使污水得到净化的一种处理技术。

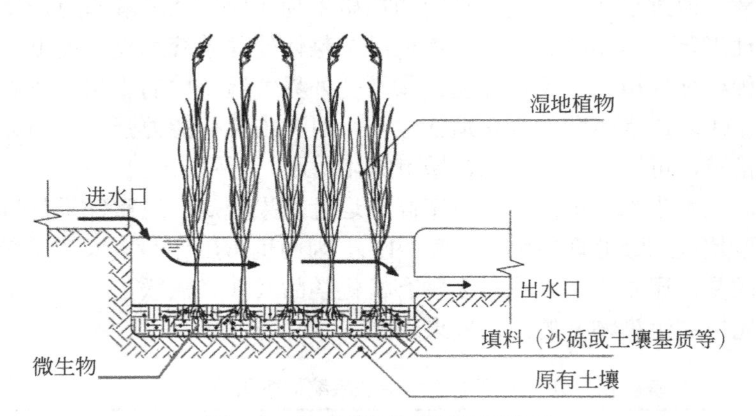

图 4-9　人工湿地处理系统示意图

填料床是处理污水的主要场所，也是植物与微生物的主要载体，当污水经过人工湿地时，其中的营养物质被基质拦截下来，并经过一系列的沉淀、吸附、吸收、离子交换等过程使污水中的氮、磷等营养物质被去除。大量研究表明，基质对有机物质有着较强的过滤作用，基质的渗透系数也影响着污水的处理能力，渗透系数越小越容易发生堵塞问题，不同的基质对污染物的处理效果不同。

植物主要通过其根系吸附富集重金属与一些有毒有害物质处理污水。植物为微生物的生长提供了重要条件，植物向土壤中释放的糖类、醇类以及根部的腐解均可促进微生物对有机污染物的分解。植物的输氧作用维持了人工湿地环境，使得根区存在有氧、缺氧及厌氧区域，为各类微生物提供了生长环境，有利于硝化细菌与反硝化细菌生长，从而去除氮。有学者认为人工湿地不能只应用一种植物，要充分利用生物多样性协同作用来提高人工湿地的净化能力。植物作为人工湿地的核心，不仅可以去除污染物、净化污水，还可以促进污水中营养物质的循环利用，从而绿化土地，改善生态环境。

微生物是人工湿地进行污水处理的“主力军”，其数量在一定程度上可以反映人工湿地对污水的处理能力。微生物的组成与其功能的发挥直接决定了人工湿地的处理效果。大量的有机物质和氮素等都需要微生物来去除，微生物群体是维持人工湿地稳定和净化污水的重要组成部分。大量研究表明，人工湿地的污水来源、类型、水生植物和基质种类、运行方式等都会导致微生物种群和数量的不同，因此当处理不同类型的污水时，应合理选择不同类型的人工湿地调控微生物的种群和数量，以获得快速、高效的处理。

2）人工湿地类型

从工程建设角度看，根据污水在湿地床中流动的方式将人工湿地分为三种类型：表面流人工湿地、潜流人工湿地与垂直流人工湿地。

（1）表面流人工湿地。表面流人工湿地是指污水在基质层表面流动，依靠基质、植物根茎的拦截及微生物的降解作用使污水净化的人工湿地，如图 4-10 所示。表面流人工湿地与自然湿地类似，水深一般在 4 m 以下，当污水进入湿地表面后，主要靠生长在植物茎、杆上的微生物去除其中的污染物。表面流人工湿地具有建设费用低、运行管理方便等优点，但也具有未充分发挥基质和植物的作用，运行中易产生异味、滋生蚊蝇，容易受环境影响等缺点。

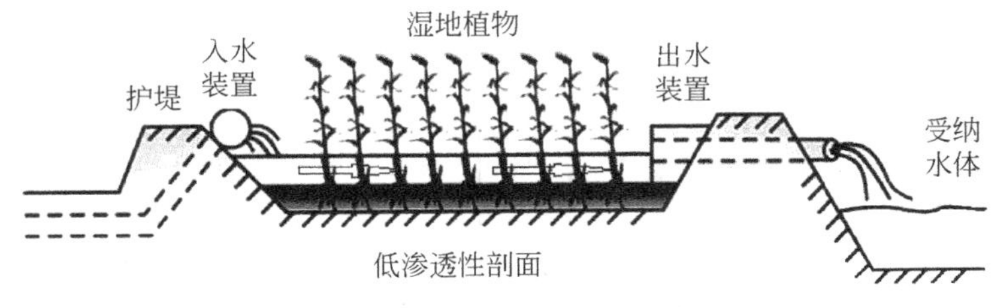

图 4-10　表面流人工湿地示意图

（2）潜流人工湿地。潜流人工湿地是指污水在填料床的表面下流动，流经基质时，通过基质的拦截作用、植物根部与生物膜的降解作用，使污水净化的人工湿地，如图 4-11 所示。与表面流人工湿地相比，潜流人工湿地水力负荷、污染负荷较大，对 BOD_5、COD、SS、重金属离子等均有较好的效果，且几乎没有异味、不滋生蚊蝇等。由于污水是在地表下流动，因此保温性较好，受气候影响较小。潜流人工湿地出水水质优于传统的二级生物处理。潜流人工湿地控制管理较为复杂，脱氮除磷效果不及垂直流人工湿地。

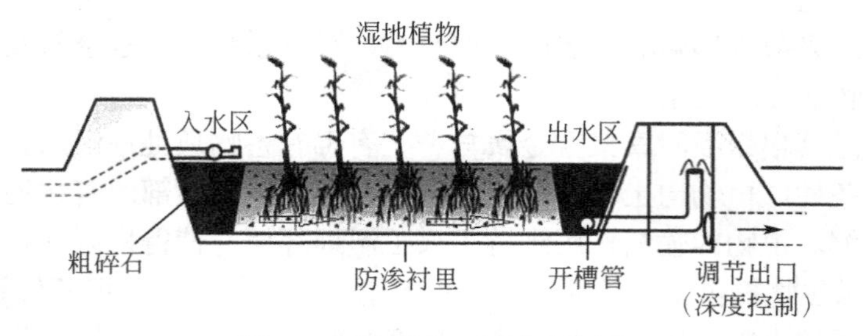

图 4-11　潜流人工湿地示意图

（3）垂直流人工湿地。垂直流人工湿地是指污水从湿地表面垂直流过基质，从底部排出（下行流），或从湿地底部垂直流过基质，从表层排出（上行流），使污水净化的人工湿地，如图 4-12 所示。该湿地基质处于不饱和状态，由于氧通过大气扩散与植物传输进入湿地系统，系统的硝化能力高于潜流人工湿地，因此可用来处理氨氮含量较高的污水。垂直流人工湿地对有机物的去除能力低于潜流人工湿地，落干/淹水时间较长，运行控制较复杂。

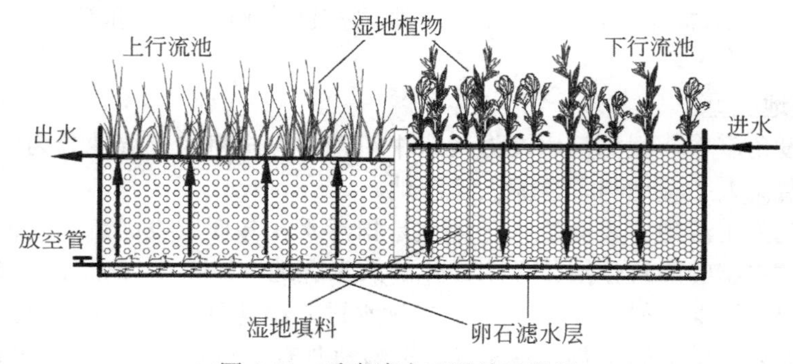

图 4-12　垂直流人工湿地示意图

以上三种人工湿地各有特点，它们在结构特点、水力负荷、占地面积、运行管理等方面的比较如表 4-14 所示。

表 4-14　三种类型人工湿地比较

人工湿地类型	结构特点	水力负荷	占地面积	受气候影响	建设成本	运营管理	主要用途
表面流人工湿地	水流流态较单一，基质较单一，适合生长的植物类型很多	较低	较大	较大	较小	较简单	适合处理只经过简单沉淀或一级处理的受污水体，处理农村生活、养殖污水等
潜流人工湿地	水流流态较复杂，基质类型多，适合生长的植物类型单一（挺水植物较多）	较高	较小	较小	较大	较复杂	适用于二级污水处理，处理二级城市污水、垃圾渗滤液等
垂直流人工湿地	水流流态较复杂，基质类型多，适合生长的植物类型单一（挺水植物较多）	较高	较小	较小	较大	较复杂	适合处理氨氮含量较高的污水，城市生活污水的深度处理等

“水十条”简介

为了全面控制污染物排放，推动经济结构转型升级，着力节约保护水资源，全力保障水生态环境安全，充分发挥市场机制作用，明确和落实各方责任。2015 年 4 月 16 日，国务院正式发布《水污染防治行动计划》，简称“水十条”。

行动计划确定了十个方面的措施：一是全面控制污染物排放。针对工业、城镇生活、农业农村和船舶港口等污染来源，提出了相应的减排措施。二是推动经济结构转型升级。加快淘汰落后产能，合理确定产业发展布局、结构和规模，以工业水、再生水和海水利用等推动循环发展。三是着力节约保护水资源。实施最严格水资源管理制度，控制用水总量，提高用水效率，加强水量调度，保证重要河流生态流量。四是强化科技支撑。推广示范先进适用技术，加强基础研究和前瞻技术研发，规范环保产业市场，加快发展环保服务业。五是充分发挥市场机制作用。加快水价改革，完善收费政策，健全税收政策，促进多元投资，建立有利于水环境治理的激励机制。六是严格环境执法监管。严惩各类环境违法行为和违规建设项目，加强行政执法与刑事司法衔接，健全水环境监测网络。七是切实加强水环境管理。强化环境治理目标管理，深化污染物总量控制制度，严格控制各类环境风险，全面推行排污许可。八是全力保障水生态环境安全。保障饮用水水源安全，科学防治地下水污染，深化重点流域水污染防治，加强良好水体和海洋环境保护。整治城市黑臭水体，直辖市、省会城市、计划单列市建成区于 2017 年底前基本消除黑臭水体。九是明确和落实各方责任。强化地方政府水环境保护责任，落实排污单位主体责任，国家分流域、分区域、分海域逐年考核计划实施情况，督促各方履责到位。十是强化公众参与和社会监督。国家定期公布水质最差、最好的 10 个城市名单和各省（区、市）水环境状况。加强社会监督，构建全民行动格局。

问题与讨论

1. 简述水的自然循环和社会循环。
2. 什么是水资源，水资源有哪些特性？
3. 写出水质分析中常用的有机污染指标及其含义。
4. 试述水体自净的类型与机制。
5. 简述水体主要污染源。
6. 什么是城市生活污水？简述其特点。
7. 思考不同水体的主要污染特征。
8. 什么是耗氧有机污染物？简述其主要危害。
9. 简述水体石油污染的危害。
10. 什么是难降解有机污染物？
11. 什么是水体热污染？简述其主要危害。
12. 简述水体富营养化的特征及危害。
13. 简述环境污染中重金属的含义及危害特点。
14. 简述水污染控制“三级控制”模式。
15. 简述污水人工处理的方法和分级及去除的污染物。

16. 简述尾水生态处理的原理和特点。
17. 简述稳定塘净化污水的原理。
18. 简述土地处理系统的净化机理。
19. 简述土地处理系统的组成与类型。
20. 简述湿地处理系统的类型和原理。

第5章　土壤环境污染与控制

［本章提要］：土壤是重要的自然资源，是农业发展的物质基础。土壤质量的优劣及污染状况直接关系到粮食安全和人群健康。本章首先阐述了土壤的物质组成与结构以及土壤性质，在此基础上着重介绍了土壤自净、土壤环境背景值和土壤环境容量及其环境行为和效应，最后较为详细地介绍了土壤污染、土壤资源的可持续利用及污染土壤修复技术。

［学习要求］：通过本章的学习了解土壤污染的危害及土壤的自净作用、土壤环境主要污染物来源，了解重金属和农药在土壤中的积累、迁移、转化和生物效应，了解土壤污染的综合防治措施，熟悉各类污染土壤的修复技术。

土壤是生态环境的重要组成部分，是人类赖以生存的主要资源之一，也是物质生物地球化学循环的储存库，对环境变化具有高度的敏感性。近年来，土壤环境质量日益恶化，造成其恶化的原因主要有：农业上不断增加的化肥使用量；化学农药的广泛使用；工业废水的农田排放；有毒有害污染物的事故性排放；固体废物填埋所引起的有毒有害物质的泄漏等。被污染的土壤通过对地表水和地下水形成二次污染和经土壤–植物系统由食物链进入人体，直接危及人体健康。因此，土壤生态环境的保护与治理已引起人们的普遍关注。

5.1　土　　壤

5.1.1　土壤的物质组成与结构

狭义的土壤是指地球陆地表面具有肥力、能够生长植物的疏松表层，是由岩石经风化发育而成的历史自然体；广义的土壤是指发育于地球陆地表面具有生物活性和孔隙结构的介质，是地球陆地表面的脆弱薄层，或土壤是固态地球表面具有生命活动，处于生物与环境间进行物质循环和能量交换的疏松表层。对土壤概念或定义的认识是一个不断从定性到定量、由不全面到较为全面的发展和提高的过程。土壤作为独立的自然历史体，是成土母质、气候、生物、地形和时间综合作用的产物，是经由岩石风化过程和生物因素主导作用下的成土过程所形成的，其形成过程也就是土壤肥力的发生发展过程。

1. 土壤的物质组成

土壤是由固态岩石经风化而成，由固、液、气三相物质组成的多相疏松多孔体系。土壤固相包括土壤矿物质和土壤有机质，土壤矿物质占土壤固体总重的90%以上。土壤有机质占土壤固体总重的1%～10%，一般可耕性土壤有机质含量占土壤固体总重的5%，且绝大部分在土壤表层。土壤液相是指土壤中水分及其水溶物；气相是指土壤孔隙所存在的多种气体的混合物。典型的土壤约有35%的体积是充满空气的孔隙。此外，土壤中还有数量众多的微生物和土壤动物等。

（1）土壤矿物质。土壤矿物质主要是由地壳岩石（母岩）和母质继承、演变而来，其成分和物质对土壤的形成过程和理化性质都有极大的影响。按成因可将土壤矿物质分为原生矿物和次生矿物两类。

原生矿物质是各种岩石受到程度不同的物理风化而未经化学风化的碎屑物，其原始的化学组成和结晶构造未改变，原生矿物是土壤中各种化学元素的最初来源。土壤中最主要的原生矿物有四类：硅酸盐类、氧化物类、硫化物类和磷酸盐类。

次生矿物大多数是由原生矿物经化学风化后重新形成的新矿物，其化学组成和晶体结构都有所改变。土壤次生矿物颗粒很小，粒径一般小于0.25 μm，具有胶体性质。土壤的许多重要物理性质（如黏结性、膨胀性等）和化学性质（如吸收、保蓄性等）都与次生矿物密切相关。通常土壤次生矿物可根据性质和结构分为三类：简单盐类、氧化物类和次生铝硅酸盐类。

（2）土壤有机质。土壤有机质是土壤中有机化合物的总称，包括腐殖质、生物残体和土壤生物。土壤中腐殖质是土壤有机质的主要部分，占有机质总量的50%～65%，它是一类特殊的有机化合物，主要是动植物残体经微生物作用转化而成的，在土壤中可以呈游离的腐殖酸盐类状态存在，也可以铁、铝的凝胶状态存在，还可与黏粒紧密结合，以有机–无机复合体等形态存在。这些存在形态对土壤的物理化学性质有很大影响，在能量迁移与物质转化中起重要作用。

（3）土壤水分。土壤水分主要来自大气降水和灌溉。在地下水位接近地面的情况下，地下水也是上层土壤水分的重要来源。此外，空气中水蒸气冷凝也会成为土壤水分。土壤水分并非纯水，而是土壤中各种成分溶解形成的溶液，不仅含有 Na^+、K^+、Mg^{2+}、Ca^{2+}、Cl^-、NO_3^-、SO_4^{2-}、HCO_3^- 等离子以及有机物，还含有有机和无机污染物。因此，土壤水分既是植物养分的主要来源，又是进入土壤的各种污染物向其他环境圈层（如水圈、生物圈）迁移的媒介。

（4）土壤空气。土壤孔隙中存在的各种气体混合物称为土壤空气。这些气体主要来自大气，组成与大气基本相似，主要成分都是 N_2、O_2、CO_2 及水蒸气等，但是又与大气有着明显的差异。首先，表现在 O_2 和 CO_2 含量上。土壤空气中的 CO_2 含量远比大气中的含量高，大气中 CO_2 含量为0.02%～0.03%，而土壤中一般为0.15%～0.65%，甚至高达5%，这主要来自生物呼吸及各种有机质分解。土壤空气中的 O_2 含量则低于大气，这是由土壤中耗氧细菌的代谢、植物根系的呼吸和种子发芽等因素所致。其次，土壤空气的含水量一般总比大气高得多，并含有某些特殊成分，如 H_2S、NH_3、H_2、CH_4、NO_2、CO 等，这是由土壤中生物化学作用的结果。另外，一些醇类、酸类以及其他挥发性物质也通过挥发进入土壤。最后，土壤空气是不连续的，而是存在于相互隔离的孔隙中，这导致了土壤空气组成在土壤各处都不相同。

2. 土壤的机械组成与质地分组

土壤中的矿物质由岩石风化和成土过程形成的不同大小的矿物颗粒组成。矿物颗粒的化学组成和物理化学性质有很大区别，大颗粒常由岩石、矿物碎屑或原始矿物组成，细颗粒主要由次生矿物组成。根据矿物颗粒直径大小，一般可分为砾石、砂粒、粉砂粒和黏粒四个粒级。土壤中各粒级所占的相对百分比或质量百分数称作土壤矿物质的机械组成或土壤质地。一般可分为四类，即砂土、壤土、黏壤土和黏土。土壤质地是影响土壤环境中物质与能量交换、迁移与转化的重要因素。

3. 土壤结构与土壤环境结构

1）土壤结构

土壤固相物质很少是单粒，多以不同形状的结构体存在。土壤结构性是土壤结构体的类型、数量、排列方式、孔隙状况及稳定性的综合特征。土壤孔隙特征是土壤结构性优劣的重要指标。良好的土壤结构性，其结构体内有较多的毛管孔隙，结构体之间有通气孔隙。团粒状结构及良好的团聚体结构体内有大量小孔隙，并以毛管孔隙为主，用于蓄存水分；团粒排列疏松，粒间为通气孔隙，用于通气透水。因此，团粒结构体土壤的水、气适宜，热量和养分状况协调。

2）土壤环境结构

土壤环境结构是指土壤各土层的固、液、气三相的比例、结构与组成，以及构成单个土体的三维层次构型（即土壤剖面构型）。典型的土壤随深度呈现不同的层次（图 5-1）。最上层为覆盖层（A_0），由地面上的枯枝落叶所构成。第二层为淋溶层（A），是土壤中生物最活跃的一层，土壤有机质大部分在这一层，金属离子和黏土颗粒在此层中被淋溶得最显著。第三层为淀积层（B），它受纳上一层淋溶出来的有机物、盐类和黏土类颗粒物质。C 层称母质层，由风化的成土母岩构成。母质层下面为未风化的基岩，常用 D 层表示。

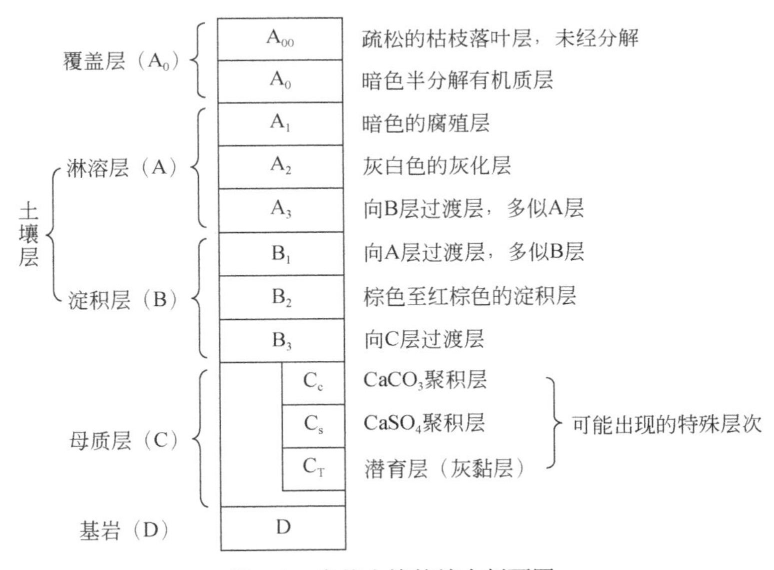

图 5-1　自然土壤的综合剖面图

以上这些层次统称为发生层。土壤发生层的形成是土壤形成过程中物质迁移、转化和积聚的结果，整个土层称为土壤发生剖面。

5.1.2　土壤性质

对土壤环境的最基层单元（单个土体）解剖可知，土壤环境不但是由多相物质、多土层组成的非均匀疏松多孔体系，而且在土壤环境内部及其与其他环境要素之间都存在复杂的物质与能量的迁移和转化。土壤胶体和土壤微生物是土壤中两个最活跃的组分，它们对污染物在土壤中的迁移、转化起着极为重要的作用。

1. 土壤的吸附性质

土壤吸附是一种界面化学行为，当土壤中固、液相界面上离子或分子浓度高于该离子或分子在土壤溶液中的浓度时即会出现吸附行为。土壤的吸附性质与土壤中的胶体有关。土壤胶体是指土壤中颗粒直径小于 1 μm，具有胶体性质的微粒。一般土壤中的黏土矿物和腐殖质都具有胶体性质。

土壤胶体可按成分及来源分为有机胶体、无机胶体、有机–无机复合体三大类：①有机胶体主要是生物活动的产物，是高分子有机化合物，呈球形、三维空间网状结构，胶体直径为 20～40 nm；②无机胶体主要包括土壤矿物和各种水合氧化物，如黏土矿物中的高岭石、伊利石、蒙脱石等，以及铁、铝、锰的水合氧化物；③有机–无机复合体是由土壤中一部分矿物胶体和腐殖质胶体结合在一起所形成的。这种结合可能通过金属离子桥键，也可能通过交换阳离子周围的水分子氢键来完成。

土壤胶体一般具有以下性质：①土壤胶体具有巨大的比表面和表面能，从而使土壤具有吸附性。无机胶体中以蒙脱石比表面积最大（600～800 m^2/g），不仅有外表面并且有巨大的内表面，伊利石次之，高岭石最小（7～30 m^2/g），与蒙脱石相当。物质的比表面积越大，表面能也越大，吸附性质表现也越强。②土壤胶体微粒具有双电层，微粒的内部称微粒核，一般带负电荷，形成一个负离子层（即电位离子层），其外部由于电性吸引而形成一个正离子层（又称反离子层，包括非活动性离子层和扩散层），合称为双电层。也有的土壤胶体带正电，其外部则为负离子层。土壤胶体体系中的许多现象都与胶体颗粒表面双电层的相互作用有关。③土壤胶体还具有凝聚性和分散性。由于胶体比表面和表面能都很大，为减小表面能，胶体具有相互吸引、凝聚的趋势，这就是胶体的凝聚性。但是在土壤溶液中，胶体常带负电荷，具有负的电动电位，因此胶体微粒又因相同电荷而相互排斥。电动电位越高，排斥越强，胶体微粒呈现出的分散性也越强。

土壤吸附从吸附机理上可以分为物理吸附（分子吸附或非极性吸附）、交换性吸附、专性吸附。

1）物理吸附

又称非专性吸附，是指离子在双电层中以简单的库仑作用力与土壤结合。物理吸附作用与土壤胶体比表面积和表面能有关，比表面积越大、表面能越大，物理吸附作用也越强。通常物理吸附速度比较快。一般认为，Cl^-、NO_3^-、碱金属离子（K^+、Na^+）及部分碱土金属离子（Ca^{2+}、Mg^{2+}等）在土壤中的吸附多为物理吸附。

2）交换性吸附

在土壤胶体双电层的扩散层中，补偿离子可以和溶液中相同电荷的离子以离子价为依据作等价交换，称为离子交换。离子交换作用包括阳离子交换作用和阴离子交换作用。

（1）土壤胶体的阳离子交换作用。

土壤胶体吸附的阳离子，可与土壤溶液中的阳离子进行交换，其交换反应如下：

$$X^{-Ca}+2K^+ \rightleftharpoons X^{-2K}+2Ca^{2+}$$

式中：X 为土壤胶体。

土壤胶体阳离子交换反应与化学置换反应类似，也是可逆反应，原有平衡被破坏后能迅速建立新的平衡。土壤胶体的阳离子交换吸附过程除依据离子价进行等价交换和受质量作用定律支配外，各种阳离子交换能力强弱主要依赖于电荷数和离子半径及水化程度。离子电荷数越高，阳离子交换能力越强；同价离子中，离子半径越大，水化离子半径就越小，其交换能力越强。土壤中常见阳离子交换能力顺序如下：

$$Fe^{3+} > Al^{3+} > H^{+} > Ba^{2+} > Sr^{2+} > Ca^{2+} > Mg^{2+} > Pb^{+} > K^{+} > NH_4^{+} > Na^{+}$$

每千克干土中所含全部阳离子总量称为阳离子交换量，以 mmol/kg 土表示。在土壤中，不同种类胶体的阳离子交换量顺序为：有机胶体＞蒙脱石＞水花云母＞高岭土＞含水氧化铁、铝。土壤质地与阳离子交换量也具有密切关系，一般来说，土壤质地越细，阳离子交换量越高。此外，土壤胶体中 SiO_2/R_2O_3 比值也影响土壤阳离子交换量，SiO_2/R_2O_3 比值越大，土壤阳离子交换量越大。当 SiO_2/R_2O_3 比值小于 2 时，阳离子交换量显著降低。胶体表面对 • OH 基团的离解受 pH 的影响，pH 下降，土壤负电荷减少，阳离子交换量降低；反之，交换量增大。

（2）土壤胶体的阴离子交换吸附。

土壤中阴离子交换吸附是指带正电荷的胶体所吸附的阴离子与溶液中阴离子的交换作用。阴离子的交换吸附比较复杂，它可与胶体微粒（如酸性条件下带正电荷的含水氧化铁、铝）或溶液中的阳离子（Ca^{2+}、Al^{3+}、Fe^{3+}）形成难溶性沉淀而被强烈吸附。土壤中阴离子交换吸附顺序如下：

F^{-}＞草酸根＞柠檬酸根＞PO_4^{3-}＞AsO_4^{3-}＞硅酸根＞HCO_3^{-}＞$H_2BO_3^{-}$＞醋酸根＞SCN^{-}＞SO_4^{2-}＞Cl^{-}＞NO_3^{-}

3）专性吸附

专性吸附也称为化学吸附或强选择性吸附，是指在含有大量浓度的介质离子时，土壤对痕量浓度的待测离子的吸附作用，或在吸附自由能中非静电因素的贡献比静电因素的贡献大时的吸附作用。土壤专性吸附的主要载体是有机质和氧化物，主要是氧化锰和氧化铁、铝，硅铝氧化物及含有硅铝氧键的无定型矿物。土壤专性吸附的速率一般较慢。

2. 土壤的酸碱度

土壤的酸碱度是土壤的重要理化性质之一，主要取决于土壤中含盐基的情况。土壤的酸碱度一般以 pH 表示。我国土壤 pH 大多为 4.5～8.5，呈“东南酸，西北碱”的规律。

（1）土壤酸度。土壤中的 H^{+}存在于土壤孔隙中，易被带负电的土壤颗粒吸附，具有置换被土粒吸附的金属离子的能力。酸雨、化肥和土壤微生物都会给土壤带来酸性，土壤酸度可分为：①活性酸度。又称有效酸度，是土壤溶液中游离 H^{+}浓度直接反映出的酸度，通常用 pH 表示。②潜性酸度。土壤潜性酸度的来源是土壤胶体吸附的可代换性离子，当这些离子处于吸附状态时不显酸性，但当它们通过离子交换进入土壤溶液后，可增大土壤溶液 H^{+}浓度，使 pH 降低。活性酸度和潜性酸度是土壤中一个平衡体系的两种酸度。有活性酸度的土壤必然会导致潜性酸度的生成，有潜性酸度的土壤也必然会产生活性酸度。

（2）土壤碱度。当土壤溶液中 OH^{-}浓度超过 H^{+}浓度时就显示碱性。土壤溶液中存在着弱酸强碱性盐类，其中最多的弱酸根是碳酸根和重碳酸根，因此，常把碳酸根和重碳酸根的含量作为土壤液相碱度指标。

（3）土壤的缓冲性能。土壤具有缓和酸碱度激烈变化的能力。首先，土壤溶液中有碳酸、硅酸、腐殖酸和其他有机酸等弱酸及其盐类，构成了一个良好的酸碱缓冲体系。其次，土壤胶体吸附有各种阳离子，其中盐基离子和氢离子能分别对酸和碱起缓冲作用。土壤胶体数量和盐基代换量越大，土壤缓冲性能越强，在代换量一定的条件下，盐基饱和度越高，对酸缓冲力越大；盐基饱和度越低，对碱缓冲力越大。

3. 土壤的氧化–还原性能

土壤中有许多有机和无机的氧化性和还原性物质，而使土壤具有氧化–还原特性，这对土壤物质的迁移转化具有重要影响。土壤中主要的氧化剂有氧气、NO_3^-和高价金属离子（如Fe^{3+}、Mn^{4+}、Ti^{6+}等）。土壤中主要的还原剂有有机质和低价金属离子（如Fe^{2+}、Mn^{2+}等）。此外，植物根系和土壤生物也是土壤中氧化还原反应的重要参与者。土壤氧化还原能力的大小常用土壤的氧化还原电位（Eh）衡量，其值是以氧化态物质与还原态物质的相对浓度比为依据的。一般旱地土壤 Eh 值为+400～+700 mV，水田 Eh 值为−200～+300 mV。根据土壤 Eh 值可确定土壤中有机物和无机物可能发生的氧化还原反应和环境行为。

土壤氧化还原反应能改变离子的价态，影响有机物质的分解速度和强度，从而影响土壤物质及污染物质的迁移、转化，对改变土壤性质、促进有机物质的转化具有重要作用。通常，土壤多数变价元素在高价态的离子化合物中溶解度小，不易迁移，而其低价离子化合物溶解度相对较大，更容易迁移。一些金属在氧化和还原状态，对作物的毒性不同。例如，土壤中铬有两种价态，其中六价铬可溶性强，易被植物吸收；三价铬的盐类一般呈现难溶性，因而难以被植物吸收，毒性小。

4. 土壤的生物活性

土壤中的生物成分使土壤具有生物活性，这对于土壤形成中物质和能量的迁移转化起着重要的作用，影响着土壤环境的物理化学和生物化学过程、特征和结果。土壤的生物体系由微生物区系、动物区系和微动物区系组成，其中尤以微生物最为活跃。

土壤环境为微生物的生命活动提供了矿物质营养元素、有机和无机碳源、空气和水分等，是微生物的重要聚集地。土壤微生物种类繁多，主要类群有细菌、放线菌、真菌和藻类，它们个体小，繁殖迅速，数量大，易发生变异。据测定，土壤表层每克土含微生物数目，细菌为 10^8～10^9 个，放线菌为 10^7～10^8 个，真菌为 10^5～10^6 个，藻类为 10^4～10^5 个。

土壤微生物是土壤肥力发展的决定性因素。自养型微生物可以从阳光或通过氧化无机物摄取能源，通过同化二氧化碳取得碳源，构成有机体，从而为土壤提供有机质。异养微生物通过对有机体的腐生、寄生、共生和吞食等方式获取食物和能源，成为土壤有机质分解和合成的主宰者。土壤微生物能将不溶性盐类转化为可溶性盐类，把有机质矿化为能被吸附利用的化合物。固氮菌能固定空气中氮素，为土壤提供氮；微生物分解和合成腐殖质可改善土壤的理化性质。此外，微生物的生物活性在土壤污染物迁移转化进程中起着重要作用，有利于土壤的自净过程，并能减轻污染物的危害。

土壤动物种类繁多，包括原生动物、蠕虫动物、节肢动物、腹足动物及一些哺乳动物，对土壤性质的影响和污染物的迁移转化也起着重要作用。

5. 络合–螯合作用

土壤作为一个复杂的化学体系，存在着形成络合–螯合物的有机和无机配位体与多种金属中心离子。土壤络合–螯合作用可以增加金属离子的活性，增加土壤结构的稳定性，改善土壤物理、化学性质和土壤的生物学过程。土壤中络合–螯合作用的配位体主要是土壤腐殖质、土壤酶及无机配体。土壤腐殖质中的含氧官能团羧基、酚羟基、羰基、甲氧基、醇羟基，以及氨基、亚氨基、硫醇基等是土壤中最重要的有机配体。无机配体主要有 Cl^-，SO_4^{2-}、

HCO_3^-、OH^-等。

土壤络合–螯合作用在土壤环境中具有重要意义。研究表明，新鲜的有机质在分解过程中产生的有机物与金属离子螯合能形成稳定的螯合物。尤其是胡敏酸与金属离子形成的螯合物稳定性高、溶解度小；而富里酸与金属离子形成的螯合物稳定性较低，溶解度较大。现代农业中，一些农药及可能引起污染的人工制品，进入土壤后成为配体与金属离子形成络合–螯合物，从而改变其毒理学特性以及迁移、转化过程。

5.1.3　土壤自净

土壤的自净作用是指在自然因素的作用下由土壤自身的功能，使污染物在土壤环境中的数量、浓度或毒性、活性降低的过程。土壤自净作用的机理既是土壤容量的理论依据，又是选择土壤环境污染调控与防治措施的理论基础。按其作用机理的不同，可划分为物理净化作用、物理化学净化作用、化学净化作用和生物净化作用等四个方面。

1. 物理净化作用

土壤是一个多相的疏松多孔体，犹如天然的大过滤器。固相中的各类胶态物质–土壤胶体又具有很强的表面吸附能力。因此，进入土壤中的难溶性固体污染物可被土壤机械阻留；可溶性污染物可被土壤水分稀释，减小毒性，或被土壤固相表面吸附（指物理吸附），但也可能随水迁移至地表水或地下水层，特别是那些呈负吸附的污染物（如硝酸盐、亚硝酸盐），以及呈中性分子态和阴离子形态存在的某些农药等，随水迁移的可能性更大；某些污染物可挥发或转化成气态物质，并在土壤孔隙中迁移、扩散，以至迁移入大气。这些净化作用都是一些物理过程，统称为物理净化作用。土壤的物理净化能力与土壤孔隙、土壤质地、土壤结构、土壤含水量、土壤温度等因素有关。例如，砂性土壤的空气迁移、水迁移速率都较高，但表面吸附能力较弱。增加砂性土壤中黏粒和有机胶体的含量，可以增强土壤的表面吸附能力，以及增强土壤对固体难溶污染物的机械阻留作用；但是，土壤孔隙度减小，则空气迁移、水迁移速率下降。此外，增加土壤水分，或用清水淋洗土壤，可使污染物浓度降低，减小毒性；提高土温可使污染物挥发、解吸、扩散速度增大等。但是，物理净化作用只能使污染物在土壤中的浓度降低，而不能从整个自然环境中消除，其实质只是污染物的迁移。土壤中农药向大气的迁移，是大气中农药污染的重要来源。如果污染物大量迁移至地表水或地下水，将造成水源的污染。同时，难溶性固体物在土壤中被机械阻留是污染物在土壤中的累积过程，存在潜在的威胁。

2. 物理化学净化作用

土壤物理化学净化作用是指污染物的阳、阴离子与土壤胶体上原来吸附的阴、阳离子之间的离子交换吸附作用。例如，

$$\text{（土壤胶体）}Ca^{2+}+HgCl_2 \rightleftharpoons \text{（土壤胶体）}Hg^{2+}+CaCl_2$$

$$\text{（土壤胶体）}3OH^-+AsO_4^{3-} \rightleftharpoons \text{（土壤胶体）}AsO_4^{3-}+3OH^-$$

此种净化作用为可逆的离子交换反应，且服从质量作用定律（同时，此种净化作用也是土壤环境缓冲作用的重要机制）。其净化能力的大小可用土壤阳离子交换量或阴离子交换量的大小来衡量。污染物的阳、阴离子被交换吸附到土壤胶体上，降低了土壤溶液中这些离子的浓（活）度，相对减轻了有害离子对植物生长的不利影响。一般土壤中带负电荷的胶体较多，对阳离子或带正电荷的污染物的净化能力较强。增加土壤中胶体的含量，特别是有机胶体的含量，可以相应提高土壤的物理化学净化能力。

此外，土壤 pH 增大，有利于对污染物的阳离子进行净化；相反的，则有利于对污染物阴离子进行净化。对于不同的阳、阴离子，其相对交换能力大的，被土壤物理化学净化。但是，物理化学净化作用也只能使污染物在土壤溶液中的离子浓（活）度降低，相对地减轻危害，而并没有从根本上将污染物从土壤环境中消除。经交换吸附到土壤胶体上的污染物离子，还可以被其他相对交换能力更大的，或浓度较大的离子交换下来。重新转移到土壤溶液中去，又恢复原来的毒性、活性。所以物理化学净化作用只是暂时性的、不稳定的。同时，对土壤本身来说，则是污染物在土壤环境中的积累过程，将产生严重的潜在威胁。

3. 化学净化作用

污染物进入土壤以后，可能发生一系列的化学反应。例如，凝聚与沉淀反应，氧化还原反应，络合-螯合反应，酸碱中和反应，同晶置换反应，水解、分解和化合反应，或者发生由太阳辐射能和紫外线等能流引起的光化学降解作用等。这些化学反应或者使污染物转化成难溶性、难解离性物质，使危害程度和毒性减小；或者分解为无毒物或营养物质，这些净化作用统称为化学净化作用。土壤环境的化学净化作用反应机理很复杂，影响因素也较多，不同的污染物有着不同的反应过程。其中特别重要的是化学降解和光化学降解作用，这些降解作用可以将污染物分解为无毒物，从土壤环境中消除。而其他的化学净化作用，如凝聚与沉淀反应、氧化还原反应、络合-螯合反应等，只是暂时降低污染物在土壤溶液中的浓（活）度，或暂时减小活性和毒性，起到了一定的缓冲作用，并没有从土壤环境中消除。当土壤 pH 或 Eh 值发生改变时，沉淀了的污染物可能重新溶解，或氧化还原状态发生改变，又恢复原来的毒性、活性。例如，

$$PbCO_3\text{（固）}\longrightarrow PbCO_3\text{（水）}\longrightarrow Pb^{2+}+CO_3^{2-}$$

又如，

$$MnO_2\text{（固）}+4H^++2e\longrightarrow Mn^{2+}+2H_2O$$

当 pH 为 7.0 时，该体系的电极电位为 0.42 V。当土壤 Eh＜0.42 V，已经沉淀的 MnO_2 又可重新被还原为有一定毒性的活性 Mn^{2+}。

土壤环境的化学净化能力的大小与土壤的物质组成、性质，以及污染物本身的组成、性质有密切关系。例如，富含碳酸钙的石灰性土壤对酸性物质的化学净化能力很强。从污染物的本性来考虑，一般化学性质不太稳定的化合物，易在土壤中被分解而得到净化。但是，那些性质稳定的化合物，如多氯联苯、稠环芳烃、有机氯农药，以及塑料、橡胶等合成材料，则难以在土壤中被化学净化。重金属在土壤中不能被降解，只能发生凝聚沉淀反应、氧化还原反应、络合-螯合反应、同晶置换反应等。上述反应发生后，重金属在土壤环境中的迁移方向可能发生改变。例如，富里酸与一般重金属形成可溶性的螯合物，其在土壤中的迁移性就会增强。土壤环境的化学净化能力与土壤环境条件有关。调节适宜的土壤 pH、Eh 值，增施有机胶体，以及其他化学抑制剂，如石灰、碳酸盐、磷酸盐等，会相应提高土壤环境的化学净化能力。当土壤遭受轻度污染时，可以采取上述措施以减轻其危害。另外，同时输入土壤环境的几种污染物相互之间也可能发生化学反应，从而在土壤中沉淀、中和、络合、分解或化合等，我们把这些过程也看作土壤环境的化学净化。

4. 生物净化作用

土壤中存在着大量依靠有机物生活的微生物，如细菌、真菌、放线菌等，它们有氧化

分解有机物的巨大能力。当污染物进入土体后，在这些微生物体内酶或分泌酶的催化作用下，发生各种各样的分解反应，统称为生物降解作用。这是土壤环境自净作用中最重要的净化途径之一。土壤中天然有机物的矿质化作用，就是生物净化过程。例如，淀粉、纤维素等糖类物质最终转变为二氧化碳和水；有机磷化合物释放出无机磷酸等。这些降解作用是维持自然系统碳循环、氮循环、磷循环等所必经的途径之一。由于土壤中的微生物种类繁多，各种有机物在不同条件下的分解形式是多种多样的，主要有氧化还原反应、水解、脱烃、脱卤、芳环羟基化和异构化、环破裂等过程，并最终转变为对生物无毒性的残留物和二氧化碳。一些无机污染物也可在土壤微生物的参与下发生一系列化学变化，以降低活性与毒性。但是，微生物不能净化重金属，甚至能使重金属在土体中富集，这是重金属成为土壤环境的最危险污染物质的根本原因。

土壤的生物降解作用是土壤环境自净作用的主要途径，其净化能力的大小与土壤中微生物的种群、数量、活性，以及土壤水分、土壤温度、土壤通气性、pH、Eh 值、适宜的 C/N 比等因素有关。例如，土壤在 30℃左右下通气良好，Eh 值较高，土壤 pH 偏中性到弱碱性，C/N 比为 20∶1 左右，有利于天然有机物的生物降解。有机物分解不彻底，可产生大量的有毒害作用的有机酸等。土壤的生物降解作用还与污染物本身的化学性质有关，性质稳定的有机物，如有机氯农药和具有芳环结构的有机物，生物降解的速率一般较慢。

土壤环境中的污染物质，被生长在土壤中的植物所吸收、降解，并随茎叶、种子而离开土壤，或者为土壤中的蚯蚓等软体动物所食用；污水中病原菌被某些微生物所吞食，都属于土壤环境的生物净化作用。因此，选育栽培对某种污染物吸收降解能力特别强的植物；或应用具有特殊功能的微生物及其他生物体，也是提高土壤环境净化能力的重要措施。上述四种土壤环境的自净作用，其过程互相交错，其强度的总和构成了土壤环境容量的基础。尽管土壤环境具有上述多种净化作用，而且也通过多种措施来提高土壤环境的净化能力，但是其净化能力毕竟是有限的。随着人类社会的不断发展，各种污染物的排放量不断增加，其他环境要素中的污染物又可通过多种途径输入土壤环境。如果我们对土壤环境的自净与污染这一对矛盾的对立统一关系缺乏认识，而又不重视土壤环境保护工作，那么土壤环境污染的发生将会日趋严重，并直接威胁人类的生活和健康。

5.1.4　土壤环境背景值

土壤环境背景值是指一定区域内自然状态下未受（或很少受）人类活动（特别是人为污染）影响的土壤环境本身的化学组成及其含量。土壤环境背景值是一个相对的概念：当今的工业污染已充满了整个世界的每一个角落，农用化学品的污染也是在世界范围内广为扩散的。因此，“零污染”土壤样本是不存在的。现在所获得的土壤环境背景值只能是尽可能不受或少受人类活动影响的数值，是代表土壤环境发展的一个历史阶段的相对数值。土壤环境背景值是一个范围值，而不是确定值。数万年来人类活动的综合影响，风化、淋溶和沉积等地球化学作用的影响，生物小循环的影响，以及母质成因、地质和有机质含量等影响使地球上不同区域，从岩石成分到地理环境和生物群落都有很大的差异，所以土壤的背景含量有一个较大的变化幅度，不仅不同类型的土壤之间不同，同一类型土壤之间相差也很大。

土壤环境背景值是环境学的基础数据，广泛应用于环境质量评价、国土规划、土地资源评价、土地利用、环境监测与区划、作物灌溉与施肥，以及环境医学和食品卫生等领域。

首先，土壤环境背景值是土壤环境质量评价，特别是土壤污染综合评价的基本依据。例如，判别土壤是否发生污染及污染程度均须以区域土壤环境背景值为对比基础数据。其次，土壤环境背景值是制定土壤环境质量标准的基础。再次，土壤环境背景值是研究污染元素和化合物在土壤环境中化学行为的依据。因为污染物进入土壤环境后的组成、数量、形态与分布都需要与土壤环境背景值加以比较分析和判断。最后，在土地利用和规划，研究土壤、生态、施肥、污水灌溉、种植业规划，提高农、林、牧、副、渔业生产水平和品质质量，以及卫生等领域，土壤环境背景值也是重要的参比数据。

5.1.5 土壤环境容量

土壤环境容量是指土壤环境单元所容许承纳的污染物质的最大负荷量。由定义可知，土壤环境容量等于污染起始值和最大负荷值之差，若以土壤环境标准作为土壤环境容量最大允许值，则土壤环境标准值减去背景值就应该是土壤环境容量计算值。但是在土壤环境标准尚未制定时，环境工作者往往通过环境污染的生态效应试验来拟定土壤环境最大允许污染物量。这个量值可称为土壤环境的静容量，相当于土壤环境的基本容量。但是土壤环境静容量尚未考虑土壤的自净作用和缓冲性能，即外源污染物进入土壤后通过吸附与解吸、固定与溶解、累积与降解等迁移转化过程而使毒性缓解和降低。这些过程处于不断的动态变化之中，其结果会影响土壤环境中污染物的最大容纳量。因此，目前环境学界认为，土壤环境容量应当包括这部分净化量和静容量。所以将土壤环境容量进一步定义为“一定土壤环境单元，在一定范围内遵循环境质量标准，维持土壤生态系统的正常结构与功能，保证农产品的生物学产量与质量，同时不使环境系统污染的土壤环境所能容纳污染物的最大负荷值”。对土壤环境容量的研究有助于我们控制进入土壤的污染物的数量。因此，在土壤质量评价、制定“三废”排放标准、灌溉水质标准、污泥使用标准、微量元素累积施用量等方面均发挥着重要作用。土壤环境容量充分体现了区域环境特征，是实现污染物总量控制的重要基础。有利于人们经济合理地制定污染物总量控制规划，也可充分利用土壤环境的容纳能力。

5.2 土 壤 污 染

5.2.1 土壤污染的概念、特点和危害

1. 土壤污染的概念

土壤污染是指人类活动产生的污染物质通过各种途径输入土壤，其数量和速度超过了土壤净化作用的速度，破坏了自然动态平衡，使污染物质的积累逐渐占据优势，导致土壤正常功能失调，土壤质量下降，从而影响土壤动物、植物、微生物的生长发育及农副产品的产量和质量的现象。由此可以看出，土壤污染不但要看含量的增加，还要看后果，即进入土壤的污染物是否对生态系统平衡构成危害。因此，判定土壤污染时，不仅要考虑土壤背景值，更要考虑土壤生态的变异，包括土壤微生物区系（种类、数量、活性）的变化、土壤酶活性的变化、土壤动植物体内有害物质含量、生物反应和对人体健康的影响等。有时，土壤污染物超过土壤背景值，却未对土壤生态功能造成明显的影响；有时，土壤污染物虽未超过土壤背景值，但由于某些动植物的富集作用，却对生态系统构成明显的影响。

因此，判断土壤污染的指标应包括两方面，一是土壤自净能力，二是动植物直接或间接吸收污染物而受害的情况（以临界浓度表示）。

2. 土壤污染的主要表现

土壤污染的主要表现形式为：土壤酸化、土壤盐渍化、土壤重金属污染、土壤有机物污染和土壤荒漠化等。

（1）土壤酸化，指土壤吸收性复合体接受了一定数量交换性氢离子或铝离子，使土壤中碱性（盐基）离子淋失的过程。酸化是土壤风化成土过程的重要方面。其主要表现：人为因素导致 pH 降低，形成酸性土壤，影响土壤中生物的活性，改变土壤中养分的形态，降低养分的有效性，促使游离的锰、铝离子溶入土壤溶液中，对作物产生毒害作用。

（2）土壤盐渍化，是指土壤底层或地下水的盐分随毛管水上升到地表，水分蒸发后，盐分积累在表层土壤中的过程。或指易溶性盐分在土壤表层积累的现象或过程，也称盐碱化。主要发生在干旱、半干旱区。由于漫灌和只灌不排，地下水位上升，或者土壤底层或地下水的盐分随毛管水上升到地表，水分蒸发后，盐分积累在表层土壤中，当土壤含盐量太高（超过 0.3%）时，形成盐碱灾害。

（3）土壤重金属污染，是指由于人类活动，土壤中的微量金属元素在土壤中的含量超过背景值，过量沉积而引起的含量过高，统称为土壤重金属污染。重金属是指密度等于或大于 5.0 的金属，如 Zn、Cd、Hg、Ni、Co 等；As 是一种准金属。

（4）土壤有机物污染，是指有毒有害有机物质进入土壤后，其数量和速度超过了土壤的净化作用的速度，破坏了自然动态平衡，使污染物的积累过程逐渐占据优势，从而导致土壤自然正常功能失调，土壤质量下降，并影响作物的生长发育，使作物产量和质量下降。包括有机废弃物（工农业生产及生活废弃物中生物降解和生物难降解有机毒物）、农药（包括杀虫剂、杀菌剂和除莠剂）等污染。

（5）土壤荒漠化，也称“沙漠化”。1992 年联合国环境与发展大会对荒漠化的概念作了这样的定义：“荒漠化是由于气候变化和人类不合理的经济活动等因素，使干旱、半干旱和具有干旱灾害的半湿润地区的土地发生了退化”。当土地发生酸化或盐渍化，或者受到重金属或有机物等的长期污染时，易导致土地发生荒漠化。

3. 土壤污染的基本特点

（1）隐蔽性和滞后性。土壤污染是一个逐步积累的过程，不像水污染和大气污染那样直观。土壤污染往往要通过对土壤样品和农作物进行分析化验，以及对摄食的人或动物进行健康检查才能揭示出来。土壤从产生污染到其危害被发现具有一定的隐蔽性和滞后性。如农业上大量使用化学肥料，它能够使农作物增产，经过较长一段时间后发现，它能够造成土壤板结。日本富山县发生的“痛痛病”事件，就是当地居民长期使用含镉废水灌溉农田，导致农作物受到镉污染，人食用了受镉污染的粮食后，引起了痛痛病。然而其具体原因却是在事件发生 10 年后才弄清楚。

（2）积累性和地域性。污染物在土壤环境中并不像在水体和大气中那样容易扩散和稀释，因此容易不断积累而达到很高的浓度，并且使土壤具有很强的地域性特点。

（3）不可逆性和持久性。不可逆性和持久性主要表现为：第一，难降解污染物进入土壤环境后，很难通过自然过程从土壤环境中稀释或消除；第二，对生物体的危害和对土壤生态系统结构与功能的影响不容易恢复。有些有机污染物很难被降解，一旦污染了土壤很难根除。如多氯联苯、多环芳烃等。重金属进入土壤也是一个不可逆过程。

（4）治理难而周期长。土壤一旦被污染，即使切断污染源也很难自我修复，必须采取各种有效的治理技术才能消除污染。从目前现有的治理方法来看，依然存在治理成本较高或周期较长的问题。

4. 土壤污染的危害

土壤污染会产生严重的后果，对环境和人体健康都是如此。受到污染的土壤，本身的物理、化学性质发生改变，如土壤板结、肥力降低、土壤被毒化等，污染物还可以通过雨水淋溶从土壤传入地下水或地表水，造成水质的污染和恶化，受污染土壤上生长的生物吸收、积累和富集土壤污染物后，通过食物链进入人畜体内，对人畜健康造成影响和危害。

（1）对农作物的危害。土壤污染对农作物的危害分为两种状况：一是反映在农作物减产或品质下降，即当有毒物质在可食部分的积累量尚在食品卫生标准允许限量以下时，农作物主要表现是明显减产或品质明显降低；二是反映在可食部分有毒物质积累量已超过允许限量，但农作物的产量却没有明显下降或不受影响。因此，当污染物进入土壤后其浓度超过了作物需要和可忍受程度，而表现出受害症状，或作物生长并未受害，但产品中某种污染物含量超过标准，都可认为土壤被污染。

（2）通过食物链危害人畜健康。土壤生物直接从污染的土壤中吸收有害物质，这些有害物质通过土壤参与食物链传递，因此土壤是污染物进入人畜食物链的主要环节。作为人类主要食物来源的粮食、蔬菜和畜牧产品都直接或间接来自土壤，污染物在土壤中的富集必然引起食物污染，最终危害人畜健康。重金属在人体中积累到一定程度后会引发各种病症。例如，甲基汞慢性中毒引起水俣病；“镉米”的食用会引起痛痛病；有毒有机物可以致癌、致畸和致基因突变，其中主要包括苯并芘、菲及其异构体蒽、二噁英、各种兽药、抗生素和溴化阻燃剂等。

（3）放射性危害。有些污染的土地直接具有放射性危害，对人类健康以及其他生物的生存造成影响。如在切尔诺贝利事件中受到污染的大面积的土地被迫闲置，其原因之一就在于此。

（4）产生其他次生环境问题。在生态环境效应方面，土地污染将直接导致土壤性质恶化，从而使植被减少，生物多样性降低。除此之外，土地污染还可能会引起大气、地表水、地下水污染和生态系统退化等次生环境问题，威胁生态安全和生命健康。

5.2.2　土壤污染物及其来源

1. 土壤污染物

通过各种途径进入土壤环境的污染物种类繁多，主要有重金属、有机物质、化学肥料、放射性元素以及有害微生物等。从污染物的属性考虑，一般可分为有机污染物、无机污染物、生物污染物和放射性污染物四大类。

（1）有机污染物，主要有合成的有机农药、酚类化合物、腈、石油、稠环芳烃、洗涤剂以及高浓度的可生化性有机物等。有机污染物进入土壤后可危及农作物生长和土壤生物生存。如稻田因施用含二苯醚的污泥曾造成农作物的大面积死亡和泥鳅、鳝鱼的绝迹。农药在农业生产中起到良好的效果，但其残留物却在土壤中积累，污染了土壤和食物链。近年来，农用塑料地膜的广泛应用，由于管理不善，部分被遗弃田间成为一种新的有机污染物。

（2）无机污染物，土壤中无机物有的是随地壳变迁、火山爆发、岩石风化等天然过程进入土壤，有的则是随人类生产和生活活动进入土壤。如采矿、冶炼、机械制造、建筑、化工等行业每天都排放出大量的无机污染物质，生活垃圾也是土壤无机污染物的一项重要来源。这些污染物包括重金属、有害元素的氧化物、酸、碱和盐类等。其中，尤以重金属污染最具潜在威胁，一旦污染，就难以彻底消除，并且有许多重金属易被植物吸收，通过食物链危及人类健康。

（3）生物污染物，一些有害的生物，如各类病原菌、寄生虫卵等从外界环境进入土壤后，大量繁殖，从而破坏原有的土壤生态平衡，并可对人畜健康造成不良影响。这类污染物主要来源于未经处理的粪便、垃圾、城市生活污水、饲养场和屠宰场的废物等。其中传染病医院未经消毒处理的污水和污物危害最大。土壤生物污染不仅危害人畜健康，还能危害植物，造成农业减产。

（4）放射性污染物，土壤放射性污染是指各种放射性核素通过各种途径进入土壤，使土壤的放射性水平高于本底值。这类污染物来源于大气沉降、污灌、固废的埋藏处置、施肥及核工业等几方面。污染程度一般较轻，但污染范围广泛。放射性衰变产生的α、β、γ射线能穿透动植物组织，迫害细胞，造成外照射损伤或通过呼吸和吸收进入动植物体，造成内照射损伤。土壤环境主要污染物质见表 5-1。

表 5-1　土壤环境主要污染物质

污染物种类			主要来源
无机污染物	重金属	汞（Hg）	制烧碱、汞化物生产等工业废水和污泥，含汞农药，汞蒸气
		镉（Cd）	冶炼、电镀、染料等工业废水、污泥和废气，肥料杂质
		铜（Cu）	冶炼、铜制品生产等废水、废渣和污泥，含铜农药
		锌（Zn）	冶炼、镀锌、纺织等工业废水和污泥、废渣，含锌农药、磷肥
		铅（Pd）	颜料、冶金工业废水、汽油防爆燃烧排气、农药
		铬（Cr）	冶炼、电镀、制革、印染等工业废水和污泥
		镍（Ni）	冶炼、电镀、燃油、染料等工业废水和污泥
		砷（As）	硫酸、化肥、农药、医药、玻璃等工业废水、废气，农药
		硒（Se）	电子、电器、油漆、墨水等工业的排放物
	放射性元素	铯（^{137}Cs）	原子能、核动力、同位素生产等工业废水、废渣，核爆炸
		锶（^{90}Sr）	原子能、核动力、同位素生产等工业废水、废渣，核爆炸
	其他	氟（F）	冶炼、氟硅酸钠、磷酸和磷肥等工业废水、废气，肥料
		盐、碱	纸浆、纤维、化学等工业废水
		酸	硫酸、石油化工、酸洗、电镀等工业废水，大气酸沉降
有机污染物	有机农药		农药生产和使用
	酚		炼焦、炼油、合成苯酚、橡胶、化肥、农药等工业废水
	氰化物		电镀、冶金、印染等工业废水、废气
	苯并［a］芘		石油、炼焦等工业废水、废气
	石油		石油开采、炼油、输油管道漏油
	有机洗涤剂		城市污水、机械工业废水
	有害微生物		厩肥、城市污水、污泥、垃圾

2. 土壤污染物来源

土壤是一个开放的体系，土壤与其他环境要素之间不断地进行着物质与能量的交换，因而导致污染物来源十分广泛。土壤污染物来源有天然污染源，也有人为污染源。天然污染源是指自然界的自然活动（如火山爆发向环境排放的有害物质）。人为污染源是指人类排放污染物的活动。后者是土壤污染研究的主要对象。根据污染物进入土壤的途径可将土壤污染源分为污水灌溉、固体废物的土地利用、农药和化肥等农用化学品的施用及大气沉降等几个方面。

（1）污水灌溉是指利用城市生活污水和某些工业废水或生活和生产排放的混合污水进行农田灌溉。由于污水中含有大量作物生长需要的 N、P 等营养物质，可以变废为宝。因而污水灌溉曾一度得到推广，然而在污水中营养物质被再利用的同时，污水中的有毒有害物质却在土壤中不断积累，导致了土壤污染。例如，沈阳的张氏灌区在 20 多年的污水灌溉中产生了良好的农业经济效益，但却造成了 2500 余 hm^2 的土地受到镉污染，其中 330 多 hm^2 的土壤镉含量高达 5～7 mg/kg，稻米含镉 0.4～1.0 mg/kg，有的高达 3.4 mg/kg。又如，京津塘地区污水灌溉导致北京东郊 60%土壤遭受污染。污染的糙米样品数占监测样品数的 36%。

（2）固体废物的土地利用。固体废物包括工业废渣、污泥、城市生活垃圾等。由于污泥中含有一定养分，因而常被用作肥料施于农田。污泥成分复杂，与污灌相同，施用不当势必造成土壤污染。一些城市把垃圾运往农村，这些垃圾通过土壤填埋或施用农田得以处置，但却对土壤造成了污染与破坏。

（3）农药和化肥等农用化学品的施用。施在作物上的杀虫剂大约有一半左右流入土壤。进入土壤中的农药虽然可通过生物降解、光解和化学降解等途径得以部分降解，但对于有机氯等这样的长效农药来说，降解过程却十分缓慢。化肥的不合理施用可促使土壤养分平衡失调，如硝酸盐污染。另外，有毒的磷肥，如三氯乙醛磷肥，是由含三氯乙醛的废硫酸生产而成的，施用后三氯乙醛可转化为三氯乙酸，两者均可毒害植物。另外，磷肥中的重金属，特别是镉，也是不容忽视的问题。世界各地磷矿含镉一般在 1～110 mg/kg，甚至有个别矿高达 980 mg/kg。据估计，我国每年随磷肥进入土壤的总镉含量约为 37 t。

（4）大气沉降。在金属加工过程集中地和交通繁忙的地区，往往伴随有金属尘埃进入大气（如含铅污染物）。这些飘尘自身降落或随雨水接触植物体或进入土壤后被动植物吸收。通常在大气污染严重的地区会有明显的由沉降引起的土壤污染。此外，酸沉降也是一种土壤污染源。我国长江以南的大部分地区属于酸性土壤，在酸雨作用下，土壤进一步酸化、养分淋溶、结构破坏、肥力下降、作物受损，从而破坏了土壤的生产力。此外，还有其他重金属、非金属和放射性有害散落物也可随大气沉降造成土壤污染。

5.2.3 污染物在土壤环境中的迁移转化及其生态效应

目前，土壤中污染物质种类繁多，污染情况复杂，但其中危害最为严重、也引人关注的当数土壤重金属污染和土壤有机污染。

1. 土壤重金属污染

重金属是指密度等于或大于 5.0g/cm^3 的金属，如 Fe、Mn、Cu、Zn、Ni、Co、Hg、Cd、Pb、Cr 等，As 是一种准金属，但由于其化学性质和环境行为与重金属多有相似之处，故在讨论重金属时往往包括 As。土壤重金属污染是指由人类活动将重金属加入到土壤中，致使土壤中重金属含量明显高于原有含量，并造成生态环境质量恶化的现象。土壤中重金属污染的人为来源主要有废水灌溉，含有重金属的废渣、污泥等被作为肥料施用到农田土壤中，使用含重金属的农药制剂，以及含重金属的粉尘沉降等。土壤重金属污染不但影响农产品的产量与品质，而且涉及大气和水环境质量，并可通过食物链危害动物与人类的生命和健康。同时，重金属具有不能为土壤微生物所分解，且可为生物所富集的特点。因此，土壤一旦被重金属污染，难以彻底消除，会对土壤环境形成长期潜在的威胁。

1）重金属元素的存在形态与生物有效性

重金属在土壤-植物体系中的积累和迁移，通常取决于重金属在土壤中的存在形态、含量、植物种类和环境条件变化等因素。人们发现各种元素的生物有效性与元素的形态有关。例如，在我国华南红壤、砖红壤分布地区和东北森林土地带，土壤中总钼（Mo）的含量都相当高，一般在3μg/g以上，甚至达10μg/g，大大高于世界土壤总Mo的平均含量（2μg/g）。但在这些高Mo地区，植物非但没有因此而受到损害，相反，往往还表现出某种程度的Mo缺乏症状，需要施以Mo肥促进植物的生长。这种奇怪现象的出现，是由于土壤中的Mo主要是以有机束缚态和残渣态的形态存在，这些形态很难被植物根系吸收利用。可见，重金属的形态是决定土壤重金属生物有效性和环境行为的关键。因此，单纯测定介质中金属元素总浓度并不能说明该介质中的金属对生物是否有害，也不能用来判断其环境质量恶劣与否。

利用形态分析方法研究土壤中重金属存在形态和形态转化与生物有效性的关系，可为评定土壤的环境质量，确定土壤环境容量等方面提供科学依据。根据Tessier（1979）的分级连续提取法，可将重金属形态分为水溶态（soluble）、可交换态（exchangeable）、碳酸盐结合态（bound to carbonates）、铁锰氧化物结合态（bound to iron and manganese oxides）、有机结合态（bound to organic matter）和残渣态（residue）六种形态。

（1）水溶态。水溶态是指土壤溶液中的重金属离子。水溶态可用蒸馏水提取，可被植物根部直接吸收。因其含量极微，通常将其合并于可交换态中。

（2）可交换态。可交换态的金属元素靠静电引力被吸附在土壤胶体表面，很容易被其他阳离子交换出来。它在环境中可移动性和生物有效性最强，因此，被认为是评价土壤重金属污染的重要指标。可交换态的显著特点是对环境变化敏感，易于迁移转化，能被植物吸收，因此会对食物链产生巨大影响。

（3）碳酸盐结合态。碳酸盐结合态是指土壤中重金属元素在碳酸盐矿物上形成的共沉淀结合态。碳酸盐结合态对pH最敏感。当pH下降时，易重新释放而进入环境中。pH升高则有助于重金属在碳酸盐矿物上生成磷酸盐共沉淀。

（4）铁锰氧化物结合态。铁锰氧化物结合态是指重金属被土壤中铁锰氧化物或黏粒矿物的专性交换位置所吸附的部分。土壤中pH和氧化还原条件变化对铁锰氧化物结合态有重要影响。pH和Eh值较高时，有利于铁锰氧化物的生成。

（5）有机结合态。有机结合态指的是土壤中的各种有机物与重金属形成的有机螯合物。在氧化条件下，部分有机物分子发生降解作用，会导致部分金属元素溶出。

（6）残渣态。残渣态指的是结合在土壤硅酸盐矿物晶格中的重金属离子。正常条件下不易释放，不易被植物吸收，在整个土壤生态系统中对食物链影响较小。

重金属的生态效应与其形态密切相关。不同形态重金属的生物可利用程度表现为：水溶态、可交换态＞碳酸盐结合态＞铁锰氧化物结合态、有机结合态＞残渣态。根据生物对不同形态重金属吸收的难易程度，可将重金属形态分为生物可利用态（可交换态和水溶态）、生物潜在可利用态（碳酸盐结合态、铁锰氧化物结合态和有机结合态）与生物不可利用态（残渣态）。重金属在土壤中的形态与重金属本身的性质、土壤组成与性质有关。不同的土壤条件下重金属往往以不同的形态存在。

2）重金属元素在土壤环境中的主要迁移、转化方式

（1）物理迁移。土壤溶液中的重金属离子或络合物可以随径流作用迁移，导致重金属元素的水平和垂直分布特征。此外，水土流失和风蚀作用也可以使重金属随土壤颗粒发生位移和搬运。

（2）物理化学迁移和化学迁移。重金属污染物通过吸附、络合、螯合等形式与土壤胶体相结合，或者发生溶解或沉淀。

（3）生物迁移。生物迁移是指植物通过根系从土壤中吸收有效态重金属，并在植物体内累积起来的过程。植物通过主动吸收、被动吸收等方式吸收重金属。一般来说，土壤中重金属含量越高，植物体内的重金属含量也越高。不同植物的累积有明显的种间差异，通常豆类＞小麦＞水稻＞玉米，重金属在植物体内的分布规律总体为根＞茎＞叶＞果壳＞籽实。

3）影响土壤中化学物质迁移转化的因素

（1）土壤腐殖质的吸附和螯合作用。土壤腐殖质能大量吸附金属离子，使金属通过螯合作用而稳定地留在土壤腐殖质中，从而使金属毒物不易迁移到水中或植物体中，减轻其危害。

（2）土壤 pH。土壤 pH 主要通过改变重金属在土壤溶液中的溶解度来影响其环境行为。酸性土壤中，铜、锌、镉、铬等金属离子多数变成易溶于水的化合物，容易被作物吸收或迁移；而土壤 pH 高时，多数金属离子成为难溶的氢氧化物而沉淀。因此，可以通过调节土壤 pH，促使重金属元素以难溶或难迁移的形态存在，降低土壤重金属污染。试验表明，土壤受镉污染后用石灰调节，可显著降低糙米中的镉含量。土壤 pH 为 5.3 时，糙米镉含量为 0.33 mg/kg；而 pH 为 8.0 时，镉含量仅为 0.06 mg/kg。

（3）土壤的氧化还原状态。土壤中重金属的形态、化合价和离子浓度都会随土壤氧化还原状况的变化而变化。在淹水土壤这种强还原状态下，土壤中的硫化物会在土壤微生物作用下生成 S^{2-}，从而使重金属以难溶硫化物的形式沉积；通气状态下，难溶硫化物则会被氧化成可溶的硫酸盐，并大量地游离在土壤溶液中，加重土壤重金属污染。在氧气充足的氧化条件下砷为五价，而在还原条件下则为三价（亚砷酸盐），毒性比前者大；六价铬比三价铬毒性大得多。

4）有毒重金属在土壤中的迁移转化及其危害

土壤重金属污染物主要有汞、镉、铅、铬、砷等。同种金属，由于它们在土壤中存在的形态不同，其迁移转化特点和污染性质也不同，因此在研究土壤中重金属的危害时，不仅要注意它们的总含量，还必须重视各种形态的含量。

（1）汞。土壤的汞污染主要来自污染灌溉、燃煤、汞冶炼厂和汞制剂厂（仪表、电气、氨碱工业）的排放。含汞颜料的应用、用汞做原料的工厂、含汞农药的施用等也是重要的汞污染源。汞进入土壤后，95%以上能迅速被土壤吸附，这主要是由于土壤的黏土

矿物和有机质有强烈的吸附作用。汞容易在表层积累，并沿土壤的纵深垂直分布递减。土壤中汞的存在形态有金属汞、无机态与有机态，并在一定条件下相互转化。在正常 Eh 和 pH 范围内，汞能以零价状态存在。在很多情况下，汞化合物在土壤中可能先转化为金属汞或甲基汞后才能被植物吸收。无机汞有 $HgSO_4$、$Hg(OH)_2$、$HgCl_2$、HgO，它们因溶解度低，在土壤中迁移转化能力很弱。在土壤微生物作用下，无机汞能转化为具有剧毒性的甲基汞，也称汞的甲基化。微生物合成甲基汞的过程在好氧或厌氧条件下都可以进行。在好氧条件下主要形成脂溶性的甲基汞，可被微生物吸收、累积而转入食物链，造成对人畜健康的危害；在厌氧条件下，在某些酶的催化作用下，主要形成二甲基汞。它不溶于水，在微酸性环境中，可转化为甲基汞。土壤中汞含量过高时，汞不仅能在植物体内累积，还会对植物产生毒害作用，引起植物汞中毒，严重情况下引起叶子和幼蕾掉落。汞化合物进入人体，被血液吸收后可迅速弥散到全身各器官，重复接触汞后，可能会引起肾脏损害。

（2）镉。镉主要来源于镉矿、冶炼厂。因镉与锌同族，常与锌共生，所以冶炼锌的排放物中必有 ZnO、CdO。它们挥发性强，以污染源为中心可波及数千米远。镉工业废水灌溉农田也是镉污染的重要来源。土壤对镉有很强的吸着力，因而镉易在土壤中蓄积，一般在 0～15 cm 的土壤层累积。土壤中的镉以 $CdCO_3$、$Cd_3(PO_4)_2$ 及 $Cd(OH)_2$ 的形态存在，其中以 $CdCO_3$ 为主，尤其是在 pH＞7.0 的碱性土壤中。镉是植物体不需要的元素，但许多植物均能从水中和土壤中摄取镉，并在体内累积，累积量取决于环境中镉的含量和形态。土壤偏酸时，镉的溶解度增高，而且在土壤中易于迁移；土壤处于氧化条件下（稻田排水期及旱田），镉容易变成可溶性形态，易被植物吸收。土壤中过量的镉，不仅能在植物体内残留，而且也会对植物的生长发育产生明显的危害。镉能使植物叶片受到严重伤害，致使生长缓慢，植株矮小，根系受到抑制，造成生物障碍，降低产量，在高浓度镉的毒害下，植物可能死亡。镉对农业最大的威胁是产生“镉米”“镉菜”，人长期食用镉污染的农作物，将会得痛痛病。另外，镉会损伤肾小管，使人患糖尿病，镉还会造成肺部损害、心血管损害，甚至还有致癌、致畸、致突变的可能。

（3）铅。铅是土壤污染较普遍的元素。环境中的铅主要来自两个方面，一是自然来源，指火山爆发烟尘、飞扬的地面尘粒、森林火灾烟尘及海盐气溶胶等自然现象释放到环境中的铅。二是人为活动，包括铅及其他重金属矿的开采、冶炼、蓄电池工业、玻璃制造业、粉末冶金及相关企业产生的“三废”，燃料油、燃料煤的燃烧废气，油漆、涂料、颜料、彩釉、医药、化妆品、化学试剂及其他含铅制品的生产和使用等。

进入土壤中的铅在土壤中易与有机物结合，不易溶解，土壤铅大多发现在表土层，表土铅在土壤中几乎不向下移动。植物对铅的吸收与累积，取决于环境中铅的浓度、土壤条件、植物特性等。植物吸收的铅主要累积在根部，只有少数才转移到地上部分。累积在根、茎和叶内的铅，可影响植物的生长发育，使植物受害。铅对植物的危害表现为：可使叶绿素含量下降，阻碍植物的呼吸及光合作用。谷类作物吸铅量较大，但多数集中在根部，茎秆次之，籽实较少。因此，铅污染的土壤所生产的禾谷类茎秆不宜作饲料。铅对动物的危害则是累积中毒。铅是作用于人体各个系统和器官的毒物，能与体内一系列蛋白质、酶和氨基酸内的官能团络合，干扰机体多方面的生化和生理活动，甚至对全身器官产生危害。

（4）铬。铬的污染源主要是铬电镀、制革废水、铬渣等。铬在土壤中主要有两种价态：Cr^{6+}和Cr^{3+}，其中主要以Cr^{3+}化合物存在。Cr^{6+}很稳定，毒性大，其毒害程度比Cr^{3+}大100倍。土壤对Cr^{6+}的吸附固定能力较低，仅有8.5%～36.2%。而Cr^{3+}则恰恰相反，当它们进入土壤后，90%以上迅速被土壤吸附固定，在土壤中难以迁移。Cr^{3+}主要存在于土壤与沉积物中。土壤胶体对Cr^{3+}具有强烈的吸附作用，并随pH的升高而增强。普通土壤中可溶性Cr^{6+}的含量很少，这是因为进入土壤中的Cr^{6+}很容易被还原成Cr^{3+}。其中，有机质起着重要作用，这种还原作用随着pH的升高而降低。值得注意的是，在pH为6.5～8.5的条件下，土壤中的Cr^{3+}能被氧化为Cr^{6+}。同时，土壤中存在氧化锰也能使Cr^{3+}氧化成Cr^{6+}。因此，Cr^{3+}转化成Cr^{6+}的潜在危害不容忽视。植物对铬的吸收，95%蓄积于根部。低浓度Cr^{6+}能提高植物体内的酶活性与葡萄糖含量；高浓度时，则阻碍水分和营养向上部输送，并破坏代谢作用。铬对人体与动物也是有利有弊的。人体含铬过低会产生食欲减退等症状。而Cr^{6+}具有强氧化作用，对人体主要表现为慢性危害，长期作用可引起肺硬化、肺气肿、支气管扩张，甚至引发癌症。

（5）砷。土壤砷污染主要来自大气降尘、尾矿排放与含砷农药施用。通常砷集中在表土层10 cm左右，只有在某些情况下可淋洗至较深土层，如施磷肥可稍增加砷的移动性。土壤中砷的形态按植物吸收的难易划分，一般可分为水溶性砷、吸附性砷和难溶性砷。水溶性砷、吸附性砷是可被植物吸收利用的部分，总称为可给性砷。土壤中大部分砷为胶体吸收，和有机物络合–螯合或与土壤中铁、铝、钙离子相结合，形成难溶化合物，或与铁、铝等氢氧化物发生共沉淀。植物在生长过程中，吸收有机态砷后可在体内逐渐降解为无机态砷。砷可通过植物根系及叶片吸收并转移至体内各部分，砷主要集中在生长旺盛的器官。砷中毒可影响作物生长发育，砷对植物危害的最初症状是叶片卷曲枯萎，进一步是根系发育受阻，最后是植物根、茎、叶全部枯死。植物根、茎、叶、籽粒含砷量差异很大，如水稻含砷量分布顺序是：稻根＞茎叶＞谷壳＞糙米，呈自下而上递降变化规律。砷对人体危害很大，在体内有明显的蓄积性，它能使红细胞溶解，破坏正常的生理功能，并具有遗传性、致癌性和致畸性等。

5）土壤重金属污染的特点

土壤重金属污染与大气和水体的重金属污染相比，有其独特的性质，主要有以下几点。

（1）潜伏性。土壤重金属污染在一定时期内不表现出对环境的危害性，当其含量超过土壤承受力或限度时，或土壤环境条件变化时，重金属有可能突然活化，就会使原来固定在土壤中的污染物大量释放，引起严重的生态危害，有“化学定时炸弹”之称。

（2）单向性。进入土壤中的重金属易累积，不能被微生物降解，因此土壤一旦被重金属污染，很难恢复。

（3）间接性。土壤重金属对人的危害主要是通过食物链或者渗滤进入地下水体实现的。

（4）综合性。在生态环境中，往往是多种重金属污染同时发生，形成复合污染，且污染强度显示出放大性。有研究表明，Cu与Pb复合污染与单一污染相比，对土壤呼吸强度的影响依次表现为：Cu与Pb复合污染＞Pb污染＞Cu污染。

6）土壤重金属的生态效应

（1）重金属对土壤微生物群落的影响。土壤微生物种群结构是表征土壤生态系统群落结构和稳定性的重要参数之一。通常情况下，重金属污染对微生物有两个明显效应：一是不适应生长的微生物数量减少或灭绝；二是适应生长的微生物数量的增大与积累。不同类群微生物对重金属的耐性不同，通常：真菌＞细菌＞放线菌。重金属在影响土壤微生物的数量和质量的同时，土壤微生物对重金属化合物具有分解转化作用。土壤中重金属有机化过程中，土壤微生物起了非常重要的作用，如汞环境中有机汞化合物的形成除人工合成有机汞制剂外，细菌也具有合成甲基汞的能力。在有甲基钴胺等条件下，细菌可使 Hg^{2+} 形成 CH_3Hg^+ 或 CH_3HgCH_3。

（2）重金属对土壤酶活性的影响。重金属对土壤酶活性有较为明显的影响。重金属及其化合物对土壤的氧化还原酶、脲酶、碱性磷酸酶、蛋白酶、多酚氧化酶、酸性磷酸酶的活性有不同程度的抑制作用。这种影响一方面是重金属对土壤酶活性产生直接作用，酶类活性基团空间结构受到破坏，从而降低其活性；另一方面，重金属能抑制土壤微生物的生长繁殖，减少微生物体内酶的合成和分泌量，最终导致土壤酶活性降低。

（3）重金属对土壤生化过程的影响。①重金属对土壤有机残落物降解作用的影响。土壤有机残落物的降解主要是通过土壤有机质矿化，土壤有机物氨化、硝化与反硝化作用完成。相当多种类的重金属能抑制土壤有机残落物的降解，如 Cr 能抑制土壤纤维素的分解，当 Cr 浓度大于 40 mg/kg 时，纤维分解在短时间内全部受到抑制。②重金属对土壤呼吸代谢的影响。土壤中的重金属对土壤呼吸强度有一定的抑制作用，其中 As 对呼吸抑制作用最强。土壤呼吸作用强弱意味着该土壤系统代谢旺盛与否。呼吸作用的强弱与微生物数量有关，也与土壤有机质水平、N 和 P 的转化强度、pH、中间代谢产物等有关。③重金属对土壤氨化和硝化作用的影响。土壤中的重金属能抑制土壤的氨化和硝化作用。实验表明，土壤 Cd 的浓度越高，土壤氨化和硝化作用越弱。当 Cd 加入量达到 30 mg/kg 时，对硝化作用有显著抑制作用；当 Cd 加入量达到 100 mg/kg 时，对氨化作用有显著抑制效应。

2. 土壤有机污染

有机污染物是指能导致生物体或生态系统产生不良效应的有机物，有天然的有机污染物，也有人工合成的有机污染物。土壤中的有机污染物可能挥发进入大气；随地表径流污染附近的地表水；吸附于土壤固相表面或有机质中；随降雨或灌溉水向下迁移，在土壤剖面形成垂直分布，直至渗滤到地下水，造成污染；生物或非生物降解；作物吸收等。这些过程往往同时发生，相互作用，有时难以区分，并受到多种因素的影响。本节以化学农药为例，介绍污染物在土壤中的环境行为。

1）化学农药及其进入土壤环境的主要途径

一般说来，凡是用来保护农作物及其产品，使之不受或少受害虫、病菌及杂草的危害，促进植物发芽、开花、结果等的化学药剂，都称为化学农药。目前，世界上生产、使用的农药原药已达 1000 多种，加工成制剂近万种，大量使用的有 100 多种。全世界化学农药总产量以有效成分计大致稳定在 200 万 t，主要是有机氯、有机磷和氨基甲酸酯等，这些化学农药的使用，对农林牧业的增产、保收和保存等方面都起到了非常大的作用。当土壤环境中的农药超过其自净能力时，将导致土壤环境质量降低，以至于影响土壤生产力并危害环境生物安全。

土壤化学农药污染主要来自 4 个方面：①将农药直接施入土壤或以拌种、浸种和毒谷等形式施入土壤。②向作物喷洒农药时，农药直接落到地面上或附着在作物上，经风吹雨淋落入土壤。③大气中悬浮的农药颗粒或以气态形式存在的农药经雨水溶解和淋溶，最后落到地面上。④随死亡动植物残体或用污水灌溉而将农药带入土壤。

2）土壤化学农药污染的危害

不科学、不规范的使用，导致各种农药（包括其助剂和溶剂）大部分都直接或间接滴落到土壤表面，继而渗入耕作层，破坏土壤的生态，使各种有害物质在土壤中累积，因而产生了一些不良后果，主要表现为：①改变土壤的酸碱、碳氮平衡，直接影响农作物的生长和产品质量。②施于土壤的化学农药，有的化学性质稳定，存留时间长，农作物从土壤中吸收农药，在根、茎、叶、果实和种子中累积，通过食物、饲料危害人体和牲畜健康。③农药残存在土壤中，对土壤中的微生物、原生动物以及其他的节肢动物、环节动物、软体动物等均产生不同程度的影响。④农药在杀虫、防病的同时，也使益虫、益鸟和微生物受到伤害，破坏生态系统，使农作物遭受间接损失。⑤农药还可以通过各种途径，如挥发、扩散、迁移而转入大气、水体中，造成其他环境要素的污染。目前，防止农药污染已成为当前世界共同关注的环境问题，农药的使用和农业、林业、牧业等关系密切，因而，农药对土壤的污染是重要的环境问题之一。

3）主要的农药类型及其危害

人工合成的化学农药，按化学组成可以分为有机氯、有机磷、有机汞、有机砷、氨基甲酸酯类等制剂；按农药在环境中存在的物理状态可分为粉状、可溶性液体、挥发性液体等；按其作用方式可有胃毒、触杀、熏蒸等。病、虫、杂草等有害生物，不论在形态、行为、生理代谢等方面均有很大差异。

有机氯类农药化学性质稳定，在环境中残留时间长，短期内不易分解，易溶于脂肪中，并在脂肪中蓄积，是造成环境污染的最主要的农药类型。有机磷类农药一般有剧烈的毒性，但比较易于分解，在环境中残留时间短，在动植物体内，因受酶的作用，磷酸酯分解不易蓄积。有机磷类农药对昆虫和哺乳动物均可呈现毒性，具有破坏神经细胞分泌乙酰胆碱，阻碍刺激的传送机能等生理作用，使之死亡。氨基甲酸酯类农药与有机磷类农药一样，具有抗胆碱酯酶作用，中毒症状也相同，但中毒机理有差别。其在环境中易分解，在动物体内也能迅速代谢。除草剂具有选择性，能杀伤杂草，而不伤害作物。大多数除草剂在环境中会被逐渐分解，对哺乳动物在生化过程无干扰，对人、畜毒性不大，也未发现在人畜体内累积。

4）农药在土壤中的迁移转化

A. 土壤对农药的吸附

进入土壤的化学农药可以通过物理吸附、化学吸附、氢键结合和配位键结合等形式吸附在土壤颗粒表面。农药被土壤吸附后，移动性和生理毒性随之发生变化。因此土壤对农药的吸附作用，在某种意义上就是土壤对农药的净化。但这种净化作用是有限度的，土壤胶体的种类和数量、胶体的阳离子组成、化学农药的物质成分和性质等都直接影响土壤对农药的吸附能力，吸附能力越强，农药在土壤中的有效行为就越低，净化效果越好。

影响土壤吸附能力的因素主要有：①土壤胶体。进入土壤的化学农药，在土壤中一般解离为有机阳离子，故为带负电荷的土壤胶体所吸附，其吸附容量往往与土壤有机胶体和无机胶体的阳离子吸附容量有关。②胶体的阳离子组成。如钠饱和的蛭石对农药的吸附能力比钙饱和的要大。③农药性质。土壤对不同分子结构的农药的吸附能力具有较大差别，如土壤对带有—NH_2 的农药吸附能力极强。④土壤 pH。在不同酸碱度条件下农药解离成有机阳离子或有机阴离子，而被带负电荷或正电荷的土壤胶体所吸附。如 2,4-D 在 pH 为 3～4 的条件下解离成有机阴离子，被带正电荷的土壤胶体所吸附；在 pH 为 6～7 的条件下则解离为有机阳离子，被带负电荷的土壤胶体所吸附。

最后，还应该看到这种土壤吸附净化作用也是不稳定的，农药既可被土粒吸附，又可释放到土壤中去，它们之间是相互平衡的。因此，土壤对农药的吸附作用只是在一定条件下的缓冲解毒作用，而没有使化学农药得到降解和彻底净化。

B. 化学农药在土壤中的挥发、扩散和迁移

土壤中的农药，在被土壤固相吸附的同时，还通过气体挥发和水的淋溶在土体中扩散迁移，进而导致大气、水和生物的污染。

农药在土壤中的挥发作用的大小主要取决于农药本身的溶解度和蒸气压，也与土壤的温度、湿度等有关。有机磷和某些氨基甲酸酯类农药的蒸气压高于 DDT、狄氏剂的蒸气压，因此前者的蒸发作用要强于后者。农药除以气体形式扩散外，还能以水为介质进行迁移，主要方式有两种：一是直接溶于水，二是吸附于土壤固体颗粒表面随水分移动而进行机械迁移。一般来说，农药在吸附性能小的砂性土壤中容易移动，而在黏粒含量多或有机质含量多的土壤中则不易移动，大多累积于土壤表层 30 cm 土层内。

C.农药在土壤中的降解

农药在土壤中的降解包括光化学降解、化学降解和微生物降解等。

（1）光化学降解。光化学降解是指土壤表面接受太阳辐射能和紫外线光谱等能流而引起农药的分解作用。紫外线产生的能量足以使农药分子结构中碳—碳键和碳—氢键发生断裂，引起农药分子结构的转化，这可能是农药转化或消失的一个重要途径。但紫外光难以穿透土壤，因此光化学降解对落到土壤表面与土壤结合的农药的作用，可能是相当重要的，而对土表以下的农药的作用较小。

（2）化学降解。化学降解以水解和氧化最重要，水解是最重要的反应过程之一。农药可以在土壤环境中发生各种水解反应和氧化反应，化学结构改变，进而被降解或完全消除。

（3）微生物降解。土壤中微生物（包括细菌、霉菌、放线菌等）对有机农药的降解起着重要作用。土壤中的微生物能够通过各种生物化学作用参与分解土壤中的有机农药。由于微生物的菌属不同，破坏化学物质的机理和速度也不同。土壤中微生物对有机农药的生物化学作用主要有脱氯作用、氧化还原作用、脱烷基作用、水解作用、环裂解作用等。土壤中微生物降解作用也受到土壤的 pH、有机物、温度、湿度、通气状况、代换吸附能力等因素的影响。

综上所述，土壤和农药之间的作用性质是极其复杂的，农药在土壤中的迁移转化不仅受到了土壤组成的有机质和黏粒、离子交换容量等的影响，也受到了农药本身化学性质以及微生物种类、数量等诸多因素的影响。只有在一定条件下，土壤才能对化学农药有缓冲解毒及净化的能力，否则，土壤将遭受化学农药的残留积累及污染毒害。

D. 化学农药在土壤中的残留

进入土壤中的化学农药，易受各种化学、物理和生物的作用，并以多种途径进行反应或降解，只是不同类型的农药其降解速度和难易程度不同而已。不同类型的农药其降解速度和难易程度不同，直接制约着农药在土壤中的存留时间。农药在土壤中的存留时间常用两种概念来表示，即半衰期和残留期。半衰期是指施入土壤中的农药因降解等原因使其浓度减少一半所需要的时间；残留期指施入土壤中的农药因降解等原因使其浓度减少 75%～100%所需的时间。残留量指土壤中的农药因降解等原因含量减少而残留在土壤中的数量，单位为 mg/kg（土壤）。

5.2.4　土壤质量及其标准

土壤质量是土壤生态界面内维持植物生产力、保障环境质量、促进动物与人体健康行为的能力，或指在自然或人工生态系统中，土壤具有动植物生产持续性、保持和提高水质、空气质量以及支撑人类健康生活的能力。为保护农用地土壤环境，管控农用地土壤污染风险，保护农产品质量安全、农作物正常生长和土壤生态环境，生态环境部和国家市场监督管理局出台了《土壤环境质量 农用地土壤污染风险管控标准》(GB 15618—2018)。标准规定了农用地土壤污染风险筛选值和管制值。农用地土壤污染风险筛选值指农用地土壤中污染物含量等于或低于该值的，对农产品质量安全、农作物生长或土壤生态环境的风险低，一般情况下可以忽略；超过该值的，对农产品质量安全、农作物生长或土壤生态环境可能存在风险，应当加强土壤环境监测和农产品协同监测，原则上应当采取安全利用措施。农用地土壤污染风险管制值指农用地土壤污染物含量超过该值的，食用农产品不符合质量安全标准等，农用地风险高，原则上应当采取严格管控措施。农用地土壤污染风险筛选值和管制值如表 5-2 和表 5-3 所示。

表 5-2　农用地土壤污染风险筛选值　（单位：mg/kg）

序号	污染物项目		风险筛选值			
			pH≤5.5	5.5＜pH≤6.5	6.5＜pH≤7.5	pH＞7.5
1	镉	水田	0.3	0.4	0.6	0.8
		其他	0.3	0.3	0.3	0.6
2	汞	水田	0.5	0.5	0.6	1.0
		其他	1.3	1.8	2.4	3.4
3	砷	水田	30	30	25	20
		其他	40	40	30	25
4	铅	水田	80	100	140	240
		其他	70	90	120	170
5	铬	水田	250	250	300	350
		其他	150	150	200	250
6	铜	果园	150	150	200	200
		其他	50	50	100	100
7	镍		60	70	100	190
8	锌		200	200	250	300
9	六六六总量		0.10			
10	滴滴涕总量		0.10			
11	苯并［a］芘		0.55			

注：项目 1～8 为基本项目，9～11 为其他项目；重金属和类金属砷均按元素总量计；对于水旱轮作地，采用其中较严格的风险筛选值；六六六总量为 α-六六六、β-六六六、γ-六六六、δ-六六六四种异构体的含量总和；滴滴涕总量为 p,p'-DDT、p,p'-DDD、o,p'-DDT、p,p'-DDE 四种衍生物的含量总和。

表 5-3　农用地土壤污染风险管制值　（单位：mg/kg）

序号	污染物项目	风险管制值			
		pH≤5.5	5.5<pH≤6.5	6.5<pH≤7.5	pH>7.5
1	镉	1.5	2.0	3.0	4.0
2	汞	2.0	2.5	4.0	6.0
3	砷	200	150	120	100
4	铅	400	500	700	1000
5	铬	800	850	1000	1300

5.2.5　我国土壤污染现状

2005 年 4 月～2013 年 12 月，我国开展了首次全国土壤污染状况调查。调查范围为中华人民共和国境内（未含香港特别行政区、澳门特别行政区和台湾地区）的陆地国土，调查点位覆盖全部耕地，部分林地、草地、未利用地和建设用地，实际调查面积约 630 万 km^2。调查采用统一的方法、标准，基本掌握了全国土壤环境质量的总体状况。

全国土壤环境状况总体不容乐观，部分地区土壤污染较重，耕地土壤环境质量堪忧，工矿业废弃地土壤环境问题突出。工矿业、农业等人为活动以及土壤环境背景值高是造成土壤污染或超标的主要原因。全国土壤总的超标率为 16.1%，其中轻微、轻度、中度和重度污染点位比例分别为 11.2%、2.3%、1.5%和 1.1%。污染类型以无机型为主，有机型次之，复合型污染比重较小，无机污染物超标点位数占全部超标点位的 82.8%。

从污染分布情况看，南方土壤污染重于北方；长江三角洲、珠江三角洲、东北老工业基地等部分区域土壤污染问题较为突出，西南、中南地区土壤重金属超标范围较大；镉、汞、砷、铅 4 种无机污染物含量分布呈现从西北到东南、从东北到西南方向逐渐升高的态势。

土壤污染防治行动计划——“土十条”

2016 年 5 月 31 日，我国发布了土壤污染防治行动计划，简称“土十条”。一是开展土壤污染调查，掌握土壤环境质量状况。在现有相关调查基础上，以农用地和重点行业企业用地为重点，深入开展土壤环境质量调查。统一规划、整合优化土壤环境质量监测点位，建设国家土壤环境质量监测网络。建立土壤环境基础数据库，构建全国土壤环境信息化管理平台。二是推进土壤污染防治立法，建立健全法规标准体系。建立土壤污染防治法律法规体系，逐步完成农药管理条例修订工作，发布《污染地块土壤环境管理办法（试行）》《农用地土壤环境管理办法（试行）》，出台农药包装废弃物回收处理、工矿用地土壤环境管理等部门规章。同时，健全土壤污染防治相关标准和技术规范。三是实施农用地分类管理，保障农业生产环境安全。按污染程度将农用地划为三个类别，未污染和轻微污染的划为优先保护类，轻度和中度污染的划为安全利用类，重度污染的划为严格管控类，以耕地为重点，分别采取相应管理措施，保障农产品质量安全。四是实施建设用地准入管理，防范人居环境风险。发布建设用地土壤环境调查评估技术规定，对拟收回土地使用权的有色金属冶炼、石油加工、化工、焦化、电镀、制革等行业企业用地，以及用途拟变更为居住和学校、医疗、养老机构等公共设施的上述企业用地，开展土壤环境状况调查评估。五是强化未污染土壤保护，严控新增土壤污染。按照科学有序原则开发利用未利用地，防止造成土壤污染。排放重点污染物的建设项目，要加强对土壤环境影响的评价，并提出防范土壤污染的具体措施。加强规划区划和建设项目布局论证，合理确定区域功能定位、空间布局。六是加强污染源监管，做好土壤污染预防工作。制定土壤环境重点监管企业名单，实行动态更新，并向社会公布。控制农业污染，科学施用农药，合理使用化肥。通过分类投放收集、综合循环利用，促进垃圾减量化、资源化、无害化。七是开展污染治理与修复，改善区域土壤环境质量。按照“谁污染，谁治理”原则，确定土壤污染治理与修复的主体责任。以影响农产品质量和人居环境安全的突出土壤污染问题为重点，合理制定土壤污染治理与修复规划。有序开展治理与修复，确定治理与修复重点。八是加大科技研发力度，推动环境保护产业发展。整合高等学校、研究机构、企业等科研资源，开展土壤环境基准、污染物迁移转化规律、污染生态效应、重金属低积累作物和修复植物筛选，以及土壤污染与农产品质量、人体健康关系等方面的基础研究。九是发挥政府主导作用，构建土壤环境治理体系。强化政府主导，完善土壤环境管理体制。探索建立跨行政区域土壤污染防治联动协作机制。加大对土壤污染防治工作的财政支持力度，设立土壤污染防治专项资金。采取有效措施激励相关企业参与土壤污染治理与修复。十是加强目标考核，严格责任追究。明确地方政府主体责任。建立全国土壤污染防治工作协调机制，定期研究解决重大问题。落实企业责任，严格依法依规建设和运营污染治理设施，确保重点污染物稳定达标排放。严格评估考核，实行目标责任制。

5.3　土壤资源的可持续利用

土壤是最基本的生产资料，最宝贵的资源。防治和减少土壤污染已成为当前环境学和土壤学共同面临的重要任务。土壤污染的综合防治应从两个方面考虑和采取措施，即防止土壤被污染及继续污染和对已被污染的土壤采取治理措施。只有正确认识这个问题，避免或消除污染，解决好“固本”和“开源”的关系，才能发挥土壤资源的持续生产作用。

5.3.1　土壤污染的控制原则

首先要控制和消除土壤污染源，合理施用化肥和农药，探索和推广生物防治病虫害的途径；其次是做好土壤污染调查工作，建立监测系统网络，健全土壤健康档案，加强宣传、监督和管理工作，完善土壤污染防治的法律体系；最后是加大投入，开展土壤污染治理技术研究，探讨国际上土壤污染防治的经验和教训。

5.3.2　土壤退化及其保护

由于自然以及人为的原因，土壤生态系统的组成、结构和功能受到影响或破坏（如自然植被的破坏或丧失、土壤生物区种群组成的明显变化、物种的消失；土壤侵蚀、荒漠化、盐渍化、沼泽化或潜育化、酸化、肥力下降等）而使土壤固有的物理、化学和生物学特性和状态发生改变，导致土壤生态系统功能、生产潜力和环境质量的等级或状况下降，均属土壤退化现象。土壤退化的主要表现为：土壤酸化、土壤盐渍化、土壤侵蚀/水土流失、土地荒漠化和土壤沼泽化等。

1. 土壤酸化

土壤酸化是指由于人为活动使土壤酸度增强的现象。土壤酸化结果：首先使土壤溶液中 H^+浓度增加。土壤 pH 下降，继而增强了钙、镁、磷等营养元素的淋浴作用；其次，随着溶液中 H^+数量增加，H^+开始交换吸附性 Al^{3+}等，而使 Al^{3+}等重金属离子的活性和毒性增加，导致土壤生态环境恶化。要针对土壤酸化的原因采取适当防治措施：对施酸性肥料引起的酸化，要合理施肥，不施偏酸性化肥；对因矿山废弃物而引起的土壤酸化，要采取妥善处理尾矿、消灭污染源，以及施石灰中和等措施；对因酸沉降而引起的土壤酸化，要从根本上控制酸性物质的排放量，即控制污染源；对酸化土壤的重要改良措施是施加石灰，中和其酸性和提高土壤对酸性物质的缓冲性；水旱轮作、农牧轮作也是较好的生态恢复措施。

2. 土壤盐渍化

土壤盐渍化（或盐碱化）作为一种土壤退化现象，是指由自然的或人为的原因，使地下潜水水位升高、矿化度增加、气候干旱、蒸发增强，而导致的土壤表层盐化或碱化过程增强，表层盐渍度或碱化度加重的现象。它主要发生于干旱、半干旱、半湿润和滨海平原的洼地区。盐碱土和次生盐渍化的防治措施：实施合理的灌溉排水制度；调控地下水位，精耕细作；多施有机肥，改善土壤结构；减少地表蒸发，选择耐盐碱作物品种；此外，对碱土增施石膏等，不但可防治次生盐渍化，而且可发挥盐碱土资源的潜力，扩大农用土地面积，改善盐碱地区的生态环境。

3. 土壤侵蚀/水土流失

土壤侵蚀是指主要在水、风等营力作用下，土壤及其疏松母质（特别是表土层）被剥蚀、搬运、堆积（或沉积）的过程。根据其营力作用，又将土壤侵蚀分为水蚀和风蚀两大类型。土壤侵蚀不仅使肥沃表土层减薄、养分流失、蓄水保水能力减弱，最终将使表土层直至全部土层被侵蚀，成为贫瘠的母质层，甚至成为岩石裸露的不毛之地。土壤侵蚀还使区域生态恶化，影响河流水质和水库的寿命。防治土壤侵蚀的措施：因地制宜地开展植树造林，植灌和植草与自然植被保护和封山育林相结合，生物措施与工程措施相结合；水土保持与合理的经济开发相结合，并以小流域为治理单元逐步进行综合治理。

4. 土地荒漠化

荒漠化是指在干旱、半干旱和某些半湿润、湿润地区，由气候变化和人类活动的各种因素所造成的土地退化，土地生物和经济生产减少，甚至基本丧失。土地荒漠化最严重的国家依次是中国、阿富汗、蒙古、巴基斯坦和印度。我国 1/4 以上的国土发生荒漠化，荒漠化土地面积 262 万 km^2（占国土面积 27.3%），荒漠化潜在发生区域面积 331.7 万 km^2（占国土面积 34.6%）。荒漠化涉及 18 个省、自治区、直辖市的 471 个县、旗、市；荒漠化面积排在前三位的省份为新疆（39.8%），内蒙古（25.1%）和西藏（16.6%），合计占荒漠化总面积的 81.5%。每年因荒漠化造成的直接经济损失达 540 亿元。土地荒漠化的成因包括自然因素和人为因素两个方面。自然因素指异常的气候条件，特别是严重的干旱条件。人为因素指过度放牧、乱砍滥伐、开垦草地等。土地荒漠化的危害表现为土地生产力的下降和随之而来的农牧业减产，严重的会产生生态难民。

防治荒漠化的基本途径和策略：制定经济发展和资源保护一体化政策；逐步建立合理的土地使用权制度体系；合理管理和使用水资源；合理规划和使用耕地与草地。控制农垦、防止过牧，因地制宜地营造防风固沙林、种灌植草，建立生态复合经营模式。

5. 土壤沼泽化

土壤沼泽化（或潜育化）是指土壤上部土层 1 m 内，因地表或地下长期处于浸润状态下，土壤通气状况变差。有机质不能彻底分解而形成一灰色或蓝灰色潜育土层。它是常发生于我国南方水稻种植地区的土壤退化现象。土壤沼泽化降低了有机质的转化速度，使土壤中还原性有害物质增加，土壤温度降低、通气性差，土壤微生物活性减弱等。防治土壤沼泽化的途径，应首先从生态环境治理入手，如开沟排水、消除渍害；同时，多种经营、综合利用、因地制宜。其治理措施：稻田-水产养殖系统；水旱轮作、合理施用化肥，多施磷、钾、硅肥。

5.4　污染土壤修复技术

5.4.1　污染土壤修复技术概述

1. 污染土壤修复技术的概念

污染土壤修复技术是指通过物理、化学、生物和生态学等的方法和原理，并采用人工调控措施，使土壤污染浓（活）度降低，实现污染物无害化和稳定化，以达到人们期望的解毒效果的技术和措施。对污染土壤实施修复，可阻断污染物进入食物链，防止对人体健康造成危害，对促进土地资源的保护和可持续发展具有重要意义。

2. 污染土壤修复分类与技术体系

污染土壤修复分类与技术体系可概括为表 5-4。一般来说，按照修复场地可以将污染土壤修复分为原位修复和异位修复。按照技术类别可以将污染土壤修复方法分为物理修复、化学修复和生物修复。

表 5-4　污染土壤修复分类与技术体系

分类		技术方法
按修复场地分类	原位修复	气相抽提、生物通风、原位化学淋洗、热力学修复、化学还原处理墙、固化/稳定化、电动力学修复、原位微生物修复等
	异位修复	气相抽提、泥浆反应器、土壤耕作法、土壤堆腐、焚烧法、预制床、化学淋洗等
按技术类别分类	物理修复	物理分离、气相抽提、玻璃化、热力学、固化/稳定化、冰冻、电动力学等技术
	化学修复	化学淋洗、溶剂浸提、化学氧化、化学还原、土壤性能改良技术
	生物修复	微生物修复：生物通风、泥浆反应器、预制床等
		植物修复：植物提取、植物挥发、植物固化等技术

原位修复是对土壤污染物的就地处置，使之得以降解和减毒，不需要建设昂贵的地面环境工程基础设施和运输，操作维护比较简单，特别是可以对深层次污染的土壤进行修复。异位修复是污染土壤的异地处理，与原位修复技术相比，技术的环境风险较低，系统处理的预测性高，但其修复过程复杂，工程造价高，且不利于异地对大面积的污染土壤进行修复。原位修复与异位修复技术对比见表 5-5。

表 5-5　原位修复与异位修复技术对比分析

特点	对比分析
处理对象	原位修复通常可以同时处理土壤和地下水，而异位修复一般只针对土壤或地下水
处理效果	原位修复工程的处理效果受场地本身水文地质特点，尤其是土壤性质的影响较大，不确定性较高。对于采用同样原理的处理技术，一般异位修复效果相对较好，修复达标可预测性高
二次污染风险	异位修复需要开挖转移污染土壤，土壤、大气、水的二次污染风险相对较大；对于采用药剂修复的原位修复工程，药剂本身可能对非污染土壤和地下水造成二次污染
修复成本	异位修复需要大量的场地建设和土方工程施工成本，采用相同原理的修复工程，一般异位修复成本更高；某些修复工程设备成本和能耗成本的影响更大，如原位热脱附工程，其单位修复成本可能高于异位热脱附工程
其他	原位修复不需要开挖土壤，所需的施工空间和区域小，适用于施工空间有限的土壤修复工程

3. 污染土壤修复现场的调查与评价

开展污染土壤修复之前需要对修复现场进行调查评价，确定土壤修复的适应性，应包括污染物特性、现场环境、土壤生物过程和修复过程与控制的调查及评价等几个方面。对污染物特性的调查与评价需要基本弄清污染物的性质、污染物的浓度和分布、污染物迁移时间、预测化学品注入后的土壤化学反应等情况；对现场环境评价需弄清地下水的地质概况、水文概况和水力条件、氧化–还原电位等。土壤生物过程的调查需要弄清微生物可利用的碳源和能源、可利用的受体和氧化还原条件、现有的微生物活性与可能的毒性与营养物的有效性等。修复的过程与控制评价需弄清流体的流向和流速、污染物迁移时间、养分迁移、捕获百分率、评价含水层导水率变化和确定运行中注入或回收速率等。通过污染土壤修复现场的调查与评价可以获得足够的数据，便于工程设计。现场调查的目的：一是收集使土壤修复过程最优化的信息，二是收集控制环境条件使之维持最佳条件的信息。因此，第一阶段是收集有关修复原理的数据，第二阶段是收集有关工程设计和过程控制的数据。调查分析的目的是收集和综合评价与土壤修复过程及工程设计相关联的环境信息。

4. 污染土壤修复的可处理性研究

污染土壤修复的可处理性研究是指在实际工程建设之前进行的小试和中试试验研究，通过可处理性研究为土壤修复工程设计提出标准、费用和运行方案等。目的是节省修复项目建设工程的投资。

可处理性研究的目标包括以下几个方面：评价整个过程的可行性；确定修复可以达到的浓度；确定处理过程的设计标准；估算处理过程的设备和运行费用；决定控制参数和最优化实施的限制条件；评价物料供应处理技术与设备；证实现场运行情况和污染物的最终归趋；评价处理过程中存在的问题；提供修复工程连续运行的最优化方法。可处理性研究分为三个阶段，第一个阶段是修复方法的筛选；第二个阶段是修复方法的挑选；第三个阶段是修复方法调查和可行性研究计划（中试）。

5. 污染土壤修复技术的工作过程

污染土壤修复技术的工作流程概括如图 5-2 所示。即在现场调查、分析和评价及可处理性研究基础上实施具体的修复计划，包括净化处理和稳定化处理两方面的各项具体操作。

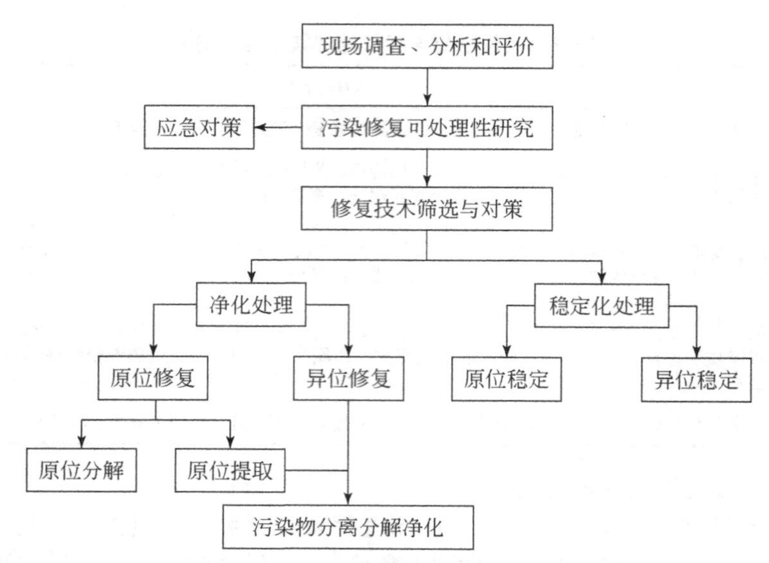

图 5-2　污染场地的修复技术的工作流程（赵景联和史小妹，2016）

5.4.2　污染土壤物理修复技术

污染土壤物理修复技术主要包括物理分离修复、气相抽提修复、热脱附修复、固化/稳定化修复、玻璃化修复和电动力学修复等技术。

1. 物理分离修复技术

污染土壤的物理分离修复技术是依据污染物和土壤颗粒的特性，借助物理手段将污染物从土壤中分离开来的技术，工艺简单、费用低。依据物质颗粒的大小、密度、形状、表面特征和磁性等可以采用不同的物理方法实现对污染物的分离。

（1）粒径分离。粒径分离是针对不同的土壤颗粒粒级、形状或粒径，通过不同大小和形状的网格筛子和过滤器进行分选的方法。该方法简便易行、经济和持续处理性高。但是，湿筛过程筛子可能会被堵塞，细格筛易破损，干筛过程则产生粉尘。

（2）密度分离。密度分离是依据不同的土壤颗粒的密度特性，通过重力富集方式分离颗粒。具体地说，是在重力和其他一种或多种与重力方向相反的作用力同时作用下，不同密度的颗粒因产生的运动行为不同而分离。该方法同样具备简单易行、经济和持续处理性高等优点，但当土壤中有较大比例黏粒、粉粒和腐殖质存在时便难以操作。

（3）浮选分离。浮选分离是根据颗粒的表面特性不同，将一些颗粒吸引到目标泡沫上进行浮选分离的方法。该方法适用于分离以较低密度存在的颗粒物，尤其适用于以细粒级存在的颗粒的处理。

（4）水动力学分离。水动力学分离是根据水动力学原理，通过不同密度颗粒在重力作用下的沉降和不同沉降速率得以分离。该法不适用于有较大比例黏粒、粉粒和腐殖质存在的土壤。

（5）磁分离。磁分离是根据物质具有磁性而具有磁效应进行的分离。该方法如果采用高梯度的磁场可以恢复较宽范围的污染介质，但处理费用较高。

物理分离修复技术通常需要挖掘土壤，在原位通过流动单元进行修复工程。修复效率取决于设备的处理速度和待处理土壤的体积，恢复能力在 9～450 m^3/d 不等。其中一些处理过程属于湿处理，待处理土壤和污染物要在水中实现分离，污染土壤物理分离修复过程如图 5-3 所示。

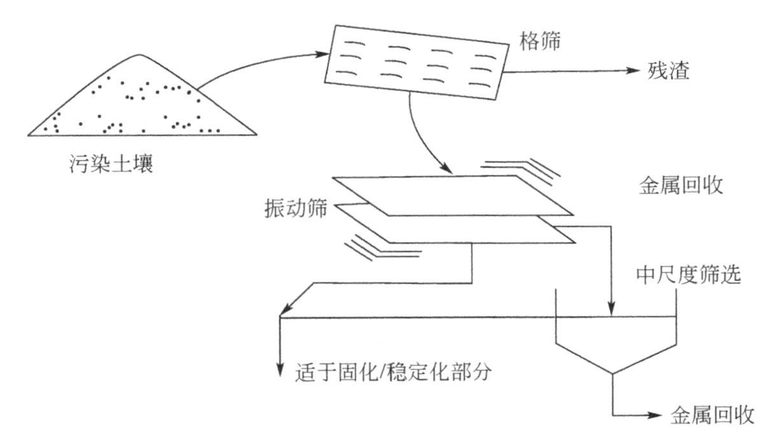

图 5-3　污染土壤的物理分离修复过程（赵景联和史小妹，2016）

2. 气相抽提修复技术

土壤气相抽提是在污染土壤内引入清洁空气产生驱动力，利用土壤固相、液相和气相之间的浓度梯度，在气压降低的情况下，将其转化为气态污染物排出土壤的过程。土壤气相抽提技术利用真空泵产生负压驱使空气流过污染的土壤孔隙，有机污染组分与土壤解吸，空气挟带有机污染组分流向抽取井，并最终于地上进行处理。为增加压力梯度和空气流速，很多情况下在污染土壤中也安装若干空气注射井。

气相抽提修复技术的主要优点包括：①能够原位操作，比较简单，对周围的干扰能够限定在尽可能小的范围之内。②非常有效地去除挥发性有机物。③在可接受的成本范围之内能够处理尽可能多的受污染的土壤。④系统容易安装和转移。⑤容易与其他技术组合使用。气相抽提修复技术主要用于挥发性有机卤代物和非卤代物的修复，通常应用的污染物是那些亨利系数大于 0.01 或蒸气压大于 66.66 Pa 的挥发性有机物，有时也应用于去除环境中的油类、重金属及其有机物、多环芳烃等污染物。

（1）原位土壤气相抽提技术，利用真空通过布置在不饱和土壤层中的提取井向土壤中导入气流，气流经过土壤时，挥发性和半挥发性的有机物挥发，随空气进入真空井，气流经过之后，土壤得到修复。根据受污染地区的实际地形、钻探条件或者其他现场具体因素的不同，可选用垂直或水平提取井进行修复。竖井原位土壤气相抽提修复技术的系统如图 5-4 所示。该技术适用于处理高挥发性的污染物，如汽油、苯和四氯乙烯。

（2）异位土壤气相抽提技术，是指利用真空通过布置在堆积着的污染土壤中开有狭缝的管道网络向土壤中引入气流，促使挥发性和半挥发性的污染物挥发进入土壤中的清洁空气流，进而被提取，脱离土壤，如图 5-5 所示。

一般来讲，原位气相抽提修复技术运行和维护所需时间为 6～12 个月不等，异位气相抽提技术通常每批污染土壤的处理需要 4～6 个月，而多相抽提修复技术运行周期在 6 个月和几年不等。在美国，气相抽提技术几乎成为修复受加油站污染的地下水和土壤的“标准”技术。

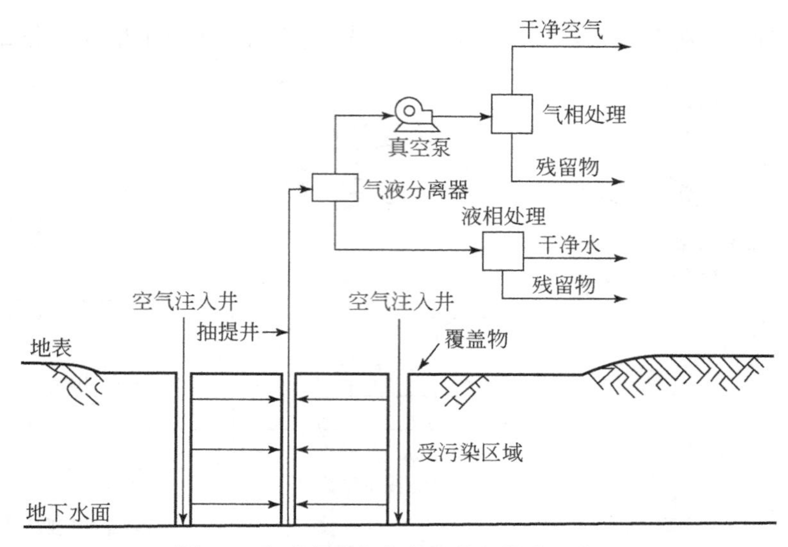

图 5-4　竖井原位气相抽提修复技术示意图

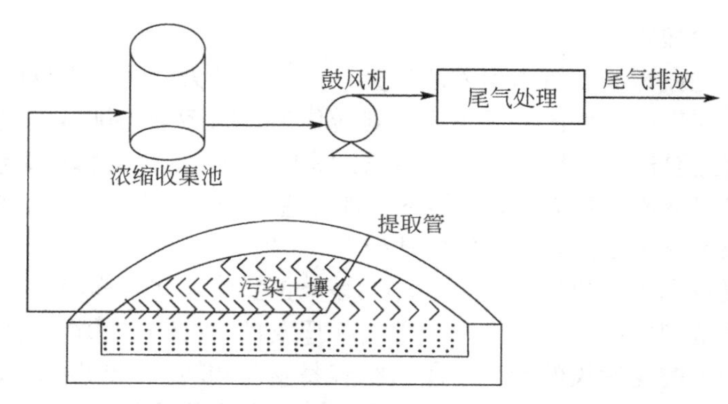

图 5-5　污染土壤异位气相抽提修复过程

3. 热脱附修复技术

1）原位热脱附技术

土壤的原位热脱附是通过一定的方式加热土壤介质，促进污染物的蒸发和分解，从而实现污染物与土壤分离的目的。地下温度的升高有利于提高污染物的蒸汽压和溶解度，同时促进生物转化和解吸。提高温度也降低了非水相液体的黏度和表面张力。原位热脱附技术是土壤修复技术中的“重武器”，也是常用土壤修复技术中，修复成本最高的技术。该技术可适用于污染物范围广、耗时短的情况，并且是少有的对低渗透污染区及不均质污染区土壤具有较强适应性的原位修复技术。

土壤原位热脱附技术主要包括土壤加热系统、气体收集系统、尾气处理系统、控制系统，这种方法可视为气相抽提技术的强化，能够处理气相抽提技术所不能处理的含水量较高的土壤。当污染物变为气态时，通过抽提井收集挥发的气体，送至尾气处理部分。加热系统是原位热脱附技术区别于气相抽提技术的重要特征。常用的加热方式主要有三种：热传导加热、电阻加热和蒸汽/热空气注入加热。其技术特点见表 5-6。

表 5-6　三种加热方式对比分析

内容	热传导加热	电阻加热	蒸汽/热空气注入加热
适用土质	各种土质	有一定渗透性，主要适用于含水层	渗透性较好的地层
最高温度	800℃左右	100℃，即水的沸点。由于加热形成热蒸汽，可能导致实际温度略高于 100℃	170℃左右
温度均匀性	靠近加热井处温度较高，其他区域温度较低	温度分布较为均匀	温度分布较为均匀
升温速度	较快，受加热井密度和土壤含水率影响	较快	较慢
其他特点	由于温度过高，加热后土壤可能板结变硬，导致加热井外管取出困难	整场土地通电，加热过程可能导致土壤导电性变化，需及时监测电流大小，防止发生人员安全事故	蒸汽的回收系统即抽提系统，需要统一设计、运行，操作复杂

2）异位热脱附技术

异位热脱附是通过异位加热土壤、沉积物或污泥等，使其中的污染物蒸发，再通过一定的方式将气体收集并处理，从而达到修复目的。主要由原料预处理系统、热脱附系统、尾气处理系统和控制系统组成。主要加热方式有辐射加热、烟气直接加热、导热油加热等。热脱附也可以分为土壤连续进料型和间接进料型。热脱附可以用于含有石油烃、VOCs、SVOC、PCBs、呋喃、杀虫剂、Hg 等物质的土壤。当土壤加热温度为 150～315℃时，称为低温热脱附；当土壤加热温度为 315～650℃时，称为高温热脱附，可处理高沸点有机污染物。异位热脱附也是土壤修复技术中的“重武器”，修复效率高，但同样也有相对较高的处理单价。除高温需要的能源消耗导致其处理成本高外，设备费也是导致其处理成本较高的主要因素。相对于其他修复技术采用的设备，异位热脱附设备的研发制造成本和运输安装成本均较高。异位热脱附的工艺流程如图 5-6 所示。

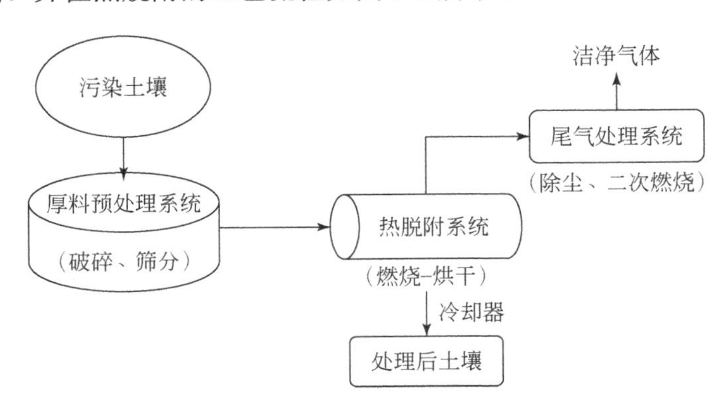

图 5-6　异位热脱附工艺流程图

4. 固化/稳定化修复技术

固化/稳定化是向污染土壤中添加固定剂或者稳定剂，使之与土壤中污染物发生物理化学反应，将污染物固定在结构密实、渗透性低的固化体中，阻止其在环境中的迁移和扩散的过程，或者将污染物转化成化学性质不活泼的形态，从而降低其环境健康风险的修复技术。固化是利用固化剂与污染土壤混合，使其生成结构密实、渗透性低的颗粒状或团块状固化体，以阻碍污染物迁移并减少外露面积的过程；稳定化是利用化学添加剂与污染土壤混合，改变土壤中有毒有害组分的赋存状态或化学组成，从而降低其毒性、溶解性和迁移性的过程。固化和稳定化技术在原理和特点上有所区别，但在工程实践中往往是同时实施和发生的，是两个密切关联的过程。该技术既能在原位使用，也能在异位进行。相比较而言，现场原位稳定化处理比较经济，并且能够处理深度达 30 m 处的污染物。

固化/稳定化既适用于处理无机污染物，也适用于处理某些性质稳定的有机污染物。许多无机物和重金属污染土壤，如无机氰化物（氢氰酸盐）、石棉、腐蚀性无机物及砷、镉、铬、铜、铅、汞、镍、硒、锑、铀和锌等重金属污染土壤，均可采用固化/稳定化技术进行有效的治理和修复。有机污染土壤中，适用或者可能适用固化/稳定化技术修复的主要有：有机氰化物、腐蚀性有机化合物、农药、石油烃（重油）、多环芳烃、多氯联苯、二噁英和呋喃等。部分有机污染物对固化/稳定化处理后水泥类水硬性胶凝材料的固结化作用有干扰，因此，固化/稳定化更多地应用于无机污染土壤修复。固化/稳定化药剂（材料）是该技术应用的核心。常用的药剂一般为水泥类或石灰类无机凝胶材料，常见的有硅酸盐水泥、粉煤灰、粒化高炉矿渣细粉、火山灰、水泥窑灰、各类石灰和石灰窑灰等。由于上述固化剂一般不与有机污染物直接黏合作用，在处理有机污染土壤时，一般会添加有机黏土、膨润土、活性炭、磷酸盐、橡胶颗粒等添加剂，增进有机污染物的吸附和稳定性。在中低程度重金属污染农田修复中，重金属稳定化是保障安全生产常用的方法。常用的稳定剂见表 5-7。

表 5-7　重金属污染农田修复常用稳定剂

分类	名称	有效成分	重金属	稳定化机理
无机稳定剂	石灰石、石灰	$CaCO_3$、CaO	Cd、Cu、Pb、Ni、Zn、Hg、Cr	提高土壤 pH，增加土壤表面可变负电荷，增强吸附；或形成金属碳酸盐沉淀
	粉煤灰	SiO_2、Al_2O_3	Cd、Cu、Pb、Ni、Zn、Cr	提高土壤 pH，增加土壤表面可变负电荷，增强吸附；或形成金属碳酸盐沉淀
	金属及金属氧化物	FeO、Fe_2O_3、Al_2O_3、MnO_2	As、Zn、Cr、Cu	诱导重金属吸附或重金属生成沉淀
	含磷物质	可溶性磷酸盐、难溶性的羟基磷灰石、磷矿石、骨炭等	Cd、Pb、Cu、Zn	诱导重金属吸附、重金属生成沉淀或矿物、表面吸附重金属
	天然、天然改性或人工合成矿物	海泡石、沸石、蒙脱石、凸凹棒石	Zn、Cd、Pb、Cr	颗粒小、比表面积大、矿物表面富有负电荷，具有较强的吸附性能和离子交换能力
	无机肥	硅肥	Zn、Cd、Pb	增加土壤有效硅的含量，激发抗氧化酶的活性，缓解重金属对植物生理代谢的毒害
有机稳定剂	有机肥	各种动植物残体和代谢物	Cd、Zn	胡敏酸或胡敏素络合污染土壤中的重金属离子并生成难溶的络合物
	秸秆	棉花、小麦、玉米和水稻秸秆	Cd、Cr、Pb	
无机、有机混合材料	固体废弃物	污泥、堆肥、石灰化生物固体等	Cd、Pb、Zn、Cr	提高土壤的 pH，增加土壤表面可变负电荷，增强吸附

固化/稳定化技术处理的一般步骤包括：①中和过量的酸度；②破坏金属络合物；③控制金属的氧化还原状态；④转化为不溶性的稳定形态；⑤采用固化剂形成稳定的固体形态物质。在稳定化之前，有些金属离子需要进行预处理，例如，电镀废水中的金属氰化物需要被破坏掉，将六价铬还原为二价的形式，然后转化为氢氧化物形式。对于有毒有机污染物，也可以采用类似的步骤进行稳定化处理。

固化/稳定化技术具有以下特点：需要污染土壤与固化剂/稳定剂等进行原位或异位混合，与其他固定技术相比，不会破坏无机物质，但可能改变有机物质的性质。稳定化可能与封装等其他固定技术联合应用，并可能增加污染物的总体积。固化/稳定化处理后的污染土壤应当有利于后续处理。现场应用需要安装全部或部分设施。如原位修复所需的螺旋钻井和混合设备、集尘系统、挥发性污染物控制系统、大型储存池。

5. 玻璃化修复技术

玻璃化修复技术是指通过高强度能量输入，使污染土壤熔化，将含有挥发性污染物的蒸气回收处理，同时污染土壤冷却后呈玻璃状团块固定，图 5-7 为玻璃化修复的工艺流程。

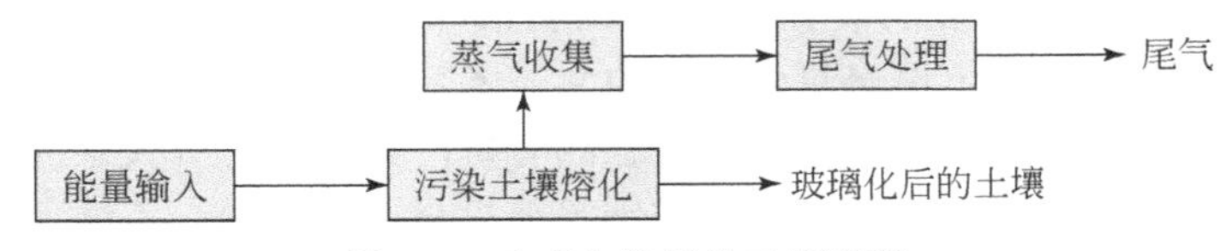

图 5-7　玻璃化修复的工艺流程

玻璃化技术包括原位和异位玻璃化两个方面。其中，原位玻璃化技术的发展源于 20 世纪五六十年代核废料的玻璃化处理技术，近年来该技术被推广应用于污染土壤的修复治理。1991 年，美国爱达荷州工程实验室把各种重金属废物及挥发性有机组分填埋于 0.66 m 的地下后，使用原位玻璃化技术，证明了该技术的可行性。图 5-8 和图 5-9 分别为原位和异位

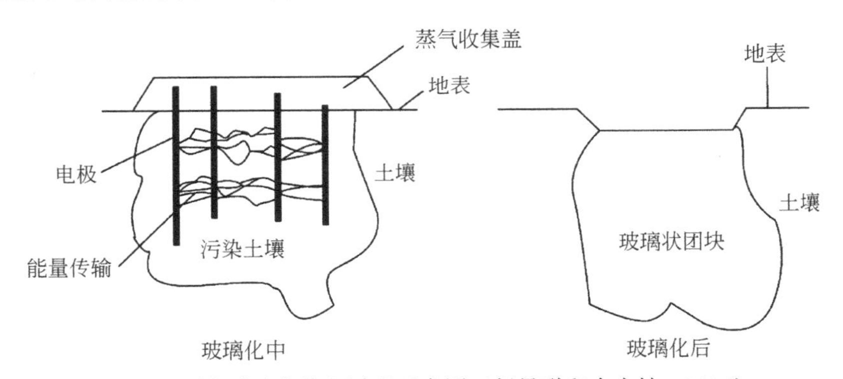

图 5-8　原位玻璃化修复过程示意图（赵景联和史小妹，2016）

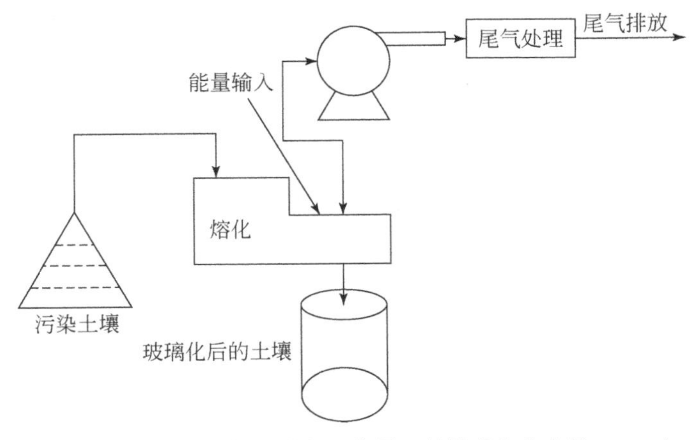

图 5-9　异位玻璃化修复过程示意图（赵景联和史小妹，2016）

玻璃化修复过程示意图。玻璃化修复技术可以破坏和去除土壤和污泥等泥土类污染介质中的有机污染物和固化大部分无机污染物。处理对象可以是放射性物质、有机物（如二噁英、呋喃和多氯联苯）、无机物（重金属）等多种污染物。

6. 电动力学修复技术

电动力学修复技术是向污染土壤中插入两个电极，形成低压直流电场，通过电化学和电动力学的复合作用，水溶态和吸附于土壤的颗粒态污染物根据自身带电特性在电场内做定向移动，并在电极附近富集或收集回收而去除的过程。污染物的去除过程涉及电迁移、电渗析、电泳和酸性迁移（pH 梯度）。该技术一般由两个电极、电源、AC/DC 转换器组成，图 5-10 为污染土壤电动力修复的装置与过程示意图。电动力学修复技术主要用于均质土壤以及渗透性和含水量较高的土壤修复。电动力学技术对大部分无机污染物污染土壤的修复是适用的。也可用于放射性物质和吸附性较强的有机污染物。已有大量的实验结果证明其对铬、汞、镉、铅、锌、锰、钼、铜、镍和铀等无机金属和苯酚、乙酸、六氯苯、三氯乙烯，以及一些石油类污染物处理效果很好（最高去除率可达 90%以上）。

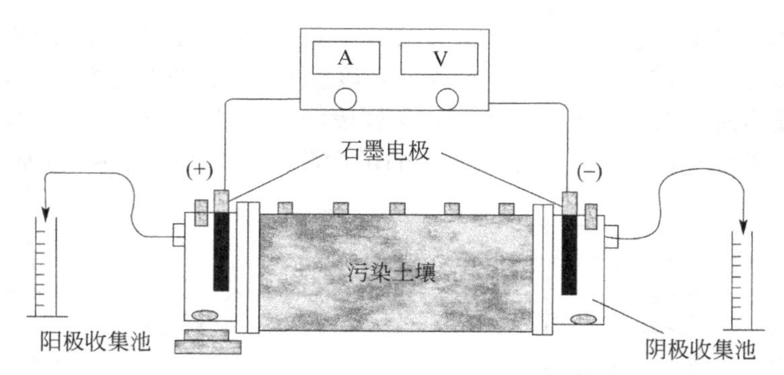

图 5-10　污染土壤电动力修复的装置与过程示意图

5.4.3　污染土壤化学修复技术

污染土壤的化学修复是根据污染物和土壤的性质，选择合适的化学修复剂（氧化剂、还原剂、沉淀剂、解吸剂和增溶剂等）加入土壤，使污染物与修复剂发生一定的化学反应而被降解或解毒的技术。化学修复技术手段可以是将液体、气体或活性胶体注入地下表层、含水层，或在地下水流经的路径上设置能滤出污染物的可渗透反应墙。通常情况下，在生物修复不能满足污染土壤修复的需要时才会选择化学修复方法。根据化学反应特点可将化学修复技术分为化学氧化、化学还原、化学淋洗及溶剂浸提等。

1. 化学氧化修复技术

化学氧化修复主要是向污染环境中加入化学氧化剂，依靠化学氧化剂的氧化能力，分解破坏污染环境中污染物的结构，使污染物降解或转化为低毒、低移动性物质的一种修复技术。对于污染土壤来说，化学氧化技术不需要将污染土壤全部挖掘出来，而只需要在污染区的不同深度钻井，将氧化剂注入土壤中，氧化剂与污染物的混合、反应使污染物降解或导致形态的变化，达到修复污染环境的目的。化学氧化修复技术是通过在污染区设置不同深度的钻井，然后通过钻井中的泵将化学氧化剂注入土壤中，使氧化剂与污染物发生氧化反应，达到使污染物降解或转化为低毒、低迁移性产物的一项污染土壤原位氧化修复技术。

化学氧化修复技术需在钻井前对污染场地的土壤和地下水特征、污染区所在地和覆盖面积等进行勘查，否则很难将氧化剂泵入恰好的污染地点。化学氧化修复工作完成后一般只在原污染区留下水和 CO_2 等无害化学反应产物，且不需将泵出液体送到专门的处理系统进行处理，具有省时、经济的技术优势。图 5-11 为污染土壤化学氧化修复技术示意图，由注射井、抽提井和氧化剂等三要素组成。图 5-12 是修复井的一般构造示意图。该技术主要用于分解破坏在土壤中污染期长和难生物降解的污染物，如油类、有机溶剂、多环芳烃（如萘）、PCP、农药以及非水溶态氯化物（如三氯乙烯，TCE）等。

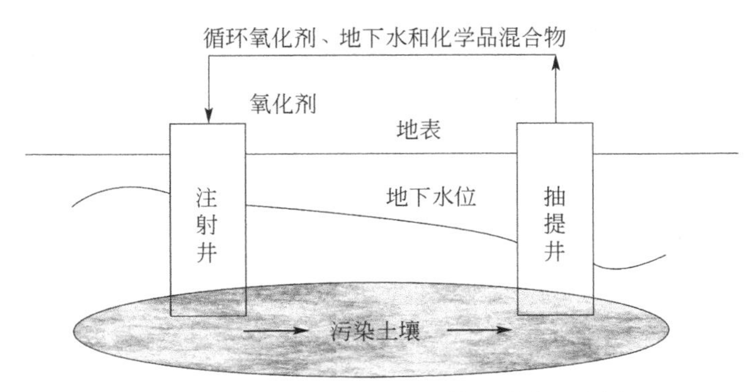

图 5-11　污染土壤化学氧化修复技术示意图

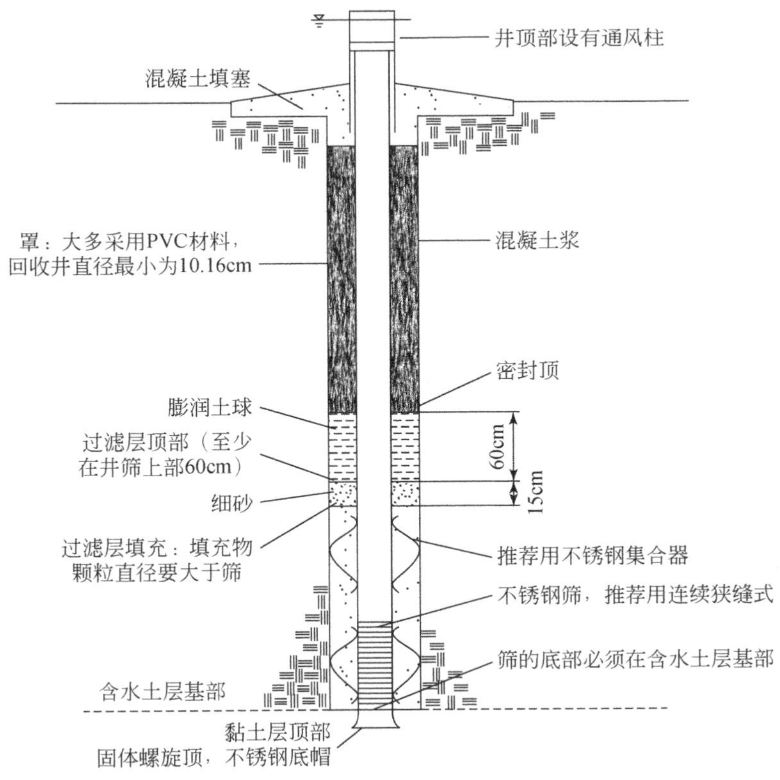

图 5-12　修复井的一般构造示意图（赵景联和史小妹，2016）

化学氧化技术的关键要素为化学氧化剂和分散技术。

（1）氧化剂。最常用的氧化剂有液态的 H_2O_2、$KMnO_4$ 和气态的 O_3。根据待处理土壤和污染物质的特征可以选择不同的氧化剂。有时，在应用氧化剂的同时可以加入催化剂增强氧化能力和反应速率。常用氧化剂修复技术的特征概要见表 5-8。

表 5-8　常用氧化剂修复技术的特征概要（赵景联和史小妹，2016）

氧化剂	H_2O_2	$KMnO_4$	O_3
适用修复污染物	适用于氯代试剂、多环芳烃及油类产物，不适用于饱和脂肪烃		
最适 pH	2～4	7～8	中性
其他物质影响	系统中任何还原性物质都耗用氧化剂。天然存在和人类活动产生的有机物对氧化剂的修复效率有较大影响		
土壤渗透性影响	适用于高渗性土壤，但借助先进的氧化剂分散系统（如土壤深度混合和土壤破碎技术）在低渗性土壤上也能开展工作		
氧化剂的降解	与土壤和地下水接触后很快降解	比较稳定	在土壤中的降解很有限
催化剂	需加入 $FeSO_4$ 以形成 Fenton 试剂	—	—
潜在的不利影响	加入氧化剂后可能形成逸出气体、有毒副产物，使生物量减少或影响土壤中重金属的存在形态		
优势	催化反应不需光照；没有污染物浓度的限制；无毒、经济和高效	无环境风险；稳定和容易控制；在氧化有机物方面显得更有效	分散能力高于液态氧化剂；不需将目标污染物转化为气态；省时和经济

（2）氧化剂分散技术。传统的氧化剂分散技术有竖直井、水平井、过滤装置和处理栅等。这些均已通过现场应用证明了其有效性。其中，竖直井和水平井都可用来向非饱和区的土壤注射气态氧化剂。据报道，在向非饱和土壤分散 O_3 方面，水平井比竖直井更有效。图 5-13 为一些分散系统的示意图。

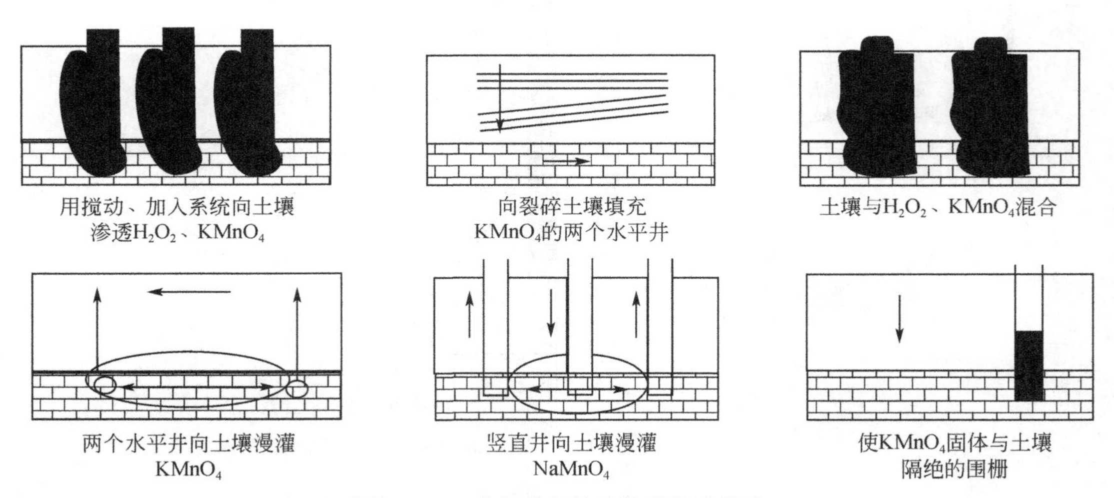

图 5-13　一些氧化剂的分散系统示意图

氧化剂良好的分散效果依赖于细心的工程设计和分散设备的正确建造。不论哪种化学分散技术，其建造注射系统的材料必须要与氧化剂相匹配。例如，美国橡树岭国家实验室研制了一项可行的将 $KMnO_4$ 分散到土壤下层的成功技术，其特点是通过再循环方式原位氧化土壤污染物，它包括多种水平和竖立井，向污染的含水土层注射和再循环氧化剂溶液。

该技术的优点在于，由于土壤毛细水已被先抽提出来，因此它能够引入大体积的氧化剂溶液修复污染土壤。需要提出的是，对于渗透性高或者物理破坏污染区行不通的土壤条件，则不推荐采用深度土壤混合技术。

2. 化学还原修复技术

化学还原修复主要是利用化学还原剂将污染物还原为难溶态，从而使污染物在土壤环境中的迁移性和生物可利用性降低的一项污染土壤原位修复技术。一般用于那些污染物在地面下较深范围内很大区域呈斑块扩散，对地下水构成污染，且用常规技术难以奏效的污染修复。化学还原修复技术通常是通过向土壤注射液态还原剂、气态还原剂或胶体还原剂，创建一个化学活性反应区或反应墙（图 5-14），当污染物通过这个特殊区域时被降解和固定。活性反应区的还原能力能保持很长时间，实验表明注入的 SO_2 在一年后仍保持还原活性。与化学氧化技术相似，化学还原技术的关键要素包括化学药剂和系统设计两方面。

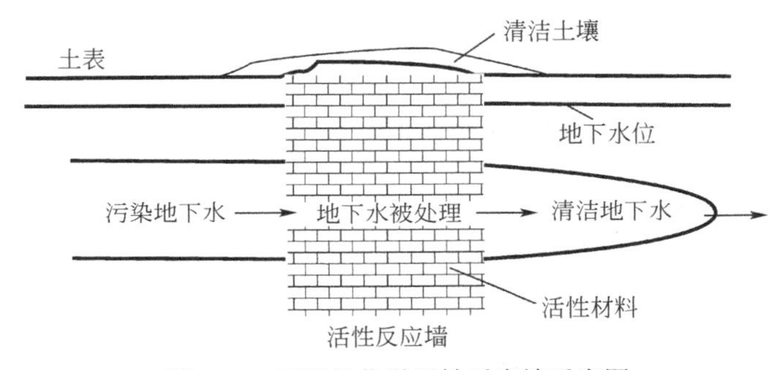

图 5-14　可透性化学活性反应墙反应图

（1）还原剂。有代表性的还原剂主要有液态的 SO_2、气态的 H_2S 和 Fe^0 胶体。通常在污染土壤的下游或污染源附近的含水层中，向土壤下表层注入 SO_2，创建可渗透反应区，当地下水中对还原作用敏感的污染物迁移到反应区时被降解或转化为固定态。该方法以碳酸盐或重碳酸盐作为缓冲溶液，将 SO_2 溶解在碱性溶液中，注入土壤后使矿物中的 Fe^{3+} 还原为 Fe^{2+}，接下来 Fe^{2+} 就可以还原敏感的污染物，如铬酸盐、铀、锝和一些氯化溶剂。铬酸盐被还原为三价铬氢氧化物或铁、铬氢氧化物等固定态沉淀下来；锝和铀被还原为难溶态；氯代溶剂分子结构则由于还原脱氯作用而降解转化。H_2S 以活性气体混合物方式注入土壤，克服了向污染区恰当地分散处理剂的障碍，易于分散、控制处理过程和处理后从土壤中去除。H_2S 将敏感污染物还原降解或转化为固定态的同时转化为对环境安全的硫化物。但是由于气态 H_2S 有毒，因此现场工作人员应采取特别的防范措施。

粉末 Fe^0 是很强的化学还原剂，能使很多氯化溶剂脱氯，将可迁移的氧化阴离子（如 CrO_4^{2-}）和氧化阳离子（如 UO_2^{2+}）转化为难迁移态。一般可通过创建反应墙、垂直井加入、直接向含水层注射和在污染物流经路线上放置等途径加入 Fe^0 胶体。与反应墙技术相比，注射 Fe^0 胶体具有不需要挖掘污染土壤，安装和操作简便、经济，减少工作人员暴露于有害物质的潜在危险等优点。注射井可以修复深层土壤。注射微米、纳米 Fe^0 胶体可增大活性物质表面积，可用少量的还原剂达到设计处理效果，且通过这种方式构建的反应墙能以最少的经济投入来更新。

（2）活性反应墙系统。化学还原修复的过程涉及注射、反应和将试剂与反应物抽提出来三个阶段。以 Fe^0 胶体活性反应栅（图 5-15）为例，可通过一系列的井构造活性反应墙。Fe^0 胶体首先被注射到第一口井中，然后第二口井用来抽提地下水。这样 Fe^0 胶体向第二口井移动，当第一口井和第二口井之间的介质被 Fe^0 胶体饱和时，第二口井转换为注射井，第三口井作为抽提井抽提地下水并使 Fe^0 胶体运动到它附近，其余井重复以上过程，就构造了活性反应墙系统。为使 Fe^0 胶体快速分散到待修复位点，通常采用高黏性液体为载体高速注入。

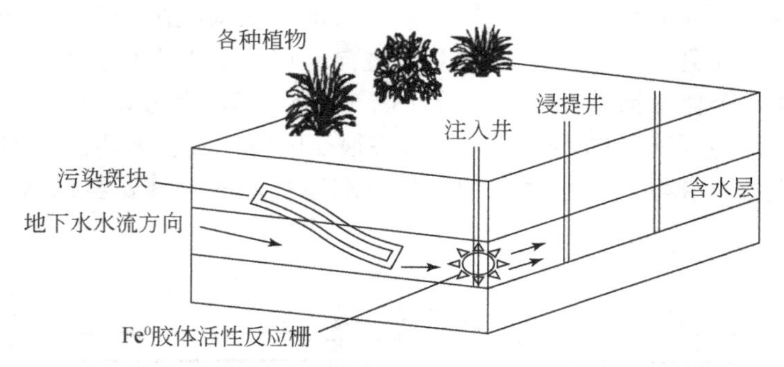

图 5-15　零价铁胶体活性栅系统（赵景联和史小妹，2016）

3. 化学淋洗修复技术

化学淋洗修复是指借助能促进土壤环境中污染物溶解或迁移作用的溶剂，在重力作用下或通过水力压头推动淋洗液注入被污染土层中，然后再把包含污染物的液体从土层中抽提出来，进行分离和污水处理的技术。淋洗液通常具有淋洗、增溶、乳化或改变污染物化学性质的作用。到目前为止，化学淋洗技术主要围绕着用表面活性剂处理有机污染物、用螯合剂或酸处理重金属来修复被污染的土壤。与其他处理方法相比，淋洗法不仅可以去除土壤中大量的污染物，限制有害污染物的扩散范围，还具有投资及消耗相对较少，操作人员可不直接接触污染物等优点。

（1）原位化学淋洗修复。原位化学修复过程是向土壤施加冲洗剂，使其向下渗透，穿过污染土壤并与污染物相互作用。在这个相互作用过程中，冲洗剂或化学助剂从土壤中去除污染物，并与污染物结合，通过淋洗液的解吸、螯合、溶解或络合等物理、化学作用，最终形成可迁移态化合物。含有污染物的溶液可以用梯度井或其他方式收集、储存，再做进一步处理，以再次用于处理被污染的土壤。图 5-16 为原位化学淋洗技术流程图。

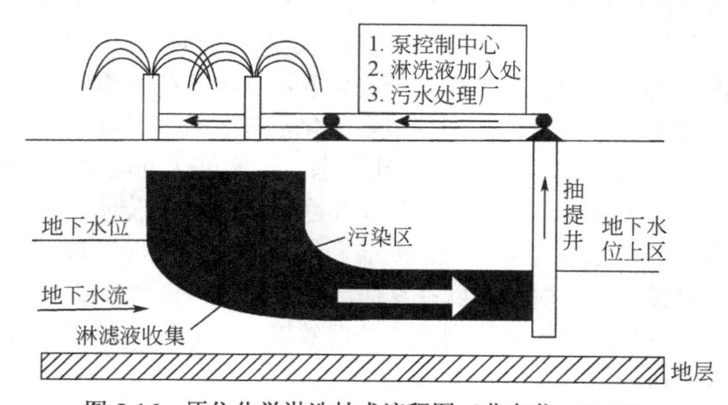

图 5-16　原位化学淋洗技术流程图（曲向荣，2015）

原位化学淋洗修复污染土壤有很多优点，如长效性、易操作性、高渗透性、费用合理性（依赖于所利用的淋洗助剂），治理的污染物范围很广泛。从污染土壤性质来看，原位化学淋洗技术最适用于多孔隙、易渗透的土壤。从污染物来看，原位化学淋洗技术适合重金属、具有低辛烷/水分配系数的有机化合物、羟基类化合物和羟基酸类等污染物（表 5-9），不适用于非水溶态液态污染物，如强烈吸附于土壤的呋喃类化合物、极易挥发的有机物以及石棉等。该方法较异位化学淋洗修复方法的缺点在于难以控制污染液的流动路径，这样有可能会扩大土壤被污染的范围和程度，影响土壤清洗的效率，因此在采用该方法时应当对垫底的水文资料有详细的了解。

表 5-9　原位化学淋洗技术适用的污染物种类

污染物	相关工业
重金属（镉、铬、铅、铜、锌）	金属电镀、电池工业
芳烃（苯、甲苯、甲酚、苯酚）	木材加工
石油类	汽车、油脂类
卤代试剂（TCE、三氯烷）	干洁产业、电子生产线
多氯联苯和氯代苯酚	农药、除草剂、电力工业

（2）异位化学淋洗修复。异位化学淋洗修复是指把污染土壤挖出来，用水或溶于水的化学试剂来清洗、去除污染物，再处理含有污染物的废水或废液，然后，洁净的土壤可以回填或运到其他地点。通常情况下，异位化学淋洗修复首先根据处理土壤的物理状况，将其分成不同的部分（石块、砂砾、砂、细砂以及黏粒），然后，再根据二次利用的用途和最终处理需求，采用不同的方法将这些不同部分清洁到不同的程度。因为污染物不能强烈地吸附于砂质土上，所以砂质土只需要初步淋洗；而污染物容易吸附于土壤质地较细的部分，所以壤土和黏土通常需要进一步修复处理。在固液分离过程及淋洗液的处理过程中，污染物或被降解破坏，或被分离。最后将处理后的土壤置于恰当的位置。图 5-17 为异位化学淋洗修复技术工艺流程图。

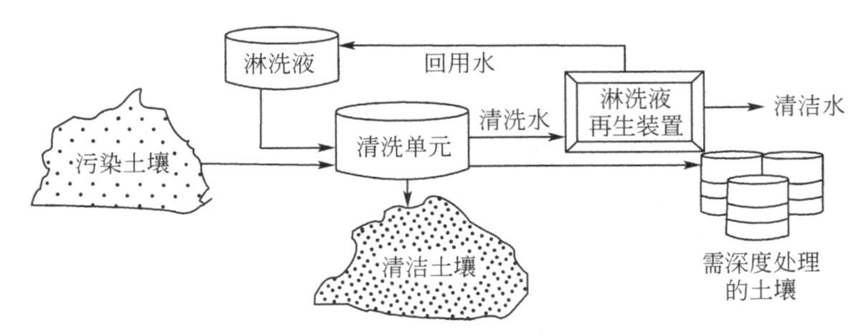

图 5-17　异位化学淋洗修复工艺流程图

4. 溶剂浸提修复技术

溶剂浸提修复技术是一种利用溶剂将有害化学物质从污染土壤中提取出来或去除的技术，属于土壤异位处理。该技术一般由预处理系统、浸提系统和溶剂循环系统组成。一般需要将污染的土壤从污染地带挖出，去除大块的石头和动植物残体后，经过粉碎筛分等预处理过程，进入浸提系统萃取。浸提之后，需要对土壤固相和萃余液进行分离，萃余液可以使用精馏或者膜分离等方式将溶剂与污染物分离，实现溶剂的循环利用。浸提后的土壤如果污染物含量依旧较高，可进行多次浸提。修复后的固相含有部分溶剂，则视所用溶剂性质进行提取。如果毒性不大，则可将处理后的土壤回填。图 5-18 为土壤溶剂浸提修复技术示意图。

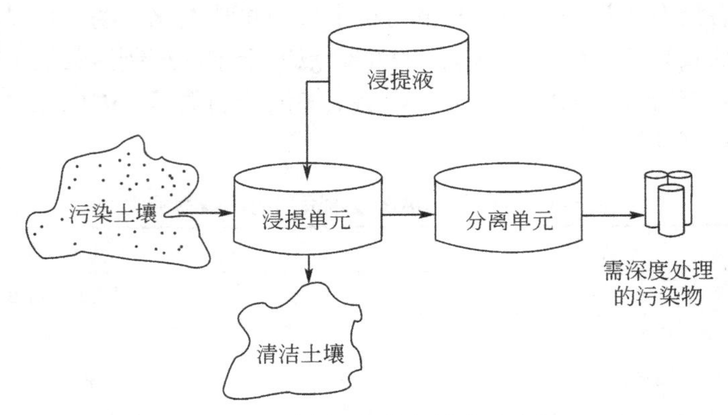

图 5-18 溶剂浸提修复技术示意图

溶剂类型和浸泡时间需根据土壤特性和污染物的化学结构选择和确定。根据检测和采样分析判断浸提进程情况，用泵抽出浸提液并导入恢复系统以再生利用。溶剂浸提修复技术设计运用得当，是比较安全、快捷、有效、便宜和易于推广的技术。该技术适用于多氯联苯、石油类碳水化合物、氯代碳氢化合物、多环芳烃、多氯二苯-*p*-二噁英以及多氯二苯呋喃（PCDF）等有机污染物，此外对一些有机农药污染土壤的修复也很有效。一般不适用于重金属和无机污染物污染土壤的修复。低温和土壤黏粒含量高（大于 15%）是不利于溶剂浸提修复的。因为低温不利于浸提液流动和取得良好的浸提效果，黏粒含量高则导致污染物被土壤胶体强烈吸附，妨碍浸提溶剂渗透。

5.4.4 污染土壤的生物修复技术

生物修复是利用生物（包括动物、植物和微生物），通过人为调控，将土壤中有毒有害污染物吸收、分解或转化为无害物质的过程。与物理、化学修复污染土壤技术相比，它具有成本低、不破坏植物生长所需要的土壤环境、环境安全、无二次污染、处理效果好、操作简单等特点，是一种新型的环境友好替代技术。

根据土壤修复的位点和修复的主导生物可以将生物修复技术分为原位微生物修复、异位微生物修复和植物修复等类型。

1. 原位微生物修复技术

原位微生物修复是污染土壤不经扰动、在原位和易残留部位之间进行原位处理。最常用的原位处理方式是进入土壤饱和带污染物的生物降解。可采取将地下水抽至地表，进行生物处理后，再注入土壤中，以再循环的方式改良土壤。该法适用于渗透性好的不饱和土壤的生物修复。原位微生物修复的特点是在处理污染的过程中土壤的结构基本不受破坏，对周围环境影响小，生态风险小；工艺路线和处理过程相对简单，不需要复杂的设备，处理费用较低；但是整个处理过程难以控制。该方法一般采用土著微生物处理，有时也加入经驯化和培养的微生物以加速处理。在这种工艺中经常采用各种工程化措施来强化处理效果，这些措施包括生物强化、生物通风、泵出生物以及土壤耕作等方法。

1）生物强化法

生物强化是基于改变生物降解中微生物的活性和强度而设计的。它可分为培养土著菌的生物培养法和引进外来菌的投菌法。目前，在大多数生物修复工程中实际应用的都是土著菌，其原因一方面是出于土著菌降解污染物的潜力巨大，另一方面也是因为接种的微生物在环境中难以保持较高的活性以及工程菌的使用受到较严格的限制。当修复包括多种污染物（如直链烃、环烃和芳香烃）的污染土壤时，单一微生物的能力通常很有限。土壤微生物试验表明，很少有单一微生物具有降解所有污染物的能力。另外，污染物的生物降解通常是分步进行的，这个过程中包括多种酶和多种微生物的作用，一种酶或微生物的产物可能成为另一种微生物的底物。因此在污染土壤的实际修复中，必须考虑要激发当地多样的土著菌。另外，基因工程菌的研究引起了人们浓厚的兴趣，采用细胞融合技术等遗传工程手段可以将多种基因转入同一微生物中，使之获得广谱的降解能力。例如，将甲苯降解基因从恶臭假单胞菌转移给其他微生物，从而使受体菌在 0℃时也能降解甲苯，这比简单接种特定的微生物使之艰难而又不一定成功地适应外界环境要有效得多。

生物培养法是定期向土壤投加 H_2O_2 和营养，以满足污染环境中已经存在的降解菌的需要，以便使土壤微生物通过代谢将污染物彻底矿化成 CO_2 和 H_2O_2。

投菌法是直接向遭受污染的土壤接入外源的污染降解菌，同时提供这些细菌生长所需氧源（多为 H_2O_2）和营养。以满足降解菌的需要，以便使土壤微生物通过代谢将污染物彻底矿化成 CO_2 和 H_2O_2。处理期间，土壤基本不被搅动，最常见的就是在污染区挖一组井，并直接注入适当的溶液，这样就可以把水中的微生物引入土壤中。地下水经过一些处理后，可以恢复和再循环使用，在地下水循环使用前，还可以加入土壤改良剂。采用外来微生物接种时，会受到土著微生物的竞争，需要用大量的接种微生物形成优势，以便迅速开始生物降解过程。

2）生物通风法

生物通风是将氧气或空气输送到地下环境，促进微生物的好氧活动，以降解土壤中污染物的技术。一般是在受污染的土壤中至少打两口井，安装鼓风机和引风机，将新鲜空气强行排入土壤中，然后再抽出，土壤中的挥发性毒物也随之去除。在通入空气时，有时加入一定量的 NH_3，可为土壤中的降解菌提供氮素营养；有时也可将营养物与水经通道分批供给，从而达到强化污染物降解的目的。另外还有一种生物通风法，即将空气加压后注射到污染地下水的下部，气流加速地下水和土壤中有机物的挥发和降解，有人称之为生物注射法。在有些受污染地区，土壤中的有机污染物会降低土壤中的氧气浓度，增加 CO_2 浓度，进而形成一种抑制污染物进一步生物降解的条件。因此，为了提高土壤中的污染物降解效果，需要排出土壤中的 CO_2 和补充氧气。

生物通风系统就是为改变土壤中气体成分而设计的，其主要制约因素是土壤结构，不合适的土壤结构会使氧气和营养物在到达污染区域之前就已被消耗，因此它要求土壤具有多孔结构。在向土壤注入空气时需要对空气流速有一定的限制，并且要有效地控制有机污染物质的挥发。图 5-19 为污染现场及通风系统示意图。

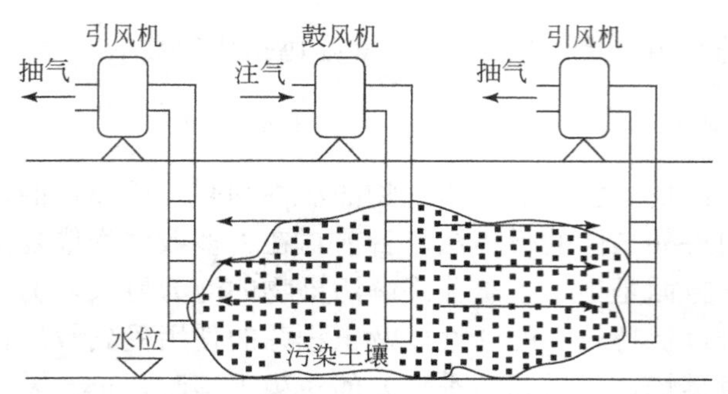

图 5-19　污染现场及通风系统示意图（赵景联和史小妹，2016）

生物通风法的设备和运行维护费用低，可以清除不适用于气相抽提修复的黏稠烃类。但是它的局限性是只适用于可好氧降解的有机污染物。对于挥发性化合物的修复不如气相抽提修复，但其气体处理费用仅相当于气相抽提修复的一半。生物通风方法现已成功地应用于各种土壤的生物修复治理，这些被称为“生物通风堆”的生物处理工艺主要是通过真空或加压进行土壤曝气，使土壤中的气体成分发生变化。生物通风工艺通常用于处理地下储油罐泄露造成的污染土壤的生物修复。

3）泵出生物法

泵出生物法工艺主要用于修复受污染地下水和由此引起的土壤污染，需在受污染的区域钻井。井分为两组，一组是注入井，用来将接种的微生物、水、营养物和电子受体（如H_2O_2）等按一定比例混合后注入土壤中；另一组是抽水井，通过向地面上抽取地下水造成地下水在地层中流动，促进微生物的分布和营养物质的运输，保持氧气供应。由于处理后的水中含有驯化的降解菌，因而对土壤有机物的生物降解有促进作用。通常需要的设备是水泵和空压机。在有的系统中，在地面上还建有采用活性污泥法等手段的生物处理装置，将抽取的地下水处理后再回注入地下。图 5-20 为泵出生物系统示意图。氧的传输和土壤的渗透性是泵出生物法处理成功的关键。为了加强土壤内空气和氧气的交换，可采用加压空气和真空抽提系统。

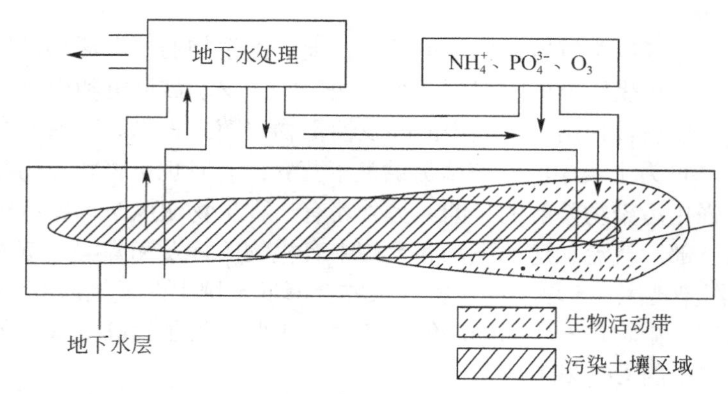

图 5-20　泵出生物系统示意图（赵景联和史小妹，2016）

该工艺是较为简单的处理方法，费用较省，不过由于采用的工程强化措施较少，处理时间会有所增加，而且在长期的生物恢复过程中，污染物可能会进一步扩散到深层土壤和地下水中，因而适用于处理污染时间较长，状况已基本稳定的地区或者受污染面积较大的地区的污染土壤。

4）土壤耕作

土壤耕作是在对污染土壤进行耕耙处理的过程中施用肥料，进行灌溉，加入石灰等将土壤 pH 调节至适宜微生物生存的状态，为生物降解提供一个适宜的环境。同时，注意营养物质及水分的含量，保证污染物降解在土壤的各个层次上都能发生。这种方法的最大不足是污染物可能从污染地迁移，但该方法简单、经济实用，可在土壤渗透性较差、污染深度较浅且污染物容易降解时应用。

2. 异位微生物修复技术

异位微生物修复是将受污染的土壤、沉积物移离原地，在异地利用特异性微生物和工程技术手段进行处理，最终污染物被降解，使受污染的土壤恢复原有的功能的过程。主要的工艺类型包括土地填埋、异位土地耕作法、预备床、堆腐和泥浆生物反应器。异位微生物修复已经成功地得以应用，已有诸多关于异位微生物修复技术处理石油燃料、多环芳烃、氯代芳烃和农药污染的土壤的报道。

（1）土地填埋。土地填埋是将废物作为一种泥浆，将泥浆施入土壤，通过施肥、灌溉、添加石灰等方式调节土壤的营养、湿度和 pH，保持污染物在土壤上层的好氧降解。用于降解过程的微生物通常是土著土壤微生物群系。为了提高降解能力，也可加入特效微生物，以改进土壤生物修复的效率。该方法已广泛用于炼油厂含油污泥的处理。

（2）异位土地耕作法。将污染土壤挖掘搬运到另一个地点，并将其均匀撒到土地表面，通过耕作方式使污染土壤与表层土壤混合，从而促进污染物和生物降解的方法。必要时可以加入营养物质。异位土壤耕作法需要根据土壤的通气状况反复进行耕翻作业。用于异位土壤耕作的土地要求土质均匀、土面平整、有排水沟或其他控制渗漏和地表径流的方式。可以根据需要对土壤 pH、温度、养分含量进行调节，需要进行监测。异位土地耕作法适合污染程度较大的污染土壤的修复。

（3）预备床。预备床就是将受污染的土壤从污染地区挖掘起来进行异地处理，防止污染物向地下水或更广大的地域扩散。预备床处理技术是在土壤耕作基础上产生的，能够避免污染物的迁移。这种方法的技术特点是需要很大的工程，即将土壤运输到一个经过各种工程准备（包括布置衬里、设置通气管道等）的预备床上堆放，形成上升的斜坡，并在此进行生物恢复的处理，处理过程中通过施肥、灌溉、控制 pH 等方式保持对污染物的最佳降解状态，有时也加入一些微生物和表面活性剂。被处理后的土壤再运回原地（图 5-21）。复杂的系统可以用温室封闭，简单的系统就只是露天堆放。有时是首先将受污染土壤挖掘起来运输到一个堆置地点暂时堆置，然后在受污染原地进行一些工程准备，再把受污染土壤运回原地处理。

预备床的设计应满足处理高效和避免污染物外溢的要求，通常具有淋滤液收集系统和外溢控制系统，从系统中渗流出来的水要收集起来，重新喷散或另外处理。这种技术的优点是可以在土壤受污染之初限制污染物的扩散和迁移，减少污染范围。但用在挖土方和运输方面的费用显著高于原位处理方法，另外在运输过程中可能会造成进一步的污染物暴露，还会由于挖掘而破坏原地点的土壤生态结构。该技术的其他工程措施包括用有机块状材料（如树皮或木片）补充土壤，如在受氯酚污染的土壤中，用 35 m^3 的软木树皮和 70 m^3 的污染土壤构成处理床，然后加入营养物，经过 3 个月的处理，氯酚质量浓度从 212 mg/L 降到 30 mg/L。添加这些材料，一方面可以改善土壤结构，保持湿度，缓冲温度变化，另一方面也能够为一些热高效降解菌（如白地霉）提供适宜的生长基质。将五氯酚钠降解菌接种在树皮或包裹在多聚物材料中，能够强化微生物的五氯酚钠的降解能力，同时可以增加微生物对污染物毒性的耐受能力。

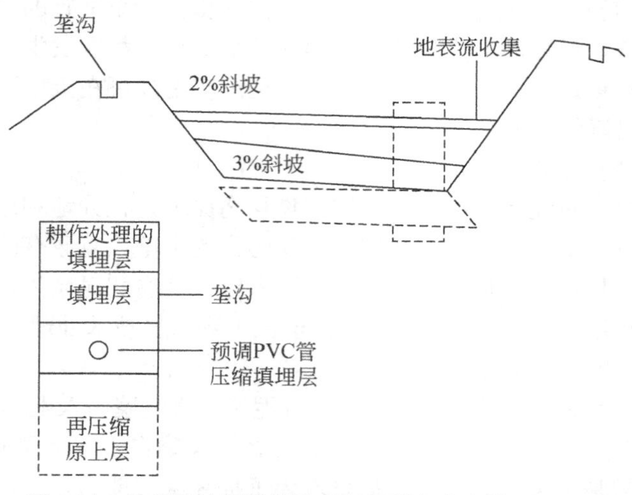

图 5-21　处理床挖掘堆置法（赵景联和史小妹，2016）

（4）堆腐法。堆腐修复工艺就是利用传统的积肥方法，堆积污染土壤，将污染土壤与有机物（施加一定数量的稻草、麦秸、碎木片和树皮等）、粪便等混合起来，依靠堆肥过程中微生物的作用来降解土壤中难降解的有机污染物。可以通过翻耕、增加土壤透气性和改善土壤结构，同时控制温度、pH 和养分，促进污染物分解。通常有条形堆、静态堆（图 5-22）和反应器堆三种系统。条形堆是将污染土壤或污泥与疏松剂混合后，用机械压成条（最大 1.2～1.5 m 高，3.0～3.3 m 宽），通过对流空气运动供氧，每天翻耕保持微生物的好氧状态。该系统灵活、简便、处理量大，但占地面积大，且不能有效控制挥发性污染气体。静态堆系统就是利用布置在堆下的通风管，通过鼓风机强制性通气保持微生物的好氧状态，静态堆一般为 6 m 高，封闭操作可控制水分和尘土飞扬。反应器堆使用先进的传送（皮带、螺旋推进、槽带或链条式传送机）和混合（研磨式或梨片式

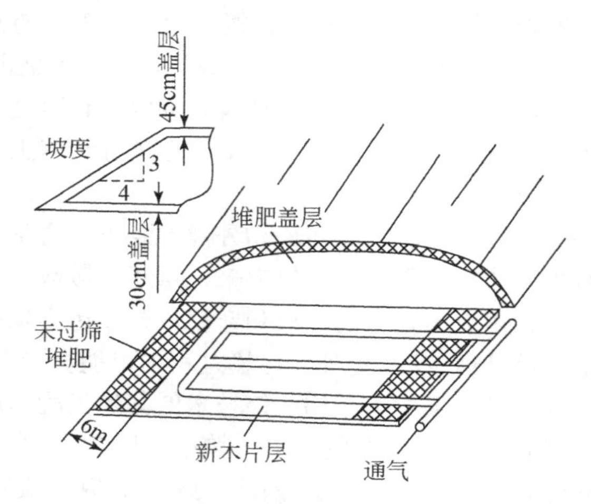

图 5-22　静态堆示意图（赵景联和史小妹，2016）

混合器）设备传送污染土壤及促进通气，该系统可以最佳控制气流，但空间最小，欠灵活性，设备的维护也较为复杂和昂贵。

（5）泥浆生物反应器。泥浆生物反应器是用于处理污染土壤的特殊反应器，可建在污染现场或异地处理场地。污染土壤用水调成泥浆，装入生物反应器内，通过控制一些重要的微生物降解条件，提高处理效果。驯化的微生物种群通常从前一批处理中引入到下一批新泥浆。处理结束后通过水分离器脱除泥浆水分并循环再用。泥浆生物反应器包括池塘、开放式反应器和封闭式反应器。处理步骤包括铲挖污染土壤、筛出直径大于 1.2 cm 的石块，制成含水量质量分数为 60%～95%的泥浆（依据生物反应器的类型而定），以对污染土壤进行处理。反应器可以是设计的容器，也可以是已经存在的湖塘。设计的反应器的罐体一般为平鼓型或升降机型，底部为三角锥形。一般的反应器有气体回收和循环装置。为减少罐体对污染物的吸附和增加耐磨性，反应器的主体一般采用不锈钢，小型反应器可用玻璃为原料。反应器设有搅拌装置，其作用是将水和土壤充分混合使土壤颗粒在反应基内呈悬浮状态，使添加的营养物质、表面活性物质以及外接菌种在反应器内与污染物充分接触，从而加速其降解。可根据需要合理调控搅拌速率、水土比、空气流速以及添加物浓度等反应器的处理条件来增强其降解功能，其操作关键是混合程度与通气量（对好氧菌而言），以改善土壤的均一性。除反应器外还需要沉淀池和脱水设备，图 5-23 和图 5-24 分别为反应器模型图和典型的过程流程图。

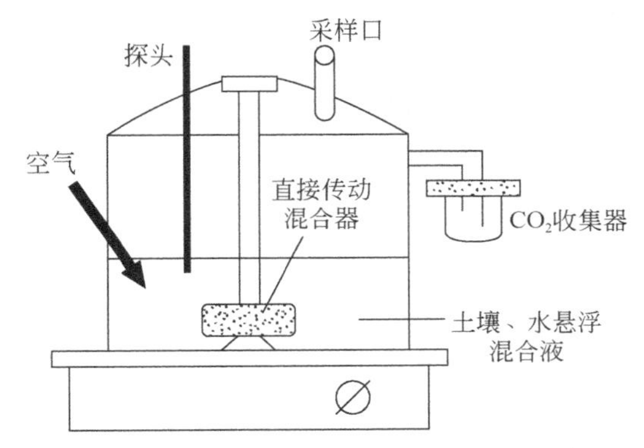

图 5-23　泥浆生物反应器模型图（赵景联和史小妹，2016）

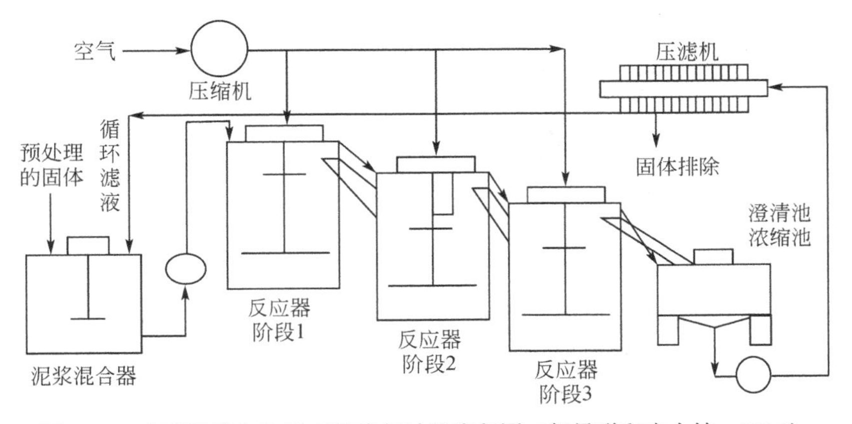

图 5-24　典型泥浆生物反应器修复过程流程图（赵景联和史小妹，2016）

高浓度固体泥浆反应器能够用来直接处理污染土壤，其典型的方式是液固接触式。该方法采用批式运行，在第一单元中混合土壤、水、营养、菌种、表面活性剂等物质，最终形成含5%～40%土壤的泥水混合相，然后进入第二单元进行初步处理，完成大部分的生物降解，最后在第三单元中进行深度处理，现场实际应用结果表明，液固接触式反应器可以成功地处理有毒有害有机污染物含量超过总有机物浓度1%的土壤和沉积物。反应器的规模在100～250 m^3/d 不等，与土壤中污染物浓度和有机物含量有关。

反应器处理的一个主要特征是以水相为处理介质。由于以水相为主要处理介质，污染物、微生物、溶解氧和营养物的传质速度快，且避免了复杂而不利的自然环境变化，各种环境条件（如pH、温度、氧化还原电位、氧气量、营养物浓度、盐度等）便于控制在最佳状态，因此反应器处理污染物的速度明显加快。该技术是污染土壤生物修复的最佳技术，因为它能满足污染物生物降解所需的最适宜条件，获得最佳的处理效果。但其工程复杂，处理费用高。能够处理多环芳烃、杀虫剂、石油烃、杂环类和氯代芳烃等有毒污染物。

3. 植物修复技术

植物修复是经过植物自身对污染物的吸收、固定、转化与积累，以及为微生物提供有利于修复的条件，促进土壤微生物对污染物的降解与无害化。广义的植物修复包括利用植物净化空气（如室内空气污染和城市烟雾控制），利用植物及其根际圈微生物体系净化污水（如污水的湿地处理系统等）和土壤污染治理。狭义的植物修复主要指利用植物及其根基全微生物体系清洁污染土壤，包括无机污染土壤和有机污染土壤。研究人员可根据需要对所种植物、灌溉条件、施肥制度及耕作制度进行优化，使修复效果达到最好。植物修复是一个低耗费、多收益、对人类和生物环境都有利的技术，其过程如图5-25所示。

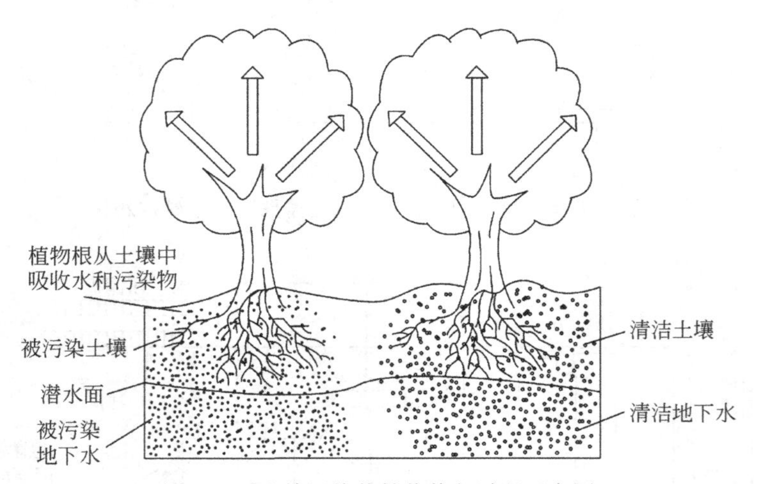

图5-25 土壤污染物植物修复过程示意图

植物修复依其过程及修复机制可以分为植物去除修复和植物稳定修复两大类，而植物去除修复又可分为五种不同类型（图5-26）。植物发生修复作用时，通常是几个过程同时发生、共同作用，有时以其中一种作用为主。

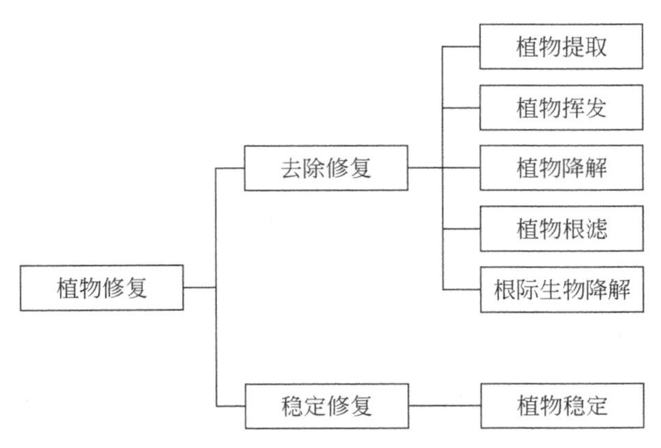

图 5-26　植物修复过程与类型

植物修复对环境扰动少，一般属于原位处理。与物理的、化学的和微生物处理技术比较而言，植物修复技术在修复土壤的同时也净化和绿化了周围的环境，植物修复污染土壤的过程也是土壤有机质含量和土壤肥力增加的过程，被植物修复净化后的土壤适合于多种农作物的生长；植物固化技术使地表长期稳定，可控制风蚀、水蚀，减少水土流失，有利于生态环境的改善和野生生物的繁衍；植物修复的成本较低。

1）有机污染物的修复

土壤有机污染物植物修复主要原理可以用图 5-27 表示。

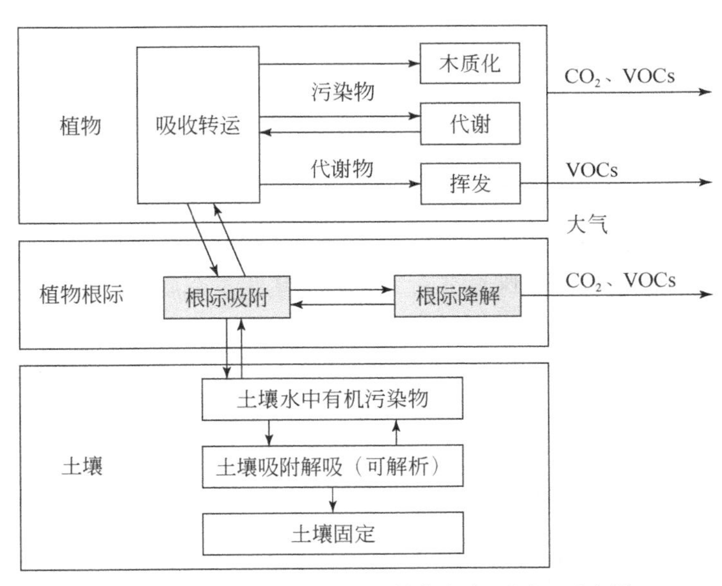

图 5-27　土壤有机污染物植物修复主要原理示意图

植物对有机物的吸收与有机物的相对亲脂性有关。这些化合物一旦被吸收后，会有多种去向，但许多化合物实际上是以一种很少能被生物利用的形式被束缚在植物组织中，这时普通的化学提取方法无法将其提取出来。在有机质很少的砂质土壤中，利用根吸收和收获进行植物修复的计划证明了该技术是可行的。例如，利用胡萝卜吸收二氯二苯基–三氯乙烷，然后收获胡萝卜，晒干，最后完全燃烧以破坏污染物。在这个过程中，亲脂性污染物离开土壤基质进入含脂量高的胡萝卜中。有机污染物累积后经木质部转运，随后从叶表挥发得以去除也是可行的。

植物吸收有机物后在组织间分配或挥发的同时，某些植物能在体内代谢或矿化有机物，使其毒性进一步降低。三硝基甲苯（TNT）是著名的环境危害物，在环境中非常稳定。高等植物杨树、曼陀罗等均可从土壤和水溶液中迅速吸收 TNT，并在体内迅速代谢为高极性的 2-氨基-4,6-硝基甲苯和脱氨基化合物。杂交杨树从土壤中吸收的 TNT 中 75%被固定在根系，转移到叶部的量也高达 10%。因体内酶活性和数量的限制，植物本身对有机污染物的降解能力较弱，为提高植物修复效率，可利用基因工程技术增强植物本身的降解能力。例如，把细菌中的除草剂基因转移到植物中产生抗除草剂的植物，或从哺乳动物的肝脏和抗药性强的昆虫中提取降解基因，用于植物修复等。

植物通过向根际分泌氨基酸等低分子有机物而刺激微生物大量繁殖，可间接促进有机污染物的根际微生物降解。例如，根际微生物对凤眼莲清除水溶液中马拉硫磷起了约 9%的作用。接种假单孢杆菌后，草地雀麦在含有 41g/kg TNT 的土壤中的生长量比不接种处理增加了 50%，而 TNT 的降解量也增加了 30%，表明该菌株在增强草地雀麦对 TNT 污染适应的同时，通过改变根际微生物种群结构而加速 TNT 降解。这些都表明根际微生物对有机污染物的降解起了重要作用，至于植物吸收、积累、挥发和降解与植物通过根际活动而促进有机污染物降解相比何者更为重要，则因化合物性质的不同或同种化合物在不同生态系统中的降解行为不同而存在很大差异。

2）重金属污染的修复

重金属污染土壤的植物修复模式可以归纳为四种：植物提取、植物挥发、植物稳定和植物降解。

（1）植物提取修复。利用植物根系对重金属元素的吸收，并经过植物体内一系列复杂的生理生化过程，将重金属从根部转运至植物地上部分，再将植物进行收割处理，从而将重金属从污染土壤中去除。1583 年意大利植物学家 Cesalpinpo 首次发现在意大利托斯卡纳“黑色的岩石”上生长的特殊植物，这是有关超富集植物的最早报道。之后的研究证明这些植物是一些地方性的物种，其区域分布与土壤中某些重金属含量呈明显的相关性。这些植物作为指示植物在矿藏勘探中发挥了一定的作用。如在长江中下游安徽、湖北的一些铜矿区域分布的海州香薷（*Elsholtzia splendens*，俗称铜草）在铜矿勘探中发挥重要作用。重金属污染土壤上大量地方性植物物种的发现促进了耐金属植物的研究，同时那些能够富集重金属的植物也相继被发现。随后有关耐重金属植物与超富集重金属的植物的研究逐渐增多，植物修复作为一种治理污染土壤的技术被提出，工程性的试验研究以及实地应用效果显示了植物修复技术商业化的巨大前景。

根据实施策略不同，植物提取可分为超富集植物提取修复和诱导植物提取修复。超富集植物提取修复是在重金属污染土壤种植超富集植物，利用超富集植物特殊的生理生化过程，使其在整个生命周期中都能吸收、转运、积累和忍耐高含量的重金属，从而将重金属从土壤中去除。重金属超富集植物是植物修复技术的核心。寻找重金属超富集植物是开展植物修复的前提。超富集植物的概念于 1977 年由 Brooks 等提出，经历多年的不断发展，现在一般认为超富集植物应该具有四大特征：其一是临界含量特征，即超富集植物地上部分的重金属含量是同等生境条件下其他普通植物含量的 100 倍以上，广泛采用的参考值为植物茎或叶中重金属的临界含量，如 Zn 和 Mn 为 10000 mg/kg，Pb、Cu、Ni 和 Co 为 1000 mg/kg，Au 为 1 mg/kg，Cd 为 100 mg/kg；其二是转移特征，即植物体地上部重金属含量大于其根部含量；其三是富集系数特征，即植物体内重金属含量高于土壤中重金属含量；其四是耐性特征，即植物在污染土壤中生长旺盛，生物量大，能正常完成生活史。土壤重金属污染植物修复的效率通常以单位面积植物所能提取的重金属总量来表征。即

植物提取总量＝重金属含量×修复植物的生物量

为了提高植物提取总量，一方面要千方百计提高植物体内重金属的蓄积量而不使植物中毒死亡，另一方面要想方设法增加植物的生物量，尤其是地上部分的生物量。因此，强化植物修复的第一个原理是从土壤入手。与抑制土壤重金属进入植物的习惯做法相反，围绕增加土壤中靶重金属的植物利用性，强化土壤中靶重金属向植物体迁移、转化与积累。无论连续提取剂怎样不同，大多数研究者倾向于将土壤重金属赋存形态分为水溶态、可交换态、碳酸盐结合态、铁锰氧化物结合态、有机结合态和残渣态，其植物利用性是由高到低。一般地，这些形态之间处于一个动态的平衡过程，但有目的地改变某些条件则能促使难利用态向水溶态、可交换态转化，进而促进植物的吸收积累。

强化修复的另一个原理是从植物入手，在保证超积累植物与本地优势植物等不出现毒害的前提下，一方面根据植物吸收、转运重金属的机制，采取相应的物理、化学、生物学方法提高植物地上部分对靶重金属的牵引力，促使土壤重金属顺利完成土壤-植物根际-植物根系-植物茎叶的传输过程；另一方面利用农艺措施调节、控制修复植物的生长发育，以获得较高的生物产量。

（2）植物挥发修复。一些挥发性重金属（如 Hg、Se 等）被植物根系吸收后，在植物体内转化成可挥发的低毒性物质散发到大气中。如 Se 在印度芥菜的作用下，可产生挥发性 Se；湿地上某些植物可以清除土壤中的 Se，其中单质占 75%，挥发态占 20%～25%。植物挥发效能和土壤根际微生物的活动密切相关。利用抗汞细菌在酶的作用下将毒性强的甲基汞和离子态转化为毒性较弱的元素汞，被看作降低汞毒性的生物途径之一。但是 Hg、Se 这类重金属经植物体进入大气后，可能沉降进入土壤或水体中，在很大程度上将对环境造成二次污染，修复不彻底。

（3）植物稳定修复。植物稳定修复是利用植物根系对土壤中重金属进行吸收和沉淀，以降低其生物有效性和防止其进入地下水和食物链，从而减少其因迁移对环境和人类健康造成的风险。植物稳定化技术适用于相对不易移动的物质，在对 Cr 和 Pb 两种元素的应用中较多。目前移栽矿区大量使用该技术。值得注意的是，植物稳定化也没有将重金属从土壤中彻底清除，当土壤环境发生变化时，仍可能重新活化恢复毒性。

（4）植物降解修复。植物降解是指重金属元素被植物根系吸收后，通过体内代谢活动来过滤、降解，降低其毒性。典型的植物降解当属 Cr 的降解。Cr^{6+}在土壤中生物有效性最强，对环境产生的威胁巨大。通过植物根系的降解作用后，变成低价态的 Cr^{3+}，毒性大大减弱。植物提取、植物稳定、植物挥发和植物降解等几乎所有的与植物相关的修复都离不开根系及根际环境。重金属元素总是要通过根系的吸收作用才能进行后续修复过程。甚至有人称，植物根系是整个植物修复的理论基石。

问题与讨论

1. 试述土壤的物质组成和剖面结构。
2. 何谓土壤的机械组成？土壤的质地分组有哪些？
3. 简述土壤的基本性质。
4. 简述土壤自净作用及其机理，土壤自净对土壤有何意义？
5. 解释土壤环境背景值和土壤环境容量的概念。
6. 简述土壤污染的主要来源。
7. 试述重金属污染的特点及其环境行为。
8. 试述农药在土壤中迁移转化的途径。
9. 简述重金属的形态分级及其与生物有效性的关系。
10. 简述土壤退化的几种主要表现。
11. 什么是原位修复和异位修复？
12. 简述污染土壤物理修复的主要技术及原理。
13. 简述固化/稳定化修复技术的原理、一般步骤及其特点。
14. 简述污染土壤化学修复的主要技术及原理。
15. 简述污染土壤生物修复的主要技术及原理。
16. 什么是植物修复技术？简述重金属植物修复的主要模式及原理。

第6章 固体废物污染与控制

[本章提要]：本章首先阐述了固体废物及危险废物的定义、分类和来源、危险废物及其类别，以及固体废物的特点和危害；在此基础上着重介绍了固体废物的处理技术和资源化利用；最后重点介绍了固体废物最终处置方法。

[学习要求]：通过本章的学习掌握固体废物及危险废物相关的基本概念、分类和主要污染控制途径，理解固体废物的资源化利用，熟悉固体废物的主要处理与处置技术。

随着人们生产水平和消费水平的提高，固体废物的排放量大大增加。固体废物污染已是我国在解决大气污染和水体污染中面临的又一个重要的环境问题。一方面要堆放这些日益增多的固体废物就要占用越来越多的土地；同时，在堆放的过程中，固体废物中的有害成分还会造成大气、水体、土壤的污染，加剧环境恶化的趋势，进一步危及人体健康。另一方面，固体废物中其实有很多东西是可以再生利用的。因此，固体废物的处理和利用日益成为环境学亟待研究和解决的问题之一。

自1992年联合国环境与发展大会以来，人们对环境问题的看法逐步取得了共识：人、资源、环境和发展这四者之间的关系是密不可分的，各国政府越来越清醒地认识到，必须认真解决好这四者之间的关系，才能真正实现可持续发展。要解决固体废物的污染，同样需要我们从可持续发展的战略出发，认真地考虑我们的生产方式、消费方式、生活方式和管理方式，才能做出正确的选择。

6.1 固体废物概述

6.1.1 固体废物的定义

固体废物是指在生产建设、日常生活和其他活动中产生的污染环境的固态、半固态的废弃物质。《中华人民共和国固体废物污染环境防治法》也对固体废物作了比较详细的定义：“在生产、生活和其他活动中产生的丧失原有利用价值或虽未丧失利用价值但被抛弃或者放弃的固态、半固态和置于容器中的气态的物品、物质以及法律、行政法规纳入固废管理的物品、物质”。

在具体生产环节中，由于原材料的混杂程度，产品的选择性以及燃料、工艺设备的不同，被丢弃的这部分物质，从一个生产环节来看，它们是废物，而从另一个生产环节来看，它们往往又可以作为其他产品的原料，是不废之物。因此，固体废物又有“放错地点的原料”之称。

全世界固体废物的排放量十分惊人。目前，一些工业化国家的工业固体废物排放量每年平均以2%～4%的速度增长。据有关资料统计，全世界的工业每年产生约21亿t固体废物和 3.4 亿 t 危险废物，其中美国大约 4 亿 t，日本约 3 亿 t。近年来，随着工业化国家的城市化和居民消费水平的提高，放射性废物的产生量和城市垃圾的增长也十分迅速。发达国家垃圾增长率为 3.2%～4.5%，发展中国家一般为 2%～3%。美国在 1970～1978 年因经济萧条，城市垃圾量增长不快，仅为 2%，1978 年后，随着经济的复苏，增长率达 4%以上，目前达到 5%，欧洲经济共同体国家垃圾量平均增长率为 3%。全球年产城市垃圾排放量超过 100 亿 t，其中美国达 30 亿 t 以上，日本最近 10 年平均每年垃圾排放量增加一倍，而英国垃圾量 15 年增加了一倍。

根据资料，2005～2014 年，我国工业固体废物产生量呈现增长趋势。尤其是自 2011 年后，由于统计口径发生变化，达到 32.28 亿 t，同比增长 40%。此后一直居高不下，截至 2015 年，我国工业固体废物产生量达 32.71 亿 t。由环保部发布的《2017 年全国大、中城市固体废物污染环境防治年报》数据指出，2016 年，214 个大、中城市一般工业固体废物产生量达 14.8 亿 t，综合利用量 8.6 亿 t，处置量 3.8 亿 t，储存量 5.5 亿 t，倾倒丢弃量 11.7 万 t。一般工业固体废物综合利用量占利用处置总量的 48.0%，处置和储存分别占比 21.2%和 30.7%，综合利用仍然是处理一般工业固体废物的主要途径，部分城市对历史堆存的固体废物进行了有效的利用和处置。

6.1.2　固体废物的分类和来源

固体废物来源广泛，种类繁多，组成复杂。按化学组成可分为无机废物和有机废物；按其危害性可分为一般固体废物和危险性固体废物；按其形状可分为固态废物（粉状、柱状、块状）和泥状废物（污泥）；通常按其来源可把固体废物分为城市垃圾、工业固体废物、农业固体废物、矿业固体废物和放射性固体废物五大类，见表 6-1。

表 6-1　固体废物的分类、来源和主要组成物

分类	来源	主要组成物
城市垃圾	居民生活	食物垃圾、纸屑、布料、木料、庭院植物修剪物、金属、玻璃、塑料、陶瓷、燃料、灰渣、碎砖瓦、废器具、粪便、杂品
	商业、机关	管道、碎砌体、沥青及其他建筑材料、废汽车、废电器、废器具、含有易爆、易燃、腐蚀性、放射性的废物，以及类似居民生活栏内的各种废物
	市政维护、管理部门	碎砖瓦、树叶、死禽畜、金属锅炉灰渣、污泥、脏土等
工业固体废物	冶金、交通、机械、金属结构等工业	金属、矿渣、砂石、模型、芯、陶瓷、边角料、涂料、管道、绝热和绝缘材料、黏结剂、废木、塑料、橡胶、烟尘等
	煤炭	矿石、木料、金属
	食品加工	肉类、谷物、果类、菜蔬、烟草
	橡胶、皮革、塑料等工业	橡胶、皮革、塑料、布、纤维、染料、金属等
	造纸、木材、印刷等工业	刨花、锯末、碎末、化学药剂、金属填料、塑料、木质素
	石油化工	化学药剂、金属、塑料、橡胶、陶瓷、沥青、油毡、石棉、涂料
	电器、仪器仪表等工业	金属、水泥、木材、橡胶、化学药剂、研磨料、陶瓷、绝缘材料
	纺织服装业	布头、纤维、橡胶、塑料、金属
	建筑材料	金属、水泥、黏土、陶瓷、石膏、石棉、砂石、纸、纤维
	电力工业	炉渣、粉煤灰、烟尘
农业固体废物	农林	稻草、秸秆、蔬菜、水果、果树枝条、糠秕、落叶、废物料、人畜粪便、禽粪、农药
	水产	腥臭死禽畜，腐烂鱼、虾、贝壳、水产加工污水等，污泥

续表

分类	来源	主要组成物
矿业固体废物	矿山、选冶	废矿石、尾矿、金属、废木、砖瓦灰石等
放射性固体废物	核工业、核电站、放射性医疗单位、科研单位	金属、含放射性废渣、粉尘、污泥、器具、劳保用品、建筑材料

1. 城市垃圾

城市垃圾是指在城市居民日常生活中或为城市日常生活提供服务的活动中产生的固体废物，以及被法律、行政法规视作城市生活垃圾的固体废物。它由家庭生活废物和来自商店、市场、办公室等具有相似特性的废物组成，如厨房垃圾、装潢建筑材料、包装材料、废旧器皿、废家用电器、树叶、废纸、塑料、纺织品、玻璃、金属、灰渣、碎砖瓦、城市生活污水处理厂的污泥和居民粪便等。

2. 工业固体废物

工业固体废物是指工业上生产、加工及其三废处理过程中排弃的废渣、粉尘、污泥等。主要包括煤渣、发电厂烟道气中收集的粉煤灰、炼铁高炉渣、炼钢钢渣、有色冶炼渣、炼铝氧化铝渣（赤泥）、制硫酸过程中的硫铁矿烧渣、磷矿石制磷酸过程中的磷石膏等。

3. 农业固体废物

农业固体废物是指农业生产、畜禽养殖、农副产品加工以及农村居民生活活动排出的废物，如植物秸秆、人和畜禽粪便等。

4. 矿业固体废物

矿业固体废物是指矿石的开采、洗选过程中产生的废物，是在采取有经济价值的矿产物质过程中产生的废料，主要有矿废石、尾矿、煤矸石等。矿废石是开矿中从主矿上剥落下来的围岩。尾矿是矿石经洗选提取精矿后剩余的尾渣。煤矸石是在煤的开采及洗选过程中分离出来的脉石，实际是含碳岩石和其他岩石的混合物。

5. 放射性固体废物

它是一类特殊且危险的废物。放射性固体废物主要来自核工业、核研究所及核医疗单位。除此之外，还有建筑废物、污水污泥与挖掘泥沙等。前者是市政或小区规划、现有建筑物的拆除或修复以及新的建筑作业废物，主要包括用过的混凝土以及砖瓦碎片等。后者污水污泥是为了减轻污水对河流与湖泊的污染而在工厂中处理家庭及工厂废水的残留物。污水污泥是一种含有大量有机颗粒的泥浆，其化学成分随污水排放源、处理过程的类型与效率而有很大变化。污水污泥含有高浓度的重金属与水溶性有机合成化学品，且含有很多润滑脂、油品与细菌。由于环境与健康的压力，已经强制减少未经处理的污水排入河流及沿海水域，但由污水处理产生的污泥量仍在持续增加，污染物包括油品、重金属、营养物与有机氯化学品。

6.1.3　危险废物及其类别

1. 危险废物的定义

危险废物是指列入国家危险废物名录或国家规定的危险废物鉴别标准和鉴别方法认定的、具有危险特性的废物。危险废物的主要特征在于它的危险特性，危险特性包括急性毒性、浸出毒性、腐蚀性、反应性、传染性、易燃性、易爆性等，危险废物易对人体和环境产生极大的危害，因此必须对其加以重点管理，采取特殊措施保证其妥善处理。

2. 危险废物的危害

危险废物具有一定的易燃性、易爆性、强烈的腐蚀性，或剧烈的毒性等，它对人类的短期危害可能是通过摄入、吸入、吸收、接触而引起毒害，也可能是燃烧、爆炸等事故；对人类的长期危害包括重复接触而引起的中毒、致癌、致畸等。在 7 万种进入市场的化学品中，美国环保局对其中的 3 万种作了危险等级的划分，如某些重金属和有机物是致癌物质，能使人的神经系统、消化或呼吸系统受到伤害，某些能损伤皮肤，见表 6-2。近年来，由于发达国家处置危险废物在征地、投资、技术、环保等方面存在着困难，有些不法厂商千方百计地将自己的危险废物向不发达国家出口，致使进口国深受其害。为了控制危险物品的污染转嫁，联合国环境规划署于 1989 年 3 月通过了《控制危险废物越境转移及其处置巴赛尔公约》，我国政府于 1991 年加入了该公约。

表 6-2　一些危险废物对人体健康的危害

废物	类型	危害神经系统	危害肠胃系统	危害呼吸系统	损伤皮肤	急性死亡
农业废物	各种农药废物	√	√	√		√
	2, 4-D	√				
	卤代有机苯类除草剂					√
	有机氯农药	√		√	√	√
	有机氯除草剂		√			
工业废物	磷化铝		√			
	多氯联苯		√		√	
	砷		√	√	√	
	锌、铜、硒、铬、镍		√	√		
	汞	√	√			√
	镉		√		√	√
	有机铅化物	√	√			
	卤化有机物			√		√
	非卤化挥发有机物			√	√	

3. 危险废物的分类

危险废物按其特性可分为：急性毒性废物、易燃性废物、反应性废物、浸出毒性废物和腐蚀毒性废物等。

（1）急性毒性废物。对小鼠（或大鼠）用 1∶1 浸提液灌胃，能引起小鼠（或大鼠）在 48h 内死亡半数以上者定为有急性毒性的固体废物。

（2）易燃性废物。闪点低于 60℃的液体，经摩擦、吸湿或自发产生着火倾向，着火时燃烧较剧烈并具有持续性，以及在管理期间会引起危险的固体废物。

（3）反应性废物。性质不稳定，在无爆震时即易发生剧烈变化；遇水能剧烈反应；遇水能形成爆炸性混合物；与水混合产生有毒气体、蒸气或烟雾；在有引发源和加热时能引起爆震或爆炸；在常温、常压下易发生爆炸或爆炸性反应；以及其他法规所定义的爆炸品。

（4）浸出毒性废物。浸出毒性废物的鉴别标准如表 6-3 所示。本标准所称的有色金属工业有害固体废物是指具有浸出毒性、腐蚀性、放射性和急性毒性四种中的一种或一种以上的固体废物。浸出液中任一种有害成分的浓度超过鉴别标准的固体废物，定为有害固体废物。

表 6-3　有色金属工业固体废物浸出毒性鉴别标准

项目	浸出液的最高容浓度 / (mg/L)	项目	浸出液的最高容浓度 / (mg/L)
汞及其无机化合物(按 Hg 计)	0.05	铜及其化合物（按 Cu 计）	50
镉及其化合物（按 Cd 计）	0.3	锌及其化合物（按 Zn 计）	50
砷及其无机化合物（按 As 计）	1.5	镍及其化合物（按 Ni 计）	25
六价铬化合物（按 Cr^{6+}计）	1.5	铍及其化合物（按 Be 计）	0.1
铅及其无机化合物(按 Pb 计)	3.0	氟化物（按 F 计）	50

（5）腐蚀毒性废物。指的是 pH＞12.5 或 pH＜2 的废物。我国目前关于危险废物管理的行政法规和部门规章及公告等主要有 16 项，危险废物管理相关的环境标准有 26 项（未计入专门针对医疗废物的环境标准），其中包括 14 项以“GB”或“GB/T”代号发布的国家标准和 12 项以“HJ”或“HJ/T”代号发布的环境保护行业标准。除了国家层面发布的法规、标准外，一些省市也发布了地方性法规、规章作为危险废物管理的补充。2007 年，我国发布了《危险废物鉴别标准 通则》（GB 5085.7—2007）等 7 项国家危险废物鉴别标准和 1 项环境保护行业标准《危险废物鉴别技术规范》（HJ/T 298—2007）。我国危险废物的鉴别方法主要有名录鉴别法、特性鉴别法和专家判断法，在该标准中还规定了危险废物的混合后判定规则和处理后判定规则。

6.1.4　固体废物的特点和危害

1. 固体废物特点

固体废物具有资源和废物的相对性、富集终态和污染源头的双重作用、呆滞性和不可稀释性，以及长期潜在危害性。

1）资源和废物的相对性

固体废物具有鲜明的时间和空间特征，是在错误时间放在错误地点的资源。从时间方面讲，它仅仅是在目前的科学技术和经济条件下无法加以利用，但随着时间的推移、科学技术的发展，以及人们的要求变化，今天的废物可能成为明天的资源。从空间角度看，废物仅仅是相对于某一过程或某一方面没有使用价值，而并非在一切过程或一切方面都没有使用价值。一种过程的废物往往可以成为另一种过程的原料。固体废物一般具有某些工业原材料所具有的化学、物理特性，且较废水、废气容易收集、运输、加工处理，因而可以回收利用。

2）富集终态和污染源头的双重作用

固体废物往往是许多污染成分的终极状态。例如，一些有害气体或飘尘，通过治理最终富集成为固体废物；一些有害溶质和悬浮物，通过治理最终被分离出来成为污泥或残渣；一些含重金属的可燃固体废物，通过焚烧处理，有害金属浓集于灰烬中。但是，这些“终态”物质中的有害成分，在长期的自然因素作用下，又会转入大气、水体和土壤，故又成为大气、水体和土壤环境的污染“源头”。

3）呆滞性和不可稀释性

固体废物往往是各种污染物的最终形态，特别是从污染控制设施排出的固体废物浓集了许多成分，具有呆滞性和不可稀释性的特点。如一些有害气体或飘尘，通过治理最终富集成为固体废物；一些有害溶质和悬浮物，通过治理最终被分离出来成为污泥或残渣；一些含重金属的可燃固体废物，通过焚烧处理，有害金属浓集于灰烬中成为固体废物。呆滞性和不可稀释性是固体废物的重要特点之一。

4）长期潜在危害性

固体废物对环境的污染不同于废水、废气和噪声。固体废物呆滞性大、扩散性小，它对环境的影响主要是通过水、气和土壤进行的。其中污染成分的迁移转化，如浸出液在土壤中的迁移，是一个比较缓慢的过程，其危害可能在数年以至数十年后才能发现。从某种意义上讲，固体废物，特别是危险废物对环境造成的危害可能要比水、气造成的危害严重得多。

2. 固体废物的危害

1）固体废物污染途径

固体废物不是环境介质，但往往以多种污染成分存在的终态而长期存在于环境中。在一定条件下，固体废物会发生化学的、物理的或生物的转化，对周围环境造成一定的影响。如果处理、处置不当，污染成分就会通过水、气、土壤、食物链等途径污染环境，危害人体健康。

2）固体废物的危害

固体废物中的有害成分仅占固体废物的很小一部分（10%～20%），但由于它们分布面广，化学性质复杂，对环境和人体健康危害极大，也是土壤、水体、大气，特别是地下水的重要污染源，因此对固体废物污染防治与治理应引起足够重视。判定其是否为危险废物，可据其是否具有可燃性、反应性、腐蚀性、浸出毒性、急性毒性、放射性等危险特性来判定。凡具有上述一种或一种以上特性者则认为是属于危险废物。废物如果处理和管理不当，其所含的危险成分将通过多种途径进入环境和人体，对生态系统和环境造成多方面的危害。图 6-1 为化学物质型固体废物的主要污染途径，图 6-2 为病原体型固体废物致病途径。

（1）对土壤的污染。固体废物长期露天堆放，其有害成分在地表径流和雨水的淋溶、渗透作用下通过土壤孔隙向四周和纵深的土壤迁移。在迁移过程中，危险成分要经受土壤的吸附和其他作用。通常，由于土壤的吸附能力和吸附容量很大，随着渗滤水的迁移，有害成分在土壤固相中呈现不同程度的积累，土壤成分和结构会发生改变；由于植物生长在土壤中，间接又对植物产生了污染，有些土地甚至无法耕种。例如，德国某冶金厂附近的土壤被有色冶炼废渣污染，土壤上生长的植物体内含锌量为一般植物的 26～80 倍，铅为 80～260 倍，铜为 30～50 倍，如果人吃了这样的植物，则会引起许多疾病。

（2）对大气的污染。废物中的细粒、粉末随风扬散；在废物运输及处理过程中缺少相应的防护和净化设施，释放有害气体和粉尘；堆放和填埋的废物以及渗入土壤的废物，经挥发和反应放出有害气体，都会污染大气并使大气质量下降。例如，焚烧炉运行时会排出颗粒物、酸性气体、未燃尽的废物、重金属与微量有机化合物等。石油化工厂油渣露天堆置，则会有一定数量的多环芳烃生成且挥发进入大气中。填埋在地下的有机废物分解会产

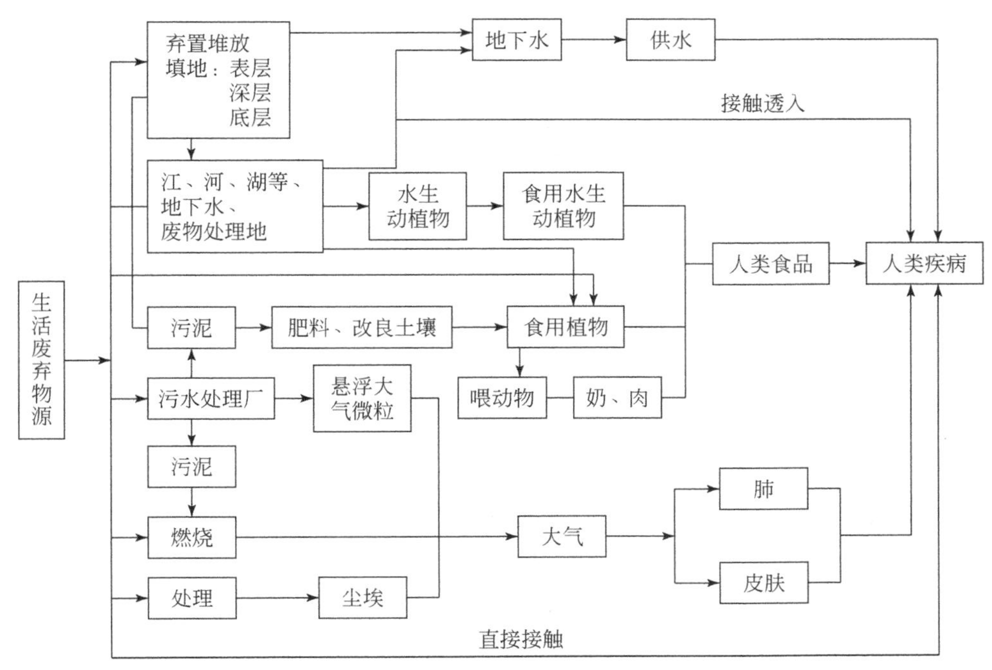

图 6-1　化学物质型固体废物的主要污染途径

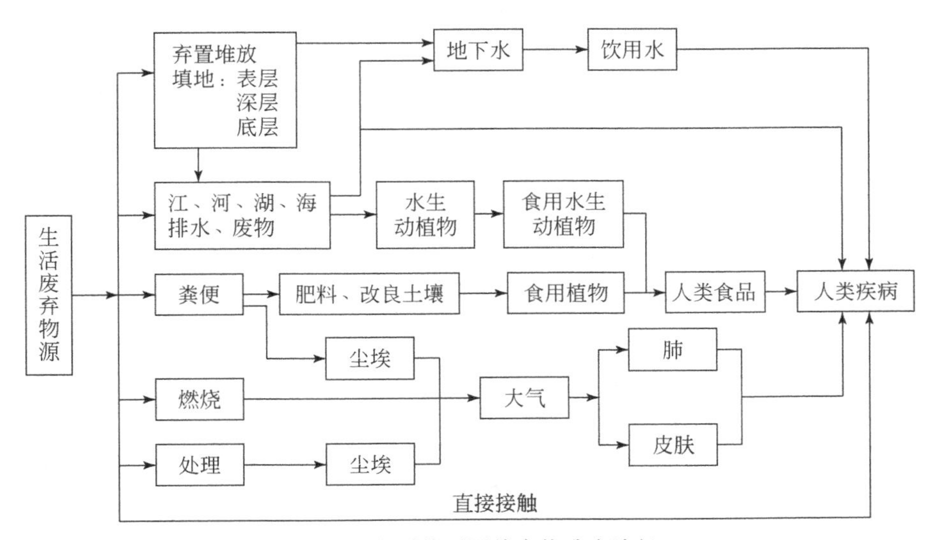

图 6-2　病原体型固体废物致病途径

生 CO_2、甲烷（填埋场气体）等气体进入大气中。如果任其聚集会发生危险，如引发火灾，甚至发生爆炸。例如，美国圣弗朗西斯科南 40 英里处的山景市将海岸圆形剧场建在该城旧垃圾掩埋场上。在 1986 年 10 月的一次演唱会中，一名观众用打火机点烟，结果一道 5 英尺（1 英尺=0.3048m）长的火焰冲向天空，烧着了附近一位女士的头发，险些酿成火灾。这正是从掩埋场冒出的甲烷气体把打火机的星星火苗转变为熊熊大火。

（3）对水体的污染。如果将危险废物直接排入江、河、湖、海等地，或是露天堆放的废物被地表径流携带进入水体，或是飘入空中的细小颗粒，通过降雨的冲洗沉积和凝雨沉积以及重力沉降和干沉积而落入地表水系，水体都可溶解出有害成分，毒害生物，造成水体严重缺氧、富营养化，导致鱼类死亡等。

（4）对人体的危害。生活在环境中的人，以大气、水、土壤为媒介，可以将环境中的危险废物直接由呼吸道、消化道或皮肤摄入人体，使人致病。一个典型例子就是美国的拉夫运河（Love Canal）污染事件。20 世纪 40 年代，美国一家化学公司利用拉夫运河停挖废弃的河谷来填埋生产有机氯农药、塑料等残余危险废物 2 万 t。掩埋 10 余年后在该地区陆续发生了井水变臭、婴儿畸形、人患怪病等现象。经化验分析，当地空气、用作水源的地下水和土壤中都含有六六六、三氯苯、三氯乙烯、二氯苯酚等 82 种有毒化学物质，其中列在美国环保局优先污染清单上的就有 27 种，被怀疑是人类致癌物质的多达 11 种。许多住宅的地下室和周围庭院里渗进了有毒化学浸出液，于是迫使总统在 1978 年 8 月宣布该地区处于“卫生紧急状态”，先后两次近千户居民被迫搬迁，造成了极大的社会问题和经济损失。

6.2　固体废物处理技术

6.2.1　控制固体废物污染的技术政策

20 世纪 60 年代中期以后环保开始在国际上受到重视，污染治理技术迅速发展，从而形成了一系列固体废物处理方法。1970 年以来，一些工业发达国家，由于废物处置场地紧张，处理费用巨大，且资源缺乏，提出了“资源循环”口号，开始从固体废物中回收资源和能源，实施资源化管理，推行资源化技术，发展无害化处理处置技术。我国固体废物污染控制工作开始于 80 年代初期，由于技术力量和经济力量有限，当时还不可能在较大的范围内实现“资源化”。因此，从“着手于眼前，放眼于未来”出发，提出了以“资源化”“无害化”“减量化”作为控制固体废物污染的技术政策，并确定以后较长一段时间内以“无害化”为主。以“无害化”向“资源化”过渡，“无害化”和“减量化”应以“资源化”为条件。2005 年 4 月 1 日我国实施修订后的《中华人民共和国固体废物污染环境防治法》，以“三化”为控制固体废物污染的技术政策，即减量化、资源化和无害化，简称“三化”原则。

1. 减量化

固体废物减量化是通过适当的技术手段尽量减少固体废物的数量和体积。减量化的途径一是前期预防，二是末端控制。前期预防主要通过清洁生产和循环再生利用来尽可能地避免固体废物的产生，其中也包括固体废物的资源化技术；末端控制主要是采取一些工程措施，如垃圾焚烧、固化等无害化技术手段，减少固体废物的数量和体积。减量化意味着采取措施，减少固体废物的产生量，最大限度地合理开发资源和能源，这是治理固体废物污染环境的首先要求和措施。改变粗放经营的发展模式，鼓励和支持开展清洁生产，开发和推广先进的技术和设备。就产生和排放固体废物的单位和个人而言，法律要求其合理地选择和利用原材料、能源和其他资源，采用可使废物产生量最少的生产工艺和设备。

2. 资源化

固体废物资源化是指对已产生的固体废物进行回收加工、循环利用或其他再利用等，即通常所称的废物综合利用。废物经综合利用后直接变成产品或转化为可供再利用的二次原料，实现资源化不但减轻了固体废物的危害，还可以减少浪费，获得经济效益。固体废物资源化是实现固体废物无害化和减量化的重要途径，也是最具前途的固体废物处理和处置的方法。

3. 无害化

固体废物无害化是指对已产生但又无法或暂时无法进行综合利用的固体废物进行对环境无害或低危害的安全处理、处置。如对固体废物通过物理、化学或生物工程的方法进行无害或低危害的安全处理与处置，达到对固体废物的消毒、解毒或稳定化、固化，防止并减少固体废物的污染危害。固体废物无害化还包括尽可能地减少固体废物中有害成分的种类、降低危险废物的有害浓度，减轻和消除其危险特征等，以防止、减少或减轻固体废物的危害。我国在固体废物控制方面确定在很长一段时间内以无害化为主，从无害化向资源化过渡，无害化和减量化以资源化为前提。

6.2.2　固体废物处理技术

固体废物的处理是指通过各种方法（物理、化学、生物）把固体废物转化为适合运输、储存、利用或处置的过程。

1. 减量化处理技术

固体废物的减量化处理技术有：①通过改变产品设计，开发原材料消耗少、包装材料省的新产品，并改革工艺，强化管理，减少浪费，以减少产品物质的单位耗量；②提高产品质量，延长产品寿命，尽可能减少产品废弃的概率和更新次数；③开发可多次重复使用的制品，用可以循环使用的制成品取代只能使用一次的制成品，如包装食品的容器和瓶类。

2. 资源化处理技术

固体废物的资源化处理主要是将固体废物中的有用物质转化为有用的产品或能量而再利用，将暂时无用的物质转化为易于处置的形态的过程。资源化技术即通过各种方法从固体废物中回收或制取物质和能源，将废物转化为资源，即转化为同一部门或其他产业部门新的生产要素，同时达到保护环境的方法。如作工业原材料、回收能源、作土壤改良剂和肥料、作建筑材料和直接利用等。具体的资源化处理技术根据原理不同可分为物理处理、化学处理和生物处理三大类方法。

1）物理处理

固体废物物理处理是指采用压实、破碎、分选、脱水等方法将固体废物转变成便于运输、储存、回收利用和处置的形态。物理处理常涉及固体废物中某些组分的分离与浓集，因此往往又是一种回收材料的过程。

（1）分选。固体废物的分选是将固体废物中可回收利用的或不利于后续处理处置工艺要求的物料分离出来的过程。分选有将固体废物中有价值的物质根据其用途进行的人力分选，如金属、纸张等，我国传统的“废品回收”就是人力分选的过程；也有根据其性质（如重力、磁力、粒度等）进行的机械分选，如利用风力将密度不同的金属、木块、纸张、塑料等分离出来，利用磁力分选机将铁从其他金属中分离出来等。

（2）破碎。主要是利用外力将大块固体废物分裂成小块或磨碎成粉末的过程。破碎后的固体废物一方面可以减容，便于运输、储存和处置，另一方面比表面积增加，可提高后续处理（如焚烧、热处理、生化处理）的效率。

（3）压实。主要是通过外力加压于松散的固体废物，使其体积缩小，便于运输储存，提高填埋处置的场地利用率。

2）化学处理

化学处理的目的是对固体废物中能对环境造成严重后果的有毒有害的化学成分采用化学转化的方法，使之达到无害化。该法要视废物的成分、性质不同采取相应的处理方法。即同一废物可根据处理的效果、经济投入而选择不同的处理技术。总之化学转化反应条件复杂且受多种因素影响。因此，仅限于对废物中某一成分或性质相近的混合成分进行处理，而成分复杂的废物处理则不宜采用。另外，由于化学处理投入费用较高，目前多用于各种工业废渣的综合治理。化学处理方法主要包括中和法、氧化还原法和水解法。

3）生物处理

微生物分解技术是指依靠自然界广泛分布的微生物的作用，通过生物转化，将固体废物中易于生物降解的有机成分转化为腐殖肥料、沼气、饲料蛋白，还可以从废渣中提取金属，从而达到固体废物无害化的一种处理方法。目前应用较广泛的工艺有好氧堆肥技术及厌氧发酵技术。堆肥一直是农业肥料的来源，人们将杂草落叶、动物粪便等堆积发酵，并称其为农家肥，施用它以保证土壤所必需的有机营养。随着科学技术的不断进步，人们把这一古老的堆肥方式推向机械化和自动化。如今的堆肥技术已发展到以城市生活垃圾、污水处理厂的污泥、动物粪便、农业废物及食品加工业废物等为原料，以机械化大批量生产，包括前处理、一次发酵、后处理、二次发酵、后处理、脱臭及储藏等工序组成。厌氧发酵是废物在厌氧条件下通过微生物的代谢活动而被稳定化，同时伴有CH_4、CO_2产生。厌氧发酵的产物——沼气是一种比较清洁的能源；同时发酵后的渣滓又是一种优质肥料。

4）热处理

热处理包括焚烧和热解两大类。焚烧技术处理固体废物（尤其是城市垃圾）是当前固体废物处理中的又一重要途径。通过焚烧处理，不仅可使废物体积减少 80%～90%，质量减少，而且还可以获取能源。对于城市垃圾，这种处理方法能比较彻底地消灭各类病原体，消除腐化源。而热解是在缺氧或无氧的条件下，使可燃性固体在高温下分解，最终生成气、油和炭的过程。与燃烧时的放热反应有所不同。一般燃烧为放热反应，而热解反应是吸热反应，热解主要是使高分子化合物分解为低分子，因此热解也称为“干馏”。其产物一般为：H_2、CH_4、CO、CO_2、CH_3OH、丙酮、乙酸、焦油、溶剂油、炭黑等；适合于热解的废物主要有废塑料、废橡胶、废轮胎、废油等。

3. 无害化处理技术

固化处理即固体废物的无害化处理，它采用固化基料将固体废物固定和包裹起来，使其所含的有毒有害物质不释放到环境中，是降低固体废物对环境的危害的方法，同时便于进行安全的运输和处置。固化处理技术包括水泥固化法、塑料固化法、水玻璃固化法和沥青固化法。其处理的主要对象是危险废物。

我国工矿业固体废物利用情况（刘泽和王栋民，2018）

过去 40 年，我国经济飞速发展，工矿业领域过度扩张，产生了百亿吨计的工矿业废物，金属矿行业排放大量共伴生矿产、尾矿和废石，煤炭行业排放大量煤矸石，电力行业排放大量粉煤灰和脱硫石膏，冶金行业排放大量冶金废渣，化工行业排放大量化工渣，建筑行业产生大量建筑垃圾，市政领域产生大量废旧路面材料，还有大量废水、废气排放。截至 2013 年底，我国尾矿累积堆存量达 146 亿 t，废石堆存量达 438 亿 t。到 2016 年底，尽管尾矿产生量下降至 8.3 亿 t，但综合利用率也只有 26.2%，尾矿废石堆存量还具有不断增加的趋势。2016 年底，我国工业废弃物排放量为 14.8 亿 t，综合利用量为 48%，还有 52%被处置或储存。这些废物大量占用土地、污染环境、破坏生态。

由于长期以来我国采用粗放型生产方式，相对于单位产品的固体废物产生量比较大，而对固体废物的综合处理和利用则相对较少。据统计，近年来固体废物产生量均在 11 亿 t/年左右，2006 年综合利用量为 92601 万 t，利用率仅为 61.11%；处理、处置量为 42883 万 t，只占产生量的 28.30%。随着我国可持续发展战略的实施，各企事业和科研机构加大了对固体废物的回收和利用。我国在有色金属工业方面，制定了国家强制标准《固体废物浸出毒性鉴别标准》(GB 5058.3—1996)。

6.3　固体废物的资源化利用

近年来世界资源正以惊人的速度被开发和消耗，有些资源已濒临枯竭。我国资源形势也十分严峻。首先我国资源总量丰富，但人均不足。从世界 45 种主要矿产储量总计来看，我国居第三位，但人均占有量仅为世界人均水平的 1/2。其次，我国资源利用率低，浪费严重，一部分资源没有发挥效益，变成了废物，如此下去，固体废物将大量积存，给环境带来巨大的威胁。众所周知，固体废物属于“二次资源”或“再生资源”，虽然一般不再具有原有的使用价值，但经回收、加工等途径，可以获得新的使用价值。固体废物的资源化利用也是我国强国富民的有效措施之一。

6.3.1　固体废物资源化利用的优势和原则

1. 固体废物资源化利用的优势

“再生资源”和原生资源相比，可以省去开矿、采掘、选矿、富集等一系列复杂程序，保护和延长原生资源寿命，弥补资源不足，保证资源应许，且可以节省大量的投资，降低成本，减少环境污染，保持生态平衡，具有显著的社会效益。固体废物的资源化利用具有下列明显的优势。

1）环境效益高

固体废物的资源化利用必将减少原材料的消耗和使用，减少废物的排放量、运输量和处理量，取得一定的环境效益。

2）能耗低，生产成本低，污染物排放量少

如用废钢炼钢比用铁矿石炼钢可节约能耗 74%。有人估算，用废铝炼铝比用铝矾土炼铝能减少能源消耗达 90%～97%，减少大气污染物排放量达 95%，减少水体污染物排放达 97%；用废钢炼钢可减少原生矿石资源 47%～70%，减少大气污染物排放量达 85%，减少矿山垃圾 97%。

3）生产效率高

如用铁矿石炼 1t 钢需 8 个工时，而用废铁练 1t 钢只需 2～3 个工时，大大提高了生产效率。我国是一个发展中国家，面对经济建设的巨大需求与资源、能源供应严重不足的严峻局面，推行固体废物资源化利用，不仅可以为国家节约投资、降低能耗和生产成本，并可以减少资源的开采和污染物的排放，保护环境，维持生态良性循环。

2. 固体废物资源化利用的原则

固体废物资源化利用必须遵循以下几个基本原则：①资源化的技术必须是可行的；②资源化的经济效果比较好，有较强的利用前景；③资源化所处理的固体废物应尽可能在排放源附近处理利用，以节省固体废物在存放、运输方面的费用；④资源化产品应当符合国家相应产品的质量标准。

6.3.2 固体废物资源化利用的基本途径

1. 固体废物资源化利用的基本途径

固体废物资源化的基本途径包括物质回收、物质转换和能量转移三个方面。

1）物质回收

物质回收即回收固体废物中的有用物质进行重复利用。如玻璃瓶经过分选、清洗可直接利用，这种利用是不改变物质形态的利用，最经济合理；金属经过熔融可重新制成新的产品，是通过物理方法改变废物形状进行重新利用的途径，虽然利用过程需要消耗能源，但相对比较经济简单。

2）物质转换

物质转换是利用化学或生物的方法将固体废物转化成有用的物质再利用的过程。如利用废玻璃和废橡胶生产铺路材料，利用高炉矿渣、粉煤灰等生产水泥和其他建设材料，利用有机垃圾和污泥生产堆肥等。

3）能量转移

能量转移即从废物处理过程中回收能量，包括热能和电能，例如，通过有机废弃物的焚烧处理回收热量，还可以进一步发电；利用垃圾或污泥厌氧消化产生沼气，作为能源向企业和居民供热或发电；利用废塑料热解制取燃料油和燃料气等。

2. 固体废物资源化利用的具体方式

目前，固体废物资源化利用的具体方式有以下几个方面。

1）提取金属

金属是不可再生资源，把有价值的金属从固体废物中提取出来，是固体废物资源化利用的基本途径之一。例如，从有色金属矿渣中可以提取金、银、钴、硒、铊、钯、铂等；粉煤灰和煤矸石中含有铁、钼、锗、钒等金属。

2）生产建筑材料

利用工业固体废物生产建筑材料是一条具有广阔前景的途径。例如，利用炉渣、钢渣、铁合金等生产碎石，用作混凝土骨料、道路材料、铁路道砟等；利用粉煤灰、经水淬的高炉渣和钢渣等生产水泥；在粉煤灰中掺入一定量炉渣、矿渣等集料，再加石灰、石膏和水拌和，制成蒸汽养护砖、砌块、大型墙体材料等硅酸盐建筑制品；利用部分冶金炉渣生产铸石，利用高炉渣或铁合金渣生产微晶玻璃；以及利用高炉渣、煤矸石、粉煤灰生产矿渣棉和轻质集料。

3）生产肥料

城市垃圾、农业废弃物等可经过堆肥处理制成有机肥料。粉煤灰、高炉渣、钢渣等可以作为硅钙肥直接施入农田，钢渣中含磷较高时可用来生产钙镁磷肥。利用固体废物生产或代替农肥有着广阔的前景。

4）取代某种工业原料

工业固体废物经一定加工处理后可代替某种工业原料，以节省资源。如煤矸石可以用来生产磷肥；高炉渣可以代替砂石作滤料处理废水，还可以作回收石油制品的吸附剂；粉煤灰可作塑料制品的填充剂，还可作过滤介质，如可过滤造纸废水，不仅效果好，还可以从纸浆废液中回收木质素。

5）回收能源

很多工业固体废物热值高，可以加以回收利用热能，德国拜耳公司每年焚烧 2.5 万 t 的工业固体废物生产蒸汽。有机垃圾、植物秸秆、人畜粪便等经过厌氧发酵可生成可燃性的沼气。

6.3.3　主要固体废物的资源化利用

1. 城市生活垃圾资源化利用

城市生活垃圾是城市居民在生活中和为城市日常活动提供服务中产生的综合废物。城市垃圾在收集、运输和处理处置过程中会产生有害成分，对大气、土壤、水体造成污染，不仅严重影响了城市环境卫生，而且威胁人民身体健康，成为社会公害之一。

随着科学技术的发展，垃圾已被证明具有反复利用和循环利用的价值。早在 20 世纪五六十年代，发达国家就着手研究垃圾资源化问题。到目前，西欧各国垃圾资源化率已超过 50%。通过高温、低温、压力、电力、过滤等物理和化学方法对垃圾进行加工，使之重新成为资源，一方面通过分类收集、收费制约、法律控制解决垃圾成灾、污染严重的问题；另一方面也要为摆脱资源危机另辟蹊径。当前，许多国家和地区采用生态恢复的方法解决过去积存的垃圾，如我国台湾省的垃圾公园、英国利物浦的国际花园、阿根廷布宜诺斯艾利斯的环城绿化带等都是在垃圾堆上建造而成的。位于澳大利亚的悉尼西区的奥运会公园以前就是一处废料垃圾场，澳大利亚政府耗资 1.37 亿美元改造了这块场地。目前，在垃圾场上建造的 200 栋别墅以及展览大厅等已经使用。

2. 农业废弃物的资源化利用

大部分农业自然资源都存在着再生能力，且潜力大。目前，世界范围内都存在着农业资源被严重破坏和浪费的问题，对资源的利用效率低。如种植业、养殖业只注重粮、肉、蛋、奶等产品的利用，对大量的副产物弃之不顾。我国是一个农业大国，对农业废弃物资源化尤显重要。解决这一问题的根本途径是开展农业废弃物的资源化利用。合理地开发和利用废弃物，不仅可以保护环境，而且可以获得巨大的经济效益。

3. 工业固体废物的资源化利用

清洁生产即生产全过程的污染控制模式。清洁生产通常是在产品生产过程或预期消费中，既合理利用自然资源，把对人类和环境的危害减至最小；又能充分满足人类的需要，使社会经济效益最大的一种模式。工业企业实行清洁生产，在获得更大经济利益的同时获得更大的环境效益和社会效益。废物具有相对性，许多在某时某地成为废弃物的物质，随着技术经济条件的变化或者仅仅是转移到另一个生产过程中去，就有可能变成有用的原材料。据此，1972 年荷兰首先提出了废物交换的思想，在产废者和潜在的使用者之间进行物质交换，使废物在一定的时空范围内得到充分利用。目前，国外交换体系日益成熟，其发展趋势是国家间形成网络体系，以便在更大的范围内进行废物交换。表 6-4 列举了美国利用几种废物再利用的环境效益分析。

表 6-4　美国利用几种废物再利用的环境效益分析　（单位：%）

项目	废钢铁	废铝	废纸	废玻璃
节省能源	47～74	70～97	23～74	4～32
减少大气污染	86	95	74	20
减少水污染	76	97	35	—
减少固体废物量	97	100	100	80
节省用水量	40	—	58	50

6.4　固体废物最终处置方法

固体废物的处理和利用总的原则是先考虑减量化、资源化，以减少固体废物的产生量与排出量，后考虑适当处理以加速物质循环。不论前面处理得如何完善，总是不可避免地产生出一些无法利用和处理的固体废物。这些固体废物是多种污染物质存在的终态。处于终态的固体废物要长期存在于环境之中，为了防止其对环境的污染，必须进行最终处置。

固体废物最终处置的目的和技术要求是：固体废物在环境中最大限度地与生物圈隔离，避免或减少其中的污染组分对环境的污染与危害。

6.4.1　固体废物最终处置方法

固体废物最终处置方法包括海洋处置和陆地处置两大类。

1. 海洋处置

根据处理方式，海洋处置分为海洋倾倒和远洋焚烧两类。

1）海洋倾倒

海洋倾倒是将固体废物经过处理，特别是经过化学稳定化、固化处理后用船舶、航天器、平台等运载工具运至适宜距离和深度的海区直接倾倒入海洋中。早在 20 世纪中期，一些发达国家就曾把建筑垃圾、污泥、废酸、放射性废物倒入海洋处置场。海洋倾倒的理论基础是海洋是一个庞大废弃物接受体，对污染物质有极大的稀释、自净能力。装在封闭容器中的有害废弃物，即使容器破损，污染物质浸出，由于海水的自然稀释和扩散作用，环境中污染物质可达到容许的程度。进行海洋倾倒时，首先要根据有关法律规定，选择适宜的处置区，然后再根据处置区的海洋学特性、海洋保护水质标准、处置废弃物的种类及倾倒方式进行可行性分析，最后做出设计方案，按照设计的倾倒方案进行投弃。按照国际惯例，海洋倾倒的废物容器必须标明投弃国家、单位、废物种类及数量等信息。对于有毒害性废物，如放射性或重金属废物，在进行海洋倾倒前必须进行固化或稳定化处理。固化用容器结构可为单层钢板桶，也可用外层钢板内层衬注混凝土覆面的复合桶，有效容积取 $0.2m^3$。

2）远洋焚烧

远洋焚烧是近些年发展起来的一项海洋处置方法。该法是用焚烧船将废物运至远洋海域，进行船上焚烧处置后，将残渣投入海洋。这种技术适合处理各种含氯的有机废弃物，如多氯联苯、有机农药等卤代烃类化合物。废物焚烧后产生的废气通过气体净化装置与冷凝器，凝液排入海中，气体排入大气，残渣倾入海洋。根据美国进行的焚烧鉴定试验，含氯有机物完全燃烧产生的水、CO_2、氯化物及氮氧化物投入海洋，由于海水本身氯化物含量高，并不会使海水的氯平衡发生变化；此外，由于海水中碳酸盐的缓冲作用，也不会因吸收氯化氢使海水的酸度发生变化。如"火种"号焚烧船，曾成功地对含氯有机化合物进行过焚烧。目前，对此种处置方法，国际上尚存在很大争议，我国基本上持否定态度。海洋处置一定要遵守国际有关法律和国际性决议，在规定的海域内选择处置场地及允许的方式进行。我国政府已同意接受《关于海上处置放射性废物的决议》等三项国际性决议。从1994 年 2 月 20 日起禁止在其管辖海域处置一切放射性废弃物和其他放射性物质、在海上处置工业废弃物以及在海上焚烧废弃物和阴沟河泥等活动。国际上对于海洋处置存在着两种不同的看法。一种观点认为海洋具有无限的容量，其是处置多种工业废弃物的理想场所，处置场在海底越深，处置越有效。另一种观点认为这种状态持续下去会造成污染，杀死鱼类，破坏海洋生态。

2. 陆地处置

陆地处置包括土地耕作、工程库或储留池储存、土地填埋以及深井灌注等几种。其中，土地填埋法是一种最常用的方法，它是从传统的堆放和填地处置发展起来的一项最终处置技术。其工艺简单、投资较低、适于处置多种类型的废物，目前已成为一种处置固体废物的主要方法。土地填埋处置种类很多，采用的名称也不尽相同。按填埋地形特征可分为山间填埋、平地填埋、废矿坑填埋；按填埋场的状态可分为厌氧填埋、好氧填埋；按法律规定可分为卫生土地填埋和安全土地填埋等。

1）卫生土地填埋

卫生土地填埋是处置一般固体废物使之不会对公众健康及安全造成危害的一种处置方法，主要用来处置城市垃圾。通常把运到土地填埋场的废物在限定的区域内铺撒成 40～75 cm 的薄层，然后压实以减少废弃物的体积，每层操作之后用 15～30 cm 厚的土壤覆盖并压实。压实的废弃物和土壤覆盖层共同构成一个单元，具有同样高度的一系列相互衔接的单元构成一个升层。完整的卫生土地填埋场是由一个或多个升层组成的。当土地填埋达到最终的设计高度之后，再在填层之上覆盖一层 90～120 cm 厚的土壤；压实之后就得到一个完整的卫生土地填埋场，如图 6-3 所示。为了防止地下水污染，目前卫生土地填埋已从过去的依靠土壤过滤自净的扩散型结构发展为密封结构。密封结构不单纯依靠土壤的自净作用来保护地下水，而是在填埋场的底部设置人工合成的衬里，使环境完全屏蔽隔离，防止浸出液的渗漏。常用的衬里材料有高强度聚乙烯膜、橡胶、沥青及黏土等。

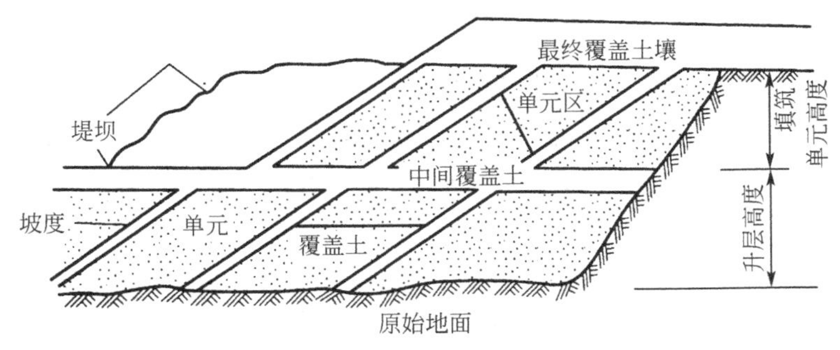

图 6-3　卫生土地填埋场剖面示意图

总体来说，卫生土地填埋工艺简单、操作方便、处置量大、费用较低。在我国目前城市垃圾无机成分高、处理利用率低、经费紧张的情况下，卫生土地填埋是一种较为可行的处置方法。它既消化处置了垃圾，又可根据城市的地形地貌特点将填埋场开发利用，封场后可以植树绿化、建造假山公园，同时还能回收甲烷气体，产生的甲烷经脱水、预热、脱碳后，可作为能源使用。已建成投入运营的有广州大田山卫生垃圾场和杭州天子岭垃圾填埋场。天子岭垃圾填埋场容量为 517 万 m^3，使用期限为 12 年，防渗措施为自然防渗结合垂直泥浆防渗，工程总投资为 2865 万元。

2）安全土地填埋

安全土地填埋实际上是卫生土地填埋方法的进一步改进，对场地的建造技术要求更为严格。衬里系统的渗透系数要小于 10^{-8}cm/s；浸出液则要加以收集和处理；地表径流要加以控制。安全土地填埋适合处置多种类型的废弃物且价格较为便宜，目前许多国家已采用，并取得了大量的生产运行经验。安全土地填埋场必须设置人造或天然衬里，最下层的土地填埋物要位于地下水位之上；要采取适当的措施控制和引出地表水；要配备浸出液收集、处理及监测系统，采用覆盖材料或衬里控制可能产生的气体，以防气体释出；要记录所处置的废弃物的来源、性质和数量，把不相容的废弃物分开处置。图 6-4 是典型的安全土地填埋场示意图。

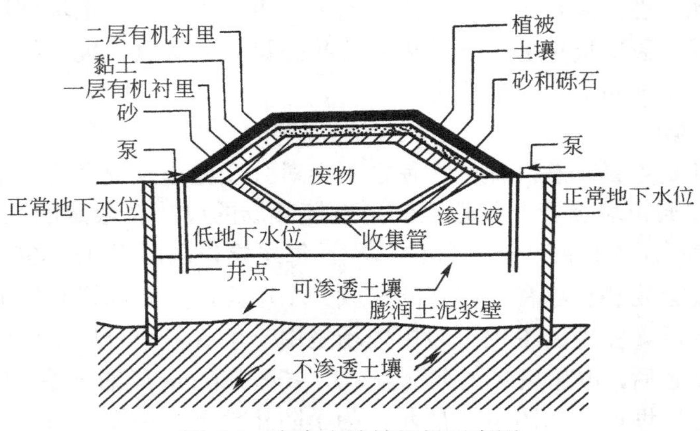

图 6-4　安全土地填埋场示意图

安全土地填埋的主要问题：一是浸出液的收集控制。实践表明，过去的一些衬里系统不太适宜，衬里一旦被破坏就很难维修；二是各项法律的颁布和污染控制标准的制定，对土地填埋的要求更加严格，致使处置费用不断增加。

6.4.2　城市垃圾的处理与处置

城市垃圾可分为无机物类和有机物类，属于无机物类的主要有灰渣、砖瓦、金属、玻璃等；属于有机物类的主要有厨房垃圾、塑料、纸、织物等。

1. 城市生活垃圾的收集与运输

城市生活垃圾的收集与运输包括对分散于城市各处的垃圾源产生的垃圾进行收集、收集后的集中储存管理及用垃圾专用车把其运到垃圾处理厂等过程，这也是大家最为熟悉的一个过程，它可分为三个阶段。

第一阶段：从垃圾发生源到垃圾桶。这个阶段的收集有两类：混合收集和分类收集。①混合收集，即将产生的各种垃圾不论类型混杂在一起收集。这种收集使得垃圾的后续处理难度大，也加大了垃圾处理厂的建设和运行费用，而且也造成了垃圾中一些本来可回收再利用的资源的浪费。②分类收集，即按照垃圾的成分、属性、利用价值和对环境的影响等，并根据不同处置方式的要求，分门别类进行的收集。分类收集不但可以使垃圾中可利用的资源得到充分的回收利用，而且可以减少垃圾的运输及处理的成本。

第二阶段：从垃圾桶到垃圾转运站。设垃圾转运站的主要目的是节约运输费用，同时垃圾转运站还兼有对垃圾进行简单预处理（如分拣、破碎、去铁、压实等）的功能。

第三阶段：从垃圾转运站到最终处置场。

2. 垃圾分类

垃圾分类方法受国情、生活方式、处理设施、公众素质及法律法规的影响。日本95%的垃圾经过分类处理，日本一般把垃圾分为塑料瓶类、可回收塑料、其他塑料、资源垃圾、大型垃圾、可燃垃圾、不可燃垃圾、有害垃圾等，最多的将垃圾分成44类，许多可再生利用的垃圾分别送到不同的工厂作原料，剩余垃圾中可燃部分用于焚烧发电，不可燃部分用于填海造地。德国一般分为纸、玻璃、金属和塑料等。澳大利亚一般分为可堆肥垃圾、可回收垃圾和不可回收垃圾等。

德国城市生活垃圾分类及回收

德国早在1904年就开始实施城市垃圾分类收集，至今已形成一套成熟而合理的体系。首先，在德国扔垃圾是要收费的，德国的社区居民每年要定期缴纳管理费，其中就包括垃圾回收费用。为了强制每个居民分类倒弃垃圾，德国政府制订了一套严格的处罚规定，并设有“环境警察”。一旦发现居民乱倒垃圾（即不分类放垃圾），就会发警告信，如不及时改正，会发罚单，再不改，收取的垃圾费用就会加倍提升，从而会加重整个小区住户的垃圾处理费用，不仅会招来邻居的谴责，甚至有可能被管理员赶出公寓。

德国专门的垃圾分类就有几十种，而德国民众的生活类垃圾分类通常有6种。①生物垃圾，一般指的是剩饭剩菜、果皮、落叶、花等植物类的垃圾。一般以棕色垃圾桶为主。②废纸，专门回收废旧纸张用的，包括报纸、杂志、海报、纸板箱、旧书、包装纸等，一般以蓝色垃圾桶为主。而涂过蜡的纸包装物（如牛奶盒和果汁饮料盒）、宴会用的纸碟、用过的墙纸、复写纸、聚苯乙烯泡沫塑料、罐头盒要放入剩余垃圾里。③包装类垃圾，专门回收带有绿色环保标志的包装，包括空罐头、塑料和泡沫材料、混合包装材料等。一般以黄色垃圾桶为主。④剩余垃圾，也称作无法回收利用的其他垃圾，如经过烹煮的食物、镜子、瓷器、灯泡、脏的或是潮湿的纸张、用过的卫生纸、使用过的婴儿尿布等。一般以黑色垃圾桶为主。⑤废旧玻璃，在德国很多瓶子是可以在超市退还的，但也有不能退还的瓶子，要扔进专门的玻璃垃圾桶中，一般分为3种颜色，即白色（无色）、绿色和棕色，分别用于投放透明、绿色和棕色的玻璃瓶，以区别不同颜色的玻璃垃圾。注意：瓷器、陶器、石器、金属拉链、荧光灯管、灯泡、复合玻璃、平板玻璃、镜子、望远镜、水晶玻璃、有内容物的瓶子和杯子不属于废旧玻璃。⑥有毒废物，废旧电池属于特殊垃圾，因此不能扔进家庭垃圾中。一般德国超市都会有回收旧电池的容器。另外还有4种特殊垃圾：装修垃圾、旧衣物垃圾、旧轮胎和旧家具家电。装修垃圾需要预定一个大型垃圾箱，并可以自己送到垃圾处理中心，但一般由于过重、过大会预约上门收取服务，垃圾按重量计算。旧衣物垃圾则可以放进居民区附近的红十字会设立的专门收取旧衣物的箱子。旧轮胎，每年在德国夏季和冬季所使用的轮胎是不同的，汽车必须按照德国法律规定在不同季节换上不同轮胎，而每年会有专门人员在固定时间收取废轮胎。家电、家具等垃圾则采取定点收集处理。

在德国，垃圾公司根据住宅楼的住户密度决定垃圾箱的大小，确定住户需要缴纳的垃圾处理费用。为将这套复杂的分类系统传给下一代，德国学校的老师和父母们通过言传身教培养孩子的垃圾分类意识。

根据我国《生活垃圾分类标志》(GB/T 19095—2019）将生活垃圾类别分为可回收物、有害垃圾、厨余垃圾和其他垃圾四大类及 11 小类（表 6-5)。11 小类为纸类、塑料、金属、玻璃、织物、灯管、家用化学品、电池、家庭厨余垃圾、餐厨垃圾、其他厨余垃圾。除四大类外，家具、家用电器等大件垃圾和装修垃圾单独进行分类。我国《城市生活垃圾分类及其评价标准（附条文说明)》(CJJ/T 102—2004）规定：垃圾分类应根据城市环境卫生专业规划要求，结合本地区垃圾的特性和处理方式选择垃圾分类方法，采用焚烧法处理垃圾的区域，宜按可回收物、可燃垃圾、有害垃圾、大件垃圾和其他垃圾进行分类；采用卫生填埋处理垃圾的区域，宜按可回收物、有害垃圾、大件垃圾和其他垃圾进行分类；采用堆肥处理垃圾的区域，宜按可回收物、可堆肥垃圾、有害垃圾、大件垃圾和其他垃圾进行分类。

表 6-5　标志的类别构成及分类标志大类用图形符号

序号	大类	小类	标志	说明
1	可回收物	纸类		表示适宜回收利用的生活垃圾，包括纸类、塑料、金属、玻璃、织物等
2		塑料		
3		金属		
4		玻璃		
5		织物		
6	有害垃圾	灯管		表示《国家危险废物名录》中的家庭源危险废物，包括灯管、家用化学品和电池等
7		家用化学品		
8		电池		
9	厨余垃圾*	家庭厨余垃圾		表示易腐烂的、含有机质的生活垃圾，包括家庭厨余垃圾、餐厨垃圾和其他厨余垃圾等
10		餐厨垃圾		
11		其他厨余垃圾		
12	其他垃圾**			表示除可回收物、有害垃圾、厨余垃圾外的生活垃圾

*“厨余垃圾”也可称为“湿垃圾”。

**“其他垃圾”也可称为“干垃圾”。

3. 城市垃圾的处理与处置方式

城市垃圾的处置和利用主要有卫生填埋、焚烧和制作堆肥等方法。在处理时各国所选用的方法都视垃圾的组成成分和技术经济水平等因素而定。从垃圾成分来看，有机物含量高的垃圾，宜采用焚烧法；无机物含量高的垃圾，宜采用填埋法；垃圾中的可降解有机物多时，宜选择制作堆肥。从各国情况来看，因为填埋法较焚烧法便宜，所以国土面积大的美国主要采用填埋法处置垃圾，而日本、瑞士、荷兰、瑞典、丹麦等国的技术经济实力较强，且可供填埋垃圾的场地又少，所以他们利用焚烧法处置垃圾的比例较大。表 6-6 和表 6-7 为部分国家垃圾产生量、处置和利用方法的比例。

表 6-6　世界部分国家的城市垃圾产生量

国家（年份）	城市生活垃圾产生总量/万 t	城市生活垃圾产生率/[kg/（日·人）]	危险废物产生总量/万 t	危险废物产生率/[kg/（日·人）]
美国（2010）	22666.9	2.00	—	
法国（2011）	3433.6	1.45	1153.8	0.49
德国（2010）	4923.7	1.64	1993.1	0.66
丹麦（2011）	400.1	1.97	133.8	0.66
瑞士（2011）	547.8	1.89	175.3	0.60
澳大利亚（2009）	1403.5	1.75	—	
波兰（2011）	1212.9	0.88	149.2	0.11
葡萄牙（2011）	513.9	1.34	162.5	0.42
匈牙利（2011）	380.9	1.04	54.1	0.15
墨西哥（2011）	4106.3	0.99	—	
日本（2010）	4535.9	0.99	—	
韩国（2009）	1858.1	1.04	—	
荷兰（2011）	994.7	1.64	442.1	0.73
斯洛伐克（2011）	167.9	0.85	43.7	0.22
中国（2011）	15734	0.68	3431.2	0.15

表 6-7　部分国家城市垃圾处置、利用方法所占的比例　（单位：%）

国家	填埋法	堆肥法	焚烧法	国家	填埋法	堆肥法	焚烧法
美国	73	5	10	瑞士	20	0	80
日本	23	4.2	72.8	丹麦	18	12	70
德国	65	3	32	奥地利	59.8	24	16.2
英国	88	1	11	瑞典	35	10	55
法国	40	22	38	澳大利亚	62	11	24
荷兰	45	4	51	中国	>70	>20	<1
比利时	62	9	29				

问题与讨论

1. 何谓“固体废物”和“危险废物”？
2. 简述固体废物的分类。
3. 简述固体废物的特点和环境危害。
4. 简述我国固体废物管理的“三化”原则。
5. 简述固体废物处理的主要技术。

6. 简述固体废物资源化处理的主要技术。
7. 什么是固体废物资源化，其基本原则和途径有哪些？
8. 固体废物的处置目的和技术要求是什么？简述其主要处置方法。
9. 简述城市生活垃圾处理的几个阶段，您有何优化建议。
10. 简述我国垃圾分类及主要标志，目前的垃圾分类是否合理，您有何建议？

第 7 章　物理污染及其控制

［本章提要］：本章系统介绍了噪声、光、电磁辐射、放射性、热等物理因素的基础知识、污染特性和危害、控制原理与技术。

［学习要求］：通过本章的学习，要求同学们掌握噪声相关的基本概念，明确光污染、电磁辐射污染、放射性污染和热污染等的概念，了解常见物理污染的危害和防治技术。

通常，人们谈到污染的时候，往往注意的是物质三态方面的污染，如大气污染、水体污染和固体废物污染，都是看得见、摸得着、闻得到的物质，多属于化学污染。而对于那些无形的但影响着人们生产、生活的其他因素（如声、光、电磁等）却往往忽略了，其实，这些方面也足以对人的身体造成各种各样的危害，人们把这些因素列为物理污染。

环境污染有各种分类方法。如果依据造成环境污染的性质和来源，可以分为：化学污染、生物污染、物理污染、固体废物污染、能源污染。因此，物理污染是多种污染中的一种。物理污染，从字面上理解指的就是和化学物质无关的污染，它包括噪声污染、光污染、电磁辐射污染、放射性污染、热污染等多个方面。物理污染的危害是无形的，有时是不知不觉的，因而更容易被人们所忽视。但是，随着经济的发展和人类物质生活水平的提高，物理污染已经悄悄来到人们身边。如家用电器越来越普及的同时，也带来了电磁污染；发展城市、装点城市的同时，也带来了光的污染；工业、交通运输业等的迅速发展，使得噪声污染日趋严重。噪声污染同空气污染、水污染一起，被列为当今世界的三大公害。

7.1　噪声污染及其控制

7.1.1　噪声概述

1. 噪声的定义

声音是一种物理现象，它在人们的日常工作和学习中起着非常重要的作用，很难想象一个没有声音的世界会是什么样子。然而，人们并不是任何时候都需要声音。任何声音，当个体心理对其反感时，即成为噪声，它不仅包括杂乱无章不协调的声音，而且也包括影响旁人工作、休息、睡眠、谈话和思考的乐声。

环境学里所说的噪声即人们不需要的、使人厌烦的、对人类生活和生产有妨碍、对人身有害的声音。这与物理学中噪声的含义有所不同。物理学上将节奏有调，听起来和谐的声音称为乐声；将杂乱无章，听起来不和谐的声音称为噪声。环境学中的噪声概念与个体所处的环境和主观感觉反应有关，也就是说，判断一个声音是否属于噪声，主观上的因素往往起着决定性的作用。同一个人对同一种声音，在不同的时间、地点和条件下，往往产生不同的主观判断。例如，在心情舒畅或休息时，人们喜欢收听音乐；而当心绪烦躁或集中精力思考问题时，即使是和谐的乐声也会使人反感。当人睡眠时，悦耳的音乐也会成为噪声。此外，不论是乐声还是噪声，人们对任何频率的声音都有一个绝对的时限忍受强度，超过这一强度就会对人身造成危害。因此，噪声就是一种感觉公害，过响声、妨碍声、不愉快声都属于噪声。噪声污染一般是局部的、区域性的，在环境中不会有残余物质存在，在污染源停止振动后，污染也就立即消失。

2. 噪声的强度

人对噪声的感觉与噪声的强度和频率有关，频率低于 20Hz 的声波称为次声，超过 20kHz 的声波称为超声，次声和超声都是人耳听不到的声波。人耳能够感觉到的声音（可听声）频率是 20～20000 Hz。衡量噪声强弱或污染轻重程度的基本物理量是声压、声强、声功率。由于正常人的听觉所能感觉的声压或声强变化范围很大，相差在几万倍以上，不便表达，因此采用了以常用对数作相对比较的“级”的表述方法，分别规定了“声压级”“声强级”“声功率级”的基准值和测量计算公式。它们的通用计量单位为“分贝”，记作“dB”。在这个基础上，为了反映人耳听觉特征，附加了频率计权网络，常用 A 计权，记作“dBA”。对于非稳态的噪声，目前一般采用在测量时间内的能量平均方法，作为环境噪声的主要评价量，简称等效声级，记作“L_{eq}-dBA”。

7.1.2 噪声的来源及分类

噪声可以由自然现象引起，如火山爆发、地震、雪崩、潮汐、雷电及动物吼叫等，但大量的噪声是人为造成的。产生噪声的声源称为噪声源。

1. 按噪声产生的机理划分

1）机械噪声

机械噪声是机械设备运转时，各部件之间的相互撞击、摩擦产生的交变机械作用力使设备金属板、轴承、齿轮或其他运动部件发生振动而辐射出来的噪声。如锻锤、织机、机床、机车等产生的噪声。机械噪声又可分为撞击噪声、激发噪声、摩擦噪声、结构噪声、轴承噪声和齿轮噪声等。

2）空气动力性噪声

引风机、鼓风机、空气压缩机运转时，叶片高速旋转会使叶片两侧的空气发生压力突变，气体通过进、排气口时激发声波产生噪声，称为空气动力性噪声。按发生机理又可分为喷射噪声、涡流噪声、旋转噪声、燃烧噪声等。

3）电磁性噪声

由于电机等的交变力相互作用而产生的噪声称为电磁性噪声。如电流和磁场的相互作用产生的噪声，发电机、变压器的噪声等。

2. 按噪声随时间的变化来划分

1）稳态噪声

稳态噪声的强度不随时间而变化。如电机、风机、织机等产生的噪声。

2）非稳态噪声

非稳态噪声的强度随时间而变化，可分为瞬时的、周期性起伏的、脉冲的和无规则的噪声。

3. 按噪声的来源分类

1）工厂生产噪声

工厂生产噪声特别是地处居民区而没有声学防护措施或防护设置不好的工厂辐射出的

噪声，对居民的日常生活干扰十分严重。我国工业企业噪声调查结果表明，一般电子工业和轻工业的噪声在 90 dB 以下，纺织厂噪声为 90～106 dB，机械工业噪声为 80～120 dB，凿岩机、大型球磨机为 120 dB，风铲、风镐、大型鼓风机噪声在 120 dB 以上。发电厂高压锅炉、大型鼓风机、空压机放空排气时，排气口附近的噪声级可高达 110～150 dB，传到居民区常常超过 90 dB。此外，工厂噪声还是造成职业性耳聋的主要原因。

2）交通噪声

城市噪声主要来自交通运输。载重汽车、公共汽车、拖拉机等重型车辆的行进噪声为 89～92 dB，电喇叭为 90～100 dB，汽喇叭为 105～110 dB（距行驶车辆 5 m 处）。一般大型喷气客机起飞时，距跑道两侧 1 km 内语言通信受干扰，4 km 内不能睡眠和休息。超音速客机在 15000 m 高空飞行时，其压力波可达 30～50 km 的地面，使很多人受到影响。城市环境噪声有 70%来自交通噪声。目前，我国城市中道路边的噪声白天在 70～80 dBA。最严重的是鸣喇叭，电喇叭有 90～95 dBA，汽喇叭在 105～110 dBA。因此世界上许多城市规定市区内禁止汽车鸣喇叭，我国有许多城市也有这样的规定。

3）施工噪声

随着城市现代化建设，城市建筑施工噪声越来越严重。尽管建筑施工噪声具有暂时性，但是由于城市人口骤增，建筑任务繁重，且施工面广、工期长，因此噪声污染相当严重。据统计，距离建筑施工机械设备 10 m 处，打桩机噪声为 88 dB，推土机、刮土机噪声为 91 dB。虽然建筑施工是暂时性的，但它是露天作业，一般施工周期比较长，有的紧邻居民区，有的昼夜施工，特别容易引起人们的烦躁。尤其是城市，随着市政建设的迅速发展，建筑工地越来越多，甚至串联成片，这些噪声不但给操作工人带来危害，而且严重地影响了居民的生活和休息，对城市环境的安静造成了很大的威胁。

4）社会噪声

社会噪声主要是指社会人群活动出现的噪声。例如，人们的喧闹声、沿街的吆喝声，以及家用洗衣机、收音机、空调机、缝纫机发出的声音，在住宅区制作家具和燃放鞭炮等所产生的噪声都属于社会噪声。干扰较为严重的有沿街安装的高音宣传喇叭声及秧歌锣鼓声。这些噪声虽对人没有直接的危害，但能干扰人们正常的谈话、工作、学习和休息，使人心烦意乱。随着人口密度增大，社会生活噪声将越来越严重。

7.1.3　噪声的特性

1. 噪声的公害特性

噪声污染已成为当代世界性的问题。它对环境的污染与工业“三废”一样，是一种危害人类环境的公害。噪声污染与水污染、大气污染一起构成当代三种主要污染，但与水污染、大气污染相比，它又有其自身的特点，即噪声污染具有感觉性和暂时性，以及时间和空间上的局限性和分散性。

1）感觉性

感觉性是指噪声是一种感觉性污染，传播时不会遗留下有毒有害的化学污染物质。对噪声的判断与个人所处的环境和主观愿望有关。

2）暂时性

暂时性是指噪声污染没有后效作用。噪声污染没有污染物，对环境的影响不积累、不持久，一旦噪声源停止发声，噪声污染便会消失。

3）局限性和分散性

局限性和分散性是指环境噪声影响范围的局限性和环境噪声源分布的分散性。首先，噪声污染是一种物理污染，它直接作用于人的感官，当噪声源发出噪声时，一定范围内的人们立即会感到噪声污染，而当噪声源停止发声时，噪声立即消失；而水、气污染源排放的污染物，即使停止排放，污染物在长时间内还残留着，会持续产生污染。其次，噪声污染源无处不在且往往不是单一的，具有随机分散性。

2. 噪声的声学特性

噪声就是声音，因此它具有声音的一切声学特性和规律。但是，噪声对环境的影响和它的强弱有关，噪声越强，影响越大。

1）频率

声音是物体的振动以波的形式在弹性介质（气体、固体、液体）中进行传播的一种物理现象。这种波就是通常所说的声波。声波的频率等于造成该声波的物体振动的频率，单位为赫兹（Hz）。一个物体每秒钟振动的次数，就是该物体振动频率的赫数，即由此物体引起的声波的频率赫数。声波频率的高低反映声调的高低，频率高，声音尖锐；频率低，声调低沉。人耳能听到的声波的频率为 20～20000 Hz。20 Hz 以下的称为次声，20000 Hz 以上的称为超声。人耳从 1000 Hz 起，随着频率的降低，听觉会逐渐迟钝。

2）声压

在空气中传播的声波可使空气密度时疏时密，密处与大气压相比其压力稍许上升，疏处稍许下降。在声音传播的过程中，空气压力相对于大气压的变化称为声压，其单位为帕斯卡（Pa）。

3）声强

声强就是声音的强度。1s 内通过与声音前进方向垂直 $1m^2$ 面积上的能量称为声强（用 I 表示），其单位为 W/m^2。声强 I 与声压（用 p 表示）的平方成正比，其关系式如下。

$$I = p^2(\rho c) \tag{7-1}$$

式中：ρ 为介质的密度（kg/m^3）；c 为声音传播速度（m/s）。

4）声功率

在单位时间内声源发射出来的总声能，称为声功率。单位为瓦特（W），常用符号 W 来表示，声功率是声源特性的物理量，它的大小反映声源辐射能量的本领。

5）声压级

声压级是描述声压级别大小的物理量。相当于声压 P 的声压级定义为 L_p：

$$L_p = 10\lg\frac{p^2}{p_0^2} \tag{7-2}$$

由上式可得

$$L_p = 20\lg\frac{p}{p_0} \tag{7-3}$$

式中：L_p 为声压级（dB）；p 为声压（Pa）；p_0 为基准声压，即 1000 Hz 纯声的听阈声压，即 2×10^{-5}Pa。

6）声强级

声强级是描述声波强弱级别的物理量。相当于声强 I 的声强级定义为 L_i：

$$L_i = 10\lg\frac{I}{I_0} \tag{7-4}$$

式中：I 为声强（W/m^2）；I_0 为频率为 1000 Hz 的基准声强值或听阈声强，取 $10^{-12}W/m^2$。

7）声功率级

声功率级相当于声功率 W 的声功率级，定义为 L_w

$$L_w = 10\lg\frac{W}{W_0} \tag{7-5}$$

8）噪声级

声压级只反映了人们对声音强度的感觉，不能反映人们对频率的感觉，而且人耳对高频声音比对低频声音更为敏感。这样，欲表示噪声的强弱，就必须同时考虑声压级和频率对人的作用，这种共同作用的强弱称为噪声级。噪声级可借噪声计测量。噪声计中设有 A、B、C 三种计权网络，其中 A 网络可将声音的低频大部分滤掉，能较好地模拟人耳听觉特性。由 A 网络测出的噪声级称为 A 声级，单位为分贝，计作 dB A。A 声级越高，人们越觉吵闹，因此现在大都采用 A 声级来衡量噪声的强弱。但是，许多地区的噪声是时有时无的，时强时弱的。如道路两旁的噪声，当有车辆通过时，测得的 A 声级就大，当没有车辆行驶时，测得的 A 声级较小，这与从具有稳定噪声源的区域中测得的 A 声级数值不相同，后者随时间的变化甚小。为了较准确地评价噪声强弱，1971 年国际标准化组织公布了等效连续声级，它的含义为

$$L_{eq} = 10\lg\frac{1}{T_2 - T_1}\int_{T_1}^{T_2} 10^{0.1L_p}\,dt \tag{7-6}$$

此即把随时间变化的声级变为等声能稳定的声级，因此被认为是当前评价噪声最佳的一种方法。式中 T_1 为噪声测量的起始时刻，T_2 为终止时刻，不过由于式中 L_p 是时间的函数，不便于使用；而一般进行噪声测量时，都是以一定时间间隔来读数的，如每隔 5 s 读一个数，因此采用下式计算等效连续 A 声级较为方便。

$$L_{eq} = 10\lg\frac{1}{n}\sum_{i=1}^{n} 10^{0.1L_i} \tag{7-7}$$

式中：L_i 为等间隔时间 t 读的噪声级；n 为读得的噪声级 L_i 的总个数。

反映夜间噪声对人的干扰大于白天的昼夜等效 A 声级（用 L_{dn} 表示），其计算公式为

$$L_{dn} = 10\lg\left\{\frac{1}{24}[15\times10^{-0.1L_d} - 9\times10^{0.1(L_n+10)}]\right\} \tag{7-8}$$

式中：L_d 为白天（7:00～22:00）的等效 A 声级；L_n 为夜间（22:00 至次日 7:00）的等效 A 声级。式（7-8）中，夜间加上 10 dB 以修正噪声在夜间对人的干扰作用。此外，统计 A 声级（用 L_N 表示）则用于反映噪声的时间分布特征，常见的有 L_{10}：10%的时间内所通过的噪声级；L_{50}：50%的时间内所超过的噪声级；L_{90}：90%的时间内所超过的噪声级。例如：$L_{10} = 70$ dB，就是表示一天（或测量噪声的整段时间）内有 10%的时间，噪声超过 70 dB A，而 90%的时间，噪声都低于 70 dB A。

9）响度和响度级

实验证明，两个声源的声压相同，若频率不同，人耳的主观感觉是不一样的，即人耳对声音大小的感觉不但与声压有关，并且与频率有关。例如，大型离心压缩机与汽车的噪声声压级均为 90 dB，但人耳的感觉是前者比后者响得多，原因是前者的噪声以高频成分为主，而后者则主要是低频声音。由此可知，人耳对高频声音较为敏感，而对低频声则较

为迟钝。人们对人耳听觉与声压级及频率的相互关系进行了大量的实验和研究，得到了反映三者之间关系的曲线——等响曲线，如图 7-1 所示，纵坐标是声压级（或声压、声强），横坐标是频率。等响曲线是以 1000 Hz 纯音作为基准声学信号，依照声压级的概念提出一个“响度级”数，以 L_{ph} 表示，单位称为“方”（phon）。一个声学信号听起来与 1000 Hz 纯音一样响，则其响度级“方”值就等于 1000 Hz 纯音声压的分贝值。例如，某声音听起来与频率为 1000 Hz，声压级为 90 dB 的纯音一样响，则此声音的响度级为 90 phon。响度级既考虑了声音的物理效应，又考虑了人耳的听觉生理效应，它反映了人耳对声音的主观评价。

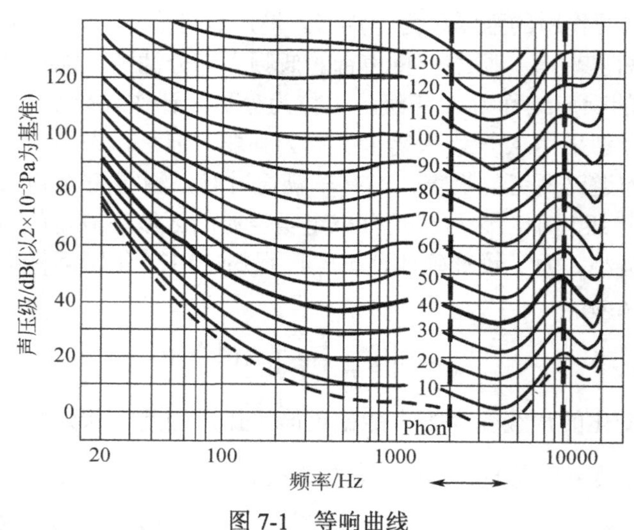

图 7-1　等响曲线

在等响曲线中，每一条曲线上各点虽然代表不同频率和声压级的声音，但是人耳主观感觉到的声音响度却是一样的，即响度级是相等的，所以称为等响曲线。由等响曲线可知：①最下面的虚线是闻阈曲线，称为零响度级线。痛阈线是 120 phon 的响度级曲线。对应每个频率都有各自的闻阈声压级与痛阈声压级。在闻阈曲线与痛阈曲线之间是人耳能听到的全部声音。②人耳对低频声较迟钝。频率很低时，即使有较高的声压级也不一定能听到。③声压级越小和频率越低的声音，其声压级与响度级之间相差也越大。④人耳对高频声较敏感，对于 3000～4000 Hz 的声音尤为敏感。出于这种原因，在噪声控制中，应当首先将中、高频的刺耳声降低。⑤当声压级为 100 dB 以上时，等响曲线渐趋水平，此时频率变化对响度级的影响不明显。

7.1.4　噪声污染及其危害

随着我国现代化建设的不断发展，噪声扰民事件不断发生。《市政府关于 2016 年度环保工作情况的报告》显示：2015 年环境污染扰民问题较突出，交通、夜间建筑施工、社会生活噪声成为群众投诉的热点。交通噪声、夜间施工、广场舞、住宅小区棋牌室、房屋装修等产生的噪声，伴随着城市人口的密集化居住而变得格外扰民，矛盾也日益突出。但由于污染源流动性强，涉及部门多，执法力度不足，技术处理难等因素，执法较为困难。此类问题已成为群众投诉的热点，占环保投诉案件总数的 2/3 以上。由此可见，控制噪声污染是亟待解决的问题。据北京、上海、广州等十几个大城市的统计，噪声扰民诉讼事件占污染事件总数的百分比逐年增高，1980 年是 34.6%，1990 年上升为 50%，2000 年后曾高达 60%。由此可见，控制噪声污染是一项亟待解决的问题。噪声的危害是多方面的，而且它具有普遍性，达到无孔不入的地步，严重的甚至能够置人于死地。古代时，曾经有用钟刑来处死犯人的刑罚。可见，强烈的噪声对人的生理、心理的摧残是十分严重的。噪声的危害主要有以下五个方面。

1. 对人体造成危害

表现在：①妨碍人们交谈、睡眠、休息、工作；致使人们烦躁、精神分散，引发事故。噪声对睡眠的危害：噪声突然到 40 dB 时，可使 10%的人惊醒，达到 60 dB 时，可使 70%的人惊醒。②使人的听力受到损伤，甚至造成永久性听力衰退，形成噪声性耳聋。然而，耳朵与眼睛之间有着微妙的内在“联系”，当噪声作用于听觉器官时，也会通过神经系统的作用而“波及”视觉器官，使人的视力减弱。研究指出，噪声可使色觉、色视野发生异常。调查发现，在接触稳态噪声的 80 名工人中，出现红、绿、白三色视野缩小者竟高达 80%，比对照组增加 85%。③噪声可以导致心跳加速、心律不齐、血管痉挛、血压升高等心血管系统疾病。我国对城市噪声与居民健康的调查表明：地区的噪声每上升 1dB，高血压发病率就增加 3%。④导致病理性变化，产生头痛、昏晕、耳鸣、多梦、失眠、心慌、记忆力减退、神经衰弱症。⑤影响少年儿童的智力发育。吵闹环境中儿童智力发育比安静环境中低 20%。⑥噪声会对胎儿造成有害影响，造成致畸等后果；研究表明，噪声会使母体产生紧张反应，引起子宫血管收缩，以致影响供给胎儿发育所必需的养料和氧气。日本曾对 1000 多个初生婴儿进行研究，发现吵闹区域的婴儿体重轻的比例较高，体重平均在 5.51 磅（1 磅=0.454 kg）以下，相当于世界卫生组织规定的早产儿体重，这很可能是由于噪声的影响，某些促使胎儿发育的激素水平偏低。⑦形成心理影响，主要表现为使人烦恼、易激动、易怒，甚至失去理智等。

在强噪声下暴露一段时间后，会引起暂时性听阈上移，听力变迟钝，称为听觉疲劳。它是暂时性的生理现象，内耳听觉器官并未损害，经休息后可以恢复。如长期在强噪声下工作，听觉疲劳就不能恢复，内耳听觉器官发生病变，暂时性阈移变成永久性阈移或耳聋，称噪声性耳聋，也称职业性听力损失。长期在不同噪声环境下工作，耳聋发病率的统计结果见表 7-1。

表 7-1　0～45 年的等效连续 A 声级与听力损害危险率的关系　　（单位：%）

等效连续 A 声级/dB(A)		年数（即年龄减去 18）									
		0	5	10	15	20	25	30	35	40	45
≤80	危险率	0	0	0	0	0	0	0	0	0	0
	听力损害者	1	2	3	5	7	10	14	21	33	50
85	危险率	0	1	3	5	6	7	8	9	10	7
	听力损害者	1	3	6	10	13	17	22	30	43	7
90	危险率	0	4	10	14	16	16	18	20	21	15
	听力损害者	1	6	13	19	23	26	32	41	54	65
95	危险率	0	7	17	24	28	29	31	32	29	23
	听力损害者	1	9	20	39	35	39	45	53	62	73
100	危险率	0	12	29	37	42	43	44	44	44	33
	听力损害者	1	14	32	42	49	53	58	65	74	83

续表

等效连续 A 声级/dB(A)		年数（即年龄减去 18）									
		0	5	10	15	20	25	30	35	40	45
105	危险率	0	18	42	53	58	60	62	61	54	41
	听力损害者	1	20	45	58	65	70	76	82	87	91
110	危险率	0	26	55	71	78	78	77	72	62	45
	听力损害者	1	28	58	76	85	88	91	93	95	95
115	危险率	0	36	71	83	87	84	97	75	64	47
	听力损害者	1	38	74	88	94	94	95	96	97	97

从表 7-1 中可以看到，噪声级在 80 dB 以下时，能保证长期工作不致耳聋；在 85 dB 的条件下，有 10%的人可能产生职业性耳聋；在 90 dB 的条件下，有 20%的人可能产生职业性耳聋。如果人们突然暴露在 140～160 dB 的高强度噪声下，就会使听觉器官发生急性外伤，引起鼓膜破裂流血，螺旋体从基底急性剥离，双耳完全失聪。长期在强噪声下工作的工人，除了耳聋外，还有头昏、头痛、神经衰弱、消化不良等症状，往往导致高血压和心血管病。

2. 噪声造成劳动生产率下降

吵闹的噪声使人讨厌、烦恼，在噪声的刺激下，人们的注意力很不集中，影响工作效率，在强噪声下，还容易掩盖交谈和危险警报信号，分散人的注意力，发生工伤事故。据世界卫生组织估计，美国每年由于噪声的影响而带来的工伤事故及低效率所造成的损失将近 40 亿美元。

3. 噪声对建筑物造成破坏

150 dBA 以上的强噪声会使金属结构疲劳，甚至可以使钢板断裂。当飞机做超音速飞行时，会产生冲击波，称为轰声。1962 年，美国三架军用飞机以超音速低空飞行所发出的轰声，使飞行经过的日本藤泽市许多房屋的玻璃震碎、烟囱倒塌、日光灯掉下、商店货架上的商品震落满地。1970 年，德国韦斯特堡城及其附近曾因强烈的轰声而发生 378 起建筑物受损事件。

4. 噪声会对仪器设备造成损坏

噪声可使仪器设备失效或受到干扰和损坏。研究证明，150 dB 以上的强噪声，由于长波振动，金属会声疲劳，由声疲劳可造成飞机及导弹失事。当噪声级超过 135 dB 时，电子仪器的连接部位会出现错动，微调元件发生偏移，使仪器发生故障而失效；当超过 150 dB 时，仪器的元件可能失效或损坏。1988 年夏，沈阳某半导体材料厂极怕震动的单硅炉正在拉丝，厂外不远处突然响起建筑打桩声，结果设备损坏，部件报废，工厂停产，造成了重大经济损失。

5. 对动物的影响

噪声造成动物的听觉器官、内脏器官和中枢神经系统的病理性改变的损伤。120～130 dB 能引起动物听觉器官的病理性变化；130～150 dB 能引起动物听觉器官的损伤和其他器官的病理性变化；150 dB 以上能造成动物内脏器官发生损伤，甚至死亡。有人给奶牛播放轻音乐，牛奶的产量大大增加，而强烈的噪声则使奶牛不再产奶。20 世纪 60 年代初，美国一种新型飞机进行了历时半年的试飞，结果机场附近一个农场的 10000 只鸡羽毛全部脱落，不再下蛋，其中有 6000 只鸡体内出血，最后死亡。

7.1.5　噪声综合防治

噪声，尤其是城市噪声直接影响人民群众的生活、学习和工作，因此，治理城市噪声是环保工作的一项重要内容。环境噪声是人为造成的，因此也是可以防治的。为了防治噪声污染，我国制定了城市区域环境噪声标准和工业噪声控制标准等一系列控制噪声的标准。对城市区域环境噪声规定白天不得超过的分贝数：特别安静区为 50 dB，居民文教区为 55 dB，居住、商业、工业混合区为 60 dB，交通干线为 70 dB。夜间除交通干线为 55 dB 外，其他各区域都分别比白天减少 10 dB。目前，我国相当一部分城市噪声是超标的，特别是机动车辆噪声，超标尤为严重。

1. 噪声源及其调查

不同噪声源产生噪声的机理各不相同。以内燃机为例，内燃机整机噪声包括空气动力性噪声、燃烧噪声和机械噪声。其中，空气动力性噪声又包括排气噪声、进气噪声和冷却系统风扇噪声。由此可见，对不同的噪声源需要采取不同的控制措施。为了有效地制定噪声控制方案，首先应查明噪声源的物理特性并对其作出适当评价，只有把噪声源各方面的情况调查清楚了，才能制定有效可行的噪声控制措施。

噪声源按其辐射特性及其传播距离，可分为点噪声源、线噪声源和面噪声源。

1）点噪声源

对小型设备，其自身的几何尺寸比噪声影响预测距离小得多或研究的距离远大于噪声源本身的尺度，在噪声评价中常把这种噪声辐射源视为点噪声源。

2）线噪声源

对于呈线性排列的水泵、矿山和选煤场的输送系统、繁忙的交通线等，其噪声是以近线状形式向外传播的，这类噪声源在近距离范围内视为线噪声源。

3）面噪声源

对于体积较大的设备或集团，噪声往往是从一个面或几个面均匀地向外辐射，对近距离范围内的评价对象而言，将这类的噪声辐射源视为面噪声源。

20 世纪 70 年代以来，我国对噪声污染及其危害情况作过多方面的调查，环境保护部门积累了大量的信访申诉统计资料，从近年来的污染源调查结果来看，我国的城市噪声污染 20%来源于工业生产，27%来源于交通运输。工业生产性噪声虽然比交通噪声的传播影响范围小，但它的噪声源位置基本是固定的，且持续时间长，对其周围环境产生的干扰往往比较严重。由于历史原因，长期以来我国城市规划不合理，许多城市工业企业与居民区混杂，由噪声引起的厂群矛盾时有发生。从总体看，近年来我国城市噪声的恶化趋势虽有所控制，但污染的范围不断扩大，急需依靠科技的进步促进治理，强化管理。交通噪声是城市噪声的主要来源。机动车辆噪声主要与车速有关，车速增加一倍，噪声级大约增加 9 dB A。此外，噪声级的高低还与车型、车流量、路面条件、路旁设施等诸多因素有关。测量表明，城市机动车噪声大多集中在 70～75 dB A。

2. 综合防治对策

发达国家从 20 世纪 60 年代起开始重视噪声控制。20 世纪 80 年代之后，随着环保事业的发展，我国在“强化管理”的思想指导下，基本上建立了一套完整的环境噪声污染防治法规、标准体系。1996 年 10 月正式颁布了《中华人民共和国环境噪声污染防治法》。

1）噪声控制的原理

噪声污染发生必须有三个要素：噪声源、传播途径和接受者。传播途径包括反射、衍射等形式的声波行进过程。噪声控制的原理也就是从这三要素组成的声学系统出发，既要单一研究每个要素，又要系统综合地考虑；既要满足降低噪声的要求，又要注意技术经济指标的合理性。原则上讲，噪声控制的优先次序是噪声源控制、传播途径控制和接受者保护。此外，环境噪声的控制还应采取行政管理措施和合理的规划措施。

2）防治环境噪声污染的原则与技术措施

（1）要尽量减少噪声源。噪声是客观存在的，但又是可以减少的。如禁止汽车在主要街道或整个城市鸣笛，这在一些城市已取得了明显的效果；将城市一些噪声扰民企业搬迁到郊外，减少城市环境噪声的污染源；搞好城市规划，把有噪声的工厂建在与居民区互不干扰的地方；建筑施工单位要严格执行国家对各种施工设备噪声限值的规定，在居民区夜间禁止使用噪声大的施工机械设备等。

（2）采取措施减轻噪声的强度。对于工业噪声来讲，可以采取多种办法进行治理。通常采取的办法有三种：一是吸声。当声波入射到物体表面时，部分入射声能被物体表面吸收而转化为其他能量，这种现象称作吸声。物体的吸声作用是普遍存在的，吸声的效果不仅与吸声材料有关，还与所选的吸声结构有关。用多孔材料装饰在室内墙壁上或悬挂在空间内，可以有效地吸声。在噪声强的厂房的墙壁、顶棚，采用吸声材料，如玻璃棉、矿渣棉、泡沫塑料、毛毡、吸声砖、木丝板、甘蔗板等，一般可降低噪声 5～10 dB。二是消声。如把消声器安装在空气动力设备的气流通道上，就可以降低这种设备的噪声。消声器的形式有很多，大体可分为三类：阻性消声器、抗性消声器、阻抗复合消声器。只要设计得当，同时又与隔声、隔震相结合，能达到很好的效果。例如，在鼓风机上安装消声器，噪声可由 127 dB 降到 72 dB。三是隔声。用一定的材料、结构和装置将声源封闭，以达到控制噪声的目的。典型的隔声措施是严密无空隙隔声罩、隔声间、隔声屏等。

（3）采用保护措施，减少噪声的接收量。一些因工作性质决定，不能离开噪声源的人也可以采取一些防护措施，以减少噪声的接收量，达到避免受到噪声危害的目的。常用的有：耳塞，对高频隔音量可达 30～48 dB；防声棉，可隔音 20 dB 左右；耳罩，对高频隔音量可达 15～30 dB；帽盔的隔音效果更好一些。

3）城市噪声的防控

目前，对于城市噪声污染的防控主要从两个方面进行：一是从噪声传播分布的区域性控制角度出发，强化城市建设规划中的环境管理，贯彻土地使用的合理布局，特别是工业区和居民区分离的原则，即在噪声污染的传播影响上间接采取防治措施；二是从噪声总能量控制出发，对各类噪声源机电设备的制造、销售和使用，即对污染源本身直接采取限制措施。具体应做到以下几点。

（1）制定科学合理的城市规划和城市区域环境规划，划分每个区域的社会功能，加强土地使用和城市规划中的环境管理，规划建设专用工业园区，组织并帮助高噪声工厂企业实施区域集中整治，对居住生活地区建立必要的防噪声隔离带或采取成片绿化等措施，缩小工业噪声的影响范围，使住宅、文教区远离工业区或机场等高噪声源，以保证要求安静的区域不受噪声污染。为了减少交通噪声污染，应加强城市绿化，必要时在道路两旁设置噪声屏障。同时，有组织有计划地调整、搬迁噪声污染扰民严重而就地改造又有困难的中小企业，严格执行有关噪声环境影响评价和项目的审批制度，以避免产生新的噪声污染。

（2）发展噪声污染现场实时监测分析技术，对工业企业进行必要的污染跟踪监测监督，及时有效地采取防治措施，并建立噪声污染申报登记管理制度，充分发挥社会和群众监督作用，大幅度消除噪声扰民矛盾。严格贯彻执行《中华人民共和国环境噪声污染防治法》和有关环境噪声标准、劳动保护卫生标准、有关工业企业噪声污染防治技术政策，积极采用现有的、成功的控制技术，限期治理。

（3）对不同的噪声源机械设备实施必要的产品噪声限制标准和分级标准。把噪声控制理论成果和现代产品设计方法与技术有机地结合起来，以使我国机电产品的噪声振动控制水平得到大幅度提高。有关政府部门应加强对制造销售厂商的管理，促使发展技术先进的低噪声安静型产品，逐步替代淘汰落后的高噪声产品。

（4）建立有关研究和技术开发、技术咨询的机构，为各类噪声源设备制造商提供技术指导，以便在产品的设计、制造中实现有效的噪声控制，如开发运用低噪声新工艺、高阻尼减振新材料、包装式整机隔声罩设计等，有计划有目的地推动新技术。

（5）提高吸声、消声、隔声、隔振等专用材料的性能，以适应通风散热、防尘防爆、耐腐蚀等技术要求。改进噪声污染影响的评价分析方法。开发应用计算机技术，发展模型实验，提高预测评价工作的效率和精度，节省防治工程的费用。

3. 噪声的利用

噪声是一种公害，已引起人类的共同关注，人类在采取种种措施防治噪声污染的同时，还可以化害为利，利用噪声为人类服务。噪声增产、噪声除草等技术已经在农业领域获得了成功应用的案例。如有人做了这样的试验——对西红柿植株释放高噪声（100 dB 以上），发现西红柿植株的根、茎、叶等表皮的小孔都扩张了，从而很容易把喷洒的营养物和肥料吸收到体内，使西红柿的果实数量增多，个头变大；对水稻、大豆的试验也获得了成功。再如美国、日本等国的研究人员，针对不同的杂草制造了不同的“噪声除草器”：它们发出的各种噪声可以诱发杂草速生，在农作物还没有成长前，就把杂草除掉。另外，利用强烈的噪声高速冲击食品，不仅使食物保持干燥，而且其营养成分也不受损失。高强的噪声还具有巨大的声能量，这个能量也是人类将来可以开发利用的新能源。噪声也可抑制癌细胞的生长速度，在噪声环境中癌细胞的生长速度会减慢。这一发现可能将为治疗癌症开辟一条新的途径。科学家将试验皿中培养的肺癌细胞置于微型扬声器发出一定规律声音的环境中，结果发现，癌细胞的生长速度比正常条件下慢了 20%。

7.2　光污染及其控制

7.2.1　光污染概述

天然光环境的光源是太阳。人工光环境有很多，以电光源为主，它较之天然光环境易于控制，但电光源的能源利用效率很低，目前由初级能源转换成光能的效率则只有百分之几。人靠眼睛获得 75%以上的外界信息。没有光，就不存在视觉，人类也无法认识和改造环境。虽然华灯溢彩、霓虹闪烁装点了城市夜景，但是夜景灯在使城市变美的同时也给都市人的生活带来了一些不利影响。城市上空不见了星辰，刺眼的灯光让人紧张，人工白昼使人难以入睡。城市建设和环境专家提醒：城市亮起来的同时就伴随着光污染，而“只追求亮，越亮越好”的做法更是会带来难以预计的危害。如城市大气污染严重、空气混浊、云雾凝聚，造成天然光照度减低，能见度下降，致使航空、测量、交通等室外作业难以顺利进行。又如城市灯光不加控制，夜间天空亮度增加，影响天文观测；路灯控制不当，照进住宅，影响居民休息等。光污染泛指影响自然环境，对人类正常生活、工作、休息和娱乐带来不利影响，损害人们观察物体的能力，引起人体不舒适感和损害人体健康的各种光。各种各样的光辐射，即从紫外辐射、可见光到红外辐射，在不同的条件下都可能成为光污染源。另外，大功率光源造成的强烈眩光，某些气体放电灯发射过量的紫外线，以及焊接一类生产作业发出的强光，对人体和视觉都有危害。

7.2.2　光污染的分类及危害

1. 按光学性质分类

1）可见光污染

可见光污染又分为眩光污染、灯光污染、视觉污染和其他可见光污染。

（1）眩光污染。人们接触较多的，如电焊时产生的强烈眩光，在无防护情况下会对人的眼睛造成伤害；夜间迎面驶来的汽车头灯的灯光会使人视物极度不清，造成事故；长期工作在强光条件下，视觉受损；车站、机场、控制室过多闪动的信号灯以及在电视中为渲染舞厅气氛，快速地切换画面，也属于眩光污染，使人视觉不舒服。

（2）灯光污染。城市夜间灯光不加控制，使夜空亮度增加，影响天文观测；路灯控制不当或建筑工地安装的聚光灯照进住宅，会影响居民休息。

（3）视觉污染。城市中杂乱的视觉环境，如杂乱的垃圾堆物，乱摆的货摊，五颜六色的广告、招贴等，这是一种特殊形式的光污染。

（4）其他可见光污染。如现代城市的商店、写字楼、大厦等，外墙全部用玻璃或反光玻璃装饰，在阳光或强烈灯光照射下，所发出的反光会扰乱驾驶员或行人的视觉，成为交通事故的隐患。

2）红外线污染

近年来，红外线在军事、科研、工业、卫生等方面应用日益广泛，由此可产生红外线污染。红外线通过高温灼伤人的皮肤，还可透过眼睛角膜对视网膜造成伤害；波长较长的红外线还能伤害人眼的角膜，长期的红外线照射可以引起白内障。

3）紫外线污染

波长为 250～320nm 的紫外线，对人具有伤害作用，主要伤害表现为角膜损伤和皮肤的灼伤。

光对环境的污染是实际存在的，但由于缺少相应的污染标准与立法，因而不能形成较完整的环境质量要求与防范措施，今后需要在这些方面进一步完善。

2. 按光的来源分类

1）白亮污染

阳光照射强烈时，城市里建筑物的玻璃幕墙、釉面砖墙、磨光大理石和各种涂料等装饰反射光线，明晃白亮、炫眼夺目。专家研究发现，长时间在白亮污染环境下工作和生活的人，视网膜和虹膜都会受到程度不同的损害，视力急剧下降，白内障的发病率高达 45%；还会使人头昏心烦，甚至出现失眠、食欲下降、情绪低落、身体乏力等类似神经衰弱的症状。夏天，玻璃幕墙强烈的反射光进入附近居民楼房内，增加了室内温度，影响人们的正常的生活。有些玻璃幕墙是半圆形的，反射光汇聚还容易引起火灾。烈日下驾车行驶的司机会出其不意地遭到玻璃幕墙反射光的突然袭击，眼睛受到强烈刺激，很容易诱发车祸。

2）人工白昼

夜幕降临后，商场、酒店上的广告灯、霓虹灯闪烁夺目，令人眼花缭乱。有些强光束甚至直冲云霄，使得夜晚如同白天一样，即所谓人工白昼。在这样的“不夜城”里，夜晚难以入睡，扰乱人体正常的生物钟，导致白天工作效率低下。人工白昼还会伤害鸟类和昆虫，强光可能破坏昆虫在夜间的正常繁殖过程。

3）彩光污染

舞厅、夜总会安装的黑光灯、旋转灯、荧光灯以及闪烁的彩色光源构成了彩光污染。据测定，黑光灯所产生的紫外线强度大大强于太阳光中的紫外线，且对人体有害影响持续的时间长。人如果长期接受这种照射，可诱发流鼻血、脱牙、白内障，甚至导致白血病和其他癌变。彩色光源让人眼花缭乱，不仅对眼睛不利，而且会干扰大脑中枢神经，使人感到头晕目眩，出现恶心呕吐、失眠等症状。科学家最新研究表明，彩光污染不仅有损人的生理功能，还会影响心理健康。

7.2.3　光污染的防治

光污染之所以长期被忽视，原因在于其危害的潜在性和人们对其缺乏认识。目前，世界各国全面、系统的光污染研究均在起步阶段，国内外一些专家有过光污染治理的研究，试图突破。但是，光污染的特殊性决定了与其他环境污染不同，很难通过分解、转化和稀释等方式得以消除或减轻。因此，专家建议，对光污染应采取以预防为主的防治。2002 年 3 月在智利拉塞雷纳召开的国际光污染大会上，与会专家提出了防治光污染的一些措施。总体方略是“以防为主，防治结合”，在开始规划和建设城市夜景照明时就应考虑防止光污染问题，从源头防治光污染。

1. 宣传教育

大力宣传夜景照明产生光污染的危害，提高人们防治光污染的意识。对那些正在计划建设夜景照明的城市务必在计划时就考虑防止光污染问题，做到未雨绸缪，防患于未然；对已产生光污染的城市，应立即采取措施，把光污染消除在萌芽状态。

2. 调查研究

组织力量对有夜景照明城市的光污染问题进行调查和测量，摸清光污染状况和总结该地区防治光污染的措施、办法、经验和教训。

1）调研内容

通过调研和实际测量，摸清一些典型区域的光污染情况，特别是夜晚光亮度的现状，并积累资料以判明夜空光增加的进程和治理方略。准确把握和控制光污染进程，提出有效防治光污染的方案措施，包括照明规划与设计、照明控制、室外照明灯具改进、光辐射应用领域防护设施改良、照明及光辐射利用等各有关法律的制定，建立防治光污染的网络，开展防治光污染的科普教育等。

2）研究方法

组织各有关专家和专业人员参加此项工作，这些专业大致包括：照明规划与设计、城市环境学、天文学、光辐射计量学、光化学、光生物学、心理学、医疗及保障科学等。同时，加强国际合作和交流，充分利用国际上已有的成熟研究成果，并开展专题研究。此外，由于光污染的相关专业部门人员分散，必须将统一规划的研究子课题按专业特长落实到单位和人员。

3）制定法规

尽快着手制定防治光污染的标准和规范，同时建议在国家或地区性环境保护法规中增加防治光污染的内容。同时，强调城市夜景照明要严格按照明标准设计，改变认为夜景照明越亮越好的狭隘观点。设计时，合理选择光源、灯具和布灯方案，尽量使用光束发散角小的灯具，并在灯具上采取加遮光罩或隔片等措施，将防治光污染的规定、措施和技术指标落实到工程上，严格限制光污染的产生。

4）健全机制

认真做好防治光污染监督与管理工作。为此，有关城市建设、环境保护和夜景照明建设管理部门要建立相应的制度，制定相应的管理和监控办法，做好夜景工程的光污染审查、鉴定和验收工作，使建设夜景、保护夜空双达标落到实处。据了解，西方发达国家对玻璃幕墙的光度规定有明确的界定，超过界定就被视为光污染。德国、日本等 7 个国家也明令禁止使用玻璃幕墙技术，我国上海、广州也出台了防止光污染的规定。《玻璃幕墙光学性能》（GB/T 18091—2000）已于 2001 年 10 月 1 日颁布实施，其对玻璃幕墙的设置作出了限制性规定：采用反射率小于 0.3 的玻璃幕墙；在城市主干道、立交桥、高架桥两侧的建筑物 20m 以下，其余路段 10m 以下，不宜设置玻璃幕墙，如果使用玻璃幕墙，应采用反射比小于 0.16 的低反射玻璃；在丁字路口、十字路口或交叉路口，不宜使用玻璃幕墙；在居民区内限制设置玻璃幕墙。酒吧、歌舞厅等装设霓虹的场所控制光源条件，夜间开车打低灯。

5）技术创新

利用高新技术，改变玻璃幕墙的倾角。鉴于光线反射角与入射角的关系，有如下建议：根据向日葵的向光性原理，随日光变化改变幕墙玻璃的倾角，使其不能反射至地面，从而大片玻璃反射光集中于一点，加上太阳能吸收器，便能有效合理地吸收能源，供给大厦，成为 21 世纪无污染新能源。这项工程虽需大量资金、技术，但符合“可持续发展理论”，从长远角度考虑也是可行的。

6）其他措施

在玻璃幕墙大厦附近种植大树是一个可行性强且能基本改善光污染的办法。由于大部分反射光线被树木遮挡，能够很好降低光照强度，有利于市容市貌、美化环境，且成本相对于大厦本身也不高，完全是利大于弊。

7.3　电磁辐射污染及其控制

7.3.1　电磁辐射污染概述

在人们尽情享受科技带来的便捷和舒适时，也在不知不觉中遭遇了健康杀手的攻击。这是一个无法看到踪迹的隐形杀手——电磁辐射污染，它又被称为“第四污染源”。高耸入云的电视转播塔、星罗棋布的电台通信台、数以万计的手持电话以及家家必备的彩电冰箱等，这一切在宇宙空间布下一张看不见、摸不着、错综复杂的电磁网，而人们每天就生活在这张巨网之中。特别是现代的工作生活和娱乐等对电脑、手机的依赖度越来越高，人们往往长时期处在电脑所产生的电磁辐射污染环境中。电磁辐射污染会使人产生疲劳、记忆力下降、生理机能减退等不良症状。而且，这种辐射看不见、摸不着，即使终日为辐射所害，也可能无从察觉。在长时间使用电脑、手机后，如果出现眼干、脸痒、头痛等症状，说明辐射量已经超标。

1. 电磁辐射污染的提出

1969 年国际电磁兼容讨论会上，建议把电磁辐射列为必须控制的环境污染危害物，联合国人类环境会议采纳了上述建议，并将此编入《广泛国际意义污染物的控制与鉴定》一文。20 世纪 70 年代后期，联邦德国科学家通过对电磁污染的深入研究，发展了环境电磁学。1979 年我国颁布的《中华人民共和国环境保护法》也将电磁辐射列入有害的环境污染物之一。2002 年 5 月，由中国环境科学学会环境物理学专业委员会主办的 2002 年全国电磁辐射环境学术会议在北京召开。会议指出电磁辐射污染是一种新的污染因子，国际上对其致病机理和污染危害尚处在研究阶段。随着信息技术的发展，人们无时无刻不暴露在电磁辐射的环境之中，对电磁污染的程度、效应的关心也日益增加。会议还指出我国的电磁辐射监测、标准制定和污染防治工作应尽快走上科学、规范和有效的发展道路。

2. 电磁辐射污染的概念

电磁辐射是指能量以电磁波的形式通过空间传播的物理现象，分为广义的电磁辐射和狭义的电磁辐射。广义的电磁辐射又分为电离辐射和非电离辐射两种，凡能引起物质电离的电磁辐射称为电离辐射，包括 X 射线、γ射线、α粒子、β粒子、中子、质子等。不足以引起组织电离的电磁辐射称为非电离辐射，包括极低频、甚低频、射频、红外线、可见光、紫外线及激光等。一般所说的电磁辐射是指非电离辐射。电磁辐射是由加速运动的电荷所产生的一种能量，大功率的电磁辐射能量可以作为能源利用，但也有可能产生危害，构成环境污染因素。电磁辐射污染包括了各种天然的和人为的电磁波干扰和有害的电磁辐射。电磁辐射主要是指射频电磁辐射，当射频电磁场达到足够强度时，可能造成以下方面的危害：①引燃引爆，如可使金属器件之间相互碰撞而打火，从而引起火药、可燃油类或气体燃烧或爆炸；②工业干扰，特别是信号干扰与破坏，这种干扰可直接影响电子设备、仪器仪表的正常工作，使信息失误，控制失灵，对通信联络造成意外；③影响人体健康。

7.3.2　电磁辐射污染源

影响人类生活的电磁辐射污染源可分为天然污染源与人为污染源两种。

1. 天然污染源

天然的电磁辐射污染是由大气中的某些自然现象引起的。最常见的是大气中由于电荷的积累而产生的雷电现象；也可以是来自太阳和宇宙的电磁场源。天然电磁辐射污染的污染源及其分类情况见表 7-2。这种电磁污染除对人体、财产等产生直接的破坏外，还会在广大范围内产生严重的电磁干扰，尤其是对短波通信的干扰最为严重。

表 7-2　天然电磁辐射污染源分类

分类	来源
大气与空气污染源	自然界的火花放电、雷电、台风、火山喷烟等
太阳电磁场源	太阳的黑子活动与耀斑等活动
宇宙电磁场源	新星爆发、宇宙射线等

2. 人为污染源

人为污染源指人工制造的各种系统、电气和电子设备产生的电磁辐射等可以危害环境的因素。人为污染源包括某些类型的放电污染源、工频交变电磁场源与射频辐射场源。工频交变电磁场源主要指大功率输电线路产生的电磁辐射污染，如大功率电机、变压器、输电线路等产生的电磁场，它不是以电磁波形式向外辐射，而主要是对近场区产生电磁干扰。射频辐射场源主要是指无线电、电视和各种射频设备在工作过程中所产生的电磁辐射和电磁感应，这些都造成了射频辐射污染。这种辐射源频率范围宽，影响区域大，对近场工作人员危害也较大，因此已成为电磁辐射污染环境的主要因素。人为电磁辐射污染源的分类见表 7-3。

表 7-3　人为电磁辐射污染源分类

分类		设备名称	污染来源与部件
放电污染源	电晕放电	电力线（送配电线）	由于高电压、大电流而引起静电感应、电磁感应，大地漏泄电流所造成
	辉光放电	放电管	白光灯、高压水银灯及其他放电管
	弧光放电	开关、电气铁道、放电管	点火系统、发电机、整流装置等
	火花放电	电气设备、发动机、汽车	整流器、发电机、放电管、点火系统
工频交变电磁场源		大功率输电线、电气设备、电气铁道	高电压、大电流的电力线场电气设备
射频辐射场源		无线电发射机、雷达等	广播、电视与通风设备的振荡与发射系统
		高频加热设备、热合机、微波干燥机等	工业用射频利用设备的工作电路与振荡系统
		理疗机、治疗机	医学用射频利用设备的工作电路与振荡系统
建筑物反射		高层楼群以及大的金属构件	墙壁、钢筋、吊车等

3. 各种各样的电磁辐射源

一般来说，雷达系统、电视和广播发射系统、射频感应及介质加热设备、射频及微波医疗设备、各种电加工设备、通信发射台站、卫星地球通信站、大型电力发电站、输变电设备、高压及超高压输电线、地铁列车及电气火车以及大多数家用电器等都可以产生各种形式、不同频率、不同强度的电磁辐射源。

4. 电磁辐射污染的传播途径

从污染源到受体，电磁辐射污染主要通过两个途径进行传播。

1）空间辐射

空间辐射指通过空间直接辐射。各种电气装置和电子设备在工作过程中，不断地向其周围空间辐射电磁能量，每个装置或设备本身都相当于一个多向的发射天线。这些发射出来的电磁能，在距场源不同距离的范围内是以不同的方式传播并作用于受体的。一种是在以场源为中心、半径为一个波长的范围之内，传播的电磁能是以电磁感应的方式作用于受体，如可使日光灯自动发光；另一种是在以场源为中心、半径为一个波长的范围之外，电磁能是以空间放射方式传播并作用于受体。

2）线路传导

线路传导指借助电磁耦合由线路传导。当射频设备与其他设备共用同一电源，或它们之间有电气连接关系时，那么电磁能即可通过导线传播。此外，信号的输出、输入电路和控制电路等也能在强磁场中拾取信号，并将所拾取的信号进行再传播。

通过空间辐射和线路传导均可使电磁能量传播到受体，造成电磁辐射污染。有时通过空间传播与线路传导所造成的电磁污染同时存在，这种情况被称为复合传播污染。

7.3.3　电磁辐射污染的危害

1. 电磁辐射污染危害人体健康

生物机体在射频电磁场的作用下，可以吸收一定的辐射能量，并因此产生生物效应。电气与电子设备在工业生产、科学研究与医疗、卫生等各个领域中都得到了广泛的应用，随着经济、技术水平的提高，其应用范围还将不断扩大与深化。除此之外，各种视听设备、微波加热设备等也广泛地进入人们的生活之中，使用范围不断扩大，设备功率不断提高。所有这些都导致了地面上的电磁辐射大幅度增加，已直接威胁到人的身心健康。因此对电磁辐射所造成的环境污染必须予以重视并加强防护技术的研究与应用。我国自 20 世纪 60 年代以来，在这方面已做了大量的工作，研制了一些测量设备，制定了有关高频电磁辐射安全卫生标准及微波辐射卫生标准，在防护技术水平上也有了很大提高，取得了良好成效。2000 年 11 月 22 日在北京人民大会堂召开的第五届全国科学大会统计显示，全国每年出生的 2000 多万新生儿中，接近 120 万为缺陷儿。专家指出，导致婴儿缺陷的因素中，电磁辐射危害最大。电磁辐射是孕妇流产、不育、畸胎等病变的诱发因素。意大利每年有 400 多名儿童患白血病，专家认为病因是受到严重的电磁污染。美国一癌症医疗基金会对一些遭电磁辐射损伤的病人抽样化验，结果表明在高压线附近工作的人，其癌细胞生长速度比一般人快 24 倍。

2. 电磁辐射污染危害人体的机理

电磁辐射危害人体的机理主要包括热效应、非热效应和累积效应等。

1）热效应

生物体在射频电磁场的作用下，可以吸收一定量的辐射能量，并因此产生生物效应，这种效应主要表现为热效应。人体 70%以上是水，水分子受到电磁波辐射后相互摩擦，引起机体升温，从而影响体内器官的正常工作。它对人体的危害程度与电磁波波长有关，按对人体的危害程度依次为微波、超短波、短波、中波、长波，即波长越短，危害程度越大。微波对人体的危害作用最强，主要是由于其频率高，能使机体内分子振荡激烈，摩擦作用强，热效应大，对人体产生热损伤，另外微波对机体的危害具有累加性，使伤害不易恢复。

2）非热效应

人体的器官和组织都存在微弱的电磁场，它们是稳定和有序的，一旦受到外界电磁场的干扰，处于平衡状态的微弱电磁场即将遭到破坏，人体也会遭受损伤。长期在非致热强度射频电磁辐射作用下，会出现以乏力、记忆力减退为主的症候群，以及头痛、注意力不集中、心悸、胸闷、易激动、脱发、月经紊乱等症状。此外可出现眼晶状体浑浊和空泡增多；个别男性还会出现睾丸受损伤，雄性激素分泌减少等。

3）累积效应

热效应和非热效应作用于人体后，对人体的伤害尚未来得及自我修复之前，若人体再次受到电磁波辐射的话，其伤害程度就会发生累积，久之会成为永久性病态，危及生命。对于长期接触电磁波辐射的群体，即使功率很小，频率很低，也可能会诱发意想不到的病变，应引起警惕。多种频率电磁波（特别是高频波和较强的电磁场）作用于人体的直接后果是在不知不觉中导致人的精力和体力减退，容易产生白内障、白血病、脑肿瘤、心血管疾病、大脑机能障碍以及妇女流产和不孕等，甚至导致人类免疫机能的下降，从而引起癌症等病变。统计数据表明：经常在显示器前工作的人群中，上述疾病的发病率明显高于普通人群。电磁辐射是主要原因之一。

3. 电磁辐射的其他危害

近年来，随着经济与城市化的迅速发展，城市空域的电磁环境更为复杂，出现了许多新现象、新问题。主要有：①城市的发展与扩大，大中型广播电视与无线电通信发射台站被新开发的居民区所包围，局部居民生活区形成强场区；②移动通信技术（包括移动电话通信、寻呼通信、集群专业网通信）发展迅速，城市市区高层建筑上架起成百上千个移动通信发射基站；③随着城市用电量增加，10 kV 和 220 kV 高压变电站进入城市中心区；④城市交通运输系统（汽车、电车、地铁、轻轨及电气化铁路）迅速发展引起城市电磁噪声呈上升趋势；⑤个人无线电通信手段及家用电器增多，家庭小环境电磁能量密度增加，室内电磁环境与室外电磁环境已融为一体，城市电磁环境总量在不断增加。

电磁辐射可导致易爆物质和装置的控制失灵而发生意外爆炸；可以引起挥发性液体或气体意外燃烧；从大功率微波和射频泄漏出来的电波不仅对设备作业人员健康造成影响，还会向空间辐射电波，形成空间电波噪声，这种噪声可以干扰位于这个区域范围内各种电子设备（无线电通信、无线电计量、雷达、导航、电视、电子计算机及电器医疗设备等）的正常工作，使信号失误、图形失真、控制失灵等。

清华大学和中国铁道科学研究院联合开发了高速铁路安全综合检测车，在进行测试的过程中，每当检测车走到三相的分相点时计算机就死机，在检测车上带有交换机、计算机等设备，开始不知道是什么原因，经多次反复的检查分析，最后确定死机是由电磁干扰使低电位升高所引起。还有一些电磁干扰可能造成的其他危害，如在数字系统与数据传输过程中数据的丢失；对设备、分系统或系统级正常工作的破坏；医疗电子设备的工作失常；自动化微处理器控制系统的工作失控；导航系统的工作失常；工业过程控制功能的失效等。1991 年劳达航空公司一架民航飞机不幸坠毁，机上 223 人全部遇难。据有关专家猜测，造成这次空难的罪魁祸首可能仅仅是一部笔记本电脑，或便携式摄录机，或一部蜂窝电话，它使用时产生的电磁辐射干扰了飞机上的电子设备，从而酿成了这场大祸。1997 年 8 月 13 日 8 时 30 分，深圳机场地空通信忽然受到不明干扰，致使空中指挥无法继续。机场被迫关闭 2 小时，10 多架飞机受影响。事后调查发现干扰来自机场附近山头上的 200 多台无线电发射机。

7.3.4 电磁辐射污染的防护

电磁辐射的量子能量很小，只有 10^{-10}～10^{-3} eV，不足以引起空气电离，所以也称为非电离辐射。由于电磁辐射既看不见、听不到、摸不着，又无任何气味，因而它对环境的污染不易引起人们的注意。然而，随着电子工业、无线电和通信技术的发展，电磁辐射波被广泛应用，人为使电磁辐射的污染强度与日俱增，因此，此类污染应当引起人们的重视。控制电磁污染也同控制其他类型的污染一样，必须采取综合防治的办法，才能取得更好的效果。要合理设计使用各种电气、电子设备，减少设备的电磁漏场及电磁漏能；从根本上减少污染物的排量，合理规划工业布局，使电磁污染源远离居民稠密区，以加强损害防护；制定设备的辐射标准并进行严格控制；对已经进入环境中的电磁辐射，要采取一定的技术防护手段，以减少对人及环境的危害。下面介绍常用的防护电磁场辐射的方法。

1. 区域控制及绿化

对工业集中城市，特别是电子工业集中城市或电气、电子设备密集使用地区，可以将电磁辐射源相对集中在某一区域，使其远离一般工作区或居民区，并对这样的区域设置安全隔离带，从而在较大的区域范围内控制电磁辐射的危害。区域控制大体分为四类。①自然干净区：在这样的区域内要求基本上不设置任何电磁设备；②轻度污染区：只允许某些小功率设备存在；③广播辐射区：指电台、电视台附近区域，因其辐射较强，一般应设在郊区；④工业干扰区：属于不严格控制辐射强度的区域，对这样的区域要设置安全隔离带并实施绿化。由于绿色植物对电磁辐射具有较好的吸收作用，因此加强绿化是防治电磁污染的有效措施之一。依据上述区域的划分标准，合理进行城市、工业等的布局，可以减少电磁辐射对环境的污染。

2. 屏蔽防护

使用某种能抑制电磁辐射扩散的材料，将电磁场源与其环境隔离开来，使辐射能被限制在某一范围内，达到防止电磁污染的目的，这种技术手段称为屏蔽防护。从防护技术角度来说，屏蔽防护是目前应用最多的一种手段。具体方法是在电磁场传递的路径中，安设用屏蔽材料制成的屏蔽装置。屏蔽防护主要是利用屏蔽装置对电磁能进行反射与吸收。传递到屏蔽装置上的电磁场，一部分被反射，且由于反射作用使进入屏蔽体内部的电磁能减到很少。进入屏蔽体内的电磁能又有一部分被吸收，因此透过屏蔽的电磁场强度会大幅度衰减，从而避免了对人和环境的危害。

（1）屏蔽的分类：根据场源与屏蔽体的相对位置，屏蔽方式分为以下两类。①主动场屏蔽（有源场屏蔽）。将电磁场的作用限定在某范围内，使其不对此范围以外的生物机体或仪器设备产生影响的方法称为主动场屏蔽。具体做法是用屏蔽壳体将电磁污染源包围起来，并对壳体进行良好接地。主动场屏蔽的主要特点是场源与屏蔽体间距小，结构严密，可以屏蔽电磁辐射强度很大的辐射源。②被动场屏蔽（无源场屏蔽）。将场源放置于屏蔽体之外，使场源对限定范围内的生物机体及仪器设备不产生影响，称为被动场屏蔽。具体做法是用屏蔽壳体将需保护的区域包围起来。被动场屏蔽的主要特点是屏蔽体与场源间距大，屏蔽体可以不接地。

（2）屏蔽材料与结构：屏蔽材料可用钢、铁、铝等金属，或用涂有导电涂料或金属镀层的绝缘材料。一般来讲，电场屏蔽适合选用钢材，磁场屏蔽则适合选用铁材。屏蔽体的结构形式有板结构与网结构两种，可根据具体情况将屏蔽壳体做成六面封闭体或五面半封闭体，对于要求高者，还可做成双层屏蔽结构。为保证屏蔽效果，需保持整个屏蔽体的整体性，因此，对壳体上的孔洞、缝隙等要进行屏蔽处理，可以采用焊接、弹簧片接触、蒙金属网等方法实现。

（3）屏蔽装置形式：根据不同的屏蔽对象与要求，应采用不同的屏蔽装置与形式。①屏蔽罩，适用于小型仪器或设备的屏蔽。②屏蔽室，适用于大型机组或控制室。③屏蔽衣、屏蔽头盔、屏蔽眼罩，适用于个人的屏蔽防护。

3. 吸收防护

采用对某种辐射能量具有强烈吸收作用的材料，敷设于场源外围，以防止大范围污染。吸收防护是减少微波辐射危害的一项积极有效的措施，可在场源附近将辐射能大幅度降低，多用于近场区的防护上。常用的吸收材料有以下两类。①谐振型吸收材料是利用某些材料的谐振特性制成的吸收材料。特点是材料厚度小，只对频率范围很窄的微波辐射具有良好的吸收率。②匹配型吸收材料，利用某些材料和自由空间的阻抗匹配吸收微波辐射能。特点是适于吸收频率范围很宽的微波辐射。实际应用的吸收材料种类很多，可在塑料、橡胶、陶瓷等材料中加入铁粉、石墨、木材和水等制成，如泡沫吸收材料、涂层吸收材料和塑料板吸收材料等。

4. 个人防护

个人防护的对象是个体的微波作业人员，当因工作需要操作人员必须进入微波辐射源的近场区作业时，或因某些原因不能对辐射源采取有效的屏蔽、吸收等措施时，必须采取个人防护措施，以保护作业人员安全。个人防护措施主要有穿防护服、戴防护头盔和防护眼镜等。这些个人防护装备同样也是应用了屏蔽、吸收等原理，用相应材料制成的。

7.4 放射性污染及其控制

7.4.1 放射性污染概述

在自然资源中存在着一些能自发地放射出某些特殊射线的物质，这些射线具有很强的穿透性，如铀、钍以及自然界中含量丰富的 ^{40}K，都是具有这种性质的物质。这种能自发地放出射线的性质称为放射性。放射性核素进入环境后，会对环境及人体造成危害，成为放射性污染物。放射性污染物与一般的化学污染物不同，主要表现在每一种放射性核素均具有一定的半衰期，在其放射性自然衰变的这段时间里，它都会放射出具有一定能量的射线，持续地产生危害作用。除了进行核反应之外，目前，采用任何化学、物理或生物的方法，都无法有效地破坏这些核素，改变其放射的特性。放射性污染物所造成的危害，在有些情况下并不立即显现出来，而是经过一段潜伏期后才显现出来。因此，对放射性污染物的治理也就不同于其他污染物的治理。

放射性污染物主要是通过射线的照射危害人体和其他生物体，造成危害的射线主要有α射线、β射线和γ射线。α粒子流形成的射线称为α射线。α粒子穿透力较小，在空气中易被吸收，外照射对人的伤害不大，但其电离能力强，进入人体后会因内照射造成较大的伤害。β射线是带负电的电子流，穿透能力较强。γ射线是波长很短的电磁波，穿透能力极强，对人的危害最大。发现 X 射线和镭（Ra）以后，相继出现了放射性损伤、皮炎、皮肤癌、白血病、再生性障碍贫血等病症。1945 年在日本广岛和长崎爆炸的两颗原子弹使当地居民受到核辐射的长期影响，肿瘤、白血病的发病率增高，引起人们对放射性危害的重视。

7.4.2 放射性污染辐射源

人们所受到的辐射主要来源于以下两个方面。

1. 天然辐射源

天然辐射源是自然界中天然存在的辐射源，人类从诞生起一直就生活在这种天然的辐射之中，并已适应了这种辐射。天然辐射源所产生的总辐射水平称为天然放射性本底，它是判断环境是否受到放射性污染的基本基准。天然辐射源主要来自：①地球上的天然放射源，其中最主要的是铀（^{235}U）、钍（^{232}Th）以及钾（^{40}K）、碳（^{14}C）和氚（^{3}H）等；②宇宙间高能粒子构成的宇宙射线，以及在这些粒子进入大气层后与大气中的氧原子核、氮原子核碰撞产生的次级宇宙射线。

2. 人工辐射源

20 世纪 40 年代核军事工业逐渐建立和发展起来，20 世纪 50 年代后核能逐渐被利用到动力工业中，近几十年来随着科学技术的发展，放射性物质被更广泛地应用于各行各业和人们的日常生活中，因而构成了放射污染的人工污染源。

1）核爆炸的沉降物

在大气层进行核试验时，爆炸高温体放射性核素变为气态物质，伴随着爆炸时产生的大量热气体，蒸汽携带着弹壳碎片、地面物升上高空。在上升过程中，随着与空气的不断混合，温度逐渐降低，气态物即凝聚成粒或附着在其他尘粒上，并随着蘑菇状烟云扩散，最后这些颗粒都要回落到地面。沉降下来的颗粒物带有放射性，称为放射性沉降物（或沉降灰）。这些放射性沉降物除了落到爆区附近外，还可随风扩散到广泛的地区，造成对地表、海洋、人及动植物的污染危害。细小的放射性颗粒甚至可到达平流层并随大气环流流动，经很长时间（甚至几年）才能回落到对流层，造成全球性污染。即使是地下核试验，由于“冒顶”或其他事故，仍可造成如上的污染。另外，由于放射性核素都有半衰期，因此这些污染在其未完全衰变之前，污染作用不会消失。其中核试验时产生的危害较大的物质有 ^{90}Sr、^{137}Cs、^{131}I 和 ^{14}C。核试验造成的全球性污染比其他原因造成的污染重得多，因此是地球上放射性污染的主要来源。随着在大气层进行核试验的次数的减少，由此引起的放射性污染也将逐渐减少。

2）核工业过程的排放物

核能应用于动力工业，构成了核工业的主体。核工业的废水、废气、废渣的排放是造成环境放射性污染的一个重要原因。核燃料的生产、使用及回收形成了核燃料的循环，在这个循环过程中的每一个环节都会排放种类、数量不同的放射性污染物，对环境造成程度不同的污染。

（1）核燃料生产过程。该过程包括铀矿的开采、冶炼、精制与加工。在这个过程中，排放的污染物主要有由开采过程中产生的含有氡、氡的子体及放射性粉尘的废气；含有铀、镭、氡等放射性物质的废水；在冶炼过程中产生的低水平放射性废液及含镭、钍等多种放射性物质的固体废物；在加工、精制过程中产生的含镭、铀等的废液及含有化学烟雾和铀粒的废气等。

（2）核反应堆运行过程。核反应堆包括生产性反应堆及核电站反应堆等。在核反应过程中产生了大量裂变产物，一般情况下裂变产物被封闭在燃料元件盒内。因此正常运行时，反应堆排放的废水中主要污染物是被中子活化后所生成的放射性物质，排放的废气中主要污染物是裂变产物及中子活化产物。

（3）核燃料后处理过程。核燃料经使用后运到核燃料后处理厂，经化学处理后提取铀和钚循环使用。此过程排出的废气中含有裂变产物，而排出的废水既有放射强度较低的废水，也有放射强度高的废水，其中包含有半衰期长、毒性大的核素。因此，燃料后处理过程是燃料循环中最重要的污染源。

对整个核工业来说，在放射性废物的处理设施不断完善的情况下，处理设施正常运转时，对环境不会造成严重污染。严重的污染往往都是由事故造成的，如 1986 年苏联的切尔诺贝利核电站的爆炸泄漏事故。因此减少事故排放对减少环境的放射性污染十分重要。

3）医疗照射的射线

随着现代医学的发展，辐射作为诊断、治疗的手段越来越被广泛应用，且医用辐照设备增多，诊治范围扩大。辐照方式除外照射方式外，还发展了内照射方式，如诊治肺癌等疾病，就采用内照射方式，使射线集中照射病灶。但同时这也增加了操作人员和病人受到的辐照，因此医用射线已成为环境中的主要人工污染源。

4）其他方面的污染源

某些用于控制、分析、测试的设备使用了放射性物质，对职业操作人员会产生辐射危害。如某些生活消费品中使用了放射性物质，如夜光表、彩色电视机等；某些建筑材料如含铀、镭量高的花岗岩和钢渣砖等，它们的使用也会增加室内的辐射强度。

5）生活中的放射性污染

这类污染来源较广，进入人体的途径多种多样，可长期对人体产生影响，造成机体的慢性损害，因此，应引起人们的足够重视。①燃煤的放射性污染。一般的燃煤中常含有一定的放射性矿石，分析研究表明，许多燃煤烟气中含有铀、钍、镭、钋等。尽管这些物质含量很少，但具有长期的慢性蓄积作用，可随空气及被烘烤的食物进入人体。②饮用水中的放射性污染。据有关部门检测，有些盲目开发的矿泉水，其氡浓度高达 5×10^{-3}Ci[①]/L，如果长期饮用这种矿泉水就会有害健康。尤其值得警惕的是，某些使用和储藏放射性物质的厂矿及肿瘤医院排放的废水，可对水源及水生植物造成放射性污染。③新建住宅的土壤及建筑材料的放射性危害。新建的住宅，其地基、岩石或矿渣硅、大理石装饰板等往往含有一定的氡及其子体，常可对新房（尤其是通风不良时）造成放射性污染。④香烟中的放射性污染。烟叶中含有镭、钋等放射性物质，其中以钋为甚。据有关检测报道，我国几大名牌香烟中钋含量都达 0.85μCi/g。一个每天吸一包半香烟的人，其肺脏一年所接受的放射物含量相当于他接受 300 次胸部 X 线照射。⑤食品中的放射性污染。鱼及许多水生动植物都可富集水中的放射性物质。如牡蛎肉中的 ^{65}Zn 比周围海水中高 10 多万倍；某些茶叶中天然钍含量较高；一些冶炼厂、化工厂、综合医院等使用射线的区域的蔬菜，放射性物质含量也普遍偏高。

当然，生活中的放射性污染大部分是可以预防的。如燃煤可通过排气通风，烘烤食物采取隔离屏障法；不长期专一性饮用矿泉水，严格控制和处理放射性污水；新建住宅不急于搬进，待放射性物质自然衰变后再居住等。至于日常生活用具中的放射性物质，由于其量较微，只要防止接触过多，其危害是可以避免的。

7.4.3　放射性污染的分类及污染途径

1. 放射性污染的分类

由各种辐射污染源产生的放射性废物，按其物理形态可分为放射性废气、放射性废水（液）和放射性固体废物。但不同场合、不同设备所产生的这些放射性废物，其放射性水平各不相同。在处理这些放射性废物时，为了能采用更经济有效的方法，针对不同情况可按放射性进行分类。依据国际原子能机构的建议，可将放射性废物如表 7-4 所示分类。

① $1Ci=3.7\times10^{10}Bq$。

表 7-4 国际原子能机构建议的放射性废物分类标准

废物相态	类别	比放射性（$\overline{A}$）/（$3.7\times10^{10}Bq/m^3$）	废物表面剂量率（$\overline{D}$）/［$2.58\times10^{-4}C/(kg\cdot h)$］	备注
液体	1	$\overline{A}\leqslant10^{-6}$	—	一般可不处理
	2	$10^{-6}<\overline{A}\leqslant10^{-3}$		处理时不用屏蔽
	3	$10^{-3}<\overline{A}\leqslant10^{-1}$		处理时可能需要屏蔽
	4	$10^{-1}<\overline{A}\leqslant10^{4}$		处理时必须屏蔽
	5	$10^{4}<\overline{A}$		必须先冷却
气体	1	$\overline{A}\leqslant10^{-10}$	—	一般不处理
	2	$10^{-10}<\overline{A}\leqslant1^{-6}$		一般过滤法处理
	3	$10^{-6}<\overline{A}$		用其他严格方法处理
固体	1		$\overline{D}\leqslant0.2$	β辐射、γ辐射体占优势
	2		$0.2<\overline{D}\leqslant2.0$	含α辐射体微量
	3		$2.0<\overline{D}$	
	4		α放射性用 Bq/m^3 表示	从危害观点确定α辐射占优势，β辐射、γ辐射微量

2. 放射性物质的污染途径

环境中的放射性物质和宇宙射线不断照射人体，即为外照射。这些物质也可进入人体，使人受到内照射，放射性物质主要是通过食物链经消化道进入人体，其次是放射性尘埃经呼吸道进入人体。放射性物质进入人体的途径可用图 7-2 表示。

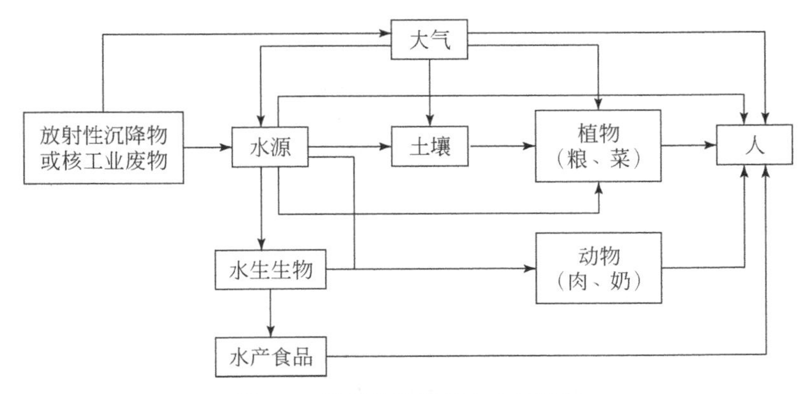

图 7-2 放射性物质进入人体途径

福岛核电站事故

2011 年 3 月 11 日，受地震和海啸影响，日本福岛第一核电站发生核泄漏事故。其向大气泄露的放射性物质已远超过核电站事故 7 级标准，基本与有史以来最严重的苏联切尔诺贝利核电站事故相当。此次地震和海啸对整个日本东北部造成了重创，约 2 万人死亡或失踪，成千上万的人流离失所，并对日本东北部沿海地区的基础设施和工业造成了巨大的破坏。日本东京电力公司于 2012 年 8 月宣布，从福岛第一核电站半径 20 km 海域捕获的大泷六线鱼体内，检测出相当于每千克鱼 2.58 万 Bq 的放射性铯，创下福岛第一核电站事故以来的最高纪录。福岛县在核事故后以县内所有儿童（约 38 万人）为对象实施了甲状腺检查。截至 2018 年 2 月，已诊断 159 人患癌。其中被诊断为甲状腺癌并接受手术的 84 名福岛县内患者中，8 人癌症复发，再次接受了手术。虽然福岛第一核电站事故已经过去多年，但严重的放射性污染依然持续，依然影响福岛以东及东南方向的西太平洋海域。

7.4.4 放射性污染的防治

1. 辐射防护

在放射性污染的人工源中，医用射线及放射性同位素产生的射线主要是通过外照射危害人体，对此应加以防护。而在核工业生产过程中排出的放射性废物，也会通过不同途径危害人体，对这些放射性废物必须加以处理与处置。

1）辐射的防护标准

我国 2002 年颁布的《电离辐射防护与辐射源安全基本标准》（GB 18871—2002）（以下简称《标准》）中规定了有关剂量当量的限值，见表 7-5。这里应当指出，表内所列数字乃最优化过程的约束条件，不能直接用于设计和工作安排。除此之外，《标准》中对辐射的控制措施、放射性物质管理、放射性物质安全运输、辐射监测以及辐射工作人员的健康管理等均有详细的规定。

表 7-5 我国《电离辐射防护与辐射源安全基本标准》中有关剂量 （单位：mSv）

种类	限值分类	年有效剂量	单晶体的年当量剂量	四肢或皮肤的年当量剂量
职业照射	任何工作人员	50	150	500
	年龄为 16～18 岁接受涉及辐射照射就业培训的徒工和年龄为 16～18 岁在学习过程中需要使用放射源的学生	6	50	150
公众照射	实践时公众中有关关键人群组的成员	1	15	50
	慰问者及探视人员	在患者诊断或治疗期间所受的剂量不超过 5 mSv，应将探视食入放射性物质的患者的儿童所受的剂量限制于 1 mSv 以下		

注：①不包括医疗照射和天然本底照射；②已接受异常照射有效剂量当量＞25 mSv（25 rem）的工作人员、育龄妇女，未满 18 岁个人，不得接受事先计划的特殊照射；③如按终生剂量中均不超过表内限值，则在某些年份里允许以每年 5 mSv（0.5 rem）作为剂量限值。

2）辐射的防护方法

①外照射防护：辐射防护的目的主要是减少射线对人体的照射，人体接受的照射剂量除与源强有关外，还与受照射的时间及与辐射源的距离有关。源强越大，受照时间越长，距辐射源越近，受照量越大。为了尽量减少射线对人体的照射，应使人体远离辐射源，并减少受照时间。在采用这些方法受到限制时，常用屏蔽的办法，即在放射源与人之间放置一种合适的屏蔽材料，利用屏蔽材料对射线的吸收降低外照剂量。α射线射程短，穿透力弱，因此用几张纸或薄的铅膜即可将其吸收。β射线穿透物质的能力强于α射线，因此对屏蔽β射线的材料可采用有机玻璃、烯基塑料、普通玻璃及铅板等。γ射线穿透能力很强，危害也最大，常用具有足够厚度的铅、铁、钢、混凝土等屏蔽材料屏蔽γ射线。②内照射防护：内照射防护的基本原则是阻断放射性物质通过口腔、呼吸器官、皮肤、伤口等进入人体的途径或减少其进入量。

2. 放射性废物的处理与处置

对放射性废物中的放射性物质，现在还没有有效的办法将其破坏，以使其放射性消失。因此，目前只是利用放射性自然衰减的特性，采用在较长的时间内将其封闭，使放射强度逐渐减弱的方法，达到消除放射污染的目的。

1）放射性废液的处理与处置

对不同浓度的放射性废水可采用不同的方法处理。①稀释排放。对符合我国《放射防护规定》中规定浓度的废水，可以采用稀释排放的方法直接排放，否则应经专门净化处理。②浓缩储存。对半衰期较短的放射性废液可直接在专门容器中封装储存，经一段时间，待其放射强度降低后，可稀释排放。对半衰期长或放射强度高的废液，可使用浓缩后储存的方法。常用的浓缩手段有共沉淀法、离子交换法和蒸发法。共沉淀法所得的上清液、蒸发法的二次蒸汽冷凝水以及离子交换出水，可根据它们的放射性强度或回用，或排放，或进一步处理。用上述方法处理时，分别得到了沉淀物、蒸渣和失效树脂，它们将放射物质浓集到了较小的体积中。对这些浓缩废液，可用专门容器储存或经固化处理后埋藏。中、低放射性废液可用水泥、沥青固化；高放射性废液可用玻璃固化。固化物可深埋或储存于地下，使其自然衰变。③回收利用。在放射性废液中常含有许多有用物质，因此应尽可能回收利用。这样做既不浪费资源，又可减少污染物的排放。可以通过循环使用废水，回收废液中的某些放射性物质，并在工业、医疗、科研等领域进行回收利用。

2）放射性固体废物的处理与处置

放射性固体废物主要是指铀矿石提取铀后的废矿渣、被放射性物质玷污而不能再用的各种器物，以及前述的浓缩废液经固化处理后所形成的固体废物。

（1）对铀矿渣的处置。对废铀矿渣目前采用的是土地堆放或回填矿井的处理方法。这种方法不能从根本上解决污染问题，但目前尚无其他更有效的可行办法。

（2）对被玷污器物的处置。这类废弃物包含的品种繁多，根据受玷污的程度以及废弃物的不同性质，可以采用不同方法进行处理。①去污：对于被放射性物质玷污的仪器、设备、器材及金属制品，用适当的清洗剂进行擦拭、清洗，可将大部分放射性物质清洗下来。清洗后的器物可以重新使用，同时减小了处理的体积。对大表面的金属部件还可用喷镀方法去除污染。②压缩：对容量小的松散物品用压缩处理减小体积，便于运输、储存及焚烧。③焚烧：对可燃性固体废物可通过高温焚烧大幅度减容，同时使放射性物质聚集在灰烬中。焚烧后的灰可在密封的金属容器中封存，也可进行固化处理。采用焚烧方式处理，需良好的废气净化系统，因而费用高昂。④再熔化：对无回收价值的金属制品，还可在感应炉中熔化，使放射性被固封在金属块内。经压缩、焚烧减容后的放射性固体废物可封装在专门的容器中，或固化在沥青、水泥、玻璃中，然后将其埋藏于地下或储存于设于地下的混凝土结构的安全储存库中。

3）放射性废气的处理与处置

对于低放射性废气，特别是含有半衰期短的放射物质的低放射性废气，一般可以通过高烟筒直接稀释排放。对于含有粉尘或含有半衰期长的放射性物质的废气，则需经过一定的处理，如用高效过滤的方法除去粉尘，碱液吸收去除放射性碘，用活性炭吸附碘、氪、氙等。经处理后的气体，仍需通过高烟筒稀释排放。我国从 2003 年 10 月 1 日起实施《中华人民共和国放射性污染防治法》。这部法律的实施是为了防治放射性污染，保护环境，保障人体健康，促进核能、核技术的开发与和平利用，标志着我国依法防治放射性污染工作迈出了重要步伐，填补了我国在环境污染防治方面的一个法律空白。

7.5 热污染及其控制

随着经济与社会的发展，热污染对环境的影响将日益显著，已经对大气和水体造成了一定的危害，因而应予以重视。

7.5.1 热污染概述

1. 天然热环境和人工热环境

环境的天然热源是太阳，环境的热特性取决于环境接收太阳辐射的情况，并与环境中大气同地表之间的热交换有关。大气中的臭氧、水蒸气和二氧化碳是影响太阳辐射到达地表的强度的主要因素。在距地面 20～50 km 上空的臭氧层，能大量地吸收对生命物质有害的紫外线，是生物得以生存和发展的重要条件。穿过大气的太阳直接辐射和散射光，一部分被地表反射，一部分被地表吸收。地表由于吸收短波辐射被加热，再以长波向外辐射。大气吸收辐射能后被加热，再以长波向地表、天空辐射。大部分长波辐射能被阻留在地表和大气下层，就使地表和大气下层的温度升高，产生温室效应。太阳向地表和大气辐射热能，地表和大气之间也不停地进行潜热交换和以对流及传导方式进行的显热交换。

由于人体不能完全适应天然环境剧烈的寒暑变化，为防御、缓和外界气候变化的影响，人类创造了房屋、火炉等，形成了人工热环境。人工热环境是人类生活不可缺少的条件。人类活动主要从以下三个方面影响自然环境，从而引起热污染：①人类活动改变大气的组成，从而改变太阳辐射和地球辐射的透过率。如城市排放的烟尘使大气混浊度增加，影响环境接收太阳辐射。②人类活动改变地表状态与反射率，从而改变地表和大气间的换热过程，如大规模的农牧业开发使森林变为农田和草原，再化为沙漠；城市建设使大量的钢筋混凝土建筑物代替了田野和植物，这些现象都使地面的反射率不断改变，从而破坏环境的热平衡，形成热污染。③人类活动直接向环境释放热量。如城市消耗大量的燃料，在燃烧过程中产生的能量一部分直接成为废热，另一部分转化为有用功，最终也成为废热向环境散发。

2. 热污染

一般把由人类活动影响和危害造成的热环境现象称为热污染。热污染包含如下内容：①燃料燃烧和工业生产过程所产生的废热向环境的直接排放；②温室气体的排放，通过大气温室效应的增强，引起大气增温；③消耗臭氧层物质的排放破坏了大气臭氧层，导致太阳辐射的增强；④地表状态的改变，使反射率发生变化，影响了地表和大气间的换热等。温室效应的增强、臭氧层的破坏，都可引起环境的不良增温，这些已作为全球大气污染问题专门进行了系统的研究。因此这里的热污染问题主要讨论的是废热排放的影响和防治。最近几年频繁出现的“厄尔尼诺”和“拉尼娜”现象，对人类最直接的影响就是全球温度的变化，“厄尔尼诺”导致的异常升温转而又给大气加热，引起了很多难以预测的气候反常现象，虽然人们已经认识到“厄尔尼诺”现象的起因（由于在南半球的太平洋上，原来强劲的东南信风渐渐变弱甚至倒转为西风，而东太平洋沿岸的冷水上翻也会势头减弱甚至完全消失，于是太平洋上层的海水温度便迅速上升，并且向东回流。这股上升的“厄尔尼诺”洋流导致东太平洋海面比正常海平面升高 20～30 cm，温度上升 2～5℃），但是如何运用空气动力学的原理，科学地分析和预测这些自然界的异常气温变化，仍然是环境空气动力学的重要研究内容。

7.5.2　热污染的来源及危害

1. 热污染的来源

热污染主要来自能源消费。发电、冶金、化工和其他的工业生产，通过燃料燃烧和化学反应等过程产生的热量，一部分转化为产品形式，一部分以废热形式直接排入环境。转化为产品形式的热量，最终也要通过不同的途径释放到环境中。以火力发电为例，在燃料燃烧的能量中，40%转化为电能，12%随烟气排放，48%随冷却水进入水体中。在核电站，能耗的 33%转化为电能，其余的 67%均变为废热全部转入水中。由以上数据可以看出，各种生产过程排放的废热大部分转入水中，使水升温成温热水排出。这些温度较高的水排进水体，形成对水体的热污染。电力工业是排放温热水最多的工业，据统计，排进水体的热量有 80%来自发电厂。

2. 热污染的危害

各种热力装置排放的废热气体和温热水对大气和水体造成热污染。由于废热气体在废热排放总量中所占比例较小，这些废热气体排入大气后的影响表现不明显，因而不能构成直接的危害。温热水的排放量大，排入水体后会在局部范围内引起水温的升高，使水质恶化，对水生物圈和人的生活、生产活动造成危害。①水温升高影响水生生物的生长。水温升高，影响鱼类生存。在高温条件下，鱼的发育受阻，严重时导致死亡；水温的升高，降低了水生动物的抵抗力，破坏水生动物的正常生存。②水温升高导致水中溶解氧的降低。在水温较高的条件下，鱼及水中动物代谢率增高，需要更多的溶解氧，此时溶解氧的减少势必对鱼类生存形成更大的威胁。③引起藻类及湖草的大量繁殖。藻类与湖草的大量繁殖消耗了水中溶解氧，影响鱼类生存。另外在水温较高时产生的一些藻类，如蓝藻，可引起水味道异常，并可使人、畜中毒。

7.5.3　热污染防治

1. 改进热能利用技术，提高热能利用率

通过提高热能利用率，既节约了能源，又可以减少废热的排放。如美国的火力发电厂，20 世纪 60 年代时平均热效率为 33%，现已提高到 40%，废热排放量降低很多。

2. 利用温排水冷却技术减少温排水

电力等工业系统的温排水主要来自工艺系统中的冷却水。对排放后可能造成热污染的这种冷却水，可通过冷却的方法使其降温，降温后的冷水可以回到工业冷却系统中重新被使用。可用冷却塔冷却，或用冷却池冷却。比较常用的为冷却塔冷却。在塔内，喷淋的温水与空气对流流动，通过散热和部分蒸发达到冷却的目的。应用冷却回用的方法，节约了水资源，又可向水体不排或少排温热水。

3. 废热的综合利用

①对于工业装置排放的高温废气，可通过如下途径加以利用：利用排放的高温废气预热冷原料气；利用废热锅炉将冷水或冷空气加热成热水和热气，用于取暖、淋浴、空调加热等。②对于温热的冷却水，可通过如下途径加以利用：利用电站温热水进行水产养殖，如国内外均已试验成功用电站温排水养殖非洲鲫鱼；冬季用温热水灌溉农田，可延长作物

的种植时间；利用温热水调节港口水域水温，防止港口冻结等。

上述方法可对热污染起到一定的防治作用。但由于对热污染研究得还不充分，防治方法还存在许多问题，因此有待进一步探索提高。

问题与讨论

1. 简述城市噪声的主要来源。
2. 简述噪声的公害特性。
3. 噪声的污染危害表现在哪些方面？
4. 简述噪声控制的原理。
5. 试述噪声的控制途径。
6. 简述光污染的危害。
7. 简述电磁辐射的危害。
8. 简述放射性污染的特点。
9. 简述热污染的类型与危害。

第 8 章 环境管理与环境保护法

［本章提要］：本章首先简要介绍了环境管理的产生和发展、环境管理的理论基础、内容和特点，阐述了环境管理的基本职能和基本手段；并对美国、欧盟、日本以及我国的环境管理体制进行了简要介绍。其次简要介绍了环境保护法的概念、特点和立法目的，介绍了环境保护法体系的含义和分类，以及环境标准。最后，对国际环境保护法的主要内容、国际环境责任和争端的解决及其与国内环境法的关系等进行了概括性的介绍。

［学习要求］：通过本章的学习，理解和掌握环境管理、环境保护法的概念以及环境管理包括的内容，理解和掌握我国各项环境管理基本制度的含义及作用；了解环境法律责任以及国际环境保护法的主要内容和作用。

环境管理是研究环境问题、协调人类与环境关系的一个重要学科，同时也是环境保护工作的重要组成部分。何谓环境管理目前尚无统一的定义。狭义的环境管理是指通过制定法律、法规和标准等措施控制污染行为，实施各种有利于环境保护的方针、政策，控制各种污染物的排放。这种狭义的环境管理只是单一地去考察环境问题，并没有从环境与发展的高度，从国家经济社会发展战略和发展计划的高度来管理环境。因此，狭义的环境管理并不能从根本上解决好管理环境的问题，只能在一定的历史条件下，在一定范围内起到有限的作用。随着环境问题的发展，尤其是人们对环境问题认识的不断提高，人们已逐渐认识到，要从根本上解决环境问题，必须从经济社会发展战略的高度去采取对策和制定措施。因此，环境管理的内容就大大扩展了，要求也大大提高了，从而逐渐形成了广义的环境管理。广义的环境管理是指运用经济、法律、技术、行政、教育等手段，限制人类损害环境质量的活动，通过全面规划，使经济发展与环境相协调，达到既要发展经济满足人类的基本需要，又不超出环境的容许极限。其核心是实施经济社会与环境的协调发展。

保护环境是我国的基本国策，事关人民群众的根本利益。党的十八大把生态文明建设放在突出地位，纳入中国特色社会主义现代化建设的总体布局。党的十九大又进一步提出要求，要加快生态文明制度建设，用严格的法律制度保护生态环境。习近平总书记明确指出："保护生态环境必须依靠制度，依靠法治。只有实行最严格的制度、最严密的法治，才能为生态文明建设提供可靠保障"。我国政府历来高度重视环境保护领域立法工作，先后制定了《中华人民共和国环境保护法》《中华人民共和国大气污染防治法》《中华人民共和国水污染防治法》等 30 多部相关法律。这些法律的颁布实施，为保护和改善我国生态环境发挥了重要作用。

8.1 环境管理概述

8.1.1 环境管理的产生和发展

1. 环境管理的产生

环境管理是人类在长期的发展实践中产生的。从工业革命到20世纪中叶，环境问题只是被看作工农业生产中产生的污染问题，解决的办法主要是采取工程技术措施以减少污染，根本谈不上实施系统的环境管理。进入20世纪50年代后，污染逐渐由局部扩展到更大范围，人类发展与环境的矛盾越来越尖锐。人们对环境污染的危害有了进一步的认识，从而迫使一些工业发达国家对工农业生产产生的有害废物进行单项治理。20世纪60年代中期，一些国家开始采用综合治理措施。当时，把治理污染问题看作一种单纯的技术问题。在以污染治理为中心的管理思想支配下，走着“先污染，后治理”的发展道路。然而，随着工业规模的进一步扩大，这种模式已不能解决越来越严重的环境污染问题。为此世界各国不得不寻找更有效、更彻底的解决方法。20世纪60年代末，许多国家先后成立了全国性的环境保护机构，颁布了环境保护法规，制定了防治污染的规划、条例，实行防治结合的环保方针。针对环境污染，除采用工程技术措施治理以外，还利用法律、行政、经济等手段进行控制。这时，实际上已出现了环境管理的雏形，但还没有明确提出环境管理的概念。

20世纪70年代以后，人们逐渐认识到环境问题绝不再仅仅是环境污染和生态破坏的问题。为此，联合国在1972年召开了人类环境会议，这次会议成为人类环境管理工作的历史转折点，对人类认识环境问题来说是一个里程碑，是人类对环境问题正式宣战的起点。首先，这种认识的改变表现在扩大了环境问题的范围，以全球为整体关注生态破坏问题，从而扩大了环境管理的领域和研究内容；其次，强调人类发展与环境的关系应该协调与平衡。1974年在墨西哥由联合国环境规划署和联合国贸易与发展委员会联合召开了资源利用、环境与发展战略方针的专题研讨会。会上初步阐明了发展与环境的关系，指出环境问题不仅仅是一个技术问题，还是一个经济问题。大会一致认为，人类的一切需要应当得到满足，生产力需要发展，但人类社会的发展不能超出环境的承载力，不能超出生物圈的容许极限。要协调二者之间的关系，就要研究人类活动与环境相互影响的机制，就应对整个人类环境系统实行科学管理——环境管理。这种环境管理的概念，后来被越来越多的人所接受，逐渐发展成一门学科——环境管理学。

2. 我国环境管理的发展历程

1）摸索阶段（1949～1972年）

1949～1972年，我国还没有明确地形成环境管理的概念，在全国范围内尚未建立起环境管理体系和相应的机构，只是在一些地区和个别部门设立了“三废”管理处（或科），以及综合利用办公室等。

2）创建阶段（1973～1982年）

在1972年我国参加联合国人类环境会议后，1973年8月，第一次全国环境保护会议在北京召开。会后，在全国范围内开始建立环境保护机构。1974年5月，国务院批准成立国务院环境保护领导小组和办公室。十一届三中全会后，首次把管理提到同经济和科技同等重要的位置，环境管理才逐渐被列入重要议事日程。1979年3月，在成都召开的环境保护工作会议上，提出了“加强全面环境管理，以管促治”。1979 年 9 月，颁布了《中华人民共和国环境保护法（试行）》。从此，环境保护不再是一般的号召、教育和行政管理，而是有了法律的保障，环境管理进入了法制阶段，才开始有了全面环境管理的概念。1980 年 3 月和 1981 年 3 月国务院两次批准开展了环境保护宣传月活动，推动了环境管理工作的开展。1982 年 2 月在全国实行了征收排污费制度。这一阶段环境管理主要是以治理污染为中心，是在“全面规划、合理布局、综合利用、化害为利、依靠群众、大家动手、保护环境、造福人民”的 32 字环境保护工作方针的指导下逐步开展起来的，实现了思想认识的转变，提高了人们的理性认识，确立了在发展经济的战略中重视环境与经济的辩证关系的观念，开展了以调整布局和技术改革为核心，以防治工业污染为重点的环境污染防治工作，为全面开创我国环境保护事业奠定了基础。

3）开拓阶段（1983 年～1989 年 4 月）

1983 年 12 月召开的第二次全国环境保护会议可以说是我国环境保护事业的里程碑，它制定了我国环境保护事业的大政方针：一是明确提出环境保护是我国的一项基本国策；二是确定了“三同步”和“三统一”的环境保护战略方针；三是把强化环境管理作为环境保护的中心环节。这次会议充分肯定了环境保护在我国国民经济和社会发展中的重要地位，把强化环境管理确定为三大环境政策之一。从此，我国的环境管理进入崭新的发展阶段。在该阶段，环境管理思想有了转变和提高，环境政策及环境法制建设取得了较大进展，形成了环境管理体系的框架。

我国的环境管理机构有三种类型，各有特点并在本工作领域负责相应的环境管理工作。由于环境污染和生态破坏总是在一定地域上发生，并在一定的地域范围内造成影响，所以，国家环境保护部，省、自治区、直辖市环境保护局，地、市、县等地区性、综合性环境保护机构是环境管理组织体系中的重点，它们的基本职能包括规划、协调、指导（服务）和监督四个方面。部门性、行业性的环境保护机构主要是负责本系统、本部门的环境管理工作，它们也是环境管理组织体系中的重要方面，如轻工、化工、冶金、石油等部门都设立了部门性的、行业性的环境保护机构，结合本部门的实际生产过程，控制污染和破坏，制定污染防治规划和环境管理条例，开展环境管理和企业环境管理等。同样，第三个重要方面，即农业、林业、水利等部门的环境管理机构属于资源管理类型，主要任务是保护自然资源，协调开发利用资源与环境保护的关系。但环境保护部门既是一个综合部门，又是一个监督机构。这个机构应该是一个能够代表本级政府行使归口管理、组织、监督检查职能的有权威的环境管理机构。

4）发展阶段（1989 年 5 月～1994 年 3 月）

在 20 世纪 80 年代末，环境问题已发展成为举世瞩目的重大问题，为了进一步推动环境保护工作再上新台阶。1989 年 4 月底召开的第三次全国环境保护会议提出全力推行环境保护目标责任制、城市环境综合整治定量考核制、排放污染物许可证制、污染集中控制和限期治理等五项新制度；努力开拓有中国特色的环境保护道路。1989 年底对《中华人民共和国环境保护法（试行）》进行了修改，明确规定了我国的环境政策、环保方针、原则和措施。1992 年 6 月联合国环境与发展大会对“人类必须转变发展战略，走可持续发展的道路”取得了共识，我国的环境保护事业和世界各国一样进入可持续发展时代。总之，在此阶段我国的环境管理得到了全面的发展：加强了环境保护的法治建设，全面推行了环境管理制度；大力推进科技进步，积极发展环保产业；切实把环境保护纳入国民经济的发展规划，实现了新的协调发展战略，环境保护进入可持续发展的新时代。

5）新阶段（1994 年至今）

1994 年 3 月，国务院批准了《中国 21 世纪议程——中国 21 世纪人口、环境与发展白皮书》，它将环境问题与人口、资源、发展等问题统筹考虑，把可持续发展原则贯穿到各个领域。1996 年 3 月，第八届全国人民代表大会第四次会议审议通过了《关于国民经济和社会发展“九五”计划和 2010 年远景目标纲要》，明确了要实行经济体制和经济增长方式这两个根本转变，把科教兴国和可持续发展作为两项基本战略。1995 年 10 月，全国环境管理标准化委员会成立。1996 年初，国家环境保护局环境管理体系审核中心成立。1996 年 7 月中旬，第四次全国环境保护会议明确指出：加强环保工作必须从严格管理做起，并指出把工业污染防治作为环保工作的重点，还提出了《“九五”期间全国主要污染物排放总量控制计划》和《中国跨世纪绿色工程规划》两项重大举措。1996 年 9～10 月五个 ISO 标准对应转化为国家标准，这表明我国的环境管理正式与国际接轨。1998 年，新的国家环境保护总局（正部级）成立，职权有所加强，我国的环境管理工作得到了进一步加强。1997～1999 年，中央连续三年召开全国人口、资源和环境问题座谈会，强调：环境保护工作必须党政一把手“亲自抓、负总责”，做到责任到位，投入到位，措施到位；要求建立和完善环境与发展综合决策制度、公众参与制度，以及统一监管和分工负责、环保投入等四项制度。使宏观环境管理通过决策、规划协调发展与环境的关系，与监督管理限制和禁止人们损害环境质量的活动紧密结合起来；使环境保护行政主管部门的监督管理与各有关部门的分工负责，以及公众的参与、监督紧密结合起来。2002 年 1 月 8 日，国务院召开第五次全国环境保护会议，提出环境保护是政府的一项重要职能，要按照社会主义市场经济的要求，动员全社会的力量做好这项工作。2002 年 6 月，全国人大常委会审议通过了《中华人民共和国清洁生产促进法》，为我国环境管理工作的发展开拓了一个更为广阔的天地。

“十一五”中国环境保护与经济发展国际论坛暨中国环境科学学会 2005 年学术年会于 2005 年 6 月 3～6 日“世界环境日”之际在北京召开。会议深入探讨中央倡导的发展循环经济、走新型工业化道路、建设资源节约型社会和落实科学发展观等一系列重大理论、战略与实践问题。2005 年 12 月，国务院发布《关于落实科学发展观加强环境保护的决定》，确立了以人为本、环保为民的环保宗旨，成为指导我国经济社会与环境协调发展的纲领性文件。2006 年 4 月，国务院召开第六次全国环保大会，提出“从重经济增长轻环境保护转变为保护环境与经济增长并重，从环境保护滞后于经济发展转变为环境保护和经济发展同步推进，从主要用行政办法保护环境转变为综合运用法律、经济、技术和必要的行政办法解决环境问题”的“三个转变”的战略思想。从此我国环境保护进入了以保护环境优化经济发展的全新阶段。2007 年 10 月，党的十七大首次把生态文明建设作为一项战略任务和全面建设小康社会新目标明确下来。2008 年 3 月 27 日，中华人民共和国环境保护部揭牌成立，实现了环境职能部门第四次跳跃。2009 年 8 月 27 日，十一届全国人大常委会第十次会议闭幕，会议通过了《全国人民代表大会常务委员会关于积极应对气候变化的决议》。主要内容有：应对气候变化是中国经济社会发展面临的重要机遇和挑战；应对气候变化必须深入贯彻落实科学发展观；采取切实措施积极应对气候变化；加强应对气候变化的法治建设；努力提高全社会应对气候变化的参与意识与能力；积极参与应对气候变化领域的国际合作。

2011 年，国务院召开第七次全国环境保护大会，印发《国务院关于加强环境保护重点工作的意见》和《国家环境保护“十二五”规划》，强调要坚持在发展中保护，在保护中发展，积极探索代价小、效益好、排放低、可持续的环境保护新道路，切实解决影响科学发展和损害群众健康的突出环境问题，努力开创环保工作新局面，为推进环境保护事业科学发展奠定坚实基础。2012 年 11 月 8 日举行的十八大报告中指出：坚持节约资源和保护环境的基本国策，坚持节约优先、保护优先、自然恢复为主的方针，着力推进绿色发展、循环发展、低碳发展，形成节约资源和保护环境的空间格局、产业结构、生产方式、生活方式，从源头上扭转生态环境恶化趋势，为人民创造良好生产生活环境。十八大报告中单独在环保方面增设了大力推进生态文明建设的篇章，指出建设生态文明是关系人民福祉、关乎民族未来的长远大计。2013 年 9 月 10 日，国务院印发了《大气污染防治行动计划的通知》。提出：经过五年努力，全国空气质量总体改善，重污染天气较大幅度减少；京津冀、长三角、珠三角等区域空气质量明显好转。力争再用五年或更长时间，逐步消除重污染天气，全国空气质量明显改善。具体指标是：到 2017 年，全国地级及以上城市可吸入颗粒物浓度比 2012 年下降 10%以上，优良天数逐年提高；京津冀、长三角、珠三角等区域细颗粒物浓度分别下降 25%、20%、15%左右，其中北京市细颗粒物年均浓度控制在 60 μg/m^3 左右。为此，我国提出了十条基本的治理措施，简称“大气十条”。2013 年 4 月，环境保护部在北京召开土壤环境保护立法“两会”代表委员座谈会。初步形成了《土壤环境保护法（草案）》。在 2014 年 3 月 21 日召开的节能减排及应对气候变化工作会议上强调要积极发展清洁能源和节能环保产业，必须用硬措施完成节能减排硬任务。

2015 年 2 月，中央政治局常务委员会会议审议通过“水十条”，4 月 2 日成文，4 月 16 日发布。主要是“抓两头、带中间”：一头是抓好饮用水水源地等水质比较好的水体水质保障，保证水质不下降、不退化；另一头是针对已经严重污染的劣Ⅴ类水体，尤其是影响群众多、公众关注度高的黑臭水体，下决心治理好，大幅减少甚至消灭掉。2016 年 5 月 28 日，《土壤污染防治行动计划》由国务院印发，自 2016 年 5 月 28 日起实施。《土壤污染防治行动计划》又被称为“土十条”，其工作目标：到 2020 年，全国土壤污染加重趋势得到初步遏制，土壤环境质量总体保持稳定，农用地和建设用地土壤环境安全得到基本保障，土壤环境风险得到基本管控。到 2030 年，全国土壤环境质量稳中向好，农用地和建设用地土壤环境安全得到有效保障，土壤环境风险得到全面管控。到 21 世纪中叶，土壤环境质量全面改善，生态系统实现良性循环。2017 年 4 月 10 日，环境保护部印发《国家环境保护标准“十三五”发展规划》。根据规划，“十三五”期间，环境保护部将全力推动约 900 项环保标准制/修订工作。同时，将颁布约 800 项环保标准，包括质量标准和污染物排放（控制）标准约 100 项，环境监测类标准约 400 项，环境基础类标准和管理规范类标准约 300 项，支持环境管理重点工作。2018 年 5 月 18～19 日在北京召开第八次全国生态环境保护大会。会议提出，加大力度推进生态文明建设、解决生态环境问题，坚决打好污染防治攻坚战，推动中国生态文明建设迈上新台阶。习近平总书记出席会议并强调，生态文明建设是关系中华民族永续发展的根本大计。确保到 2035 年，生态环境质量实现根本好转，美丽中国目标基本实现，为老百姓留住鸟语花香田园风光。

8.1.2　环境管理的理论基础

1. 生态学理论

生态学理论包括自然生态系统、环境承载力、人工生态系统（环境规划）、系统功能协调、生物多样性原则与生态平衡原理等。

2. 管理理论

管理理论包括系统管理理论和工商管理理论，其中系统管理理论包括系统工程、系统分析、环境系统分析、系统预测、系统决策等。

3. 经济学理论

经济学理论包括环境资源的稀缺性和资源的资本化管理，环境资源的供给与需求，供求弹性、均衡理论、外部性理论及其管理策略（税费、市场、法制、规划、绿色账户）等。

4. 法学理论

法学理论包括环境权、环境损害的责任与赔偿及其复原、国家主权与全球性环境问题及全球资源管理等。

环境管理以环境学的理论为基础，运用法律、行政、经济、科学技术和宣传教育等手段，对社会生产建设活动的全过程及其对生态的影响进行综合的调节与控制。

8.1.3　环境管理的内容

环境管理的内容可以从环境管理的性质与环境管理的范围两个方面来划分。

按环境管理的性质划分：①环境规划与计划管理。首先制定好环境规划，使之成为经济社会发展规划的有机组成部分，然后是执行环境规划，并根据实际情况检查和调整环境规划。②污染源管理。污染源管理包括点源管理与面源管理。不是消极地进行“末端治理”，而是要积极地推行“清洁生产”。其中，特别要针对污染者的特点，实施有效的法规和经济政策手段。③环境质量管理。环境质量管理是为了保持人类生存与健康所必需的环境质量而进行的各项管理工作。通过调查、监测、评价、研究、确立目标、制定规划，科学地组织人力、物力去逐步实现目标。实施中，要经常进行对照检查，采取措施纠正偏差。④环境技术管理。通过制定技术标准、技术规程、技术政策以及技术发展方向、技术路线、生产工艺和污染防治技术进行环境经济评价，以协调技术经济发展与环境保护的关系，使科学技术的发展既能促进经济不断发展，又能保护好环境。

按环境管理的范围划分：①资源管理。资源管理包括可再生的与不可再生的各种自然资源的管理。②区域环境管理。区域环境管理主要是指协调区域经济发展目标与环境目标，进行环境影响预测，制定区域环境规划等。③部门环境管理。部门环境管理包括工业（如冶金、化工、轻工等）、农业、能源、交通、商业、医疗、建筑业及企业环境管理等。

8.1.4　环境管理的特点

环境管理具有综合性、区域性、公众性的特点。①综合性，环境管理是环境学与管理科学、管理工程学交叉渗透的产物，具有高度的综合性。主要表现在其对象和内容的综合性以及管理手段的综合性。②区域性，环境问题由于自然背景、人类活动方式、经济发展水平和环境质量标准的差异，存在着明显的区域性，这就决定了环境管理必须根据区域环境特征，因地制宜地采取不同的措施，以地区为主进行环境管理。③公众性，环境问题如果没有公众的合作是难以解决的，因此，要解决环境问题，不能单凭技术，还必须通过环境教育，使人们认识到必须保护和合理利用环境资源。只有依靠公众的积极参与和舆论的强大监督，才能搞好环境管理，成功地改善环境。

8.2　环境管理的基本职能

环境管理工作的领域非常广阔，包括自然资源管理、区域环境管理和部门环境管理，涉及各行各业和各个部门。因此，它的对象是“人类–环境”系统，通过预测和决策、组织和指挥、规划和协调、监督和控制、教育和鼓励，保证在推进经济建设的同时，控制污染，促进生态良性循环，不断改善环境质量。

8.2.1　宏观指导

在市场经济条件下，政府的主要职能就是要加强宏观指导调控功能，环境管理部门的宏观指导职能主要是：①政策指导。通过制定环境保护的方针、政策、法律法规、行政规章以及相关的产业、经济、技术、资源配置等政策，对社会有关环境的各项活动进行规范、控制和引导。如美国的《污染预防法》和我国的《中华人民共和国环境保护法》《中华人民共和国大气污染防治法》《中华人民共和国水污染防治法》等法律，《建设项目环境保护管理条例》《中华人民共和国自然保护区条例》《危险化学品安全管理条例》等法规，以及其他法律规章、各项环境管理制度等。②目标指导。制定环境保护的近期、中期和远期目标。如我国的国家环境保护“十三五”规划、2030 年远景目标、全国重要污染物排放总量控制目标、目标责任制等。③计划指导。制定环境保护年度计划或中期计划，并纳入国民经济社会发展计划。如环境保护计划、限期治理计划、绿色工程计划和投资计划等。通过计划实现对行业和地方的指导。

8.2.2　统筹规划

环境规划是环境管理中一项战略性的工作，通过统筹规划，可以实现人口、经济、资源和环境之间的关系相互协调平衡。环境规划既对国家的发展模式和方式、发展速度和发展重点、产业结构等产生积极的影响，又是环境保护部门开展环境管理工作的纲领和依据。

1. 环境保护战略的制订

环境保护战略是国家总的经济社会发展战略的一个组成部分，是为实现国家中远期的环境保护目标而采取的基本战略，是经济发展和环境保护应遵守的基本原则。如我国在环境保护工作发展的不同阶段，先后提出了社会、经济与环境三个效益相统一，经济建设、城乡建设、环境建设要同步规划、同步实施、同步发展的战略方针和原则，对指导我国的环境保护工作的开展起到了十分重要的作用。1992 年联合国环境与发展大会以后，我国又提出了实施可持续发展战略，这将成为我国经济发展和环境保护的一项长期发展战略。

2. 环境预测

预测是对事物的发展过程和趋势的预先推定。环境预测就是对环境污染和破坏、对某种环境因素、对某个环境领域可能发生的潜在变化和发展趋势，以及采取某种环境对策后可能产生的环境效益的一种综合分析或判断。环境保护行政主管部门要运用预测的手段，对未来一定时间的环境发展变化走向和趋势作出符合实际的预测和判断，并据此不断修订环境规划，完善环境决策，健全和完善环境法制，改善环境管理手段，调整环境目标和措施，努力实现不同时期的环境目标。

3. 环境保护综合规划和专项规划

环境规划是实现一定时期的环境保护目标，采取措施改善当前的环境状况和对未来环境保护工作做出安排和部署。如区域环境功能区划、流域水污染防治规划、区域大气污染防治规划、废物污染防治和综合利用规划、环保产业发展规划、环保科技发展规划、环保人才培养规划以及环保宣传教育规划等。环境保护行政主管部门还要配合其他有关部门制订与环境保护相关的综合性规划，如经济社会发展规划、国土开发整治规划、区域开发规划和产业发展规划等。

8.2.3 组织协调

环境管理涉及的地区、行业、部门等的范围很宽，单靠环境保护行政主管部门是搞不好环境保护工作的。因此，环境保护行政主管部门一条很重要的职能，就是参与或组织各地区、各行业、各部门共同行动，协调相互的关系。协调的目的在于减少相互脱节和相互矛盾，避免重复，建立一种上下左右的正常关系，以便沟通联系。分工合作，统一步调，积极做好各自的环境保护工作，带动整个环境保护事业的发展。

1. 环境保护法规方面的组织协调

环境保护法规制订的组织协调。环境保护法规的制订分为两类：一类是环境保护专门法规的制订，如《中华人民共和国环境保护法》《中华人民共和国水污染防治法》等。另一类是参与环境保护相关法规的制订，如城市规划法、各类资源法等。第一类法规一般是由国务院环境保护行政主管部门负责起草，这项工作要收集国内外资料，向各部门和地区进行调查研究，提出方案，起草法规草案，反复征求各部门意见，组织论证，反复修改，上报审批等，这个过程中有大量的组织协调工作。第二类法规一般由其他相关部门组织起草，环境保护行政主管部门要将控制污染保护环境的要求，通过参与起草或讨论将其列入这些环境保护相关的法规中去。

环境保护法规的实施和检查的组织协调。环境保护法规的实施主要在各产业部门、企事业单位。因此，环境保护行政主管部门要协调各有关部门，督促他们积极采取措施，保证环境保护法规在各部门得到切实的贯彻落实。要组织环境保护法规落实情况的检查，对贯彻实施环境保护法规不力的要提出要求、建议或批评，甚至采取处罚措施。

环境保护法规修订方面的组织协调。环境保护法规的修订与制订一样，需要做大量的组织工作，其工作内容基本与法规制订相同。

2. 环境保护政策方面的协调

环境保护政策方面的协调主要是在政策制定过程和政策实施过程的组织协调，如能源环境政策、产业结构调整政策和环境保护技术政策等，无论是制定还是实施，环保行政主管部门都要与涉及的相关部门（如机械、城建、商业、交通、农业、林业以及计划、经济、科技等）进行充分的讨论协商。

3. 环境保护规划方面的协调

环境保护行政主管部门在编制环境保护规划时，在确定环保目标、实施步骤及重大措施等问题上，都要事先做好调查研究，同有关地方政府部门充分协商，取得比较一致的意见。在规划具体实施过程中，环境保护行政主管部门更要积极地同有关部门协调，要把环境规划的目标、要求和措施纳入国民经济发展的总体规划以及各部门的规划中，特别要加强同综合部门的协调，共同促进环境规划的落实。

4. 环境科研方面的协调

环境科研涉及众多的科研单位和学科门类。环境保护行政主管部门要在国家科技综合管理部门的指导下，组织协调好各单位、各学科的环境学研究，明确环境科研的目标、方向、任务和选题；在科研项目的实施过程中做好指导检查工作。对重大的和急需解决的环境问题，环保主管部门要组织重大环保科研项目的攻关，集中力量，重点投入，限期完成。

8.2.4 监督检查

监督是环境管理最重要的职能。要把一切环境保护的方针、政策、规划等变为人们的实际行动，就必须要有有效的监督。没有这个职能，就谈不上健全的环境管理。对环境管理部门来说，只要有了监督权，就有了最重要的一种权。但环境保护行政主管部门要依法行政，加大执法监督力度，切实保证各项环境保护法律法规得到全面有效的贯彻实施。

1. 监督检查的内容

环境保护法律法规执行情况的监督检查，主要是监督检查各部门、各地区和各单位对国家环境保护的方针、法律法规的执行情况。对地方而言，还包括对地方人民政府颁布的地方法规条例的执行情况的监督检查。

环境保护规划落实情况的检查是监督检查各部门、各单位对环境保护的规划和计划的编制和实施，如各种污染防治规划和计划、城市综合整治规划、自然保护规划和计划、环境保护规划和计划等。对环境保护规划和计划的实施情况进行监督检查是实现环境保护目标的一个重要手段。

环境标准执行情况的监督检查是对各单位执行国家和地方的污染物排放标准、环境质量标准的情况以及环境污染的危害情况的监督检查，对违反标准者依法进行处理。

环境管理制度执行情况的监督检查指监督检查各部门执行国家环境保护管理制度、办法、规章等的情况。如我国对“三同时”制度、限期治理制度、实施总量控制、排污费征收、环保专项补助资金的使用等情况进行检查。

2. 监督检查方式

联合监督检查。联合有关部门对环境保护执法情况进行检查。近几年我国开展的“中华环保世纪行”、环境执法大检查等，就是由新闻单位、全国人大环境资源委员会、国务院环境保护委员会、环保部及有关部委联合组织的环境保护执法检查活动。通过这种检查发现环保执法中存在的问题，向当地政府提出改进措施的建议或要求；督促政府采取措施保护环境，严格执行环境保护法律法规。对行业环保工作的监督检查要会同各行业主管部门进行，如农业、林业、海洋、地矿、交通、公安等。

专项监督检查。由环境保护行政主管部门针对特定的环境问题组织的专项检查，如突发性的环境污染事故、严重的生态破坏事件、非法进口有毒废物、严重超标准排污行为、严重的污染纠纷等，环境保护行政主管部门要专门组织调查和处理。

日常的现场监督检查。由环境保护行政主管部门或授权所属的现场执法队伍，对生产单位的排污、设施运行、排污费交纳等情况进行日常的监督检查，主要内容为对单位和个人执行环保法规情况，对环境保护管理制度执行情况，对海洋污染和生态破坏情况进行监督检查，对污染事故、污染纠纷进行调查并参与处理，征收排污费。

环境监测。环境监测是环境保护行政主管部门监督检查的一种技术手段，以检查有关生产单位是否排污、是否超标准排污等，这种形式的监督检查为环境保护行政主管部门采取管理措施（行政的、法律的、经济的）提出数据依据，是一种非常重要的监督检查手段。

8.2.5　提供服务

环境管理要为经济建设这个中心服务。环境保护行政主管部门在强化监督检查职能的同时，还要加强服务职能，为实现环境目标创造条件，提供服务。在服务中强化监督，在监督中更好地服务。

服务内容包括以下几个方面：①技术服务。解决技术难题、组织科技攻关、培育技术市场、筛选最佳实用技术、组织成果的产业化和推广应用等，为企业污染治理出谋划策，提供经济、实用、高效的治理技术。②信息咨询服务。建立环境信息咨询系统，为重大的经济建设决策，为大型工业建设活动、资源开发活动以及环境治理活动和自然保护等提供信息服务。信息咨询的范围包括环保政策法规咨询、环境技术信息咨询、监测数据信息咨询、政策评估、环境趋势预测、环境质量状况咨询、全球环境信息咨询等。③市场服务。完善环保产业市场流通渠道，加强环保产业市场管理和监督，引导环保产业市场的正常发育；建立环保产品质量监督体系；建立环保市场信息服务系统；完善环保产业市场运行机制。

8.3　环境管理的基本手段

环境质量的好坏是当今人们极为关注的热点问题。要实现环境质量的真正好转，必须强化环境宣传教育、法律、行政、经济与科学技术五大管理手段，才能收获良好的效果，才能实施可持续发展战略。

8.3.1　宣传教育手段

要搞好环境管理，首要的任务是抓好环境宣传教育。通过环境宣传教育手段，把环境保护知识、法律法规、科学技术、经济杠杆、行政干预等措施通过网络、广播、电影、电视、报刊、会议、展览、专题讲座、办班培训、文化娱乐活动等形式进行广泛的宣传，使每个领导者、法人乃至每个公民都懂得和了解保护环境的重要意义和内容，提高全民族的环境意识，激发人们保护环境的热情和积极性，把保护环境、热爱大自然、保护大自然变为自觉的行动，形成强大的社会舆论，制止浪费资源、破坏环境的行为。环境教育还包括通过专业的环境教育培养各种环境保护的专门人才，提高环境保护人员的业务水平；还可以通过基础的和社会的环境教育提高社会公民的环境意识，来实现科学管理环境以及提倡社会监督的环境管理措施。例如，把环境教育纳入国家教育体系，从幼儿园、中小学抓起，加强基础教育，搞好成人教育以及对各高校非环境专业学生普及环境保护基础知识等。

8.3.2　法律手段

法律手段是环境管理的一种强制性手段，依法管理环境是控制并消除污染、保障自然资源合理利用，并维护生态平衡的重要措施。环境管理一方面要靠立法，把国家对环境保护的要求、做法，以法律形式固定下来，逐步完善环保法律法规，并强制执行；另一方面还要严格执法，违法必究。环境管理部门要协助和配合司法部门对违反环境保护法律的犯罪行为进行斗争，协助仲裁；按照环境法规、环境标准来处理环境污染和环境破坏问题，对严重污染和破坏环境的行为提起公诉，甚至追究法律责任；也可依据环境法规对危害人民健康、财产，污染和破坏环境的个人或单位给予批评、警告、罚款或责令赔偿损失等。我国自 1979 年开始，从中央到地方颁布了一系列环境保护法律、法规。目前，已初步形成了由国家宪法、环境保护基本法、环境保护单行法规和其他部门法中关于环境保护的法律规范等所组成的环境保护法体系。

8.3.3　行政手段

行政手段主要指国家和地方各级行政管理机关，根据国家行政法规所赋予的组织和指挥权力，制定方针、政策，建立法规、颁布标准，进行监督协调，对环境资源保护工作实施行政决策和管理。主要包括环境管理部门定期或不定期地向同级政府机关报告本地区的环境保护工作情况，对贯彻国家有关环境保护方针、政策提出具体意见和建议；组织制定国家和地方的环境保护政策、工作计划和环境规划，并把这些计划和规划报请政府审批，使之具有行政法规效力；运用行政权力对某些区域采取特定措施，如划分自然保护区、重点污染防治区和环境保护特区等；对一些污染严重的工业、交通、企业要求限期治理，甚至勒令其关、停、并、转、迁；对易产生污染的工程设施和项目，采取行政制约的方法，如审批开发建设项目的环境影响评价书，审批新建、扩建、改建项目的“三同时”设计方案，发放与环境保护有关的各种许可证，审批有毒有害化学品的生产、进口和使用；管理珍稀动植物物种及其产品的出口、贸易事宜；对重点城市、地区、水域的防治工作给予必要的资金或技术帮助等。对不如期实现任期环保目标责任制的采取否决制的行政干预手段，对成绩卓著者通报表扬、升职加薪等，对环境质量恶化、产生重大污染事故者，行政上通报批评、警告、记过，就地免职甚至追究法律责任。

8.3.4　经济手段

经济手段是用经济杠杆手段管理环境，是指利用价值规律，运用价格、税收、信贷等经济杠杆，控制生产者在资源开发中的行为，以便限制损害环境的社会经济活动；奖励积极治理污染的单位，促进节约和合理利用资源，充分发挥价值规律在环境管理中的杠杆作用。其方法主要包括各级环境管理部门对积极防治环境污染而在经济上有困难的企业、事业单位发放环境保护补助资金；对排放污染物超过国家规定标准的单位，按照污染物的种类、数量和浓度征收排污费；对违反规定造成严重污染的单位和个人处以罚款；对排放污染物损害人群健康或造成财产损失的排污单位，责令对受害者赔偿损失；对积极开展“三废”综合利用、减少排污量的企业给予减免税和利润留成的奖励；推行开发、利用自然资源的征税制度等。

8.3.5　科学技术手段

科学技术手段是指借助那些既能提高生产率，又能把对环境污染和生态破坏控制到最小限度的清洁生产技术以及先进的污染治理技术等来达到保护环境目的的手段。运用科学技术手段，实现环境管理的科学化，包括制定环境质量标准，用科学技术标准评价环境质量，推动科技进步，研制新技术、新设备以改善环境质量；通过环境监测、环境统计方法，根据环境监测资料以及有关的其他资料对本地区、本部门、本行业污染状况进行调查；编写环境报告书和环境公报；组织开展环境影响评价工作；交流推广无污染、少污染的清洁生产工艺及先进治理技术；组织环境科研成果和环境科技情报的交流等。许多环境政策、法律、法规的制定和实施都涉及许多科学技术问题，因此环境问题解决得好坏，在极大程度上取决于科学技术。没有先进的科学技术，就不能及时发现环境问题，而且即使发现了，也难以控制。例如，兴建大型工程、围湖造田、施用化肥和农药，常常会产生负的环境效应，就说明人类没有掌握足够的知识，没有科学地预见到人类活动对环境的反作用。

8.4 环境管理体制简介

环境管理体制是环境管理的核心和关键内容，环境管理的运行状况及区域环境管理对环境管理具有重要意义，并影响其有效性。发达国家在环境管理体制建设方面取得了较好的成效。总的来说，发达国家普遍采取了一种大部制的环境管理体制：国家有一个权限较高的环境管理部门，宪法授予环境管理机构执法权，规定了环境管理机构的地位；这些环境管理部门直接对国家的最高行政长官负责，并建立常备协调机制，在必要时可以通过此类机制与其他部门相互沟通、联合执法。发达国家环境管理体制建设经验可以为我国所借鉴。

8.4.1 美国环境管理简介

1. 美国环境管理的体制

美国是联邦制国家，在环境管理上实行的是由联邦政府制定基本政策法规和排放标准，并由州政府负责实施的管理体制。联邦政府设有专门的环境质量委员会和国家环境保护局，对全国的环境问题进行统一的管理，联邦政府其他各部门以及各州政府也都设有环境保护专门机构。美国的环境管理就是在其环境法所规定的这种联邦法和州法的关系框架中进行的。

1969 年，美国总统办公厅根据《国家环境政策法》（National Environmental Policy Act，NEPA）的规定，设立环境质量委员会（The Council on Environmental Quality，CEQ），设在美国总统办公室下，原则上是总统有关环境政策方面的顾问，也是制定环境政策的主体。由于其具有极大的依赖性，完全受制于总统，其作用的发挥完全取决于在任总统对环保的态度。因此为进一步加强环保工作，尼克松总统于 1970 年 12 月发布《政府改组计划第三号令》，成立国家环保局（Environmental Protection Agency，EPA）。EPA 是联邦政府执行部门的独立机构，直接向总统负责。EPA 主管防治大气污染、水污染、固体废物污染、农药污染、噪声污染、海洋倾废等各种形式的污染治理和环境影响报告书的审查。EPA 的主要工作包括：法规的制定和执行；提供经济援助；赞助自愿合作伙伴和计划；加强环境教育。

美国各州都设有州一级的环境质量委员会和环境保护局，州的环境保护机构在美国环境保护中占有重要的地位。各州的环保局并不隶属于 EPA，而是依照州的法律独立履行职责，除非联邦法律有明文规定，州环保局才与 EPA 合作。联邦政府和州政府在环境保护中的职能是相辅相成的。联邦政府具有主导地位和优先权，又在一定程度上承认州和地方政府的特殊权力，以保证联邦政府所规划的区域环境目标的实现。

除了 CEQ 和 EPA 两个专门性环境保护机构外，在联邦政府中还有一些部门兼有重要的环境保护职能。如内务部负责国有土地、国家公园、名胜古迹、煤和石油、野生动物的保护；农业部负责湿地保护；海岸警备队负责海洋环境的污染防治。在一些跨州的河流则建立河流管理委员会，并配备洲际委员会来协调州之间的水事纠纷。

2. 美国环境管理的主要政策

美国是世界上第一个把环境影响评价制度以法律形式固定下来的国家。美国环境影响评价制度的确立实施，对美国及其他国家产生了重大影响。到 1977 年，美国国内有 26 个州结合地区特点建立了这一制度，并开始实行。1997 年，美国在修订的《清洁水法》中创立了许可证制度，即“国家消除污染物排放制度”。同时，美国还是排污交易制度的诞生地。20 世纪 70 年代中期，EPA 提出了“排污抵消”政策，即希望通过在减轻空气污染的同时允许企业发展。著名的“泡泡政策”是最先得到采用的，也是应用最广泛的一项排放抵消办法。在 1990 年的《清洁空气法》修正案中，EPA 又大大扩大了排污交易制度应用范围。美国环境状况有所好转的原因，除了加强管理外，还在于增加了环境保护费用以及对于环境保护法律体系的完善。美国的环境保护法律体系比较完善，法律条文很详细，操作性强，体现着环境管理的权威性，同时还加强了环境管理的研究以及开展一系列环境方面的教育。

3. 美国环境管理的主要特点

美国环境管理的主要特点体现在以下几个方面：一是将改革行政决策的方法和程序以实现国家环境保护目标。改革行政决策方法和程序，在行政决策过程中考虑环境的价值是美国国家环境管理战略的关键。二是将法律与技术相结合以控制污染。以法律的强制性推广最佳可行污染控制技术，以促进污染治理，并利用法律引导生产部门的技术和产品的更新以及污染控制技术的发展。三是将行政管理与公众参与相结合以提高管理效率。将行政管理与公众参与相结合这一特点在美国的环境影响评价制度中得到了充分的体现。公众参与环境管理是对环境行政管理的重要补充，它可以弥补行政管理的懈怠和缺陷，以提高国家环境管理的效率。

8.4.2　欧盟环境管理简介

1. 欧盟环境管理体制

欧盟是一个重要的政府间区域组织，其环境法是当今世界最重要的区域国际法，也是国际社会在跨国界环境事物综合性立法的首次尝试。欧盟负责环境保护的机构是欧洲环境委员会、欧盟环境部长理事会和欧洲环保局（European Environmental Agency，EEA）。欧洲环境委员会在环境法规的准备、提出和审议过程中发挥着核心的作用，其主要职能有：参加环境政策制定和环境立法程序；参与制定欧盟环境行动计划；对外合作，即可以与第三国和有关国际组织进行环境合作。部长理事会作为欧盟环境法律、政策的决策机构之一，对欧盟的环境政策、法律、规划等也起到了决定性的作用，其主要职责就是在征询其他欧盟机构的意见后，就欧盟委员会提出的立法议案，制定环境法律。在与环境有关的事项中，部长理事会除了制定环境法律之外，还行使包括国际环境协议的缔结权以及协调成员国环境政策的职权。

1989 年 12 月，欧洲共同体 12 个成员国一致同意建立欧洲环保局。欧洲环保局于 1993 年在哥本哈根正式成立，1996 年 1 月 1 日开始全面运行。该环保局还设立对欧盟外的国家开放的环境数据收集和技术办公室。欧洲环保局包括执行董事部、气候变化部、行政服务部门、情报通信部、综合环境评估部、自然生态系统脆弱性部门、业务服务，以及环境信息系统等部门。欧洲环保局的活动目标必须由参加国一致确定，影响较小的决定也需要经2/3国家通过才能生效。欧洲环保局的一项重要任务是向各成员国提供对欧洲整体的环境现状的客观概述。欧洲环保局还应收集有关环境质量、环境影响和环境易损性的信息。欧盟、公众和各成员国应能得到这些信息，以利于各层次的环境管理。应注意的是，欧洲环保局本身并不具备进行环境调查的能力，它只能依赖于各个成员国提供的信息开展工作。

2. 欧盟环境管理的主要政策

欧盟环境政策的表现形式可以分为两大类：一是欧盟环境法律；二是非法律的欧盟环境政策文件。欧盟环境法律主要包括欧盟基础条约、国际条约或协定、条例、指令和决定。非法律的欧盟环境政策文件主要包括建议、意见、决议、行动纲领或规划和其他政策文件等。在欧盟环境法体系中，宪法性规范即建立欧洲共同体或欧盟的基础条约起着十分重要的根本性、指导性作用。迄今欧盟共实施了六个环境行动计划，发展了包括法律、市场和财政手段、金融支持和一般支持措施在内的系统化政策工具，建立了涵盖空气、气候变化、水、废弃物、化学品、噪声、土壤、土地使用和自然与生物多样性，以及生物技术等诸多领域的较为全面的环境政策。从1967年开始，欧盟先后制定了200多项政策法规和措施，这些政策法规和措施涉及水、大气、噪声、化学品管理、废弃物管理、自然保护等多个方面。

3. 欧盟环境管理的主要特点

通过制定共同的环境保护政策来解决环境问题。必须在欧盟成员国执行统一的环境政策、法规和标准，才能更好地推动欧盟范围内环境保护的发展。而且由欧盟采取共同的环境政策使欧盟成员国在环境保护问题上以一个声音说话，也可以加强它们在世界上的地位。在欧盟涉外环境合作方面，欧盟与成员国的权力也是“并行”的，按《单一欧洲文件》的规定，欧盟在环境领域的对外关系权不应影响成员国在国际机构谈判和缔结国际协定的权力。

8.4.3 日本环境管理简介

1. 日本环境管理体制

日本环境管理体制在1971年以前是分散式，中央一级有大藏省、厚生省、农林省、通产省、运输省和建设省行使环保监督管理权。由于实行分头管理，形成政出多门、管理混乱和软弱的局面，因此，首相决定设立环境厅，以实现高权威、高规格的专门性机构负责环保工作的目的。1971年2月，内阁批准《环境厅设置法》；6月，颁布《环境厅组织令》，于7月1日环境厅正式成立。这标志着日本环境管理体制由分散式步入相对集中式的阶段。2001年1月，环境厅升格为环境省。环境省是日本环境保护的职能机构，直属首相领导。主要职责为：资源保护和污染防治；负责环保政策、规划、法规的制定与实施；全面协调与环保相关的各部门的关系；指导和推动各省及地方政府的环保工作。

为了使国家制定的各种环境决策和重大管理措施在经济、法律、政策等各个方面稳妥可行，《公害对策基本法》第二十七条规定，设立中央公害对策审议会，作为环境省的下属机构。主要职责为：处理环境基本计划和为内阁总理大臣提供咨询意见，调查审议环保基本事项。在地方则设立都道府县和市町村环境审议会。环境厅与地方机构之间是相互独立的，无上下级的领导关系。但为保证环保法律的实施，环境厅可将部分权力交由都道府县、市町村及其长官行使。在此情形下，环境厅是都道府县、市町村的上级机构。后者在法定范围内接受环境厅的领导与监督。公害对策会议作为总理府的下属机构，由会长一人和委员若干人组成；会长由内阁总理兼任，委员由内阁总理在有关的省、厅长官中任命。主要职责为：处理公害防治计划；审议内阁总理大臣做出的有关决定；审议公害防治对策的有关计划；推进对策的实施；协调有关事项。

2. 日本环境管理的主要政策

日本是较早制定实施专门的环境保护法律的国家，在 1967 年，就制定了《公害对策基本法》。于 1970 年和 1972 年分别制定了《公害纠纷处理法》和《公害等调整委员会设置法》，确立了由行政机关处理公害纠纷的环境行政法律制度。在巨大环境危机的压力下，日本政府在公害防治方面采取了相应的措施，并从环境立法、管理、污染治理、环境学技术研究和环境教育等方面加强环境保护工作。具体表现在：①环境影响评价。以私人、团体负责的开发行为或国家组织的由私人、团体执行的开发计划为主。在环境影响评价过程中特别强调资料的公开及公众的参与。②污染物排放总量控制制度。根据不同区域、不同时期的环境质量要求，推算出达到该目标的污染物最大允许排放量。③无过失责任制度：指一切污染危害环境的单位或个人，即使对其他单位或个人客观上没有故意或过失，也应承担赔偿损失的责任。日本不仅拥有周密完善的监测系统，而且污染危害机制和环境生态等基础理论的研究、开发新技术、研制新设备等都由专门机构承担。日本环境污染控制方面所取得的成就与其重视环境教育是分不开的。日本的环境教育主要有三种类型：大学环境教育、成人继续教育、社会教育。

3. 日本环境管理的主要特点

日本具有较完备的环境管理机构，机构之间相互制约，相互促进，强调地方长官在环境保护方面的责任，并注意与中央机构的配合。新的环境管理措施出台时，日本立法机关都会对所涉及的有关法律进行适时修改，以适应环境管理的需要。除了有完善的环境法律体系外，还非常重视环境标准的制定，将标准作为基本的环境政策目标和环境政策手段。其环境标准有两种，一种是“环境标准”，另一种是“排放标准”。地方政府的立法以及对制度的实施超前于中央政府，该特点在对环境影响评价制度的实施上表现最为明显。而且，在环境管理方面还授予地方很多权利。环境管理的重点在“防”而不是“治”，以减少污染事故和突发性事故造成的经济损失。通过环境管理，不但塑造了企业形象，而且提高了企业的声誉。

8.4.4　我国环境管理简介

1. 我国环境管理体制

环境保护是一项庞大的系统工程，需要有由上至下及各方面的配合。完善管理体系是贯彻实施环境管理的组织保证。当前我国的环境管理体系大致分为全国人民代表大会和国家机关两大体系。全国人民代表大会设有环境与资源保护委员会，各省、直辖市、自治区、市（县）人大都设有相应或类似的机构。国家机关方面有国务院环境保护委员会、生态环境部及各部、委（总局）内的有关司（局），以及省、直辖市、自治区、市（县）乡镇人民政府相应的机构。环境保护部门应依法严格履行统一监督管理环境的职责，做好本辖区环境保护的指导、监督、协调和服务工作。其中，监督法规执行为其主要职能。

2. 我国环境管理的主要政策

环境保护规划制度是对一定时间内环境保护目标、任务和措施的规定，是环境决策在时空方面的具体安排。在环境管理实践中，环境保护规划是实行各项环境保护法律基本制度的基础和先导，也是实现环境保护与环境建设和经济、社会发展相协调的有力保障。同时环境保护规划，也是环境保护在一个时期的纲领性文件，是指导环境保护工作的主要依据，是环境管理的核心。

环境影响评价制度又称环境质量预断评价，是指进行某项重大活动或开发建设活动之前，事先对该项活动可能给环境带来的影响进行评价。对可能影响环境的工程建设、开发活动和各种规划，预先进行调查、预测和评价，提出环境影响及其防治方案的报告，为项目、活动决策提供科学依据。我国的环境影响评价制度最早的法律规定见于1979年颁布的《中华人民共和国环境保护法（试行）》，该法对环境影响评价制度作出了原则性的规定，这标志着我国的环境影响评价制度的正式建立。

“三同时”制度是指新建、改建、扩建项目和技术改造项目以及区域性开发建设项目的污染治理设施必须与主体工程同时设计、同时施工、同时投产的制度。它与环境影响评价制度相辅相成，是防止新的环境污染和破坏，我国环境保护法以预防为主的基本原则的具体化、制度化、规范化，加强开发建设项目环境管理的重要措施；也是防止我国环境质量继续恶化的有效的经济手段和法律手段，是我国最早的环境管理制度。

排污收费制度是指国家环境保护机关根据环境基本法和其他有关环境法规的规定，对超标排放污染物的单位实行有偿排放的法律制度。这是一项强化环境管理，运用经济手段促进工业企业防治污染的重要制度。这项制度是我国环境管理中最早提出并普遍实行的管理制度之一。

环境保护目标责任制是以签订责任书的形式具体规定地方各级人民政府领导在全期内对本辖区环境质量负责，实行环境质量行政领导负责制。地方各级人民政府及其主要领导要依法履行环境保护的职责，坚决执行环境保护法律、法规和政策。在各级地方政府主要领导人实行辖区环境保护目标责任制的基础上，衍生了地方政府与辖区内工业企业领导人实行本单位环境保护目标责任制。

限期治理制度是我国特有的一项环境法律制度，它是指对现已存在的危害环境的污染源以及在特殊保护区域内超标排污的已有设施等，依法限定在一定期限内完成环境治理任务，达到治理目标的环境法律制度。

排污许可证制度是指国家行政机关根据当事人的申请或申报，以改善环境质量为目标，以污染物总量控制为基础，规划定量排污单位许可排放什么污染物、许可污染物排放量、许可污染物排放去向等内容的一项行政管理制度。其前提是当事人的申请或申报。而作为排污许可证制度前提的排污申报登记制度则是指凡是排放污染物的单位，须按规定向环境保护行政主管部门申报登记所拥有的污染物排放设施、污染物处理设施和正常作业条件下排放污染物的种类、数量和浓度的一项环境行政管理制度。因此，排污申报登记是实行排污许可证制度的基础，排污许可证是对排污者排污的定量化。

污染集中控制是在一个特定的范围内，为保护环境所建立的集中治理设施和采用的环境管理措施，是强化环境管理的一种重要手段。应以改善流域、区域等控制单元的环境质量为目的。依据污染防治规划，按照废水、废气、固体废物等的性质、种类和所处的地理位置，以集中治理为主，用尽可能小的投入获取尽可能大的环境、经济、社会效益。

环境监测制度是指依法从事环境监测的机构及其工作人员，按照有关法律法规规定的程序和方法，运用物理、化学或生物等方法，对环境中各项要素及其指标或变化进行经常性的监测或长期跟踪测定的科学活动。环境分析的主要对象是工业排放的污染物，包括大气、水体、土壤、生物体内的各种污染物。目前进行的环境监测大体上可分为三类：研究性监测、预防性监测和特种目的监测。

现场检查制度是指依法行使环境行政监督管理权的机关及其工作人员，按照法定程序进入管辖区域内排污单位的现场，对污染物排放状况进行监督检查的环境行政监督制度。目前，我国实施的现场检查制度主要是由各级环境保护行政主管部门设立的环境监理机关来主要负责进行的。

城市环境综合整治定量考核制度考核内容包括大气环境、水环境、噪声控制、固体废物综合利用和处理，以及城市绿化等五个方面，共 21 项指标。考核范围包括考核结果都要向公众公布。通过考核要发现问题和差距，增加环境状况透明度，通过群众监督，改善工作。实践证明，这是一项有效的环境目标管理制度，具有强大的生命力。

污染事故报告处理制度是指因发生事故或者其他突然性事件，造成或者可能造成污染事故的单位，必须立即采取措施处理，及时通报附近可能受到污染危害的单位和居民，并向当地环境保护行政主管部门和有关部门报告，接受调查处理的法律制度。关于污染事故的报告处理，属于劳动保护的法律范畴，它是有关企事业单位执行国家劳动保护管理制度的一项重要措施。

环境保护的经济刺激措施是指在环境保护行政管理过程中，充分运用市场经济手段，通过市场调节结合鼓励和奖励措施的实施，使得环境污染防治行政变被动为主动、使排污单位变消极治理污染为积极预防污染的方法。其主要包括税制、贷款、保险、补助金（津贴）、流通性许可证、定金以及标志等方法。

环境标志制度也是环境政策的一种体现形式，是市场经济条件下，深化环境保护工作的一项重要措施。目前已有几十个国家实施环境标志制度。世界上比较著名的环境标志有德国的蓝天使图案、加拿大的环境选择图案、北欧国家的白天鹅图案、美国的绿色“十”字图案、日本的生态标示图案。

3. 中国环境管理的特点

（1）环境管理机构设置与行政区划高度同构性。环境管理体制中环境管理机构的设置与行政区划、层级设置一一对应，追求“上下对口”，左右一致，呈现高度同构性。纵向上，环境管理机构按照政府组织从中央到地方的四个层次上下都对口设立，即中央、省（自治区、直辖市）、市、县；横向上，环境管理机构的设置与现有各级行政区划幅度一致，即在 31 个省（自治区、直辖市）（不包含港澳台地区）、333 个地市、2862 个县都组建了环境保护厅、局。

（2）讲究区域间横向紧密联系，纵向垂直监管以生态特点作为主要的划分管理依据，以实现环境管理组织结构的“扁平化”（扩大管理幅度、减少管理层次）为目标，遵循“扩省、缩市、强县”的思路进行环境管理机构改革，即增加省级机构数量，同时减少市级机构数量，加强基层机构建设。环境管理针对不同地区环境的特点进行，从而具有明显的区域性。

（3）公民积极参与，非政府组织健全。环境问题本身所具有的广泛性和社会性，也决定了它的解决必须依靠政府与社会公众的共同参与。公众参与环境管理的众多途径中，以社会团体为代表的非政府组织具有极其重要的地位。这类组织以“中国文化书院绿色文化分院”（简称自然之友）为典型代表。

（4）市场导向，法律为基础。注重运用法律手段，实现环境管理法制化是国家进行环境管理的重要手段。法制对国家环境管理具有极其重要的意义，它不仅要求广泛运用法律手段实施环境管理，而且还要求将行政、经济等所有环境管理手段的运用都纳入法制的轨道。

8.5 环境保护法概述

8.5.1 环境保护法概念

环境保护法或称环境法是20世纪50年代以来才逐步产生和发展起来的一个新兴法律分支，其名称常因各国习惯而不同。如美国称“环境法”，日本称“公害法”，欧洲各国多称“污染控制法”，苏联和东欧多称“自然保护法”，我国一般称“环境保护法”，或简称“环保法”。环境保护法是以保护和改善环境、警惕和预防人为环境侵害为目的，调整与环境相关的人类行为的法律规范的总称。它包含三个方面的内涵：第一，环境立法的目的在于保护和改善环境、警惕和预防人为原因造成对环境的侵害。第二，环境保护法调整对象的范围包括全部与环境相关的人为活动。一是因防治污染和其他公害而产生的活动；二是因保护生态、合理开发利用和保护自然资源而产生的活动。环境保护法从表面上看调整的是人与物之间的关系，实际上是人与人之间的关系。环境保护法就是要通过这种调整，造成一个良好的生活和生态环境，保障人民健康，促进经济可持续发展。第三，环境保护法体系的范畴还包括其他调整与环境相关社会关系部门法的法律规范。

1. 环境保护法的任务

（1）保护和改善生活环境与生态环境。《环境保护法》不仅要求保护环境，还要求改善环境。它明确将环境区分为生活环境与生态环境，并且突出了对生态环境的保护和改善。强调要加强对农业环境和海洋环境的保护，并保护作为环境要素的水、土地、矿藏、森林、草原、野生动植物等自然资源。

（2）防治环境污染和其他公害。防治环境污染也称防治公害，就是指防治在生产建设或其他活动中产生的废气、废水、废渣、粉尘、恶臭气体、放射性物质等对环境的污染，以及防治噪声、振动、电磁波等对环境的危害。防治“其他公害”则是指防治除前述的环境污染和危害之外，目前尚未出现而今后可能出现的，或者已经出现但尚未包括在前述的“公害”的环境污染和危害。

2. 环境保护法的作用

环境保护法是保护人民健康，促进经济发展的法律武器；是推动环境保护法制建设的动力；是提高广大干部、群众环境意识和环保法制观念的好教材；是维护国家环境权益的有效工具；是促进环境保护的国际交流与合作，开展国际环境保护活动的有效手段。

8.5.2 环境保护法的特点

作为部门法的一种表现形式，环境保护法具有与其他部门法相同的一般特点（如规范性、强制性等）。然而，由于环境保护法是法学与环境学的交叉学科，因此环境保护法还具有与其他部门法所不同的固有的特点，它们主要表现在如下几个方面。

1. 综合性

由于环境包括围绕在人群周围的一切自然要素和社会要素，因此，保护环境涉及整个自然环境和社会环境，涉及全社会的生产、流通、生活各个领域以及社会生活的各个方面。

因此，在许多国家，环境保护法已形成了一套完整的法规体系。环境保护法的这种综合性特征，一方面表现在环境立法体系中除包括专门性环境保护法规外，还包括其他如宪法、民法、刑法、劳动法和经济法等中有关环境保护的规范；另一方面表现在环保法所采取的法律措施涉及经济、技术、行政教育等多种因素，环境保护法既包括国家立法，也包括地方立法。

2. 科学性

保护和改善环境，必须有相应的科学技术保证。环境质量的描述、监测、评价以及污染防治、生态保护等，都涉及多方面的现代科学技术。环境学是一门新兴的综合学科，有许多问题还处于开拓发展时期，环境保护法直接反映环境规律和经济规律，环境保护法的制定和实施都具有鲜明的科学性。第一，环境保护法是一种建立在自然规则基础之上的法律。这种基础包括生物、化学和物理等原理。环境保护法要利用科学去预测和调整在非凡的自然中人类行为的后果，因此“自然法则”就不可避免地成为环境立法的指导原理。法律的制定和实施都必须依赖和利用专门的科学技术知识。第二，所谓的“科学”不仅需要现在已知的知识及建议，而且还需要在科学的不确定性范围内预测和评价风险的方法。第三，由于环境保护法是通过调整一定领域的社会关系来协调人与自然的关系，因此它必须体现自然规律（特别是生态学规律）的要求，必须把大量有关技术规范、操作规程、环境标准、控制污染的各种工艺技术要求等运用于环境立法之中。第四，环境保护法的科学性还表现在它促进对科学技术成果的运用方面。例如，如果环境立法不对淘汰落后的技术设备以及运用先进的科学技术作出规定的话，企业出于自身利益和生产成本的考虑就不太容易接受新的科学知识和技术改造，这样也不利于科学技术的进步和发展。

3. 共同性

环境问题是世界各国所面临的一个共同问题。环境保护法不仅仅是为了个别群体、统治者阶级或地区的单一政治、经济利益，更多的则是要考虑全人类的共同利益，即人类生存繁衍的基础——全球生态利益。地球生态系统是一个流动的物质和能量循环体，虽然各地域环境状况因地理位置和自然条件的分布不同而显现出不同的区域特点，但就生态功能而言，它们不因对国家或地区疆界的人为划分而分割。因此在一个国家或一个地区所实施的与环境有关行为的法律控制，必然也会对其他国家或地区产生积极或消极的影响。例如，一个国家为防治大气污染而采取高烟囱化措施的结果就可能是该大气污染物质随大气循环而污染其他国家或地区，地处河流上游国家的水污染物排放政策可能导致地处河流下游国家发生水污染损害，各国大量排放 CO_2 可能导致全球气候变暖。人类社会过去几个世纪所发生的环境破坏事例说明，环境问题已不再是可以仅依靠一个国家或一个地区采取局部的治理措施所能解决的，用传统的方法来保护环境只能使环境问题愈演愈烈，从局部发展到地区，从地区发展到国际，再从国际发展成为全球性的问题。

4. 复杂性

传统部门法的法律关系所体现的是一定社会人与人之间纯粹的思想关系，法律也是通过权利义务的确定对人类行为进行调整，从而达到自由、秩序和公平的法律理念。环境法律关系所要体现的是人类与自然之间的关系，然而由于自然是一种物质的存在，因此这种关系既不是一种纯粹的思想关系，又不是纯粹的物质关系。环境法律关系除了要受来自社会经济关系的制约以外，更大程度上还要受到来自人与自然关系（特别是自然生态规律）的制约。当前，在“人本主义”思想为主导的社会条件下，环境立法尚不能，也不可能确定人类与自然之间的权利义务关系，所以目前它仍然必须通过调整人类相互的行为才能得到具体体现。环境保护法所约束的对象通常不是公民个人，而是社会团体、企事业单位以及政府机关。环境保护法的实施又涉及经济条件和技术水平，因此，环境保护法执行起来要比其他法律更为困难而复杂。环境保护法不仅要对违法者给予惩罚，而且还要对保护资源和对环保有功者给予相应的奖励，做到赏罚分明。

5. 区域性

各地的自然环境、资源状况、经济发展水平等方面的差别很大，因此，各国的环境保护法要求，乃至各省、州、市都可根据本地区的特点制定地方性法规和地方标准，体现了地方间的差异。

8.5.3　环境保护立法目的

金瑞林教授在概括和比较分析了世界各国环境保护法关于目的性的规定后认为，可以从理论上把环境保护法的目的分为两种：一是基础的、直接的目标，即协调人与环境的关系，保护和改善环境；二是最终的发展目标，又包括两个方面：①保护人群健康；②保障经济社会持续发展。他认为，在保护和改善环境这一直接目标方面，世界各国都无不同；在最终的目标方面，各国规定则有差别。多数国家主张环境保护法的最终目的，首先是保护人的健康，其次是促进经济社会持续发展。美国学者康贝尔等认为，现代环境法的目的是保护人类健康、效率、国家安全、保存或重建美学、持续发展能力、世代间的公平、社会稳定、生态中心和追求科学知识与技术。此外，保护私有财产也可以被认为是环境立法的目标。其中，环境立法的目的之一是国家安全这一点，已经越来越为各国所认识。

从理论上讲，作为环境立法实质上的目的或任务，应当是保护生态系统的平衡与稳定，平衡世代间人类在既得利益与长期发展和繁衍上的相互关系，最终实现社会经济的可持续发展。这种立法的实质目的或任务，是立法者拟通过环境立法而追求的精神目标，它们是对立法者法律价值观的充分体现。我国于 1979 年制定了《环境保护法（试行）》，在 1989 年对《环境保护法（试行）》进行了修订，2014 年对《环境保护法》进行了修订，新法于 2015 年 1 月 1 日起施行。新法第一条规定：“为保护和改善环境，防治污染和其他公害，保障公众健康，推进生态文明建设，促进经济社会可持续发展，制定本法。”

8.5.4　环境保护法体系的含义和分类

各种具体的环境法律法规，其立法机关、法律效力、形式、内容、目的和任务等往往各不相同，但从整体上看，又必然具有内在的协调性、统一性，组成一个完整的有机体系。而这种由有关开发、利用、保护和改善环境资源的各种法律规范所共同组成的相互联系、相互补充、内部协调一致的统一整体，就是环境保护法体系。关于环境保护法体系的类型，可以从不同角度加以划分。例如，按照国别来分，可分为中国环境保护法和外国环境法；按照法律规范的主要功能来分，可分为环境预防法、环境行政管制法和环境纠纷处理法；按照传统法律部门来分，可分为环境行政法、环境刑法（或称公害罪法）、环境民法（主要是环境侵权法和环境相邻关系法）等；按照中央和地方的关系来分，可分为国家级环境保护法和地方性环境保护法规等。

8.5.5　环境标准

环境标准是控制污染、保护环境的各种标准的总称。它是国家根据人群健康、生态平衡和社会经济发展对环境结构、状态的要求，在综合考虑本国自然环境特征、科学技术水平和经济条件的基础上，对环境要素间的配比、布局和各环境要素的组成（特别是污染物质的容许含量）所规定的技术规范。环境标准是评价环境状况和其他一切环境保护工作的法定依据，也是推动环境科技进步的动力。目前环境标准尚没有统一的分类方法，现按标准的用途、适用范围等分类如下。

（1）按标准的用途分：有环境质量标准、污染物排放标准、污染控制技术标准、污染警报标准及基础方法标准。

（2）按标准的适用范围分：有国家标准、地方标准或行业标准。

（3）按环境要素划分：有大气控制标准、水质控制标准、噪声控制标准、固体废物控制标准和土壤控制标准等。其中对单项环境要素又可按不同的用途再细分，如水质控制标准又可分为饮用水水质标准、渔业用水水质标准、农田灌溉水质标准、海水水质标准、地面水环境质量标准等。

（4）按标准颁布的形式分：有随法律一起颁布的标准、依据法律以官方文件颁布的标准、缺乏法律程序的参用标准或内部标准。

目前我国根据环境标准的适用范围、性质、内容和作用，实行三级五类标准体系。三级是国家标准、地方标准和行业标准；五类是环境质量标准、污染物排放标准、方法标准、样品标准和基础标准。到 2017 年底我国现行有效的环境保护标准共计 1843 项。国家环保机构的主要任务是制定环境保护规划、方针、政策和法规，并对环境保护工作进行监督和指导。环境标准是进行这些工作的技术基础。一些国家把制定和实施环境标准作为国家环保部门的首要任务。我国环境保护法规定国家环保机构的职责，第一条是贯彻并监督执行国家关于保护环境的方针、政策和法律、法令。第二条是会同有关部门拟定环境保护的条例、规定、标准和经济技术政策。由此可见，各国都把环境标准放在了十分重要的地位。

8.6　国际环境保护法

国际环境保护法是国际法的一个分支，它是调整国际法主体间在开发利用、保护改善环境过程中产生国际关系的具有拘束力的原则、规则以及有关习惯的总称。它具有如下特点：调整方法的综合性；法律理念的生态性；法律规范的技术性；调整范围的全球性。国际环境法主要由国际条约、国际习惯，以及一般法律原则、辅助性渊源和“软法”等共同组成。

8.6.1　国际环境保护法的主要内容

与国内法相比，国际环境保护法的立法范围更为广泛，国际环境保护条约也主要分布在防治环境污染、维持气候体系、生物多样性保护和资源合理利用、保全自然地域等方面。

1. 环境污染防治

1）海洋环境污染

海洋在很早以前就是国际法研究的主要对象之一，因此关于防止海洋环境污染的条约也较其他环境保护条约更为完备。目前，关于海洋环境保护的国际立法主要包括两个层次：一是全球性的海洋环境保护条约；二是区域性的海洋环境保护公约。1982 年通过的《联合国海洋法公约》是海洋环境保护条约体系的核心，目的在于建立一种综合性法律秩序，以利于促进国际交流、海洋资源和平合理利用、保护生物资源以及开展海洋环境的研究和保护工作；针对所有海洋污染源，建立有关全球和地区的合作、技术援助、监测和环境评价，通过和实施国际规则和标准以及国家立法等方面的基本环境保护原则和规定。为给海洋部门的全球性、地区性和国家的行动提供一个战略框架，联合国环境与发展大会在《21 世纪议程》中对此已经认可。

中国政府于 1982 年 12 月签署了《联合国海洋法公约》，同年颁布施行了《中华人民共和国海洋环境保护法》。此外，结合有关国际规则等的规定，针对海洋环境污染源，国务院还制定了有关海洋环境保护管理的条例。除《联合国海洋法公约》外，国际社会还制订、实施了大量防治海洋环境污染的条约与协定，它们共同构成了控制海洋环境污染的国际规则、标准与程序体系。如 1969 年制定的《国际油污损害民事责任公约》；1971 年《建立国际赔偿油污损害基金的公约》（1992 年对该公约进行了修正）；1972 年为控制向海洋倾倒有害性物质，国际社会制定了《防止船舶和飞机倾倒废物造成海洋污染公约》（又称《奥陆斯公约》）、《防止倾倒废弃物及其他物质污染海洋的公约》（简称《1972 伦敦公约》）；1996 年制定了《国际海上运输有害有毒物质的损害责任和赔偿的国际公约》等。

2）大气污染

大气污染是指大气因某种物质的介入，而在其化学、物理、生物或者放射性等方面产生特性的改变，从而影响大气的有效利用，危害人体健康或财产安全，以及破坏自然生态系统、造成大气质量恶化的现象。其中，因燃烧化石燃料等产生的 SO_2 和 NO_x 所产生的大气污染还会造成出现酸沉降而导致损害的发生，造成越境大气污染。在国际社会控制大气污染方面，1968 年欧洲议会部长理事会通过了《控制大气污染原则宣言》。1979 年联合国欧洲经济委员会制定了《长程越境大气污染公约》，到 1994 年还签署了《关于进一步削减硫化物的议定书》，为了不使大气污染对易受影响生态系统造成危害，该议定书首次使用了“临界负荷”的概念。

3）危险物质和有害废弃物控制

在较早的时期，国际社会就在有关铁路运输公约、道路交通公约以及欧洲危险物质道路运输协定中对危险物质的运输作出了规定。到了 20 世纪 80 年代，发达国家将本国的工业废弃物等有害废物出口到没有处理和管理能力的发展中国家，从而导致进口国发生了许多污染和损害。有鉴于此，1987 年通过了《关于危险废弃物的环境无害管理开罗准则和原则》，1989 年又制定了《控制危险废物越境转移及其处置的巴塞尔公约》，其就危险废物的越境转移作了一系列的规定。中国于 1989 年签署该公约。该公约的目的在于控制和减少公约规定的废物越境转移，把产生的有害废物减少到最低程度。公约强调了废弃物产生国（出口国）对废弃物的责任与义务，并且还要求各缔约国应当谋求对环境进行健全、有效的管理。

除《控制危险废物越境转移及其处置巴塞尔公约》外，目前在控制有害废物越境转移的规定还分别有经济合作与发展组织（Organization for Economic Cooperation and Development，OECD）的决定与建议、欧共体第四次洛美会议协定及相关的指令或规则、以非洲地区为对象的《巴马科条约》（1991 年）、美加协定（1986 年）和美墨合作协定下的议定书（1986 年）。《巴马科条约》与洛美会议协定还包括了放射性废物，规定全面禁止废弃物转移。1999

年 12 月 10 日，公约缔约方经过十年的磋商终于签订了《危险废物越境转移及其处置所造成损害的责任和赔偿问题议定书》。该议定书就严格赔偿责任、过失赔偿责任、预防措施、造成损害的多重原因、追索权、赔偿限额、赔偿责任时限、保险和其他财务担保、国家责任、管辖法院以及适用法律等事项作了规定。这是第一个全球性的关于废弃物造成环境损害与赔偿责任的国际条约。

4）核活动及其高度危险行为的控制

关于原子能损害责任的国际立法，主要有《巴黎公约》（1960 年）、《布鲁塞尔补充公约》（1963 年）以及《维也纳公约》（1963 年）。《巴黎公约》后来又对其追加议定书（1964 年）及其修正议定书（1982 年）予以修正。在后来的《布鲁塞尔补充公约》中，还对与国家有关的作业方面的规定增加了赔偿数额。早在 1963 年 10 月 17 日，国际原子能机构与北欧的丹麦、芬兰、挪威和瑞典等国就签订了《北欧辐射事故紧急情况援助协定》。在苏联切尔诺贝利核电站核事故发生后，国际原子能机构又于 1986 年紧急通过了《关于及早通报核事故公约》与《核事故或辐射紧急情况相互援助公约》。此外，国际原子能机构还于 1980 年制定了《核材料实物保护公约》，目的在于实质性保护国内使用、储存和运输的核材料，防止非法取得和使用核材料所可能引起的危险。在外层空间活动的事故与损害方面，目前主要有 1967 年制定的《外层空间条约》与 1972 年制定的《外空物体造成损害的责任公约》。

5）其他方面

在《日内瓦第四公约》（1949 年）及其《第一附加议定书》（1977 年）、《禁止生物武器公约》（1972 年）、《禁止或限制使用特定常规武器公约》（1980 年）与《禁止化学武器公约》（1993 年）等国际条约中都对导致重大环境破坏的武器以及攻击方法予以了限制。而《部分禁止核试验公约》（1963 年）与《禁止在海底安置核武器条约》（1971 年）则对防止放射性物质污染环境起到了积极的预防作用。在有关有机溶剂、振动、致癌物质以及石棉等国际劳工组织各条约中，对劳动环境保护作出了规定。由于现在各国多数人的劳动时间占日常时间的多数，并且对劳动环境周围的居民生活也有影响，因此劳动场所的环境保护具有非常重要的意义。现在，噪声和振动也是一个经常发生的国际性问题。由于其影响的范围较小，因此在制定的对策方面是有限的。由于飞机噪声具有共同性的特征，因此在《国际民用航空条约》及其附件中对飞机噪声规定了控制的基准。

2. 维护气候变化

与人类生存密切相关的气候体系主要是在对流层中形成的，如酸雨、气候变化等。另外，由于人类活动对大气层的破坏正在逐渐扩大到平流层，人类所生产使用的消耗臭氧的物质向大气排放还造成了对平流层中臭氧层的破坏。由于气候体系是地球最基本的要素，因此气候体系的改变将会极大地影响地球生态系统。因此国际社会呼吁，应当以地球共同体的观点对气候变化实行控制。

1）臭氧层耗损及其控制

人类生产、生活活动使用的消耗臭氧层物质如氟氯烃、哈龙等，可以导致大气中臭氧层变薄，从而使臭氧层吸收太阳所辐射紫外线的功能降低，造成地球上的生物过量接受紫外线辐射而使人类发生疾病或者致使农作物减产。为此，1977 年联合国环境规划署成立了一个臭氧层问题协调委员会。在 20 世纪 80 年代，科学家发现南极上空已经出现了臭氧层空洞，它表明在大气的臭氧层中臭氧的浓度已经非常稀薄。所以 1985 年，在维也纳通过了《保护臭氧层维也纳公约》。中国于 1986 年加入该公约。之后，通过对各国氟氯烃类物质生产、使用、贸易进行统计，1987 年 9 月 16 日在蒙特利尔举行的第一次缔约方大会上通过了《关于消耗臭氧层的蒙特利尔议定书》，简称《蒙特利尔议定书》。嗣后，该议定书分别经 1990 年的伦敦修正、1992 年的哥本哈根修正、1997 年的蒙特利尔修正和 1999 年的北京修正 4 次修正。这些议定书的宗旨是根据科学认识的发展，考虑技术和经济的因素，顾及发展中国家的需要，在全球范围内限制并最终消除消耗臭氧层物质的排放，保护臭氧层。议定书要求缔约方在 6 个方面做出具体承诺：第一，采取措施减少这些物质的生产和消费；第二，控制与非缔约方间的这些物质的贸易；第三，按计划定期对控制措施进行评估和审核；第四，向公约机构报告有关数据；第五，在研究开发、公众意识和信息方面进行合作；第六，建立财政机制和提供技术转让，帮助发展中国家履约。《蒙特利尔议定书》经过 4 次修正和 5 次调整后，受控物质已增加到 125 种。《保护臭氧层维也纳公约》和《蒙特利尔议定书》是国际环境条约历史上的一个里程碑，因为该议定书在义务设定及其前提、履约机制和决策程序等方面均有所创新，缔约方的实施效果良好，有的缔约方甚至提前实现了减量目标。2007 年，第 19 次缔约方大会决定，在 2030 年前停止生产氯氟烃。

2）全球气候变化及其控制

国际社会对于全球气候变化问题的关注是从 20 世纪 80 年代才开始的。鉴于气温的升高或者降低都将对人类生存的地球环境造成影响，为此联合国环境规划署和世界气象组织于 1988 年成立了政府间气候变化专家委员会，专门负责对有关气候变化问题及其影响的评价和对策研究工作。《联合国气候变化框架公约京都议定》（又称《京都议定书》）于 1997 年 12 月 11 日在日本京都召开的《联合国气候变化框架公约》第三次缔约方大会上通过，自 1998 年 3 月 16 日～1999 年 3 月 15 日在纽约联合国总部开放供签署。按照《京都议定书》规定的生效条件，《京都议定书》于 2005 年 2 月 16 日生效，成为具有约束力的国际法律文件。这标志着人类对环境的保护又迈进了一大步。2015 年巴黎的《生物多样性公约》第二十一次缔约方会议（简称 COP21）来自 195 个国家的代表就共同应对气候变化通过了《巴黎协定》。协定在总体目标、责任区分、资金技术等多个核心问题上取得进展，被认为是气候谈判过程中历史性的转折点。

3. 生物多样性保护与自然资源开发

1）生物物种灭绝及其生物多样性保护

物种的丰富程度取决于生物的多样性。生物多样性越丰富，生态系统就越稳定。为了维护地球生态系统平衡，联合国环境规划署在 1987 年决定制定一部《生物多样性公约》，该公约到 1992 年 5 月被提交到同年 6 月召开的联合国环境与发展大会上签署。中国已于同期召开的联合国环境与发展大会上签署了该公约，并于 1994 年制订了《中国生物多样性保护战略与行动计划》这一国家履约方案。2000 年 1 月 29 日，公约的缔约方经过 4 年多的谈判就改性活生物体问题在加拿大的蒙特利尔签订了《生物多样性公约的卡塔赫纳生物安全议定书》（简称《卡塔赫纳生物安全议定书》）。该议定书的宗旨是采取必要的保护措施，防范因改性活生物体的越境转移、处理和使用而可能对生物多样性的保护、持续使用以及对人类健康所带来的不利影响。其解决的核心问题是科学不确定性以及如何在国际环境条约中处理科学不确定性。此外，该议定书规定了提前知情同意程序，即出口国在第一次向进口国装运旨在向环境释放的改性生物体（如种子或鱼）之前，要征得进口国同意。2010 年 10 月 18 日《生物多样性公约》第十次缔约方会议（简称 COP10）于日本爱知县名古屋市开幕，具体讨论保护生物多样性的国际目标和利用遗传资源等议题，就世界范围内遭到破坏的生态系统的保护措施及自然资源的可持续利用等议题展开讨论。

2）野生动植物贸易

控制野生动植物贸易的国际公约是 1973 年制定的《濒危野生动植物种国际贸易公约》。我国于 1981 年加入该公约。该公约的目的是通过国际合作确保野生动物和植物物种的国际贸易不至于威胁相关物种的生存；通过在科学主管机构的控制下由管理当局签发进出口许可证制度来保护某些濒危物种，使之不致遭到过度的开发与利用。公约所谓的国际贸易除陆生濒危野生动植物的贸易外，还包括将在公海上捕获的动植物带入陆地的贸易。

3）热带雨林保护

“热带雨林”概念的定义为：特征上常绿、喜湿（潮湿状况下生长茂密），30m 高、通常更高，多种粗大的木质藤本，多种草本附生植物；年平均气温在 24℃以上、无霜、多雨。在历史上，热带雨林有 2450 万 km^2 的面积，1900 年以来，特别是第二次世界大战后雨林的减少在加剧，现已失去了 59%的原有雨林，幸存的面积为 1001 万 km^2，覆盖了陆地总面积的 6%～7%（1999 年）。热带雨林拥有全球生物量的 69%（1999 年），这意味着吸收大量的 CO_2 并以植物组织的形式将碳储存，释放大量的氧气，影响大气的稳定性；同时它还是地球上巨大的物种基因库和未知自然资源。然而由于人类对其作用认识较晚，“热带雨林”锐减。1983 年制定的《国际热带木材协定》是有关以长期、可持续利用热带木材贸易为目的的国际商品协定。

4）迁徙性动物物种

1979 年制订的《保护迁徙野生动物物种条约》是以保护迁徙性野生动物（即具有周期性、规则性的跨越国界的动物）为目的的国际条约。该公约规定禁止捕捉濒危物种，保护其生存环境及控制其他不良的影响因素，以保护那些越过各国管辖边界或在边界外进行迁徙的野生动物物种。

5）其他

在关于保护候鸟方面，主要是对有关候鸟通过列表的形式宣布予以保护，同时规定对鸟类及其鸟卵的捕获实行管制、对鸟类的贸易与占有的限制；设立保护区、环境保全、对外来种的管理以及共同调查等形式来进行的。在国际上，候鸟保护的国际条约主要是采取多边或双边协定的形式，例如，在美国、日本、俄罗斯、澳大利亚和中国之间都签订有许多双边的条约或协定。例如，中国和日本两国于 1981 年签署了《保护候鸟及其栖息环境协议》。有关水产资源的条约方面有《国际捕鲸管制公约》《北太平洋溯河性鱼类种群养护公约》《南太平洋禁止流网渔业公约》等。

4. 自然地域的保护

1）湿地保护

湿地是地球三大重要生态系统之一，为了制止目前和未来对湿地的逐渐侵占和损害，确认湿地的基本生态作用及其经济、文化、科学和娱乐价值，鼓励“明智地利用”世界的湿地资源，协调国际合作，国际上在 1971 年 2 月签署了《关于特别是作为水禽栖息地的国际重要湿地公约》。我国于 1992 年加入该公约，1996 年 10 月宣布每年 2 月 2 日为世界湿地日。为动员一切力量以加大湿地保护与合理利用的力度，在湿地公约第 7 届大会上通过决议，与湿地国际、世界保护联盟、世界自然基金会和国际鸟类组织结为伙伴组织。湿地国际是唯一从事湿地保护与合理利用的国际非政府组织，湿地国际总部设在荷兰瓦赫宁根市，于 1996 年在我国建立办事处。截至 2014 年 1 月，《关于特别是作为水禽栖息地的国际重要湿地公约》共有 168 个缔约方，2271 块湿地被列入国际重要湿地名录。根据《关于特别是作为水禽栖息地的国际重要湿地公约》，湿地是指陆地上所有季节性或常年积水地段，包括沼泽地、泥炭地、湿草地、湖泊地、河流、滩涂、河口以及水期时水深不超过 6 cm 的河岸带等。据世界保护监测中心的估测，全球湿地面积约为 855.8 万 km^2，占地球陆地面积的 6.4%。我国有 31 类天然湿地和 9 类人工湿地，面积约为 6600 万 km^2（不包括江河、池塘），居亚洲第一位，世界第四位。

2）自然遗产保护

保护、抢救世界文化和自然遗产，是人类文明和国际社会可持续发展战略的一个重要组成部分，是全人类的共同义务。为此 1972 年 11 月 16 日联合国教育、科学及文化组织在巴黎举行会议并通过了《保护世界文化和自然遗产公约》。该公约对文化遗产、自然遗产规定了明确的定义，要求缔约方在充分尊重文化遗产和自然遗产所在国主权的同时，承认这些遗产同时也是世界遗产的一部分，各方都有责任对它们予以保护。该条约的目的在于为集体保护具有突出的普遍价值的文化遗产（具有文化价值的纪念物、建筑物、地址等）与自然遗产（自然或者靠生物作用的形成物、稀有生物物种的栖息地等）建立一个根据现代科学方法制定的研究性的有效的制度；为具有突出的普遍价值的文物古迹、碑雕和碑画、建筑群、考古地址、自然面貌和动物与植物的生境提供紧急和长期的保护。为了养护、恢复发展中国家的文化和自然遗产，该公约确立了提供资金和技术等国际合作与援助的体制。1985 年 11 月全国人大常委会批准了我国参加联合国教育、科学及文化组织《保护世界文化和自然遗产公约》，于 1991 年 10 月我国选为世界遗产委员会成员。目前我国被列入世界文化和自然遗产的项目，已由 1991 年最初的 7 处，增加至 52 处（2018 年）。全世界现在共有世界遗产 812 处（2018 年），我国的世界遗产总数仅次于意大利，名列世界第二。为此，我国先后制定了《中华人民共和国文物保护法》《中华人民共和国文物保护法实施条例》《中华人民共和国城市规划法》《风景名胜区管理暂行条例》等法律、法规。

3）南极保护

南极保护等问题主要由《南极条约》（1961 年）予以调整，该条约的目的在于确保永久和平利用南极资源。由于科学研究发现南极冰层下拥有大量可供开采的矿产资源，因此南极的自然环境保护便成为一个国际问题。1988 年在《南极条约》下通过了《南极矿产资源活动管理公约》，规定设立南极矿产资源委员会，对南极地域实行环境影响评价，以及对在南极从事矿产资源开发实行严格的条件限制等措施。到 1991 年 10 月又签署了《关于环境保护的南极条约议定书》，规定至少在 50 年内禁止在南极进行一切有关矿产资源的开发活动。中国于 1991 年加入该条约。除此之外，有关南极的环境保护条约还有《南极动植物保护议定书》（1964 年）、《养护南极海豹公约》（1972 年）以及《南极海洋生物资源养护公约》（1980 年）等。

4）防止荒漠化

荒漠化主要是由于过度开采燃料、过度放牧以及自然现象等共同造成的。鉴于人为原因所导致的荒漠化现象不断加剧，国际社会从 20 世纪 70 年代就开始讨论防治荒漠化问题。在 1992 年的联合国环境与发展大会上，荒漠化也是会议所讨论的主要议题，特别是非洲国家更是强烈要求制定条约。为此，国际社会于 1994 年在巴黎通过签署了《联合国防治荒漠化公约》（我国 1994 年签署了该公约）。其目的在于，在发生严重干旱和（或）荒漠化的国家，特别是在非洲，防治荒漠化和减轻干旱的影响，须在符合《21 世纪议程》的综合对策框架内建立的国际合作和伙伴关系安排的支持下，在所有国家采取有效行动，以协助受影响地区实现可持续发展。另外，该公约还要求，发达国家应当对受到荒漠化和干旱影响的缔约国予以科学、技术、教育、训练以及资金等的援助和合作。

5. 贸易与环境

1）贸易对环境的影响

在本质上，环境与贸易的目的均是促进资源的有效利用，以达到可持续发展的最高境界。然而由于各国的环保法规与标准多是为解决本国环境问题而推出的，不可能也不必要完全一致，因此贸易与环境成为近阶段世界贸易组织目前所面对的一个重要课题。一般认为，贸易与环境的关系是对立的，无论哪一方面得到了发展，都会对另一方面产生伤害。也就是说环境控制越严，就越会妨碍自由贸易；或者自由贸易越发达，环境污染和自然破坏就会越严重。

2）环境政策对自由贸易的影响

更好地实现自由贸易和自由竞争是现代国际经济交往的基本原则，为了减轻关税、废除实质性贸易障碍和差别待遇，国际社会制定了《关税与贸易总协定》。然而，由于经济发展会对环境造成影响，因此各国在制定环境政策的同时就可能会限制国际贸易的自由化。例如，一国可以以他国生产的产品不符合该国环境法规与环境标准的规定为由而抵制他国商品进入该国。这样就造成了实质性的非关税贸易壁垒。

3）协调环境与贸易的对策

通过以下五个方面协调环境与贸易之间的关系：①建立国际贸易环境成本内化核算体系；②建立可持续性的补偿基金；③建立以贸易与环境协定为准则的多边合作机制；④建立各国“环境标志制度”的统一标准化管理体系；⑤构建环境与贸易协调的全球法律和价值伦理体系。

8.6.2　国际环境责任和争端的解决

1. 国际环境责任

国际法规定，国家应该对其国际不当行为承担国际责任。国际不当行为是指一国违背其国际义务的行为，这就是国际法上的“国家责任”或“国际责任”。构成国家责任的要素有两个：①该行为违背该国所承担的国际义务；②该行为可以归因于国家，即可视为“国家行为”（如政府、军队的行为）。国家责任的形式包括：终止不法行为、赔偿、恢复原状、补偿、道歉、保证不再重犯和国际求偿。在一定的条件下，国家责任也可以免除。

《斯德哥尔摩宣言》规定，各国应该进行合作，以进一步发展有关它们管辖或控制之内的活动对于它们管辖以外的环境造成的污染和其他环境损害的受害者承担责任和赔偿。《里约宣言》呼吁各国应制定关于污染和其他环境损害的责任和赔偿受害者的国家法律。各国还应尽快坚决合作，进一步制定关于在其管辖或控制范围内的活动对其管辖外的地区造成环境损害的责任和赔偿的国际法律。目前，在若干国际环境条约中有一些零散的规定。例如，1972 年的《外空物体造成损害的责任公约》和 1982 年的《联合国海洋法公约》都有相关的规定。从司法实践来看，“特雷尔仲裁案”和“美国赔偿日本案”都涉及这方面问题，但是尚未形成完整的习惯法规体系。

目前联合国国际法委员会将这类责任与国家责任分开，作为单独的题目进行编纂，而且已于1998年8月通过了“国际法不加禁止行为的损害性后果所引起的国际赔偿责任”的条文草案，并在2000年1月1日前让各国政府提出修改意见。根据该条文草案的规定，该条文的适用范围是国际法不加禁止，但其活动的实际后果存在引起重大跨界损害活动的风险，缔约国都必须采取适当措施防止或减少引起重大跨界损害的风险，其中包括必要的立法、行政或其他措施。缔约国要本着善意的原则进行合作，特别是要事先通报。该条文还规定了有关授权、影响评价、公众知情权、信息通报和磋商等内容。这个条文草案对国家在从事这类行为或活动时所应遵守的原则、规则和程序都做了规范。可以说它对国际环境法的责任规则，特别是这方面的习惯法规则的发展具有重要意义。关于赔偿制度，现行的国际环境条约采取不同形式的赔偿责任制度。例如，根据1972年《空间物体造成损害的国际责任公约》的规定，发射国对其空间物体对于地球表面或飞行中的航空器造成损害时要承担绝对赔偿责任。对于有关核损害事故，国家和营运人共同承担责任。此外，营运人承担赔偿责任，这是最常见的责任形式，主要采取国际民事赔偿的途径。

2. 国际环境争端的解决

《联合国宪章》第三十三条规定：“任何争端之当事国，于争端之继续存在足以危及国际和平与安全之维持时，应尽先以谈判、调查、调停、和解、公断、司法解决、区域机关或区域办法之利用，或各该国自行选择之其他和平方法，求得解决”。这是现代国际法允许的争端解决方法。以上的这些方法，按照其性质可分为两类：一是政治方法，包括谈判、协商、调查、斡旋、和解等方法；二是法律方法，包括仲裁（旧称公断）和司法解决。这些方法也适用于国际环境争端。从国际环境条约和司法实践来看，政治和法律手段都得到使用。在某一特定的情况下使用哪种方法和手段，首先取决于争端当事方和条约的规定。例如，1992年《气候变化框架公约》第十四条规定，任何两个或两个以上缔约方之间就本公约的解释和适用发生争端时，有关的缔约方应寻求通过谈判或他们自己选择的任何其他和平方式解决该争端。

8.6.3　国际环境法与国内环境法的关系

国际法与国内法的关系既是国内法的重要问题，又是国际法的基本问题，因为它同国际法的性质有直接的关系。《中华人民共和国宪法》对于国际法在国内法律体系中的效力没有明文规定，但是，一些全国性的立法有相关的规定。例如，《中华人民共和国环境保护法》第四十六条规定：“中华人民共和国缔结或参加的与环境保护有关的国际条约，同中华人民共和国的法律有不同规定的，适用国际条约的规定，但中华人民共和国声明保留的条款除外”。这样的规定表明：第一，国际条约在中国直接适用，不需国内立法机关将它转换成国内法；第二，国际条约具有优先于国内法的效力。由于中国宪法没有做出明确的规定，还不能说这是完全确立的规则，只能说这是在做出上述规定的立法范围内适用的原则。

国际环境保护法发展很快，目前仅在联合国环境规划署登记的有关国际环境保护的公约、条约、协定等国际环境法文件就达150多件。到目前为止，我国签署或批准了60多个环境保护方面的多边条约，涉及海洋、生物、大气、外空、南极等领域。同时，为了履行国际条约所承担的义务，中国还通过了相应的国内立法。例如，中国于1981年参加了《濒危野生动物植物种国际贸易公约》。为了履行条约所规定的义务，中国于1988年颁布了《中华人民共和国野生动物保护法》，接着又陆续通过了《中华人民共和国陆生野生动物保护条例》、《中华人民共和国水生野生动物保护实施条例》和《中华人民共和国野生植物保护条例》等一系列国内立法。这些立法所规定的受保护动物的名录都是按照国际条约的规定制定的，对于个别的物种，在保护的等级上根据我国的具体情况在条约允许的范围内作了适当的调整。

作为发展中国家，中国积极承担和履行所签订的国际条约。且从实际出发，1991～1997年底，申请并获得《蒙特利尔议定书》多边基金资助项目 232 个，淘汰氟氯烃类物质 60121 t，并从 1998 年起实施《中国哈龙行业淘汰计划协议》，到 2006 年底和 2010 年底，分别停止生产哈龙 1211 和哈龙 1301。

问题与讨论

1. 环境管理的理论基础有哪些？
2. 简述环境管理的内容。
3. 简述环境管理的基本职能。
4. 简述我国主要的环境管理制度。
5. 解析环境保护法的概念和内涵。
6. 简述环境保护法体系及其分类。
7. 简述环境标准及其分类。
8. 论述国际环境法的组成、主要内容及其与国内法的关系。

第 9 章　环境学技术与方法

［本章提要］：本章简要介绍了环境监测的目的与分类，以及环境监测的要求与特点、环境监测技术与方法；环境评价的分类及主要内容、环境影响评价的基本方法；环境规划的内涵及作用、环境规划的分类与特征、环境规划的原则与方法。

［学习要求］：通过本章的学习，理解和掌握环境监测的目的、分类，以及环境监测的要求和特点，了解目前环境监测的常用技术和方法。熟悉环境评价的类型及其主要内容，掌握环境评价的基本方法。了解环境规划的技术方法，熟悉环境规划的分类、原则和特征。

环境学技术与方法在解决重大环境问题、建立健全环境管理制度、制定完善技术法规、开发推广污染防治技术，以及促进经济增长方式转变等方面发挥了重要的引领和支撑作用，为环境学事业的发展提供了一定的科学技术和物质保障，为切实解决突出的环境问题提供了有效的科技服务。本章主要介绍了环境监测、环境评价和环境规划的基本知识。

9.1　环 境 监 测

环境监测是以环境为对象，运用物理、化学、生物、遥感等技术和手段，监视和检测反映环境质量现状及其变化趋势的各种标志数据的过程。环境监测以监测影响环境质量的污染因子及反映环境质量的环境因子为基础，以表征环境质量现状及其变化趋势为主要目的，是一门注重理论与实践相结合的学科。环境监测是污染治理、环境科研、规划设计、环境管理不可缺少的重要手段，是有效治理环境和执行环境法规的依据，是环境保护工作的基础。

随着环境学的发展以及新的环境问题的不断出现，环境监测的含义也在不断扩展。一方面，监测对象由对工业污染源的监测逐步发展到对整个生态环境的监测，不仅包括影响环境质量的污染因子，还延伸到对生物、生态变化的监测；另一方面，监测方法和技术也在不断更新，包括向微观和宏观两个方向发展。

9.1.1　环境监测的目的与分类

1. 环境监测的目的

环境监测的目的是准确、及时、全面地反映环境质量现状及其发展趋势，为污染控制、环境评价、环境规划、环境管理等提供科学依据。可概括为以下几个方面：①评价环境质量状况，预测环境质量变化趋势。通过环境监测，提供环境质量现状数据，判断是否符合环境质量标准。通过掌握污染物的时空分布特点，预测污染的发展趋势。②对污染源排放状况实施现场监督监测和检查。及时、准确地掌握污染源排放状况及变化趋势。③收集环境本底数据，积累长期监测资料，为保护人类健康和合理使用自然资源，以及确切掌握环境容量、实施总量控制、目标管理提供科学依据。④为制定环境法规、标准、环境评价、环境规划、环境污染综合防治对策提供依据。根据环境监测数据，依据科学技术和经济发展水平，制定出切实可行的环境保护法规和标准，为环境质量评价提供准确数据，为制定环境规划、做出正确决策提供可靠的资料。⑤确定新的污染要素，揭示新的环境问题，为环境学研究提供发展方向。

2. 环境监测的分类

环境监测可按监测目的、监测介质对象、监测区域以及监测手段进行分类。

1）按监测目的划分

（1）监视性监测：监视性监测又称为例行监测或常规监测，是指按照国家或者地方有关技术规定对指定的有关项目进行定期的、长时间的监测，以确定环境质量及污染源状况，掌握有害污染物的变化趋势，评价控制措施的结果，衡量环境标准实施的情况和环境保护工作的进展。在环境监测工作中，监视性监测量最大、面最广，是监测工作的主体，其工作质量是环境监测水平的主要标志。监视性监测包括对污染源的监督检测和环境质量监测。污染源的监督检测主要是对主要污染物进行定时、定点监测，获得的数据可以反映污染源污染负荷变化的某些特征量，也能粗略地估计污染源排放污染物的负荷。环境质量监测是通过建立各种监视网站（如水质监测网、大气监测网），不间断地收集数据，来评价环境污染的现状、污染变化趋势，以及环境改善所取得的进展等，从而确定一个区域、一个国家的污染状况。

（2）特定目的监测。特定目的监测又称为特例监测或应急监测。根据特定目的的不同，可分为以下四种。①污染事故监测：在发生污染事故时及时深入事故地点进行应急监测，确定污染物的种类、扩散方向、速度和污染程度及危害范围，查找污染发生的原因，为控制污染事故提供科学依据。这类监测常采用流动监测（车、船等）、简易监测、低空航测、遥感等手段。②纠纷仲裁监测：主要针对污染事故纠纷、环境执法过程中所产生的矛盾进行监测，为执法部门、司法部门仲裁提供公正数据。纠纷仲裁监测应由国家指定的权威部门进行。③考核验证监测：包括人员考核、方法验证、新建项目的环境考核评价、排污许可证制度考核监测、“三同时”项目验收监测、污染治理项目竣工时的验收监测。④咨询服务监测：为政府部门、科研机构、生产单位所提供的服务性监测。如建设新企业应进行环境影响评价，需要按评价要求进行监测。

（3）研究性监测。研究性监测又称为科研监测，是针对特定目的的科学研究而进行的高层次监测，通过监测了解污染机理，弄清污染物的迁移变化规律，研究环境受到污染的程度。例如，环境本底的监测及研究，有毒有害物质对从业人员的影响研究，为监测工作本身服务的科研工作的监测（如统一方法和标准方法分析的研究、标准物质研究、预防监测）等。研究性监测因涉及的学科较多，遇到的问题较复杂，所以需要较高的科学技术知识和周密的计划，一般需多学科相互协作方能完成。

2）按监测介质对象分类

分为水质监测、空气监测、土壤监测、固体废物监测、生物监测、噪声和振动监测、电磁辐射监测、放射性监测、热监测、光监测、卫生（病原体、病毒、寄生虫等）监测等。

3）按监测区域分类

分为厂区监测和区域监测，厂区监测是指企事业单位对本单位内部污染源及总排放口的监测，各单位自设的监测站主要从事这部分工作。区域监测指某地区、全国乃至全球性的水体、大气、海域、风景区、游览区环境的监测，具体可分为局地性监测、区域性监测（含流域监测）、大洲性监测和全球性监测等。

4）按监测手段分类

分为化学（物理化学）监测、物理监测、生物监测和遥感监测等。

9.1.2 环境监测的要求与特点

1. 环境监测的要求

环境监测是对环境信息捕获、解析、综合的过程。只有全面、客观、准确地获取环境质量信息，并在综合分析的基础上揭示监测信息的内涵，才能对环境质量及其变化趋势做出正确的评价。因此，环境监测工作既要准确可靠，又要能科学地反映实际情况。一般来说，环境监测的要求可概括为以下五个方面。①代表性：由于污染物在环境中具有时空分布特征，环境监测要求确定合适的采样时间、采样地点、采样频率和采样方法，从而使所采集的样品具有代表性，能真实地反映总体的质量状况。②完整性：完整性主要强调监测计划的实施应当完整，即布点、采样、样品运送、分析过程、分析人、质控人和签发人等，包括从采样到分析，每一步都应记录在案。③可比性：可比性包括两方面的含义，首先不仅要求同一试验室对同一样品的监测结果可比，而且还要求各试验室之间对同一样品的监测结果相互可比，这样能从空间上比较环境质量的好坏；其次要求同一项目的历年监测数据也可比，这样能从时间上确定环境质量的变化趋势。④准确性：准确性是指测量值与真实值的符合程度。环境监测要求试验室分析结果可靠。⑤精密性：精密性是指用一特定的分析程序在受控条件下重复分析均一样品所得测定值的一致程度，它反映分析方法或测量系统所存在的随机误差的大小。环境监测分析方法的精密性要满足一定的要求。

2. 环境监测的特点

环境监测因其对象、手段、时间和空间的多边性，以及污染组分的复杂性等，具有以下特点。①环境监测的综合性。环境监测的综合性表现在以下几个方面：监测手段包括化学、物理、生物、物理化学、生物化学及生物物理等一切可以表征环境质量的方法；监测对象包括空气、水体（江、河、湖、海及地下水）、土壤、固体废物、生物等，只有对这些监测对象进行综合分析，才能确切描述环境质量状况；对监测数据进行统计处理、综合分析时，需涉及该地区自然和社会各个方面的情况，因此，必须综合考虑才能正确阐明数据的内涵。②环境监测的连续性。由于环境污染具有时空性等特点，因此，只有坚持长期测定，才能从大量的数据中揭示变化规律，预测其变化趋势。数据越多，预测的准确性越高。因此，监测网络、监测点位的选择一定要有科学性，而且一旦监测点位的代表性得到确认，必须长期坚持监测。③环境监测的追踪性。环境监测是一个复杂而又有联系的系统，每一环节进行的好坏都会直接影响最终数据的质量。特别是区域性的大型监测，由于参加人员众多，试验室和仪器不同，技术和管理水平必然不同，需有一个量值追踪体系予以监督，对每一监测步骤实行质量控制。

9.1.3 环境监测技术与方法

环境监测技术与方法多种多样。从监测过程看，包括采样技术、样品预处理技术、测试技术和数据处理技术。从技术角度看，可分为微观和宏观两个方面。在微观方面，大体可分为化学分析法、仪器分析法和生物监测方法；在宏观方面，主要有遥感技术（remote sensing，RS）、地理信息系统（geographic information system，GIS）技术等。这里简单介绍化学分析法、仪器分析法、生物监测法和遥感技术在环境监测中的应用。

1. 化学分析法

化学分析法是以特定的化学反应为基础测定待测物质含量的方法，包括质量分析法和容量分析法。其主要特点是准确度高，相对误差一般小于 0.2%；仪器设备简单，价格便宜，灵敏度低。适用于常量组分确定，不适用于微量组分测定。

质量分析法。质量分析法是用准确称量的方法来确定试样中待测组分含量的分析方法。通常先用适当的方法使待测组分从试样中分离出来，然后通过准确测量，由称得的质量确定试样中待测组分的含量。质量分析法主要用于大气中总悬浮颗粒、降尘量、烟尘、生产性粉尘，以及废水中悬浮固体、残渣、油类、硫酸盐、二氧化硅等的测定。对于低浓度污染物，质量分析法会产生较大误差，所以该法一般不适用于微量或痕量组分的分析。但随着称量工具的改进，质量分析法得到一定的发展，如近几年用微量测重法测定大气飘尘和空气中的汞蒸气等。

容量分析法。容量分析法又称为滴定分析法，有酸碱滴定、氧化还原滴定、沉淀滴定、络合滴定等。滴定分析法是将一种已知准确浓度的试剂溶液（标准溶液，又称为滴定剂）滴加到待测组分溶液中，直到所加试剂与待测组分按化学式计量关系反映完全为止，然后根据标准溶液的浓度和滴入体积计算待测组分的含量。滴定剂与待测组分按化学式计量关系定量反应完全这一点称为化学计量点，即理论终点。由于指示剂不一定恰好在化学计量点时变色，因此滴定终点与化学计量点不一定恰好吻合，由此而引起的误差称为滴定误差。选择合适的指示剂，使滴定误差尽可能小是滴定分析的关键问题。容量分析法具有操作方便、快速、准确度高、应用范围广、费用低的特点，在环境监测中应用较多，但灵敏度不高，对于测定浓度太低的污染物，也不能得到满意的结果。它主要用于水中 COD、BOD、DO、Mg^{2+}、Ca^{2+}、Cr^{6+}、硫离子、氰化物、氯化物、硬度、酚等的测定，以及废气中铅的测定。

2. 仪器分析法

仪器分析法是根据污染物的物理和物理化学性质进行分析的方法，可分为光学分析法、电化学分析法、色谱分析法、中子活化分析法、流动注射分析法等。仪器分析法的特点是：灵敏度高，适用于微量、痕量甚至超微量组分的分析；选择性强，对试样预处理要求简单；响应速度快，容易实现连续自动测定；有些仪器可以联合使用，如色谱–质谱联用仪等，该方法可使每一种仪器的优点都能得到更好地利用；仪器的价格比较高，有的十分昂贵，设备复杂。

1）光学分析法

光学分析法是主要根据物质发射、吸收电磁辐射以及物质与电磁辐射的相互作用来进行分析的一类重要的仪器分析法。它是基于物质对光的吸收或激发后光的发射所建立起来的方法，主要有以下几种。

分光光度法。分光光度法也称为吸收光谱法，是通过测定被测物质在特定波长处或一定波长范围内光的吸收度，对该物质进行定性和定量分析的方法。其基本原理是朗伯–比尔（Lambert-Beer）定律。分光光度法的应用光区包括紫外光区、可见光区、红外光区。在分光光度计中，将一定波长的光照射到不同浓度的样品溶液时，便可得到与浓度相对应的吸收强度（吸光度）。以浓度为横坐标，吸收强度（A）为纵坐标，可绘出该物质的吸收光谱曲线。利用该曲线可以进行物质定性、定量的分析。分光光度法是一种具有仪器简单、操作容易、灵敏度高、测定成分广等特点的常用分析法，可用于测定金属、非金属、无机和有机化合物等。其在国内外的环境监测分析法中占有很大比重。

原子吸收分光光度法。原子吸收分光光度法又称原子吸收光谱法，是在待测元素的特征波长下，通过测量样品中待测元素基态原子（蒸气）对特征谱线吸收的程度，以确定其含量的一种方法。该方法具有灵敏度高，选择性好，抗干扰能力强，操作简便、快速，结果准确、可靠，测定元素范围广，仪器比较简单，价格较低廉等优点。该方法是环境中痕量金属污染物测定的主要方法，可测定 70 多种元素，国内外都将该方法用作测定重金属的标准分析方法。

发射光谱分析法。发射光谱分析法又称原子发射光谱分析法，是在高压火花或电弧激发下使原子发射特征光谱，根据各元素特征性的光谱线作定性分析，而谱线强度可用作定量测定。该方法样品用量少，选择性好，无须化学分离便可同时测定多种元素；但该方法不宜分析个别试样，且设备复杂，定量条件要求高，故在较早的环境监测日常工作中使用较少。但到了 20 世纪 70 年代以后，由于新的激发光源［如电感耦合高频等离子体光源（inductive coupled plasma，ICP）、激光等］的应用，新的进样方式的出现，以及先进的电子技术的应用，使古老的原子发射光谱（atomic emission spectrometry，AES）分析技术得到复苏。由于它具有灵敏度高、准确度且再现性好，基体效应和其他干扰较少，线性范围宽，并且特别适用于水和液体试样的分析等一系列优点，因而得到普遍的重视，并成为一种重要的分析手段。用 ICP 发射光谱法可分析水、土壤、生物制品、沉积物等试样中铬、铅、镉、硒、汞、砷等 30 多种元素的测定。

荧光分光光度法。当某些物质受到紫外光照射时，可发射出各种颜色和不同强度的可见光，而停止照射时，上述可见光随之消失，这种光线称为荧光。进行荧光光谱分析的仪器称为荧光分光光度计。一般观察到的荧光现象是物质吸收了紫外光后发出的可见光或者吸收波长较短的可见光后发出的波长较长的可见光荧光，实际还有紫外光、X 光、红外光等荧光。根据发出荧光的物质不同，可分为分子荧光分析和原子荧光分析。分子荧光分析是根据分子荧光强度与待测物浓度成正比的关系，对待测物进行定量测定的方法。在环境分析中主要作用于强致癌物质——苯并芘、硒、铍、沥青烟等的测定。原子荧光分析是根据待测元素的原子蒸气在辐射能激发下所产生的荧光发射强度与基态原子数目成正比的关系，通过测量待测元素的原子荧光强度进行定量测定；同时还可利用各元素的原子发射不同波长的荧光进行定量测定。原子荧光分析对锌、镉、镁、钙等具有很高的灵敏度。荧光光谱分析法具有设备简单、灵敏度高、光谱干扰少、工作曲线线性范围宽、可以进行多元素测定等优点。

2）电化学分析法

电化学分析法是建立在物质在溶液中的电化学性质基础上的一类仪器分析方法。它是根据被测物质溶液的各种电化学性质，如电极电位、电流、电量、电导或电阻等来确定其组成及其含量的分析方法。电化学分析法具有灵敏度高、准确度高、测量范围宽、仪器设备较简单、价格低廉等特点。由于在测定过程中得到的是电学信号，因此也易于实现自动化和连续分析，但是电化学分析的选择性一般较差。应用电化学分析法可以对大多数金属元素和可氧化还原的有机物进行分析。根据所测量电学量的不同，电化学分析法可分为电位分析法、电导分析法、库伦分析法、阳极溶出伏安法和极谱分析法等。

电位分析法。电位分析法包括直接电位法和电位滴定法。直接电位法是利用专用电极将被测离子的活度转化为电极电位后加以测定的电化学分析法，如用玻璃电极测定溶液中的氢离子活度，用氟离子选择性电极测定溶液中的氟离子活度。电位滴定法利用指示电极电位的突跃来指示滴定终点，可直接用于有色和混浊溶液的滴定。近 10 年来，由于离子选择电极的迅速发展，电位分析法已广泛应用于水中 F^-、CN^-、NH_3-N、DO 等的监测。

电导分析法。电导分析法是以测量溶液电导为基础的分析方法。包括电导测定法和电导滴定法。可用于测定水的电导率、DO 及 SO_2 等。

库仑分析法。库仑分析法是以测量电解过程中被测物质在电极上发生电化学反应所消耗的电量来进行定量分析的一种电化学分析法。根据电解方式分为控制电位库仑分析法和恒电流库仑法。库仑分析法要求工作电极上没有其他的电极反应发生，电流效率必须达到百分之百。库仑分析法已广泛应用于大气中 SO_2、NO_x 及水中 BOD、COD 的测定。

阳极溶出伏安法。阳极溶出伏安法是将待测离子先富集于工作电极上，再使电位从负向正扫描，使其自电极溶出，并记录溶出过程的电流–电位曲线的电化学分析法。这种阳极溶出的电流–电位曲线，波形一般呈倒峰状；在一定条件下，其峰高与浓度呈线性关系；而且不同离子在一定的电解液中具有不同的峰电位。因此，峰电流和峰电位可作为定量和定性分析的基础。目前有 Cu、Zn、Cd、Pb 等 40 种以上的元素可用阳极溶出伏安法测定。由于该方法所用仪器设备简单、操作方便，在环境监测分析中应用广泛。

极谱分析法。极谱分析法是通过测定电解过程中所得到的极化电极的电流–电位（或电位–时间）曲线来确定溶液中被测物质浓度的一类电化学分析方法。极谱法和伏安法的区别在于极化电板的不同。极谱法使用滴汞电极或其他表面能够周期性更新的液体电极为极化电极，伏安法使用表面静止的液体或固体电极为极化电板。极谱法可用来测定多数金属离子、许多阴离子和有机化合物（如硝基、亚硝基化合物、过氧化物、环氧化物、硫醇和共轭双键化合物等）。

3）色谱分析法

色谱分析法又称色谱法、层析法，它是利用物质的吸附能力、溶解度、亲和力、阻滞作用等物理性质的不同，对混合物中各组分进行分离、分析的方法。色谱分离过程中有流动相和固定相。根据所用流动相的不同，色谱法可分为气相色谱（gas chromatography，GC）分析和高效液相色谱（high performance liquid chromatography，HPLC）分析。液相色谱分析又分为高效液相色谱、离子色谱（ion chromatography，IC）分析、纸层析、薄层层析法。

气相色谱分析。气相色谱分析是一种新型分离分析技术，它的流动相为惰性气体，固定相为固定吸附剂或涂在担体上的高沸点有机液体。当汽化后的被测物质被载气带入色谱柱中运行时，利用物质在两相中分配系数的微小差异，在两相做相对移动时，被测物质在两相之间进行反复多次分配。这样，原来微小的分配差异产生了很大的效果，使各组分分离，顺序离开色谱柱进入检测器，产生的离子流信号经放大后，在记录器上描绘出各组分的色谱峰，以达到分析及测定的目的。气相色谱法具有灵敏度高与分离效能高、快速、应用范围广、样品用量少、易于实现自动测定、能与多种仪器分析联用等优点，现已广泛应用于环境监测，成为环境污染物分析的重要手段之一，是苯、二甲苯、多氯联苯、多环芳烃、酚类、有机氯农药、有机磷农药等有机污染物的重要分析方法。应用气相色谱–质谱（GC-masss pectrum，GC-MS）联用技术可进行复杂的痕量组分分析。

高效液相色谱。高效液相色谱又称高压液相色谱、高速液相色谱、高分离度液相色谱、近代柱色谱等，是一种以液体为流动相，采用高压输液系统，将具有不同极性的单一溶剂或不同比例的混合溶剂、缓冲液等流动相泵入装有固定相的色谱柱，在柱内各成分被分离后，进入检测器进行检测，从而实现对试样进行分析的方法。高效液相色谱具有分析速度快、分离效率高和操作自动化等优点，可用于测定高沸点、热稳定性差、分子量大（＞400）的有机物质，如多环芳烃、农药、苯并芘、有机汞、酚类、多氯联苯等。

离子色谱分析。离子色谱分析是分析阴离子和阳离子的一种液相色谱方法。它是20世纪70年代初发展起来的一项新的色谱技术。它用离子交换原理进行分离，并采取通用的电导检测器检定溶液中的离子浓度。离子色谱分析具有高效、高速、高灵敏、选择性好、可同时分析多种离子化合物、分离柱的稳定性好、容量高等特点。离子色谱分析在环境监测中主要应用于大气和水体中的污染监测分析，它已是环境监测的重要手段，如水和降水中常见的阴离子（F^-、I^-、SO_4^{2-}等）分析、有机酸分析、金属离子（Zn^{2+}、Pb^{2+}、Ni^{2+}、Cd^{2+}等）分析。

纸层析和薄层层析。纸层析是在滤纸上进行的色层分析，用于分离多环芳烃。薄层层析又称薄层色谱，在均匀铺在玻璃或塑料板上的薄层固定相中进行，用于对食品中黄曲霉素B1、农作物中硫磷农药及其代谢物氧硫磷等的测定。

4）中子活化分析法

中子活化分析法又称仪器中子活化分析法，是活化分析法中应用最多的一种微量元素分析法，是通过鉴别和测试试样因辐照感生的放射性核素的特征辐射，进行元素和核素分析的放射分析化学方法。活化分析的基础是核反应，用中子或质子照射试样，待测元素受到中子或质子轰击时，可吸收某些中子、质子，发生核反应，释放出γ射线和放射性同位素，通过测量射线能量和半衰期便可定性。用同一样品可进行多种元素的分析，它是无机元素超痕量分析的有效方法。

5）流动注射分析法

流动注射分析是利用具有流速的试剂流的容量测定，即用聚四氟乙烯管代替烧杯和容量瓶，通过流动注射进行分析的方法。将含有试剂的载流由蠕动泵输送进入管道，再由进样阀将一定体积的试样注入载流中，以“试样塞”形式随之恒速移动，试样在载流中受分散过程控制，“试样塞”被分散成一个具有浓度梯度的试样带，并与载流中的试剂发生化学反应生成某种可以检测的物质，再由载流带入检测器，给出检测信号（如吸光度、峰面积或峰高、电极电位等），由此求得被分析组分的含量。流动注射分析具有以下优点：仪器简单，可用常规仪器自行组装，操作简便；分析速度快，特别适合于大批量样品分析；测量在动态条件下进行，反应条件和分析操作能自动保持一致，结果重现性好；自动化程度高；可与多种检测器联用，应用范围广等。流动注射分析法可用于酚、氰化物、COD、硒、钍等的测定。

上述各种分析方法各有其特性。在具体选择环境监测分析方法时，应考虑被测物的含量和存在形式、试验室设备条件等因素，并尽可能选用标准统一的方法。

3. 生物监测法

生物监测法又称生态监测法，是指利用生物对环境质量变化所产生的反应来阐明环境质量状况的一门技术。与其他环境监测技术相比，生物监测法主要通过生物对环境的反映来显示环境污染对生物的影响，从而掌握环境污染物是否有害及危害程度。生物监测法主要有指示生物法、现场盆栽定点监测法、群落和生态系统监测法、毒性与毒理试验、生物标志物检测法、环境流行病学调查法，其中群落和生态系统监测法又包括污水生物系统法、微型生物群落法、生物指数法等。下面简要介绍几种生物监测方法。

指示生物法。根据对环境中有机污染或某种特定污染物质敏感的或有较高耐受性的生物种类的存在或缺失来指示其所在区域环境状况的方法称为指示生物法。指示生物可分为水污染指示生物、大气污染指示生物、土壤污染指示生物。在水体环境中若存在襀翅目、蜉蝣目稚虫或毛翅目幼虫，水质一般比较清洁；而当蚯蚓类大量存在或食蚜蝇幼虫出现时，水体一般是受到了严重的有机物污染。许多浮游生物、水生微型植物、大型底栖无脊椎动物、摇蚊幼虫、蚤和藻类对水体受到的有机物污染也具有指示作用。此外，还可利用一些生物的行为、生理生化反应等对水污染进行评价。在陆生动植物中也有许多指示生物。一些鸟类对大气污染（特别是 CO 污染）反应敏感。如很早以前就有人用金丝雀监测煤矿坑道中的 CO。许多植物对大气污染的反应也很敏感（表 3-5）。土壤指示生物中，映日红可指示酸性土壤；碱蓬可指示碱性土壤；在铜、钼污染严重土壤中生长的点瓣罂粟，花瓣上可出现黑色条纹；在放射性污染的土壤中生长的某些花具有很大的绿叶；蚯蚓体内的镉浓度与土壤中镉的浓度明显相关等。指示生物应具有以下几个特点：有足够的敏感性、有广泛的地理分布和足够的数量、实验室易于繁殖和培养、对污染物的反应能够被测定等。

污水生物系统法。污水生物系统法是一种用于河流污染，尤其是有机污染的一种生物监测方法。这种方法的理论基础是，当河流受到污染后，在污染源下游的一段流程里会发生自净过程，随着河水污染程度的逐渐减轻，生物的种类组成也发生变化，在不同河段将出现不同的物种，即随着河流从上游向下游形成的多污染带，到中污染带，直到寡污染带的时空推移过程中，水体中相应的特征生物种类和数量将发生变化，将经历以细菌和低等原生动物为主，到以细菌为食的耐污动物占优势、藻类大量出现、原生动物种类增多及高等的鱼类出现，直至最后细菌数量很少、藻类种类增多、轮虫等微型动物占优势的演替过程，根据水体的生物特征可以鉴别河流不同河段受有机污染的程度。

微型生物群落法。微型生物群落是指水生生态系统中在显微镜下才能看到的微小生物，包括细菌、真菌、藻类、原生动物和小型后生动物等，它们彼此间有复杂的相互作用，在一定的生境中构成特定的群落，其群落结构特征与高等生物群落相似，当水环境遭到污染后，群落的平衡被破坏，种数减少，多样性指数下降，随之结构、功能参数发生变化。最常用的微型生物群落法是聚氨酯泡沫塑料块（polyurethane foam unit，PFU）法，以聚氨酯泡沫塑料块作为人工基质沉入水体中，经过一段时间后，水体中大部分微型生物种类均可群集到 PFU 内，达到种数平衡，通过观察和测定该群落结构与功能的各种参数来评价水质状况。PFU 法具有快速、经济和准确等优点，也适用于工业废水的监测。

生物指数法。生物指数是指运用数学公式反应生物种群或群落结构的变化，以评价环境质量的数值。常用的生物指数有：污染生物指数（如贝克生物指数、古德奈特和惠特利有机污染生物指数、特伦特生物指数等）、硅藻生物指数、藻类生物指数和底栖生物指数等。

4. 遥感技术

遥感技术是在现代物理学、空间技术、计算机技术、数学方法和地球科学理论的基础上建立和发展起来的边缘科学，是一门先进的、实用的探测技术。多数遥感是从高空对地面及其附近的事物进行的，它具有空间、时间、波谱等方面的独特优势，信息量大，受地面条件限制少。在观测系统中，空间遥感由于其探测范围的全球性、探测器的同一性，以及高时间分辨率和高空间分辨率等特点，在地球观测系统中具有突出的、其他任何观测手段所无法取代的作用。遥感技术与全球导航卫星系统和地理信息系统结合的3S一体化的监测系统，使我们在常规的监测分析系统之外，又增强了对某些重大的灾害事件做出快速监测与评价的综合能力，再加上地面常规环境监测技术，形成了一个时空一体化完整的监测技术体系。从20世纪80年代开始，遥感技术在环境监测领域的应用得到了长足发展。如今，遥感技术已成为环境监测领域的一支“生力军”。遥感技术在环境监测方面的应用主要体现在以下几个方面。

1）水环境监测

水体综合污染调查。应用遥感技术，可以快速监测出水体污染源的类型、位置分布以及水体污染的分布范围等。早期主要是根据污染水域色调变化的程度对污染情况作定性调查，现阶段多数是测量各种水体的光谱特性，并用回归分析等方法建立某个可见光波段的遥感数据与污染浓度之间的经验公式，以此来对水污染信息进行定量提取。应用遥感技术对水污染进行监测，图像直观，方法简单易行，但对水面实测数据及其遥感数据的同步性依赖较大。

对湖泊或海洋生态的监测。浮游植物中的叶绿素对蓝光、红光有较强的吸收作用，可用来推算水体中的叶绿素分布情况，从而掌握湖泊或海洋生态的时空变化，预防、预测水华的发生。

水体热污染调查。采用红外扫描仪记录地物的热辐射能量，能真实地反映地物的温度差异。在热红外图像上，热水温度高，发射的能量多，呈浅色调；冷水或冰发射的能量少，呈深色调。热排水口排出的水流通常呈白色或灰白色羽毛状，呈热水羽流。利用光学技术和计算机对热图像作密度分割，根据少量的同步实测水温，可确切地绘出水体的等温线。

监视石油污染。利用红外扫描仪可以监视石油污染。利用多光谱航片可对海面石油污染进行半定量分析。将彩色航片同步拍照与近红外片做的彩色密度分割图相比，可以更精密地判断和翻译图片上的信息，并参照图片画出不同油膜厚度的大致分级图。通过对污染发生后各天的气象卫星图像的对比分析，可以确定油膜的漂移方向，计算出其扩散速度和扩散面积。

2）气候监测

遥感卫星，特别是气象卫星已经成为世界各国研究气候变化、预报天气形势的重要手段。美国、欧洲航天局、日本和俄罗斯的地球同步轨道气象卫星组成的静止气象卫星监测系统昼夜不停地观测地球的气象变化，并将观测数据向世界各国播发，利用气象卫星，可以得到全球范围内的大气参数、海洋参数（海温、海冰、海流等）、地表状况（冰雪覆盖、地表反照率和植被指数等）、辐射收支和臭氧分布等。这些参数对于全球变暖、平流层中臭氧减少以及厄尔尼诺现象的研究都是十分重要的。

3）大气环境监测

（1）大气气溶胶监测。烟、雾、尘等都是气溶胶。利用遥感图像可分析大气气溶胶的分布和含量。工厂排放的烟雾、森林或草场失火形成的浓烟及大规模尘暴，在遥感图像上都有清晰影像，可直接圈定大致范围。利用周期性的气象卫星图可监测尘暴运动，估计其运动速度，预报尘暴发生；森林或草场失火也可通过卫星资料及早发现，把灾害损失降到最低。大比例图片可用来调查城市烟囱的数量和分布，还可以通过烟囱阴影的长度计算其大致高度，用计算机对遥感图像进行微密度分割，建立烟雾浓度与影像灰度值的相关关系，可测出烟雾浓度的等值线图。

（2）有害气体监测。彩红外相片可较好地监测有毒气体对污染源周围树木和农作物危害的情况，通过植物对有害气体的敏感性来推断某地区大气污染的程度和性质。一般来说，污染较轻的地区，植被受污染的情况不宜被人察觉，但其光谱反射率却有明显变化，在遥感图像上表现为灰度的差异。生长正常的植物叶片对红外线反射强，吸收少，在彩红外相片上色泽鲜红、明亮。受到污染的叶子，其叶绿素遭到破坏，对红外线的反射能力下降，反映在彩红外相片上其颜色发暗。

4）城市环境监测

彩红外遥感影像可监测固体废物引起的生态环境变化，用热红外遥感调查工业热流（污水、废气等）对水体和周围环境的污染可监测城市、工矿“三废”排出状况。除此之外，还可在城市沉陷监测、生态破坏、噪声污染、城市热岛及治理等方面进行监测与管理。

5）生态环境的监控

遥感技术是调查、监测、研究土地沙漠化、植被环境变化、湿地环境等生态环境的重要手段。近几年，遥感技术在沙漠化进程、土地盐渍化和水土流失、生态环境恶化（如酸雨对植被的污染）等生态环境方面的应用研究越来越受到环境监测工作者的重视。值得指出的是，遥感监测并不能取代传统的地面监测，相反，正需要与地面监测的数据相对照，才能建立准确的信息系统。相对地面监测，卫星遥感对于污染源的监测是宏观的、广泛的，地面监测可在遥感信息的指导下，对重点地区污染源进行详查，从而获得更丰富、更准确的数据。

9.2　环 境 评 价

9.2.1　环境评价及其分类

环境评价是认识和研究环境的一种科学方法，是对环境质量优劣的定量描述，有的学者认为环境评价是环境质量评价（environmental quality assessment，EQA）和环境影响评价（environmental impact assessment，EIA）的总称；但有的学者认为环境影响评价是环境质量评价的一部分，所以环境评价与环境质量评价的内涵基本一致。而本书认为，环境评价是两种评价的简称，其关系如图 9-1 所示。

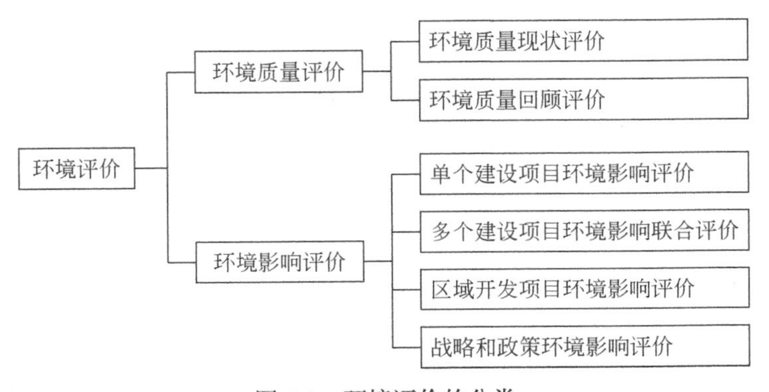

图 9-1　环境评价的分类

1. 环境质量评价

环境质量评价是按照一定评价标准和评价方法对一定区域范围内的环境质量加以调查研究并在此基础上作出科学、客观和定量的评价和预测的一种环境评价方法。

按评价时序，环境质量评价有环境质量回顾评价和环境质量现状评价。环境质量回顾评价是根据某一地区历年积累的环境资料对该地区过去一段时间的环境质量进行评价。通过回顾评价可以揭示出该区域环境污染的发展变化过程，推测今后的发展趋势。环境质量现状评价一般是根据近几年的环境资料对某一地区的环境质量的变化及现状进行评价。通过这种形式的评价，可以阐明环境质量的现状，为进行区域环境污染综合治理、区域环境规划等提供科学依据。

根据评价要素，环境质量评价可以分为单要素评价、多要素评价和综合评价。就某一环境要素进行评价称为单要素评价，如大气质量评价、水质评价、土壤质量评价等。对两个或多个要素进行评价称为多要素评价；对所有要素进行评价则称为环境质量综合评价，进行这种评价工作量较大，有一定难度。根据评价区域的不同，环境质量评价又可以分为城市环境质量评价、农村环境质量评价、海洋环境质量评价和交通环境质量评价等。

2. 环境影响评价

环境影响评价简称环评，广义的环评是指对拟议中的建设项目、区域开发计划和国家政策实施后可能对环境产生的影响（后果）进行的系统性识别、预测和评估。狭义的环评是指对规划和建设项目实施后可能造成的环境影响进行分析、预测和评估，提出预防或者减轻不良环境影响的对策和措施，进行跟踪监测的方法与制度。通俗地讲就是分析项目建成投产后可能对环境产生的影响，并提出污染防治的对策和措施。环境影响评价的根本目的是鼓励在规划和决策中考虑环境因素，最终达到更具环境相容性的人类活动。

按评价层次划分，环境影响评价有下述类型：①战略环境影响评价，简称战略环评，是指对政策、规划或计划及其替代方案可能产生的环境影响进行规范的、系统的综合评价，并把评价的结果应用于负有公共责任的决策中。战略环评不仅包括我国现在要求的规划环评，还包括国外已经有的政策环评和计划环评等环评形式。②区域开发环境影响评价，简称区域环评，是指针对某个区域开发所进行的环境影响评价。如某城市、某开发区或某工业园区，其区域范围比国家、地区小，比单个建设项目建设范围大。近年来，以区域为单元进行整体规划和开发是我国发展的重要方式，而区域环评是进行区域环境规划的基础。区域环评已在我国普遍开展。③建设项目环境影响评价，简称建设项目环评，是针对拟建项目的合理布局、选址、生产类型及其规模、拟采取的环保措施等进行的评价。建设项目环评是项目可行性研究工作的重要组成部分，与项目可行性研究同步完成。其基本任务是对某一建设项目的性质、规模等工程特征和所在地区的自然环境、社会环境进行调查分析和预测，找出其对环境影响的范围、程度和规律，在此基础上提出环境保护对策、建议与要求。建设项目环评种类繁杂，数量巨大。

9.2.2　环境评价的主要内容

环境评价的内容十分广泛。本书仅以建设项目环境影响评价为例简单介绍其主要内容。建设项目环评的工作内容主要取决于评价项目对环境产生的影响。由于项目类型千差万别，所产生的影响也有明显差别，但就评价工作而言，有一个基本内容，主要包括以下几部分。

（1）总则，包括编制《环境影响报告书》的目的、依据、采用的标准以及控制污染与保护环境的主要目标。

（2）建设项目概况，包括建设项目的名称、地点、性质、规模、产品方案、生产工艺方法、土地利用情况及发展规划、职工人数和生活区布局等。

（3）工程分析，包括主要原料、燃料及水的消耗量分析、工艺过程、排污过程、污染物的回收利用、综合利用和处理处置方案，工程分析的结论性意见。

（4）建设项目周围地区的环境现状，包括地形、地貌、地质、土壤、大气、地表水、地下水、矿藏、森林、植物、农作物等情况。

（5）环境影响预测，包括预测环境影响的时段、范围、内容以及对预测结果的表达及其说明和解释。

（6）评价建设项目的环境影响，包括建设项目环境影响的特征、范围、大小程度和途径。

（7）环境保护措施的评价及技术经济论证，提出各项措施的投资估算。

（8）环境影响经济损益分析。

（9）环境监测制度及环境管理、环境规划的建议。

（10）环境影响评价结论。

9.2.3　环境影响评价的方法

目前国内外使用的环境影响评价方法有上百种，这里仅介绍几种基本方法。

1. 指数评价法

指数评价法是最早用于环境评价的一种方法，应用也最广泛。它具有一定的客观性和可比性。

1）单因子评价指数

单因子评价是环境评价最简单的表达方式，也是其他各种评价方法的基础。单因子评价指数的表达式为

$$I_i = \frac{C_i}{S_i} \tag{9-1}$$

式中：I_i 为第 i 种污染物的环境质量指数；C_i 为第 i 种污染物在环境中的浓度；S_i 为第 i 种污染物的环境质量评价标准。

环境质量指数是无量纲量，它表示某种污染物在环境中的浓度超过评价标准的程度。在大气环境评价中，常用的评价参数有颗粒物、SO_2、CO、NO_x 等；在水环境评价中，一般多选用 pH、悬浮物、溶解氧、COD、BOD、油类、大肠杆菌、有毒金属等作为评价参数。一个具体的环境评价问题往往涉及的不仅仅是单因子问题。当多个参数因子参与评价时，用多因子环境质量指数；当参与评价的是多个环境要素时，用环境质量综合指数。

2）多因子评价指数

多因子环境质量评价指数有均值型、计权型和几何均值型等。

（1）均值型多因子环境质量评价指数，均值型指数的基本出发点是各种因子对环境质量的影响是等同的，其计算公式为

$$I = \frac{1}{n}\sum_{i=1}^{n} I_i \tag{9-2}$$

式中：n 为参与评价的因子数目。

（2）计权型多因子环境质量评价指数，计权型多因子环境质量评价指数的基础是各种因子对环境质量的影响是不同的，具体表现为各因子的影响权重。计权型指数的计算公式为

$$I = \sum_{i=1}^{n} W_i I_i \tag{9-3}$$

式中：W_i 为第 i 个因子的权重。计权型指数的关键是要科学、合理地确定各因子的权重值。

（3）几何均值型多因子环境质量评价指数，均值型指数是一种突出最大值型的环境质量指数，其计算公式为

$$I = \sqrt{(I_i)_{最大}(I_i)_{平均}} \tag{9-4}$$

式中：$(I_i)_{最大}$ 为参与评价的最大的单因子参数；$(I_i)_{平均}$ 为参与评价的单因子指数的均值。

均值型指数既考虑了主要污染因素，又避免了确定权重的主观影响，是目前应用较多的一种多因子环境质量评价指数。

3）环境质量综合指数

环境质量综合指数是对多个环境要素进行总体评价。例如，对一个地区的大气环境、水环境、土壤环境等进行总体评价。环境质量综合指数常采用两种方法计算：均权平均综合指数和加权综合指数。均权平均综合指数的计算公式为

$$Q = \frac{1}{n}\sum_{k=1}^{n} I_k \tag{9-5}$$

式中：Q 为多环境要素的综合质量指数；n 为参与评价的环境要素的数目；I_k 为第 k 个环境要素的多因子环境质量指数。

加权综合指数的计算公式为
$$Q = \frac{1}{n}\sum_{k=1}^{n} W_k I_k \tag{9-6}$$

式中：W_k 为第 k 个环境要素在环境质量综合评价中的权重值。

4）环境质量分级

采用环境质量指数评价方法时，一般按其计算数值的大小划分几个范围或级别来表达其质量的优劣。常用的环境质量分级方法有 M 值法、W 值法和模糊聚类法。下面仅就 M 值法和 W 值法作环境质量分级的简单介绍。

M 值法，又称为积分值法。该方法是根据每个污染因子的浓度，按照给定的评价标准确定一个平均值，根据各因子的总评分值进行环境质量评价。设参与评价的因子数有 n 个，假定全部满足一级评价标准的评分为 100 分，则每个因子的评分为 $100/n$；全部因子都介于一级、二级评价标准之间的评分为 80 分，则每个因子的评分为 $80/n$；其余依此类推。相对于环境质量标准的Ⅰ、Ⅱ、Ⅲ、Ⅳ、Ⅴ级，给定单因子的评分为 $100/n$、$80/n$、$60/n$、$40/n$ 和 $20/n$。若每个因子的评分为 a_i，则全部因子的总积分值为

$$M = \sum_{i=1}^{n} a_i \tag{9-7}$$

根据 M 值就可以按表 9-1 确定环境质量的级别。M 值法简单易行，但在计算积分值时采用简单的评分值叠加方法，不能反映各因子的相对重要性。

表 9-1　M 值法的环境质量分级

环境质量等级	理想	良好	污染	重污染	严重污染
分级标准	$M \geqslant 96$	$96 > M \geqslant 76$	$76 > M \geqslant 60$	$60 > M \geqslant 40$	$M < 40$

W 值法，W 值法弥补了 M 值法的不足，充分考虑主要污染物的影响。如果规定凡符合Ⅰ、Ⅱ、Ⅲ、Ⅳ、Ⅴ级环境质量标准的环境因子分别可以被评为 10 分、8 分、6 分、4 分、2 分，对

于不能满足最低一级环境质量的因子，则评分为 0 分，则对环境质量的描述可以写成下述形式

$$SN_{10}^{n}N_{8}^{n}N_{6}^{n}N_{4}^{n}N_{2}^{n}N_{0}^{n} \tag{9-8}$$

式中：S 为参与评价的环境因子的数目；N 为被评为 10 分、8 分、6 分、4 分、2 分和 0 分的因子的数目。

W 值法突出主要污染因子的作用，以最严重的两个因子的评分值作为依据，表 9-2 给出了按 W 值法进行环境质量分级的标准。

表 9-2　*W* 值法环境质量分级

环境质量等级	理想	良好	污染	重污染	严重污染
最低两项评分值之和 W	18 或 20	14 或 16	10 或 12	6 或 8	<4

2. 模型预测法

环境影响的预测是建立在了解环境系统运动和变化规律的基础上，应用过去或现在的相关数据，对评价项目在未来影响的范围、程度及其后果进行推测。环境系统模型就是用图像或数学关系式的形式，把所研究的各环境要素或过程以及它们之间的相互联系表示出来。模型预测法的优点是可以给出定量结果，能反映环境影响的动态过程。常用的预测模型有：零维、一维、二维水质模型，S-P 模型，高斯模型等。

3. 模糊综合评判法

由于环境质量评价中存在不确定性，包括认识上的局限、数据的不充分性和不可靠性、环境质量本身的随机性等，因此有时需要用模糊的语言来表述。模糊数学就是用数学的方法来研究、处理实际中存在的大量不确定的模糊的问题。环境质量评价的模糊数学模型主要使用隶属度来刻画环境质量的分界线，而隶属度可用隶属函数来表达。

4. 专家评价法

由于环境评价过程中需要确定某些难以定量化的因素，如社会政治因素、生态服务功能等，对这些因素的估计往往缺乏统计数据，也没有原始资料，这时专家评价法是一种较有效可行的方法。专家评价法是一种古老的方法，但至今仍有重要的作用。专家一般是指在该领域从事 10 年以上技术工作的科学技术人员或专业干部。专家组的人数一般在 10～50 人。专家评价法是充分利用专家的创造性思维进行评价的方法，不是利用个别专家，而是依靠专家集体（包括不同领域的专家），可以消除少数专家的局限性。专家评价法中比较有代表性的是特尔斐法，其工作程序是：确定评价主题—编制评价事件一览表—选择专家—环境预测和价值判断过程—结果的处理和表达。随着公众参与在我国环境评价中的作用日显重要，在很多情况下，“公众”也是某一方面的专家，评价时应该重视“公众”的判断。

环境评价方法除了以上几种以外，还有运筹学评价法、类比法、列表清单法、矩阵法和生态图法等，每种方法又可衍生出许多改型的方法以适应不同的对象和不同的评价任务。

9.3　环 境 规 划

9.3.1　环境规划的内涵及作用

1. 环境规划的含义

环境规划是人类为使环境与经济社会协调发展而对自身活动和环境所作的时间和空间

上的合理安排。其目的在于指导人们进行各项环境保护活动，按既定的目标和措施合理分配排污削减量，约束排污者的行为，改善生态环境，防止资源破坏，保障环境保护活动纳入国民经济和社会发展计划，以最小的投资获取最佳的环境效益，促进环境、经济和社会的可持续发展。为达到环境规划的目的，环境规划必须包括对人类自身活动和环境状况的规定，人类活动方面包括环境保护活动的目标、指标、项目、措施、资金需求及其筹集渠道的规定和环境保护对经济和社会发展活动的规模、速度、结构、布局、科学技术的反馈要求；环境方面包括环境质量和生态状况的规定。人类的经济社会发展活动、环境保护与建设活动和环境状况形成了一个有机的整体，相互作用与反馈。环境规划实质上是一种克服人类经济社会活动和环境保护活动盲目性和主观随意性的科学决策活动，以保障整个人类社会的可持续发展。

2. 环境规划的作用

环境规划是21世纪以来国内外环境学研究的重要课题之一，并逐步形成了一门科学，它在社会经济发展和环境保护中所起的作用越来越重要，主要表现在以下几个方面。

促进环境与经济、社会持续发展。环境问题与经济发展之间的关系密切，经济受环境的制约，又对环境有着巨大的影响。环境问题的解决必须以预防为主，否则损失重大，环境规划的重要作用就在于协调人类活动与环境的关系，预防环境问题的发生，促进环境与经济、社会的持续发展。

保障环境保护活动纳入国民经济和社会发展计划。制定规划、实施宏观调控是我国政府的重要职能，中长期计划在我国国民经济中仍起着十分重要的作用。环境保护与经济、社会活动有着密切联系，必须将环境保护活动纳入国民经济和社会发展计划之中，进行综合平衡，才能得以顺利进行。环境规划就是环境保护的行动计划。在环境规划中，环境保护的目标、指标、项目、资金等方面都需经过科学论证和精心规划，以保障使其纳入国民经济和社会发展计划之中。

以最小的投资获取最佳的环境效益。环境是人类生存的基本要素，又是经济发展的物质源泉。在有限的资源条件下，如何用最少的资金实现经济和环境的协调显得非常重要。环境规划正是运用科学的方法，保障在发展经济的同时，提出以最小的投资获得最佳的环境效益的有效措施。

合理分配排污削减量，约束排污者的行为。根据环境的纳污容量以及"谁污染谁承担削减责任"的基本原则，公平地规定各排污者的允许排污量和应削减量，为合理地、指令性地约束排污者的排污行为、消除污染提供科学依据。

环境规划是各国各级政府环境保护部门开展环境保护工作的依据。环境规划是一个区域在一定时期作出的关于环境保护的总体设计和实施方案，为各级政府环保部门提出了明确方向和工作任务，规划中制定的功能区划、质量目标、控制指标和各种措施以及工程项目为环境保护工作提供了具体要求。我国现行的各项环境管理制度都要以环境规划为基础和先导。

9.3.2　环境规划的分类与特征

1. 环境规划的分类

1）从性质上划分

环境规划从性质上分，主要有生态规划、污染综合防治规划和自然保护规划。①生态规划主要是把规划区域的地球物理系统、生态系统和社会经济系统紧密结合在一起进行考虑，使国家或区域的经济发展能够符合生态规律。②污染综合防治规划，也称污染控制规划，是当前我国环境规划的重点。根据范围和性质的不同又可分为区域污染综合防治规划和部门（或行业）污染综合防治规划。区域污染综合防治规划主要是针对经济协作区、能源基地、城市、水域等的污染进行综合防治规划，它在调查评价的基础上对环境质量状况进行了预测，然后提出恰当的环境目标，根据环境目标进行各种污染防治规划的设计，并提出规划实施和保障措施。部门（或行业）污染防治主要有工业系统污染防治规划，农业污染综合防治规划、商业污染防治规划和企业污染防治规划等。这种类型的规划主要是根据各部门的经济发展，提出恰当的环境目标、污染控制指标、产品标准和工艺标准。③自然保护规划，保护自然环境的工作范围很广，主要是保护生物资源和其他可更新资源，还有文物古迹、有特殊价值的水源地、地貌景观等。

2）按经济-环境的制约关系划分

环境与经济存在着相互依赖、相互制约的双向联系，但在特定的条件下，有时以经济发展为主，有时以保护环境为先。按经济-环境的制约关系划分，环境规划可以分为经济制约型规划、协调发展型规划、环境制约型规划：①经济制约型规划是为了满足经济发展的需要，环境保护只是服从于经济发展的要求。一般是在确定了社会发展目标、产业结构的前提下，预测污染物的产生量，根据环境质量要求和环境容量大小，规划去除污染物的数量和方式。即为解决已经发生的环境污染和生态破坏制订的环境保护规划。②协调发展型规划是将环境与经济作为一个大系统来规划，既考虑经济对环境的影响，又考虑环境对经济发展的制约关系，以实现经济与环境的协调发展。这类规划是协调发展理论的产物，是环境规划发展的方向。③环境制约型规划是在某些特殊环境下，环境保护成了环境与经济关系的主要矛盾方面，经济发展要服从环境质量的要求。如饮用水源保护区、重点风景游览区、历史遗迹等的环境规划。

3）按环境要素划分

环境规划按环境要素可分为污染防治规划和生态规划两大类，前者可细分为水环境、大气环境、固体废物、噪声及物理污染防治规划，后者可细分为森林、草原、土地、水资源、生物多样性、农业生态规划等。

除上述 3 种划分方法以外，环境规划还有很多不同的分类方法，如按照规划期限划分，可分为长期规划（大于 20 年）、中期规划（15 年）和短期规划（5 年）；按照环境规划的对象和目标的不同，可分为综合性环境规划和单要素环境规划；按规划地域，可分为国家、省域、城市、流域、区域、乡镇乃至企业环境规划等。

2. 环境规划的特征

环境规划是一项政策性、科学性很强的技术工作，有它自身的特征和规律性，具有整体性、综合性、区域性、动态性、信息密集和政策性强等特征。

整体性。环境规划的整体性反映在环境的要素和各个组成部分之间构成一个有机整体。各要素之间有一定的联系，同时各要素自身的环境问题特征和规律十分突出，有其相对确定的分布结构和相互作用关系，从而各自形成独立的、整体性强和关联度高的体系。环境规划的整体性还反映在规划过程各技术环节之间关系紧密、关联度高，各环节影响并制约着相关环节。因而规划工作应从环境规划的整体出发全面考察研究，单独从某一环节着手并进行简单的串联叠加难以获得有价值的系统结果。

综合性。环境规划具有综合性，反映在它涉及的领域广（其理论基础是生态经济学和人类生态学，涉及环境化学、环境物理学、环境生物学、环境工程、环境系统工程、环境经济和环境法学等多学科）、影响因素众多、对策措施综合、部门协调复杂等方面。环境规划是将自然、工程、技术、经济和社会相结合的综合体，也是多部门的集成产物，随着人们对环境保护认识的提高，环境规划的综合性和集成性会越来越强。环境规划的整体性和综合性也明显反映在它的方法学和支撑软件环境的需求方面。在环境规划工作中，信息的收集、储存、识别和核定，功能区的划分，评价指标体系的建立，未来趋势的预测，方案对策的制定，多目标方案的评选等，均涉及大量的定性、定量因素，而且这些定性、定量因素往往相互交织在一起，界限并不分明。因此，它对环境、经济、社会以及科学与工程的多学科相结合的要求相当突出。未来的环境规划支撑软件将向着能提供综合和集成信息，便于各类人员参与，又便于更新、调整的方向发展。

区域性。环境问题的地域性特征十分明显，因此环境规划必须注重因地制宜，其规划内容、要求和类型上必须融入区域性特征才是最有效的。区域性主要体现在环境及其污染控制系统的结构不同、主要污染物的特征不同、社会经济发展方向和发展速度不同、控制方案评价指标体系的构成及指标权重不同、各地的技术条件不同、环境管理水平不同等。

动态性。环境规划具有较强的时效性。它的影响因素在不断变化，无论是环境问题（包括现存的和潜在的）还是社会经济条件等，都在随时间发生着难以预料的变动。基于一定条件（现状或预测水平）下制定的环境规划，随社会经济发展方向、发展政策、发展速度以及实际环境状况的变化，势必要求环境规划工作具有快速响应和更新的能力。因此，应从理论、方法、原则、工作程序、支持手段和工具等方面逐步建立起一套滚动的环境规划管理系统，以适应环境规划不断更新调整、修订的需要。

信息密集。信息的密集和难以获得是环境规划所面临的一大难题。在环境规划的全过程中，自始至终需要收集、消化、吸收、参考和处理各类相关的综合信息。规划的成功在很大程度上取决于搜集的信息是否完全、是否准确可靠、是否能有效地组织这些信息并很好地利用。由于这些信息覆盖了不同类型，来自不同部门，存在于不同的介质之中，表现出不同的形式，因此是一项信息高度密集的智能活动。

政策性强。从环境规划的最初立题、课题总设计至最后的决策分析，制订实施计划的每一个技术环节，经常会面临从各种可能性中进行选择的问题。完成选择的重要依据和准绳，是现行的有关环境政策、法规、条例和标准。因此，要求规划决策人员具有较高的政策水平和政策分析能力。环境规划的过程也是环境政策分析和应用的过程。

9.3.3　环境规划的原则与方法

1. 环境规划的原则

制定环境规划的基本目的在于不断改善和保护人类赖以生存和发展的自然环境，合理开发和利用各种资源，维护自然环境的生态平衡。因此，制订环境规划应遵循下述五条基本原则。

（1）保障环境与经济、社会持续发展的原则。环境、经济、社会三者之间相互联系、不可分割，只注重经济而忽视环境只能带来暂时的繁荣，因为环境问题的恶化必将造成对人类的危害、资源的枯竭，进而抑制经济的发展。因此，环境规划必须把环境、经济、社会三者作为一个大系统来规划、协调它们之间的关系，以保障三者持续、稳定的发展。

（2）遵循经济规律，符合国民经济计划总要求的原则。环境与经济存在着互相依赖、互相制约的密切联系。经济发展要消耗环境资源，向环境中排放污染物，并产生环境问题。自然生态环境的保护和污染防治需要的资金、人力、技术、资源和能源，受到经济发展水平和国力的制约。在经济与环境的双向关系中，经济起着主导的作用。因此，说到底，环境问题是一个经济问题，环境规划必须遵循经济规律，符合国民经济计划的总要求。

（3）遵循生态规律，合理利用环境资源的原则。在制订环境规划时，必须遵循生态规律，利用生态规律为社会主义建设服务。对环境资源的开发利用要遵循开发利用与保护增值同时并重的原则，防止开发过度造成恶性循环。对环境承载力的利用要根据环境功能的要求，适度利用、合理布局，减轻污染防治对经济投资的需求；坚持以提高经济效益、社会效益、环境效益为核心的原则，促进生态系统良性循环，使有限的资金发挥最大效益。

（4）系统原则。环境规划对象是一个综合体，用系统论方法进行环境规划有更强的实用性，只有把环境规划研究作为一个子系统，与更高层次大系统建立广泛联系和协调关系，即用系统的观点才能对子系统进行调控，才能达到保护和改善环境质量的目的。

（5）预防为主，防治结合的原则。“防患于未然”是环境规划的根本目的之一。在环境污染和生态破坏发生之前，予以杜绝和防范，减少其带来的危害和损失是环境保护的宗旨。预防为主、防治结合是环境规划的重要原则之一。

2. 环境规划的技术方法

不同类型的环境规划，其规划方法也不尽相同。常用的环境规划技术有环境系统分析方法和环境规划决策方法。

1）环境系统分析方法

环境系统分析方法是指有目的、有步骤地搜索、分析和决策的过程。即为了给决策者提供决策信息和资料，规划人员使用现代的科学方法、手段和工具对环境目标、环境功能、费用和效益进行调研、分析、处理有关数据资料，据此建立系统模型或若干个替代方案，并进行优化、模拟、分析、评价，从中选出一个或几个最佳方案，供决策者选择，用来对环境系统进行最佳控制。采用系统分析方法的目的在于通过比较各种替代方案的费用、效益、功能和可靠性等各项经济和环境指标分析，得出达到系统目的的最佳方案的科学决策。系统分析方法的内容要素包括：环境目标、费用和效益、模型、替代方案、最佳方案等。

（1）环境目标。环境目标是进行环境规划的目的，也是系统分析、模型化和环境规划的出发点。环境目标往往不止一个。

（2）费用和效益。建成一个系统，需要大量的投资费用，系统运行后，又要一定的运行费用，同时可以获得一定的效益。我们可以把费用和效益都折合成货币的形式，以此作为对替代方案进行评价的标准之一。

（3）模型。根据需要建立的模型，可以用来预测各种替代方案的性能、费用和效益，对各种替代方案进行分析、比较，最后有效地求得系统设计的最佳参数。建立模型是系统分析方法的一个重要环节。

（4）替代方案。对于具有连续型控制变量的系统，其替代方案有无穷多，建立的数学模型中就包含无穷多个替代方案，求解过程即是方案的分析和比较过程。

（5）最佳方案。通过对系统的分析给出若干个替代方案，然后对这些方案进行分析、比较，找出最佳方案。最佳方案是通过对替代方案的分析、比较得出满足环境目标的方案，最佳方案是整个系统设计的输出。

2）环境规划决策方法

环境规划是环境决策在时间和空间上的具体安排，规划过程也是环境的决策过程。下面介绍几种常用的环境规划决策方法。

（1）线性规划。线性规划是数学规划中理论完整、方法成熟、应用广泛的一个分支。它可以用来解决科学研究、活动安排、经济规划、环境规划、经营管理等许多方面提出的大量问题。线性规划模型是一种最优化的模型。它可以用于求解非常大的问题，甚至模型中可以包含上千个变量和约束，这个特性为解决一些复杂的环境决策提供了重要的方法和手段，标准线性规划数学模型包括目标函数、约束条件和非负条件。线性规划问题可能有各种不同的表现形式，如目标函数有的要求实现最大化，有的要求实现最小化；约束条件可以是“≤”形式的不等式，也可以是“≥”形式的不等式，还可以是等式。一旦一个线性规划模型被明确表达，就能迅速而容易地通过计算机求解。

（2）动态规划。线性规划模型虽然应用方便，但有严格的限制条件，即数学模型是线性的或转化成线性的。而动态规划模型对线性或非线性模型都能运用，对不连续的变量和函数，动态模型也能求解。动态规划是解决多阶段决策最优化的一种方法。动态规划与线性规划最显著的区别在于，线性规划模型都可以用同一有效的方法求解，而每个动态规划模型没有统一的求解方法，必须根据每一个模型的特点加以处理。

（3）投入产出分析法。投入产出分析法是研究现代活动的一种方法。这项技术是经济学家列昂捷夫在 20 世纪 30 年代的一项研究成果。投入产出用于一个经济系统时，它能阐明该地区各工业部门所有生产环节间的相互关系，确定各部门的投入产出量。当考虑到环境因素后，就又可以定义环境系统中的各种联系。环境中的物质（如水、原料和能源等）进入生产过程，生产过程中产生的废弃物（如废气、废水和废渣等）排入环境。通过建立它们之间的投入产出模型与污染物传播模型，就可以分析废弃物在环境中的扩散，研究它们对环境质量的影响，达到可以协调经济目标和环境目标的目的，得出可行性结论。

（4）多目标规划。在环境规划中，大量的问题可以描述为一个多目标决策问题。因为在进行环境污染控制规划时，不只是要满足某种环境标准，而往往是要提出一连串的目标，这些目标既有先后缓急之分，彼此间又可能相互联系、影响和制约，但是却无法以共同的尺度进行度量。人们在考虑一个污染控制方案时，都在自觉或不自觉地考虑和权衡着这些目标。例如，对一个区域的水资源和水污染控制系统进行综合规划时，这一区域的水污染控制不仅应考虑有效的综合治理手段，还必须同时考虑水资源的合理分配，满足用水需要及保护水资源、节约能源和尽可能降低污染治理费用等问题。因此，一个污染控制规划就必须在代表不同利益的社会集团之间进行协调，并在最终决策中反映出权衡后的结果。多目标规划为解决这类问题提供了理论和方法，在一系列的非劣解中寻求一个最满意的解。

（5）整数规划。在一些环境问题中，非整数的决策变量值意义不大。在线性规划中，若要求变量只能取整数值，则这类规划问题就称作整数线性规划，简称整数规划。

问题与思考

1. 简述环境监测的要求与特点。

2. 什么是生物监测？简述主要的生物监测技术。

3. 简述遥感监测技术的优势及其在环境监测方面的应用?

4. 简述环境评价的主要类型。

5. 阐述环境影响评价的主要方法。

6. 参与环境评价的因子共10个，得10分的1个，得8分的2个，得6分的2个，得4分的2个，得2分的1个，得0分的2个。请用W值法确定其环境质量等级。

7. 就环境规划的作用和意义，谈一谈您的想法。

8. 简述环境规划的原则与方法。

参 考 文 献

蔡道基. 1999. 农药环境毒理学研究. 北京：中国环境科学出版社.

陈静生，高学民，Min Q，等. 1999. 我国东部河流沉积物中的多氯联苯. 环境科学学报，（6）：614-618.

陈英旭. 2008. 环境学. 北京：中国环境科学出版社.

陈志凡，耿文才. 2014. 环境经济学：价值评估与政策设计. 郑州：河南大学出版社.

陈志凡，赵烨，谷蕾，等. 2012. 基于农业区位论的北京市土壤-小麦系统中重金属 Pb 积累特征及其健康风险. 地理科学，32（9）：1142-1147.

成广兴，邵军. 1999. 臭氧层的化学破坏及其对策. 化学通报，（9）：44-47.

程功弼. 2019. 土壤修复工程管理与实务. 北京：科学技术文献出版社.

程胜高. 1999. 环境影响评价与环境规划. 北京：中国环境科学出版社.

崔灵周，王传华，肖继波. 2014. 环境科学基础. 北京：化学工业出版社.

戴树桂. 2006. 环境化学. 2 版. 北京：高等教育出版社.

董华. 2007. 完善我国环境管理体制的法律思考. 哈尔滨：东北林业大学硕士学位论文.

董文福，傅德黔. 2009. 近年来我国环境污染事故综述. 环境科学与技术，32（7）：75-77.

方淑荣. 2011. 环境科学概论. 北京：清华大学出版社.

封志明. 2005. 资源科学导论. 北京：科学出版社.

冯宝彦. 2007. 持久性有机污染物对人类的威胁. 环境保护与循环经济，027（5）：62.

耿海青，谷树忠，国冬梅. 2004. 基于信息熵的城市居民家庭能源消费结构演变分析——以无锡市为例. 自然资源学报，（2）：257-262.

郝吉明，马广大，王书肖. 2011. 大气污染控制工程. 3 版. 北京：高等教育出版社.

黄昌勇. 2010. 土壤学. 3 版. 北京：中国农业出版社.

黄勇，王凯全. 2013. 物理污染控制技术. 北京：中国石化出版社.

金瑞林. 2006. 环境与资源保护法学. 2 版. 北京：高等教育出版社.

康红梅. 2010. 中国环境污染问题管理模式探讨. 经济研究导刊，（15）：201-202.

李彪. 2017. 2015 年我国污染治理投资近 9000 亿 环保投入仍显不足. http：//www. nbd. com. cn/articles/2017-06-15/1117584. html［2017-06-15］.

李法云，吴龙华，范志平. 2016. 污染土壤生物修复原理与技术. 北京：化学工业出版社.

李天杰，赵烨，张科利，等. 2003. 土壤地理学. 3 版. 北京：高等教育出版社.

李亚伟. 2018. 我国环境管理体制中存在的问题及改革发展. 资源节约与环保，（10）：133.

李焰. 2000. 环境科学导论. 北京：中国电力出版社.

林灿铃，吴文燕. 2018. 国际环境法. 北京：科学出版社.

林玉锁，龚瑞忠，朱忠林. 2000. 农药与生态环境保护. 北京：化学工业出版社.

刘凤琴. 2008. 人口素质与资源、环境的可持续发展. 科技资讯，13：217.

刘利，潘伟斌，李雅. 2006. 环境规划与管理. 2 版. 北京：化学工业出版社.

刘云，李小明. 2000. 环境生态学导论. 长沙：湖南大学出版社.

刘泽，王栋民. 2018. 我国工矿业高校建设资源循环科学与工程学科专业的现状分析与思考. 中国矿业，27（6）：31-34，56.
马光，吕锡武. 2014. 环境与可持续发展导论. 3 版. 北京：科学出版社.
马同森，李德亮. 2004. 环境科学引论. 北京：中国文史出版社.
马中. 1999. 环境与资源经济学概论. 北京：高等教育出版社.
闵九康. 2013. 土壤生态毒理学和环境生物修复工程. 北京：中国农业科学技术出版社.
南京大学，中山大学，北京大学，等. 1980. 土壤学基础与土壤地理学. 北京：人民教育出版社.
曲向荣. 2015. 环境学概论. 2 版. 北京：科学出版社.
盛连喜. 2011. 现代环境科学导论. 2 版. 北京：化学工业出版社.
石琛. 2018. 生态文明建设视域下我国政府环境管理体制研究. 锦州：渤海大学硕士学位论文.
舒冬妮. 1997. 大气污染物对植物的危害与防治. 农业知识，809（11）：50-51.
孙兴滨，闫立龙. 2010. 环境物理污染控制. 2 版. 北京：化学工业出版社.
铁燕. 2010. 中国环境管理体制改革研究. 武汉：武汉大学硕士学位论文.
仝川. 2010. 环境科学概论. 北京：科学出版社.
王光辉，丁忠浩. 2006. 环境工程导论. 北京：机械工业出版社.
王火花，林清. 2008. 持久性有机污染物. 化工技术与开发，37（4）：29-34.
王琳，郭廷忠，张鹏岩. 2014. 固体废物处理与处置. 北京：科学出版社.
王岩. 2003. 环境科学概论. 北京：化学工业出版社.
王永强，李梅，朱明璇，等. 2018. 人工湿地污水处理技术研究进展. 工业用水与废水，49（5）：7-12.
魏晴. 2012. 信息论在环境管理中的应用. 城市建设理论研究，（18）：1-5.
魏一鸣，范英，韩智勇. 2006. 中国能源报告（2006）：战略与政策研究. 北京：科学出版社.
北极星轨道工程. 2016. 我国城市黑臭水体成因与防治技术政策. http://www.sohu.com/a/121073374_116925.［2016-12-09］.
吴彩斌. 2005. 环境科学概论. 北京：中国环境科学出版社.
吴青，张帆. 2017-11-09. 从发达国家发展历程看环保与经济关系. 中国环境报.
奚旦立，孙裕生，刘秀英. 2007. 环境监测. 3 版. 北京：高等教育出版社.
杨志峰，刘静玲. 2013. 环境科学概论. 2 版. 北京：高等教育出版社.
叶文虎，张勇. 2013. 环境管理学. 北京：高等教育出版社.
张宝杰. 2002. 城市生态与环境保护. 哈尔滨：哈尔滨工业大学出版社.
张宝莉. 2002. 农业环境保护. 北京：化学工业出版社.
张从. 2003. 环境评价教程. 北京：中国环境科学出版社.
张和平，刘云国. 2002. 环境生态学. 北京：中国林业出版社.
张杏杏. 2013. 水体中持久性有机污染物污染现状及其治理技术. 广东化工，40（15）：125-126，146.
张瑜. 2017. 危险废物越境转移的责任承担及其实践. 杭州：浙江大学硕士学位论文.
赵景联，史小妹. 2016. 环境科学导论. 北京：机械工业出版社.
赵景联. 2007. 环境修复原理与技术. 北京：化学工业出版社.
中国科普博览. 2010. 酸雨对农业的危害. http://www.weather.com.cn/index/qxzs/05/435849.shtml［2010-05-04］.
中华人民共和国生态环境部. 2018. 2017 中国生态环境状况公报.
中华人民共和国生态环境部. 2018. 2018 年全国大、中城市固体废物污染环境防治年报.
中华人民共和国生态环境部. 2018. 中国机动力环境管理年报.

周启星，宋玉仿. 2004. 污染土壤修复原理与方法. 北京：科学出版社.

周新祥. 1998. 噪声控制及其应用实例. 北京：中国环境科学出版社.

朱鲁生. 2005. 环境科学概论. 北京：高等教育出版社.

邹小兵，孟刚，郑泽根，等. 2003. 湖泊 POPs 污染分布. 重庆环境科学，25（10）：79-89.

《自然地理学》编写组. 1978. 自然地理学. 北京：人民教育出版社.

Abedi T，Mojiri A. 2019. Constructed wetland modified by biochar/zeolite addition for enhanced wastewater treatment. Environmental Technology & Innovation，16：1-12.

Aghadadashi V，Molaei S，Mehdinia A，et al. 2019. Using GIS，geostatistics and Fuzzy logic to study spatial structure of sedimentary total PAHs and potential eco-risks； an eastern persian gulf case study. Mar Pollut Bull，149：110489.

Awual M R. 2019. Efficient phosphate removal from water for controlling eutrophication using novel composite adsorbent. Journal of Cleaner Production，228：1311-1319.

Bennett J，Davy P，Trompetter B，et al. 2019. Sources of indoor air pollution at a New Zealand urban primary school：a case study. Atmospheric Pollution Research，10（2）：435-444.

Bian F，Zhong Z，Zhang X，et al. 2020. Bamboo-An untapped plant resource for the phytoremediation of heavy metal contaminated soils. Chemosphere，246：125750.

Bing H，Wu Y，Zhou J，et al. 2019. Spatial variation of heavy metal contamination in the riparian sediments after two-year flow regulation in the Three Gorges Reservoir，China. Sci Total Environ，649：1004-1016.

Carman E P，Crossman T L. 2001. Phytoremediation. Chapterzm in Situ Treatment Technology. New York：Lewis Publishers.

Chen F，Luo Z，Liu G，et al. 2017. Remediation of electronic waste polluted soil using a combination of persulfate oxidation and chemical washing. Journal of Environmental Management，204：170-178.

Chen L，Yang J，Wang D. 2020. Phytoremediation of uranium and cadmium contaminated soils by sunflower（Helianthus annuus L. ）enhanced with biodegradable chelating agents. Journal of Cleaner Production，263：1-8.

Chi C，Chen W，Guo M，et al. 2016. Law and features of TVOC and Formaldehyde pollution in urban indoor air. Atmospheric Environment，132：85-90.

Cristaldi A，Oliveri Conti G，Cosentino S L，et al. 2020. Phytoremediation potential of Arundo donax（Giant Reed）in contaminated soil by heavy metals. Environmental Research，185：109427.

Dou M，Ma X，Zhang Y，et al. 2019. Modeling the interaction of light and nutrients as factors driving lake eutrophication. Ecological Modelling，400：41-52.

El-Zeiny A，El-Kafrawy S. 2017. Assessment of water pollution induced by human activities in Burullus Lake using Landsat 8 operational land imager and GIS. The Egyptian Journal of Remote Sensing and Space Science，20：S49-S56.

Fu H，Chen J. 2017. Formation，features and controlling strategies of severe haze-fog pollutions in China. Science of The Total Environment，578：121-138.

Fuoco R，Giannarelli S. 2019. Integrity of aquatic ecosystems：an overview of a message from the South Pole on the level of persistent organic pollutants（POPs）. Microchemical Journal，148：230-239.

Gao C，Xiu A，Zhang X，et al. 2020. Spatiotemporal characteristics of ozone pollution and policy implications in Northeast China. Atmospheric Pollution Research，11（2）：357-369.

Gholipour A，Zahabi H，Stefanakis A I. 2020. A novel pilot and full-scale constructed wetland study for glass industry wastewater treatment. Chemosphere，247：125966.

Gómez M C，Durana N，García J A，et al. 2020. Long-term measurement of biogenic volatile organic compounds in a rural background area：Contribution to ozone formation. Atmospheric Environment，224：1-13.

Gulan L，Milenkovic B，Zeremski T，et al. 2017. Persisten organic pollutants，heavy metals and radioactivity in the urban soil of Pristina City，Kosovo and Metohija. Chemosphere，171：415-426.

Han D，Currell M J. 2017. Persistent organic pollutants in China's surface water systems. Science of The Total Environment，580：602-625.

Hoffmann L，Eggers S L，Allhusen E，et al. 2020. Interactions between the ice algae Fragillariopsis cylindrus and microplastics in sea ice. Environment International，139：1-9.

Huang R，Dong M，Mao P，et al. 2020. Evaluation of phytoremediation potential of five Cd（hyper）accumulators in two Cd contaminated soils. Science of The Total Environment，721（11）：137581.

Jiang L，Liu X，Yin H，et al. 2020. The utilization of biomineralization technique based on microbial induced phosphate precipitation in remediation of potentially toxic ions contaminated soil：a mini review. Ecotoxicology and Environmental Safety，191：110009.

Khan J，Kakosimos K，Raaschou-Nielsen O，et al. 2019. Development and performance evaluation of new AirGIS-A GIS based air pollution and human exposure modelling system. Atmospheric Environment，198：102-121.

Kumar V，Parihar R D，Sharma A，et al. 2019. Global evaluation of heavy metal content in surface water bodies：a meta-analysis using heavy metal pollution indices and multivariate statistical analyses. Chemosphere，236：124364.

Kumararaja P，Suvana S，Saraswathy R，et al. 2019. Mitigation of eutrophication through phosphate removal by aluminium pillared bentonite from aquaculture discharge water. Ocean & Coastal Management，182：104951.

Kumpiene J，Nordmark D，Carabante I，et al. 2017. Remediation of soil contaminated with organic and inorganic wood impregnation chemicals by soil washing. Chemosphere，184：13-19.

Kwon O Y，Kang J H，Hong S H，et al. 2020. Spatial distribution of microplastic in the surface waters along the coast of Korea. Marine Pollution Bulletin，155：1-8.

Li A，Strokal M，Bai Z，et al. 2019. How to avoid coastal eutrophication-a back-casting study for the North China Plain. Science of The Total Environment，692：676-690.

Li B，Yang G，Wan R. 2020. Multidecadal water quality deterioration in the largest freshwater lake in China（Poyang Lake）：Implications on eutrophication management. Environmental Pollution，260：114033.

Li L，Liu X，Ge J，et al. 2019. Regional differences in spatial spillover and hysteresis effects：a theoretical and empirical study of environmental regulations on haze pollution in China. Journal of Cleaner Production，230：1096-1110.

Li S，Wang P，Zhang C，et al. 2020. Influence of polystyrene microplastics on the growth，photosynthetic efficiency and aggregation of freshwater microalgae Chlamydomonas reinhardtii. Science of The Total Environment，714：136-767.

Liao X，Wu Z，Li Y，et al. 2019. Effect of various chemical oxidation reagents on soil indigenous microbial diversity in remediation of soil contaminated by PAHs. Chemosphere，226：483-491.

Liu C，Hua C，Zhang H，et al. 2019. A severe fog-haze episode in Beijing-Tianjin-Hebei region：Characteristics，sources and impacts of boundary layer structure. Atmospheric Pollution Research，10（4）：1190-1202.

Liu C，Jiang X，Ma Y，et al. 2017. Pollutant and soil types influence effectiveness of soil-applied absorbents in reducing rice plant uptake of persistent organic pollutants. Pedosphere，27（3）：537-547.

Liu J，Zhang H，Yao Z，et al. 2019. Thermal desorption of PCBs contaminated soil with calcium hydroxide in a rotary kiln. Chemosphere，220：1041-1046.

Liu M，Feng J，Hu P，et al. 2016. Spatial-temporal distributions，sources of polycyclic aromatic hydrocarbons（PAHs）in surface water and suspended particular matter from the upper reach of Huaihe River，China. Ecological Engineering，95：143-151.

Liu P，Song H，Wang T，et al. 2020. Effects of meteorological conditions and anthropogenic precursors on ground-level ozone concentrations in Chinese cities. Environmental Pollution，262.

López-Abbate M C，Molinero J C，Barría de Cao M S，et al. 2019. Eutrophication disrupts summer trophic links in an estuarine microbial food web. Food Webs，20.

Lu H，Yu S. 2018. Spatio-temporal variational characteristics analysis of heavy metals pollution in water of the typical northern rivers，China. Journal of Hydrology，559：787-793.

Lu X，Lu Y，Chen D，et al. 2019. Climate change induced eutrophication of cold-water lake in an ecologically fragile nature reserve. Journal of Environmental Science（China），75：359-369.

Ma X，Longley I，Gao J，et al. 2019. A site-optimised multi-scale GIS based land use regression model for simulating local scale patterns in air pollution. Science of The Total Environment，685：134-149.

Ma Y X，Ma B J，Jiao H R，et al. 2020. An analysis of the effects of weather and air pollution on tropospheric ozone using a generalized additive model in Western China：Lanzhou，Gansu. Atmospheric Environment，224：1-9.

Ma Y，Zhai Y，Zheng X，et al. 2019. Rural domestic wastewater treatment in constructed ditch wetlands：effects of influent flow ratio distribution. Journal of Cleaner Production，225：350-358.

Maine M A，Sanchez G C，Hadad H R，et al. 2019. Hybrid constructed wetlands for the treatment of wastewater from a fertilizer manufacturing plant：microcosms and field scale experiments. Science of The Total Environment，650：297-302.

Monfort O，Usman M，Soutrel I，et al. 2019. Ferrate（VI）based chemical oxidation for the remediation of aged PCB contaminated soil：comparison with conventional oxidants and study of limiting factors. Chemical Engineering Journal，355：109-117.

Omwoma S，Mbithi B M，Pandelova M，et al. 2019. Comparative exposomics of persistent organic pollutants（PCBs，OCPs，MCCPs and SCCPs）and polycyclic aromatic hydrocarbons（PAHs）in Lake Victoria（Africa）and Three Gorges Reservoir（China）. Science of The Total Environment，695：133789.

Prabakaran K，Li J，Anandkumar A，et al. 2019. Managing environmental contamination through phytoremediation by invasive plants：a review. Ecological Engineering，138：28-37.

Ren X，Zeng G，Tang L，et al. 2018. Sorption，transport and biodegradation-an insight into bioavailability of persistent organic pollutants in soil. Science of The Total Environment，610-611：1154-1163.

Richard C，Thompson L，Ylva Olsen，et al. 2004. Lost at sea：where is all the plastic?Science，304（5672）：838.

Ruan T，Rim D. 2019. Indoor air pollution in office buildings in mega-cities：effects of filtration efficiency and outdoor air ventilation rates. Sustainable Cities and Society，49.

Rui D，Wu W，Zhang H，et al. 2020. Optimization analysis of heavy metal pollutants removal from fine-grained soil by freeze-thaw and washing technology. Cold Regions Science and Technology，173.

Rui D，Wu Z，Ji M，et al. 2019. Remediation of Cd-and Pb-contaminated clay soils through combined freeze-thaw and soil washing. Journal of Hazardous Materials，369：87-95.

Ruth F. 2003. Weiner and Robin Matthews. Environmental Engineering（4ed）. Pittsburgh：Elsevier Science.

Shah V，Daverey A. 2020. Phytoremediation：a multidisciplinary approach to clean up heavy metal contaminated soil. Environmental Technology & Innovation，18.

Shi A，Shao Y，Zhao K，et al. 2020. Long-term effect of E-waste dismantling activities on the heavy metals pollution in paddy soils of southeastern China. Science of The Total Environment，705：135971.

Shi J X，Yang Y，Li Juan，et al. 2020. A study of layered-unlayered extraction of benzene in soil by SVE. Environmental Pollution，263：114219.

Stanton T，Johnson M，Nathanail P，et al. 2020. Freshwater microplastic concentrations vary through both space and time. Environmental Pollution，263（Pt B）：114481.

Steliga T，Kluk D. 2020. Application of Festuca arundinacea in phytoremediation of soils contaminated with Pb，Ni，Cd and petroleum hydrocarbons. Ecotoxicology & Environmental Safety，194：110409.

Suanon F，Tang L，Sheng H，et al. 2020. Organochlorine pesticides contaminated soil decontamination using TritonX-100-enhanced advanced oxidation under electrokinetic remediation. Journal of Hazardous Materials，393：122388.

Sui Q，Zhang L，Xia B，et al. 2020. Spatiotemporal distribution，source identification and inventory of microplastics in surface sediments from Sanggou Bay，China. Science of The Total Environment，723.

Taipale S J，Vuorio K，Aalto S L，et al. 2019. Eutrophication reduces the nutritional value of phytoplankton in boreal lakes. Environmental Research，179：108836.

Tang X，Gao X，Li C，et al. 2020. Study on spatiotemporal distribution of airborne ozone pollution in subtropical region considering socioeconomic driving impacts：a case study in Guangzhou，China. Sustainable Cities and Society，54.

Tessier A，Campbell P G C，Blsson M. 1979. Sequential extraction procedure for the speciation of particulate trace metals. Analytical Chemistry，51：844-851.

Thompson R C . 2004. Lost at sea：where is all the plastic? Science，304（5672）：838.

Vesilind P A，Susan M M，Lauren G M. 2010. Introduction to Environmental Engineering（3Ed）. Boston：Cengage Learning.

Wan J，Li Z，Lu X，et al. 2010. Remediation of a hexachlorobenzene-contaminated soil by surfactant-enhanced electrokinetics coupled with microscale Pd/Fe PRB. Journal of Hazardous Materials，184（1-3）：184-190.

Wang B，Xin M，Wei Q，et al. 2018. A historical overview of coastal eutrophication in the China Seas. Marine Pollution Bulletin，136：394-400.

Wang J，Fu Z，Qiao H，et al. 2019. Assessment of eutrophication and water quality in the estuarine area of Lake Wuli，Lake Taihu，China. Science of The Total Environment，650：1392-1402.

Wang T，Huang X，Wang Z，et al. 2020. Secondary aerosol formation and its linkage with synoptic conditions during winter haze pollution over eastern China. Science of The Total Environment，730：1-16.

Wang Z，Li J，Liang L. 2020. Spatio-temporal evolution of ozone pollution and its influencing factors in the Beijing-Tianjin-Hebei Urban Agglomeration. Environmental Pollution，256.

Wu P，Tang Y，Dang M，et al. 2020. Spatial-temporal distribution of microplastics in surface water and sediments of Maozhou River within Guangdong-Hong Kong-Macao Greater Bay Area. Science of The Total Environment，717：135187.

Xi X Q，Li H L，Wallin F，et al. 2019. Air pollution related externality of district heating-a case study of Changping，Beijing. Energy Procedia，158.

Xia W，Rao Q，Deng X，et al. 2020. Rainfall is a significant environmental factor of microplastic pollution in inland waters. Science of The Total Environment.

Yang H，Song X，Zhang Q. 2020. RS&GIS based PM emission inventories of dust sources over a provincial scale：A case study of Henan province，central China. Atmospheric Environment，225.

Yang Q，Li Z，Lu X，et al. 2018. A review of soil heavy metal pollution from industrial and agricultural regions in China：Pollution and risk assessment. Science of The Total Environment，642：690-700.

Yang Z，Wu Z，Liao Y，et al. 2017. Combination of microbial oxidation and biogenic schwertmannite immobilization：a potential remediation for highly arsenic-contaminated soil. Chemosphere，181：1-8.

Yazidi A，Saidi S，Ben M N，et al. 2017. Contribution of GIS to evaluate surface water pollution by heavy metals：Case of Ichkeul Lake（Northern Tunisia）. Journal of African Earth Sciences，134：166-173.

Yu S，Yu Z T，Ma X N，et al. 2017. Study on the influence of pollution source location on indoor pollutant distribution under different air supply. Procedia Engineering，205.

Yu Y，Liu L，Yang C，et al. 2019. Removal kinetics of petroleum hydrocarbons from low-permeable soil by sand mixing and thermal enhancement of soil vapor extraction. Chemosphere，236.

Zeng S，Ma J，Yang Y，et al. 2019. Spatial assessment of farmland soil pollution and its potential human health risks in China. Science of The Total Environment，687：642-653.

Zhang N，Guo D，Ye Z，et al. 2017. Microbial remediation of a pentachloronitrobenzene-contaminated soil planted with panaxnotoginseng ：a field experiment. Pedosphere，30（4）：563-569.

Zhang P，Qin C，Hong X，et al. 2018. Risk assessment and source analysis of soil heavy metal pollution from lower reaches of Yellow River irrigation in China. Science of The Total Environment，633：1136-1147.

Zhao C，Dong Y，Feng Y，et al. 2019. Thermal desorption for remediation of contaminated soil：a review. Chemosphere，221：841-855.

Zhao S，Fan L，Zhou M，et al. 2016. Remediation of copper contaminated kaolin by electrokinetics coupled with Permeable Reactive Barrier. Procedia Environmental Sciences，31：274-279.

Zheng Z，Xu G，Yang Y，et al. 2018. Statistical characteristics and the urban spillover effect of haze pollution in the circum-Beijing region. Atmospheric Pollution Research，9（6）：1062-1071.

Zhou H，Xu J，Lv S，et al. 2020. Removal of cadmium in contaminated kaolin by new-style electrokinetic remediation using array electrodes coupled with permeable reactive barrier. Separation and Purification Technology，239.

Zhou Q，Yang N，Li Y，et al. 2020. Total concentrations and sources of heavy metal pollution in global river and lake water bodies from 1972 to 2017. Global Ecology and Conservation，22：1-11.

Zhou S，Yang L，Gao R，et al. 2017. A comparison study of carbonaceous aerosols in a typical North China Plain urban atmosphere：seasonal variability，sources and implications to haze formation. Atmospheric Environment，149：95-103.

Zhu X，Li W，Zhan L，et al. 2016. The large-scale process of microbial carbonate precipitation for nickel remediation from an industrial soil. Environmental Pollution，219：149-155.